与最聪明的人共同进化

CHEERS

HERE COMES EVERYBODY

特沃斯基精要

[以色列]
阿莫斯·特沃斯基 著
Amos Tversky

李慧中 译

The Essential Tversky

浙江教育出版社·杭州

Amos Tversky

阿莫斯·特沃斯基

20 世纪最具影响力的 100 位心理学家之一
行为经济学奠基人

20 世纪最具影响力的 100 位心理学家之一

AMOS TVERSKY

1937 年，阿莫斯·特沃斯基出生在以色列。特沃斯基从小就表现出强烈的好奇心，并总是尝试自学很多东西。特沃斯基的母亲称他是一个独立的人。在数学等很多领域，特沃斯基都是自学成才的。

1961 年，特沃斯基在以色列希伯来大学获得学士学位；1965 年，在美国密歇根大学安娜堡分校获得博士学位。博士毕业之后，特沃斯基回到以色列，开始在希伯来大学任教。1978 年，特沃斯基加入了美国斯坦福大学，并在那里度过了他的职业生涯。

1980 年，特沃斯基当选美国艺术与科学院院士。1983 年，特沃斯基获得美国心理学会颁发的杰出科学贡献奖。1984 年，特沃斯基同时获得了古根海姆奖与麦克阿瑟天才奖。

特沃斯基与夫人芭芭拉·特沃斯基于1963年结婚，两人育有三个子女。

1996 年，特沃斯基因转移性黑色素瘤去世。直到生命的最后几天，他仍在家中工作。

2002 年，特沃斯基被广受欢迎的心理学期刊《普通心理学评论》评为20 世纪最具影响力的 100 位心理学家之一。

让我们把事情做好。

—— 阿莫斯·特沃斯基

行为经济学奠基人

特沃斯基多年来专注于行为决策领域的研究，主要集中于这三个方面：不确定状况下的判断、风险决策和理性选择。

特沃斯基和丹尼尔·卡尼曼在十几年间共同探索了人类决策中的缺陷。二人于 1979 年提出了"前景理论"，将心理学研究应用于经济学，在不确定状况下的判断与决策方面做出了突出贡献，揭示了人类非理性的经济选择，奠定了行为经济学的基础。前景理论认为，由于参考点的不同，个体会对风险表现出不同的态度。与类似的收益相比，个体更有可能规避损失，因为损失比收益会带来更强烈的刺激。

此外，特沃斯基还与诺贝尔经济学奖得主理查德·塞勒、心理学家保罗·斯洛维奇、心理学家托马斯·吉洛维奇等人合作开展研究。

卡尼曼曾经这样评价特沃斯基："阿莫斯是我所认识的最自由的人，他之所以能够获得自由，是因为他同时也是最自律的人。"

你越早意识到特沃斯基比你聪明，你就越聪明。

——理查德·尼斯贝特
美国密歇根大学心理学家

因英年早逝错失诺贝尔经济学奖

我们本来可以一起来的。 ——丹尼尔·卡尼曼

2002年,阿莫斯·特沃斯基最好的学术搭档丹尼尔·卡尼曼凭借与特沃斯基合作的研究而获得2002年诺贝尔经济学奖,但由于诺贝尔奖不会授予已经去世的人,所以特沃斯基未能获奖。

获奖之后不久,卡尼曼在接受采访时表示:"我觉得这是一个属于我们两个人的奖项,我们是十几年的'孪生兄弟'。"

卡尼曼曾经这样评价特沃斯基:"他在选择问题上有着完美的品位,从不在注定不重要的事情上浪费时间。"

作者演讲洽谈,请联系
BD@cheerspublishing.com

更多相关资讯,请关注

湛庐文化微信订阅号

湛庐 CHEERS 特别制作

你对"行为决策"了解多少?

扫码鉴别正版图书
获取您的专属福利

扫码获取全部测试题及答案,
一起了解"行为决策"

- 一位飞行教练发现:对顺利降落的学员进行表扬,他未来的表现不会太好;但如果对勉强降落的学员进行批评,那这个学员下一次的表现则会有所提升。所以教练认为批评的作用大于表扬,这个结论可靠吗?
  A.可靠
  B.不可靠

- 在许多决策问题中,保持现状也是一种选择吗?
  A.是
  B.否

- 人们往往认为自己支持的球队会赢得接下来的比赛。这种现象体现了人们的:
  A.偏好
  B.理性判断
  C.外延性推理
  D.不确定性

扫描左侧二维码查看本书更多测试题

前言

纪念阿莫斯

迈克尔·刘易斯(Michael Lewis)

我可以确定地说:"特沃斯基测试"是最简洁的智力测试。该测试由美国密歇根大学心理学家理查德·尼斯贝特(Richard Nisbett)创建,其运行原理如下:当你遇到阿莫斯·特沃斯基时,你越早意识到特沃斯基比你聪明,你就越聪明。我从未见过阿莫斯·特沃斯基,当然也就未能亲身体验特沃斯基测试。但是我遇到过各种各样的人,他们对这个测试的设计都没有任何异议。阿莫斯的头脑并不仅仅是强大和有趣,还是他人用来衡量自己的标尺。即使在阿莫斯去世几十年后,人们仍然在这样做。

在一本关于阿莫斯·特沃斯基与以色列心理学家丹尼尔·卡尼曼

(Daniel Kahneman)合著的书①中,我遇到了很多此类现象。我发现许多人在阿莫斯去世后的几十年里仍然在问自己:"阿莫斯对此会怎么想呢?"或"阿莫斯会说什么?"我遇到过一位未婚女士,她说自己在面对求婚者时总会忍不住问自己:"这个家伙在阿莫斯的眼中会怎么样?"(答案一直是:不怎么样!)我遇到过几位有影响力的知识分子,他们都曾与阿莫斯合作过。他们表示总忍不住想象阿莫斯正在阅读自己准备发表的论文。如果想象中的阿莫斯没有认可他们的成果,他们就会重新打磨。我甚至见过阿莫斯之前的学生非常小心地保存着阿莫斯赠予自己的最平常的物品:一本旧书、一个订书机、一支激光笔,这些都成了神圣的遗物。

最重要的是,人们如此珍视阿莫斯身上那种令人震惊的不经意间释放出的智慧的光芒:

> 做好研究的秘诀在于保持一点儿松弛感。如果不舍得浪费几小时放松一下,那么最终可能会浪费几年的光阴。
>
> 如果有人要求你做某件事,而你当时并不知道自己是否想做的话,那就等一天。之后你会惊奇地发现,你答应做的很多事情其实并不是你真正想做的事情。
>
> 做好科学研究的一部分因素是:看到他人都能看到的,思考他们未说出口的。

---

① 即《选择、价值与决策》(*Choices, Values and Frames*)。卡尼曼在行为决策领域的研究过程中,发现了人类判断中极易被忽视的影响因素——噪声,并在《噪声》一书中详细介绍了其成因和应对方法。《噪声》中文简体字版已由湛庐引进、浙江教育出版社于2021年出版。——编者注

有的人让人难以忘怀，阿莫斯就是其中之一。但是，许多挽留他的尝试都失败了。丹尼尔·卡尼曼在对阿莫斯的悼词中指出了这个问题的困难所在。在阿莫斯的葬礼上，卡尼曼提到，阿莫斯曾让其为两人合著的论文集写一篇序言，阿莫斯给定的主题是："相信在你心中的那个我"。但是，谁能真正定义自己心中的阿莫斯呢？阿莫斯思想的奇妙之处在于，他想到的事情是别人永远都无法想象的。卡尼曼说，当人们想象阿莫斯的时候，他们脑海中出现的一切都只是阿莫斯本人的廉价仿制品。

阿莫斯自己并没有对此做更多的说明。事实上，阿莫斯强烈反对任何形式的纪念活动。当得知阿莫斯将要离世时，他的学生们询问是否可以为美国斯坦福大学的本科生录下他最后的演讲内容，阿莫斯拒绝了。临终前，阿莫斯要求斯坦福大学校长不要举办任何形式的纪念活动，如以他的名字来命名年度讲座（他不希望自己的名字与他无法控制质量的事情相关联）。阿莫斯向最亲近的人解释到，他认为自己在这一生中已经达成了目标，且很快就会被人遗忘，而对此他并不介意。

也许如此。但是，真的，他并没有被遗忘。

引言

认知与决策科学领域的灯塔

埃尔德·沙菲尔（Eldar Shafir）

阿莫斯·特沃斯基是认知与决策科学领域中灯塔般的存在。他的研究产生了巨大的影响；他开创了新的研究领域，并促进了其他相关学科的转型。他的研究引人入胜，具有审美价值且设计巧妙。同时，这些研究也改变了社会科学对人类行为和社会的研究方式。特沃斯基的研究被收录进迈克尔·刘易斯的《思维的发现》（The Undoing Project），该书记录了特沃斯基和他的朋友兼同事丹尼尔·卡尼曼长期以来的合作。在该书中，刘易斯提到，他发现特沃斯基和卡尼曼的很多思考已经为自己早期那本非常有名的书《魔球》（Moneyball）奠定了基础，而在当时，刘易斯并未意识到这一点。特沃斯基和卡尼曼所做的开创性研究也在卡尼曼的畅销书《思考，快与慢》（Thinking, Fast and Slow）中占据着核心地位。这些及最近出版的一些著作已经将特沃斯基的思想从专业学术领域推广到了更广泛的受众群体中。这本《特沃斯基精要》正是想借特沃斯基的一些原创文章使读者了解其思想。

本书包含特沃斯基的 14 篇学术文章，它们不仅具有巨大的影响力，而且可读性强，同时能充分体现特沃斯基思想和研究的特点。这些文章是从他在生命的最后几个月与他人合著的 40 篇文章中挑选出来的。即使是原创选集也只是特沃斯基已出版著作的一小部分，通过该选集，读者可以对其卓越成就稍作了解。想读到更多信息的人可以阅读 1 000 页的原始文献，或者阅读每章结尾部分的参考文献，其中包括了特沃斯基的完整参考书目。

本书所选择的文章涵盖了从医学、统计学到心理相似性和经济学等一系列主题，同时避免了特沃斯基著作中许多更具技术性的章节。本书的目的是让那些可能知道一些特沃斯基的观点却无缘跟随他学习或想要更深入地阅读他的作品的人，可以更加了解他非凡的思想。对于那些曾受其启发的人来说，这也是一份珍贵的纪念品。

特沃斯基于 1937 年 3 月 16 日在以色列海法出生。他的父亲是一名兽医，母亲是一名社会工作者，后来成为以色列第一届议会议员。特沃斯基于 1961 年在耶路撒冷希伯来大学获得了文学学士学位，主修哲学与心理学，并于 1965 年在美国密歇根大学获得哲学博士学位。特沃斯基曾在希伯来大学（1966—1978 年）和斯坦福大学（1978—1996 年）任教，在斯坦福大学任教期间，他曾任行为科学领域的第一任戴维斯－布拉克教授（Davis-Brack Professor）和斯坦福冲突与谈判中心首席研究员。

特沃斯基早期在数学心理学方面的研究，重点关注个人选择行为研究和心理测量分析。几乎从一开始，特沃斯基的研究就在探索那些针对相关理论做出的简单且看起来可信的心理学假设的深刻含义；在此之前，这些理论似乎都是不言而喻的。在一项被大量引用的特沃斯基1969年的研究中，他通过心理学上的显著差异来预测违背传递性（transitivity）的行为，传递性是选择规范理论最基本的原理之一。这项研究成果提出了很多问题，这些问题在特沃斯基后来的研究中起到了关键作用。这项研究结果向我们暗示了一些行为方式，即完全理性的人在做出看似合理的决定时，最终可能会违背最基本的理性决策原理。该研究还解决了这一问题：在没有对所涉机制和费用进行令人信服的分析的情况下，难以就这类违背理性决策原理的行为的合理性给出明确结论。研究显示，在选择过程中，简化可能是非常有用的方法，虽然它偶尔可能无法产生最佳选择。特沃斯基最感兴趣的是对规范性原则的系统性违背，以及这些违背所揭示的支配行为的心理机制。

特沃斯基早期作为数学心理学家，对相似性的形式化和概念化产生了浓厚兴趣。相似性的概念是心理学理论中的基础概念，它在学习、记忆、知识、感知和判断等理论中发挥着基础性作用。当特沃斯基开始这一领域的研究时，相似关系的理论分析一直被几何模型所主导，在该模型中，每个物体都由多维坐标空间中的点来表示，而点之间的距离对应着物体之间的相似性。特沃斯基改变了这一切。在其有影响力的相似性模型（第3章）中，特沃斯基做了一些简单的心理学假设：物体在心理学层面上表现为特征集合，它们之间的相似性随着共同性特征的增加而增加（递增函数），随着区别性特征的增加而减少（递减函数）。而且，相似性判断使我们更加重视共同性特征（例如，尽管儿子与父亲年龄不同但长得很像）而相异性判断则更注重区别性特征（例如，尽管父子二人长得很像，但年龄相差很大）。此外，这个简单的理论可以解释观察到的相似性判断中的非对称性，如A与B的相似性比B与A的相似性更高，以及选项A可能被认为与选项B非常相似，选项B和选项C

非常相似，但选项 A 和选项 C 可能被视为非常不同（Tversky & Gati, 1978）。这些由特沃斯基基于特征模型预测得到的显著效应，与之前的几何方法是不相容的。在许多方面，这些早期论文都预见到了后来出现的精彩研究。凭借对规范性理论相关技术的精通，以及对简单而令人信服的心理学原理的探索，他们在作品中提出的那些出人意料的理论才产生了越来越广泛的影响，常令读者产生醍醐灌顶之感。

特沃斯基与卡尼曼在 1969 年就开始了长期且极具影响力的合作，他们的研究横跨整个判断和决策领域。他们合著的第一篇论文的主题与"小数定律"有关（第 10 章），该论文表明无论是缺乏经验的被试，还是受过训练的科学家，都会对随机抽样有着强烈但错误的直觉。研究证明，这些直觉会导致对偶然事件的系统性误解，特沃斯基及其同事之后将这一发现用于分析普遍存在但显然具有误导性的信念，如篮球比赛中的"热手效应"，以及相信关节炎疼痛与天气有关的现象。

不涉及动机因素的认知和知觉偏差，成了他们极具创造力和影响力的"启发式和偏差"（heuristic and bias）理念的核心内容。由于已经认识到直觉上的预测和概率判断不符合统计和概率论原则，特沃斯基和卡尼曼开始进行偏差研究，并将其作为探究判断启发式的一种途径。他们在发表于《科学》上的那篇文章中提出了 3 种启发式，分别是代表性启发式、可得性启发式、锚定与调整，这些都是人们在评估概率和预估价值时会出现的情况。在一些简单概率规则的相关性显而易见的情境下，人们通常会表现出正确的统计直觉。但在相对复杂的情境中，人们往往会依赖那些稍加思考就会发现破绽的启发式，因此会做出错误的判断。例如，当我们依赖于代表性启发式时，选项 A 属于 B 类的可能性是通过 A 与 B 的相似程度来判断的。先验概率（prior probability）和样本大小这两个与可能性高度相关的因素，对一个选项的代表性没有影响，因此常常会被人们忽略。这会导致显著性错误，如"合取谬误"（conjunction fallacy），也就是说，人们会因为合取事件（conjunctive events）更具代表性，而认为合取事件的发生概率比其中包含的独立事件发生的概率更大（第2章）。

这项研究的巧妙之处在于，它清晰地展示了心理直觉和规范理论的相互作用，而且还给出了令人难忘的例证。这项研究表明，虽然人们对各种原则的规范性诉求很敏感，但他们的判断常常会违背这些基本原则。这种不可靠的直觉与对规范性判断的潜在认同的共存，向人们展示了概率推理的微妙之处。特沃斯基研究的一个重要主题就是，他认为人们并不是因为不够聪明或经验不够丰富，才无法掌握重要的规范性思维。相反，特沃斯基将这种反复出现的系统性错误归因于人们过于依赖那些并不遵循规范性标准的启发式过程。例如，戴尔·格里芬（Dale Griffin）和特沃斯基运用人们关注证据的说服力（如推荐信的热情程度）的同时并不充分考虑其权重（如写信人对候选人的了解程度）的概念来解释概率判断中的各种系统性偏差，包括无法理解回归现象和人们的过度自信（证据具有显著性但权重低），以及偶尔的不自信倾向（证据不具显著性但权重高）。这种方法贯穿了特沃斯基的大部分研究。这些实验性演示值得我们关注，因为它们对流行且极具影响力的规范性理论发起了挑战。而且，这些演示具有显著性，因为表现出这种错误的人发现它们非常有说服力，但与自己设想的进行决策的方式惊人地不一致。

特沃斯基最初的著作与个人选择行为的研究相关，而这也贯穿了他的研究生涯。这项研究在很大程度上受到了经济学早期发展的启发，尤尤其是受冯·诺伊曼（von Neumann）和奥斯卡·摩根斯坦（Oskar Morgenstern）在其1947年发表的作品中对期望效用的规范性论述，随后这一研究成果也得到了进一步修正，它向人们展示了一些令人信服的定理，即在条件满足的情况下，一个人的选择最能体现其主观期望效用。20世纪70年代，特沃斯基和卡尼曼研究了一种有关风险决策的描述性理论，即"前景理论"（prospect theory；第4章）。前景理论包含了许多选择方面的基本心理原则，这些原则与规范理论在一些重要方面都有所不同。此外，前景理论假定了一个具有3种重要特征的效用函数：第一，它是根据收益和损失而不是总财富进行定义的，这表明人们通常将结果视为对于某个参考点的偏离，而不是最终资产；第二，损失给人们带来的刺激大于收益，因此财产损失带来的痛苦程度大于等量的财产收益带来的快乐程度，从而产生所谓的"损失厌恶"（loss aversion）；第三，收益曲线为凹形，损失曲线为凸形，这说明在收益中会产生风险规避，而在损失中会产生风险寻求（出现相反模式的概率极低）。这些特征是显著的，并且看起来是可以接受的。然而，它们会在规范性上导致一些问题。该理论预示的决策模式已经在很多研究中得到了证实，并与期望效用理论的基本假设形成了直接的对比。例如，损失厌恶在无风险的选择中扮演了非常重要的角色。除此之外，它也在很大程度上解释了我们观察到的人们放弃某个商品的最低意愿和为得到这个商品而花钱购买的最高意愿之间的巨大差距（第8章）。损失厌恶对人们的经济选择和摆脱现状的意愿有着深远的影响。数学上的巧妙设计和心理学上的洞见使得前景理论及其延伸对社会科学产生了重大影响。

特沃斯基对不确定性与偏好之间的关系特别感兴趣。在概率判断与偏好的关系研究中，奇普·希思（Chip Heath）和特沃斯基提出了能力假说：在感觉自己有能力和有学识的情境中，人们会依赖自己的信念，而当他们感到自己没有能力或者无知时，则会赌运气（第9章）。有趣的是，这种模式与人们熟悉的"模糊规避"（ambiguity aversion）不一致。根据"模糊规避"，人们普遍倾向于把赌注押在已知的机会上，而不是概率模糊的信念上。沿着这个思路，克雷克·R. 福克斯（Craig R. Fox）和特沃斯基提出了相对无知假设（第12章）。这一假设的内容是：对模糊的规避一般不会出现在没有比较的情境中，而是会出现在对相对不太模糊的事件进行比较的过程中，或者与更有学识的个体的比较中。

上述发现对由偏好来推断信念的基本概念提出了质疑。大多数关于在不确定性情境中进行决策的概念，包括规范性的和描述性的，都是结果论的。在这种意义上，人们认为决策是由对潜在后果及其感知概率的评估所决定的。然而，沙菲尔和特沃斯基记录了人们以非结果论的方式进行推理和选择的情况（第7章）。例如，那些无论不确定性消除至何种程度，都会做出相同选择的人，也会在情况仍不确定时做出不同的选择，这与结果论相反。

特沃斯基的研究最重要的一点是意识到偏好通常是由心理过程塑造的，而这些过程并不受人们经过深思熟虑形成的规范性考虑的约束。这些过程是"偶然偏好"（contingent preference）研究的基础。据此，描述、情境或程序中出现的一些非实质性的变化会改变人们赋予属性的权重，从而改变他们的偏好。唐纳德·A. 雷德梅尔（Donald A. Redelmeier）和特沃斯基探讨了医学情境下的偶然偏好，他们认为从不同的角度看待问题可以改变属性的相对权重的分配，从而导致不同的选择（第6章）。他们发现，当医生将患者视为个体时，他们更重视后者的具体问题；而当医生将患者视为群体的一部分时，他们更重视效度和成本。因此，这些医生在评估单个患者时所做的决定与评估，可能与他们在评估一组患者时所做的决定不同,这种差异也存在于普通人的判断中。

决策者经常通过寻求和构建理由来进行艰难的决策,并为他们的选择进行辩护。不同的框架、情境和推导过程强调了各选项的不同方面,并提出了影响决策的不同理由和考虑因素。沙菲尔和特沃斯基研究了这些理由在决策过程中起到的作用(第 14 章)。基于理由的分析可以适应框架效应(framing effect)和诱发效应(elicitation effect),并且可以整合相对影响以及视角、冲突和情境等影响因素,而这些通常都未纳入价值最大化的考虑范围。

心理常识构成了特沃斯基最深刻、最独到见解的基础。规范性理论背后的一个基本假设是"外延性原则"(extensionality principle):具有外延等效性的选项会被赋予相同价值(无论如何描述,它们在世界范围内都是等价的,如"含 1% 脂肪"和"99% 无脂肪"),外延等效性事件也会被赋予相同的概率。换句话说,这些理论是关于世界范围内的选项和事件的:对同一事物的不同描述并未改变这一事物的本质,因此得到了相似的评价。此外,特沃斯基的分析侧重于相关结构的心理表征。外延性原则在描述性上被认为是无效的,因为对相同的选项或事件的不同描述通常会产生具有系统性差异的判断和偏好。一个决策问题的描述方式,如收益或损失的不同角度,可能会引发相互矛盾的风险态度,从而导致对本质上相同的结果表现出不同的偏好(第 5 章)。类似地,对同一事件的不同描述会让人想起不同的案例,因此会产生不同的可能性判断(第 13 章)。在推导过程中,偏好和判断似乎是被建构出来的,而不仅仅是呈现出来的,它们的建构取决于问题的框架和推导的方法,以及这些所引发的评估和态度。

特沃斯基的研究表明，行为是人们在反思中认可的规范性理念的结果，并结合了可干预和塑造行为的心理倾向和过程，这些心理倾向和过程与是否经过深思熟虑无关。在掌握规范性研究技术，以及先凭直觉发现再以实验证明它们的奇特与影响方面，特沃斯基有着独特的能力。他是一位知识巨人，其著作具有极其广泛的吸引力。他的研究为经济学家、哲学家、统计学家、医学领域的学者、政治学家、社会学家和法律理论家等所熟知。特沃斯基的许多论文都具有开创性和权威性。阅读特沃斯基的论文就像在观赏大师级的作品：他为以前看起来令人困惑的领域绘制出了清晰的地图，并提供了一套新的工具和思路来思考这些问题。据统计，特沃斯基的著作在学术平台中被引用超过23万次！本书中的14篇文章每篇的平均引用次数都超过8 500次。

特沃斯基因其杰出的成就获得了许多奖项和荣誉。这些奖项包括：1956年因营救一名士兵的英勇表现而获得以色列最高荣誉；1984年获麦克阿瑟天才奖、荣誉学位等学术荣誉，并且被推选进入数个杰出社团。2002年10月，瑞典皇家科学院将诺贝尔经济学奖授予丹尼尔·卡尼曼，"因为他将心理学研究的见解整合到了经济科学中，特别是关于人们在不确定状况下的判断和决策"。诺贝尔奖颁奖词中还解释到，这些与阿莫斯·特沃斯基共同完成的研究，形成的多种理论能更好地解释现实中人们的行为。瑞典皇家科学院没有设立追认奖项，但特别在颁奖词中介绍了特沃斯基在这方面的非凡贡献。"这个奖本来应该颁给我们两个人。"卡尼曼在消息宣布的当天说。两个月后，特沃斯基在去世后与卡尼曼一起获得了享有盛誉的2003年格文美尔教育奖（Grawemeyer Award）。该奖项的授予对象是在艺术和科学领域提出杰出理念的人。"在人文科学领域，我们很难找到比卡尼曼和特沃斯基提出的理念更有影响力的理念。"该奖项的颁奖词中这样写道。

特沃斯基以一种体现了强烈的自由和自主性的方式，成功地在自己的生活中将纪律和快乐结合在一起。夜以继日的工作习惯使他免受干扰，并让他有时间在研究中得到放松，也使他可以兼顾其他兴趣，包括对希伯来文学的毕生热爱，对现代物理学的痴迷，以及成为职业篮球比赛的专业球迷。他明智而坚定地拒绝了那些会分散注意力的事情，而"对于那些喜欢这类事情的人来说，"阿莫斯在拒绝各种各样的约会时总会带着他特有的微笑说："这是他们喜欢的事情。"对于朋友和合作者来说，阿莫斯很有趣。他从与身边的人分享想法和经验中获得了极大的快乐，而这种快乐是可以传染的。他与许多朋友成了研究合作者，也和许多合作者成了亲密的朋友。他会花无数时间来构思一个观点，让它变得有趣，并不断打磨它。"让我们把这件事做好。"他会这样说，当然，他在这方面的能力是无与伦比的。

目录

前言　　纪念阿莫斯——迈克尔·刘易斯
引言　　认知与决策科学领域的灯塔——埃尔德·沙菲尔

第 1 章　不确定状况下的判断——启发式和偏差 _001
第 2 章　外延性推理与直觉推理：概率判断中的合取谬误 _025
第 3 章　相似性特征 _075
第 4 章　前景理论：风险决策分析 _131
第 5 章　理性选择和决策框架 _179
第 6 章　个体患者和群体患者医疗决策之间的差异 _217
第 7 章　不确定状况下的思考：非结果主义推理和选择 _227
第 8 章　无风险选择中的损失厌恶：参考依赖模型 _261
第 9 章　偏好与信念：不确定条件下选择的模糊性与竞争力 _291
第 10 章　对小数定律的信念 _327

第 11 章　证据的权重与自信程度的决定因素 _339

第 12 章　模糊厌恶和相对无知 _373

第 13 章　支持理论：主观概率的非外延性表征 _397

第 14 章　基于推理的选择 _461

后　记　特沃斯基是天生的决策理论家——丹尼尔·卡尼曼 _497

The Essential
Tversky

第 1 章

不确定状况下的判断——启发式和偏差

阿莫斯·特沃斯基
丹尼尔·卡尼曼

很多决策都是基于对不确定性事件发生概率的信心，如选举的结果、被告的罪行、美元未来的价值。人们通常会通过这些形式来表达这种信心："我认为……""概率是……""……这不太可能"。通常，对于不确定性事件的信心会以概率或主观概率的数字形式显现。那么，这些信心的决定因素是什么？人们如何评估不确定性事件的概率或不确定量的价值？本章的主题就是人们如何基于有限的启发式规则，将评估概率和预测价值的复杂任务简化为决策判断。通常，这些启发式非常有用，但有时它们也会导致严重的系统性误差。

对概率的主观判断与对距离、大小等物理量的判断相似。这些判断都基于效度有限的数据，而这些数据都是通过启发式规则进行处理的。例如，一个物体的视觉距离与它的清晰度有关，清晰度越高，视觉上就越近。这种规则有一定的效度，因为在任何一个情景中，较远的物体在视觉上的清晰度都低于较近的物体。但是，对这种规则的依赖会导致在距离判断上出现系统性误差。具体来说，就是在视线较差的情况下，由于物体的轮廓变得模糊，距离往往会被高估。相对地，当视线较好时，由于物体可以被更清晰地看到，距离就容易被低估。因此，这种以模糊程度为线索的方法会在距离判断中导致特征性偏差。与启发式规则有关的系统性误差常常出现在对概率的直觉判断中。在下文中，我们将对3种用于概率判断和预测价值的启发式进行描述，同时还会列举这些启发式导致的偏差，并对这些观察结果的理论与现实意义进行阐述。

代表性

人们关注的很多概率问题都属于以下问题中的一种：A物属于B类的概率有多大？A事件是由B过程导致的概率有多大？A过程产生B事件的概率有多大？在回答这些人们通常依赖于代表性启发式判断的问题时，概率是由A在多大程度上可以代表B来决定的，即A与B之间的相似程度。例如，当A对于B来说颇具代表性时，人们就会认为A由B产生的概率很高。而如果A和B不相似，人们就会认为A由B产生的概率很低。

为了说明人们在判断中使用了代表性启发式，我们可以参考这样一个事例。一个人的前邻居对他的印象是这样的："史蒂夫非常害羞内向、乐于助人，但是他对现实世界和与人交往没有什么兴趣。他是一个谦恭且喜欢整洁的人，他需要的是秩序和组织结构，很注重细节。"那么，人们认为史蒂夫从事如农夫、销售员、飞行员、图书管理员、医生这样的职业的概率有多大呢？如果将这些职业以最可能到最不可能的顺序进行排列，人们会如何排序呢？根据代表性启发式，史蒂夫是一名图书管理员的概率取决于他自身的代表性程度或与图书管理员的刻板印象的相似性程度。事实上，针对这类问题的研究表明，人们在通过概率进行职业排序和通过相似性进行职业排序时使用的方法是一样的（Kahneman & Tversky，1973）。正如我们在下文中将要呈现的那样，这种判断概率的方法会产生严重的误差，因为相似性或代表性不会被那些应该会影响概率判断的因素所影响。

对结果的先验概率不敏感

对代表性没有影响但对概率判断来说非常重要的因素之一就是结果的先验概率，或可称之为基率的频率（base-rate frequency）。例如，在史蒂夫这个例子中，事实上在人口职业结构中，农夫的比例要比图书管理员大得多，因此对史蒂夫职业的合理推断应该是农夫而非图书管理员。但是，考虑到基率的频率，它并不影响史蒂夫与图书管理员和农夫的刻板印象的相似性。如果人们通过代表性进行概率判断，那么先验概率就会被忽略。这个假设在一个先验概率被显著操纵的实验中得以验证（Kahneman & Tversky，1973）。在这个实验中，被试看到了一些人的简短人格描述，研究人员声称这些人是从由工程师和律师组成的 100 人样本中随机抽取的。被试被要求根据每份描述来判断某个人是工程师而非律师的概率。在一个实验条件下，被试被告知这些人来自由 70 个工程师和 30 个律师组成的样本；而在另一个实验条件下，被试则被告知样本是由 30 个工程师和 70 个律师组成的。在工程师占多数的第一个实验条件下，任何特定描述属于工程师而非律师的可能性都高于律师占多数的第二个实验条件。具体来说，通过贝叶斯法则（Bayes' rule），这些可能性之比可以表示为 $(0.7/0.3)^2 = 5.44$。但这个实验的结果却明显违反了贝叶斯法则，两组被试的概率判断基本相同。很显然，被试在判断某一描述是工程师而不是律师的可能性时，依据的是这一描述在多大程度上符合这两种职业的刻板印象，而很少甚至完全没有考虑两种类型的先验概率。

但是，如果人们完全没有其他信息，就会正确地运用先验概率。在没有人格描述的情况下，他们在两种基率条件下对某一个体是工程师的概率判断分别为 0.7 和 0.3。然而，一旦引入描述，先验概率就完全被忽视了，即使这些描述完全没有信息含量。对以下描述的反应则说明了这种现象：

> 迪克是一位 30 岁的男性，已婚，没有孩子。他能力出众，能动性强，他有能力在自己的领域获得巨大的成功。他的同事都很喜欢他。

在这一描述中没有包含任何可以用来判断迪克是工程师还是律师的信息。也就是说，如果没有给定任何相关描述，迪克是工程师的概率应该与该组中工程师的比例相等。但是，无论组内的工程师比例是 0.7 还是 0.3，被试认为迪克是工程师的概率都是 0.5。很显然，人们在毫无线索和面对毫无价值的线索时的反应完全不同。当没有具体的信息时，先验概率得到了正确的运用；当引入没有价值的信息时，先验概率完全被忽视了（Kahneman & Tversky，1973）。

对样本量不敏感

为了评估从特定人群中抽取样本而得到的特定结果的概率，人们通常会运用代表性启发式。也就是说，他们会通过抽样结果和相关参数（如所有男性的平均身高）的相似性来对样本结果的可能性进行评估，如包含 10 个男子的随机样本的平均身高约为 1.83 米。样本统计量和总体参数的相似性并不取决于样本的大小。因此，如果通过代表性启发式来进行概率判断的话，那么样本统计量的判断概率就会基本上与样本量无关。的确，当被试评估不同大小的样本的平均身高分布时，他们得出的结论是一样的。例如，人们认为对于 1 000 人、100 人和 10 人的样本来说，平均身高超过 1.83 米的概率是一样的（Kahneman & Tversky, 1972）。而且，即使在问题描述中强调了样本量的大小，被试也会忽略其影响。我们可以考虑以下问题：

某个小镇有两家医院。在较大的那家医院里，每天有 45 个孩子出生，而在较小的那家医院里，每天有 15 个孩子出生。已知大约 50% 的孩子是男孩。但是，每天出生的男孩的具体比例不同，有时高于 50%，有时低于 50%。在某一年，每个医院都记录了新生儿中男孩比例高于 60% 的天数。那么，你认为哪家医院记录的天数更多？

- 较大的医院（21）
- 较小的医院（21）
- 两者大约相同（即比例之差在 5% 以内）（53）

括号里的值表示选择这一选项的大学生人数。

大多数被试认为两家医院男孩的出生率高于 60% 的概率是一样的，可能是因为这些事件是以相同的统计量进行描述的，因此它们在总体参数上具有相同的代表性。相比之下，抽样理论表明，在较小的医院中，男孩出生率高于 60% 的天数大于较大的医院，因为相对较大的样本其偏离 50% 的可能性更低。这一统计学基本概念显然并不存在于人们的直觉之中。

这种对样本量的不敏感已经在"后验概率"（posterior probability）的判断中得到了验证；也就是一个样本是从某个总体而非另一个总体中抽取的概率。请参考这个案例：想象一个罐子里装满了球，其中 2/3 的球是一种颜色，另外 1/3 的球是另一种颜色。某个人从这个罐子里取出 5 个球，发现其中 4 个是红色的，1 个是白色的；另外一人从里面取出 20 个球，其中 12 个是红色的，8 个是白色的。那么，这两个人中的哪一个人会更有信心认为：罐子里有 2/3 的红球和 1/3 的白球，每个人会给出什么样的概率？

在这个问题上，假设先验概率相等，那么对于红白球数量比为 4∶1 的样本来说，正确的后验概率是 8∶1，而对于数量比为 12∶8 的样本来说则是 16∶1。但是，大多数人认为第一个样本为罐子里多数是红球的假设提供了更有力的证明，因为第一个样本中红球所占的比例比第二个样本中的大。再强调一次，人们的直觉判断是由样本比例决定的，而基本不受样本量的影响，但后者在决定后验概率中起到了至关重要的作用（Kahneman & Tversky，1972）。而且，对后验概率的直觉判断远没有正确值那么极端。对证据产生的影响的低估已经多次出现在这类问题的判断中（Edwards，1968；Slovic & Lichtenstein，1971）。这一现象被称为"保守主义"。

对概率的误解

人们总是希望由随机过程产生的一系列事件可以表示这一过程的基本特征，即使这一系列事件出现的时间很短。例如掷硬币，人们认为序列"正反正反反正"比看上去似乎并非随机出现的序列"正正正反反反"出现的可能性更大一些，并且也比序列"正正正正反正"出现的可能性更大，因为后者并不能体现掷硬币的合理性（Kahneman & Tversky, 1972）。因此，人们总希望随机过程的基本特征不仅可以在整个过程中得到体现，而且也可以在每个部分得到局部体现。但是，一个局部具有代表性的序列会系统性地偏离人们对概率的预期：因为它的变化太多，但运行次数又太少。另一个相信局部代表性的结果就是大家熟知的"赌徒谬误"（gambler's fallacy）。例如，如果人们看到赌博轮盘上在很长的一段时间里总是出现红牌，那么大多数人会错误地认为下一轮就会出现黑牌。这可能是因为黑牌的出现比另一张红牌的出现更能形成具有代表性的序列。概率通常被认为是一种自我矫正的过程，其中一个方向上的偏差会产生相反方向的偏差来恢复平衡。事实上，偏差并没有随着随机过程的展开而得到"纠正"，而仅仅是被稀释了。

对概率的误解并非仅限于那些没有经过专业训练的被试。一项针对经验丰富的学术型心理学家的研究（Tversky & Kahneman, 1971）表明，存在着一种可以被称为"小数定律"（law of small numbers）的统计直觉，也就是即使是小样本也能高度代表其所在的总体。这些科研工作者的回答反映了一种预期：一个关于总体的有效假设可以由一个样本的具有统计学意义的显著结果来表示，而很少考虑这个样本的大小。因此，研究人员过于相信小样本的结果，并且在很大程度上高估了这种研究结果的可复制性。在实际的研究过程中，这种偏差会导致所选择的样本量不足，以及对研究结果的过度诠释。

对可预测性不敏感

人们有时会面临一些需要进行数值预测的情况，如预测未来的股票价格、某个商品的需求量或者某一场足球比赛的结果。这一类的预测通常会依赖于代表性。例如，假设一个人被要求通过一家公司的相关描述预测这家公司未来的利润。如果对这家公司的描述非常利好，那么高利润似乎更符合这种描述的代表性；如果描述相对一般，那么中等利润似乎最有代表性。现在，假设对这家公司描述的利好程度不受该描述可信度的影响，也不受其在多大程度上能形成准确预测的影响。如果仅凭相关描述的利好程度来进行判断，那么人们在预测时就会对线索的可信度和预测的准确性不敏感。

这样的决策模式违背了基本的统计理论，因为预测的极值和范围是由可预测性的考虑因素所控制的。当可预测性为零时，在所有情况下都应做出相同的预测。例如，如果公司的相关描述并不能提供与盈利有关的信息，那么所有的公司利润预测值就应该是一样的（如均值）。当然，如果可预测性非常高，预测值就会与真实值相匹配，因此预测的范围就会与现实结果的范围相等。总的来说，可预测性越高，预测值的范围就越广。

一些关于数值预测的研究已经表明，直觉的预测会违背这一原则，而且被试很少或者根本没有考虑到可预测性这一问题（Kahneman & Tversky，1973）。在其中一项研究中，被试被要求阅读几个段落，每个段落都描述了某个实践课程中的师生表现。一些被试被要求以百分数来"评价"描述中的课程相较于某一特定总体的质量。其他的被试则被要求"预测"每对师生在完成实践课程 5 年之后的发展状况，也是以百分数的方式进行打分。被试在这两种条件下所做出的判断其实是一样的。也就是说，对于长远标准的预测（5 年后是否成功）与对这些预测所基于的信息（实践课程的质量）的评价相一致。这些进行预测的被试当然知道：仅凭一次 5 年前的课程来预测教学能力（好坏／影响）是远远不够的，其可预测性非常有限。但是，他们的预测却与他们的评价一样极端。

效度错觉

正如我们所看到的，人们经常通过选择最具代表性的信息（如对一个人的描述）来预测结果（如职业）。他们对自己做出的判断的信心主要是基于代表性的程度（如选择后的结果和输入信息的匹配程度），而很少考虑甚至不考虑那些会影响预测准确度的限制性因素。因此，当人们看到一段极为符合图书管理员刻板印象的描述时，就会非常自信地判断这个人的职业是图书管理员，即使这些描述提供的信息非常有限，甚至是不可信的、过时的。由于预测结果与输入信息十分相符而产生的毫无根据的信心，被称作"效度错觉"（illusion of validity）。甚至在做判断的人已经知道限制预测准确度的因素存在的情况下，这种错觉仍会出现。我们经常可以观察到，那些进行遴选访谈的心理学家通常对自己的预测非常自信，即使他们知道有大量的文献表明遴选访谈存在非常多的错误。尽管遴选访谈一再被证明有不足之处，但心理学家仍然依赖这一方式进行选择，这充分说明了效度错觉的影响之大。

输入信息形式的内部一致性（如一系列测试分数），是人们在基于这些信息进行预测时保持信心的主要决定因素。因此，人们在预测一个第一学年成绩全部为 B 的学生的期末平均成绩时，要比预测成绩中有 A 和 C 的学生更有信心。当输入变量高度相关和冗余时，我们就会观察到高度一致的形式。因此，人们常常会对基于冗余输入变量的预测更自信。然而，相关统计的一个基本结论表明：假如输入变量有稳定的效度，当它们之间相互独立而非相关时，基于这些输入的预测可以达到更高的准确度。因此，输入信息之间的冗余虽然能增强预测信心，却会降低准确度，而人们往往对很可能会出现错误的预测更自信！（Kahneman & Tversky，1973）

对回归的误解

假设有一大群孩子都接受了两个等效版本的能力测试（我们可称之为测试 1 和测试 2）。如果研究人员从测试 1 中挑选 10 个表现优异的孩子，让其参加测试 2，会发现他们在测试 2 中的平均表现有些令人失望。与之相反，如果你是从测试 1 中挑选 10 个表现最差的孩子参加测试 2，会发现他们在测试 2 中的总体表现要更好。将上述情形推广开来，我们可以假设有两个变量 X 和 Y，它们有相同的分布。如果挑选一组人，他们在 X 变量上的均值偏离了 k 个单位，那么他们在 Y 变量上的均值的偏离程度一定小于 k。这些观察结果说明了一种普遍存在的现象，即均值回归，这一现象由英国统计学家弗朗西斯·高尔顿（Francis Galton）在一百多年前首次提出。

在日常生活中，我们会遇到很多均值回归的例子。例如，父子的身高、夫妻的智商，以及一个人连续多次考试的成绩等。但是，人们并没有形成对于这一现象的正确直觉。首先，在很多必然会出现回归现象的领域，人们并不期待看到它。其次，当人们意识到了回归现象的出现时，通常会得出荒谬的因果解释（Kahneman & Tversky，1973）。我们认为回归现象仍然是很难捉摸的，因为它与人们秉持的"结果应该在最大程度上代表着输入信息"这一信念无法兼容，所以结果变量的值应该和输入变量的值一样极端。

意识不到回归的重要性会带来致命的后果，正如我们在之前提到的各种现象（Kahneman & Tversky, 1973）。在一次有关飞行训练的讨论中，有经验的飞行教练发现：如果在学员顺利降落后对其进行表扬，他接下来的表现通常都会不好；而在学员艰难降落后对其进行严厉的批评，他下一次的表现则会有所提升。因此飞行教练得出了结论：口头奖励对于训练来说没有好处，而口头批评则是有益的。这与公认的心理学原理完全相悖。飞行教练的这一结论并不可靠，因为存在均值回归现象。与其他重复性测试一样，即使飞行教练对学员首次的训练不作反应，后者在一次糟糕的表现后通常都会有更好的表现，而一次出色的表现之后往往也会出现表现变差的情况。仅因为飞行教练在学员表现好时表扬了他们，而在表现糟糕时批评了他们，飞行教练就得到了错误且有潜在危害的结论：惩罚比奖励更有效。

因此，不理解回归的意义会让一个人高估惩罚的效用而低估奖励的效用。在社会互动，如有意识的训练中，表现好时通常才会得到奖励，而表现差时往往会受到惩罚。因此，仅通过回归分析就可预测，表现最有可能在惩罚之后有所提升，而在奖励之后有所下降。人类的状况就是这样：在得到奖励之后表现下降，在受到惩罚之后表现提升，这些都只是偶然事件。人们通常没有意识到这种偶然性。事实上，回归在决定奖惩结果中的作用非常隐晦，似乎没有引起这一领域的学生的注意。

可得性

在某些情况下，人们会通过回忆起一类或一件事的难易程度来评估这类事件发生的频率或可能性。例如，一个人可能会通过回想自己熟悉的人突发心脏病的情况来评估中年人突发心脏病的风险。类似地，一个人在预测某种投资行为失败的概率时，可能会通过想象这一过程中遇到的各种困难来进行评估。这种判断启发式被称为"可得性"。可得性是评估频率或概率的有用线索，因为一般来说，与频率较低的类别相比，人们更容易回想起频率较高类别中的案例。然而，可得性也会受到频率和概率之外的其他因素的影响。因此，依赖可得性会产生预测偏差，下面我们来举例说明其中的一些偏差。

实例的可检索性产生的偏差

当一类事件的发生频率要根据其实例的可检索性来判断时，在发生频率相等的情况下，人们会认为其实例更容易被想到的类别，比其实例更不容易被想到的类别更大。研究人员通过一个简单的实验展示了这一效应的影响。被试听到了一份包含知名人士的名单，名单中既有男性也有女性。他们随后被要求对这份名单是否包含更多男性进行判断。每组被试听到的名单内容不同。在一些名单中出现的男性比女性更知名，而在另一些名单中，情况恰好相反。但每一组被试都错误地认为由更知名的人物组成的类别中包含的男性更多（Tversky & Kahneman，1973）。

除了熟悉度以外，还有其他因素会影响实例的可检索性，如显著性。例如，看到房子着火对此类事故的主观概率的影响，可能比在当地报纸上读到火灾新闻的影响更大。此外，人们会认为最近发生的事件可能比较早的事件更容易发生。当人们看到路边有辆车发生了侧翻，那么对于发生交通事故的主观概率会暂时提高，这可能是一种普遍存在的现象。

搜索集的效度带来的偏差

从英语文本中随机抽取一个由3个以及3个以上字母构成的单词。这个单词更可能以 r 开头，还是 r 更有可能为其第3个字母？人们的解决方式通常是先回忆以 r 开头的单词（如 road）和第3个字母是 r 的单词（如 car），然后根据能轻松回忆起这两种单词的数量进行判断。由于根据第1个字母检索单词比根据第3个字母检索单词容易得多，所以大多数人会做出判断：以某个辅音字母开头的单词比该辅音字母出现在第3个位置的单词更多。即使事实上这些辅音字母（如 r 或 k）更常出现在第3个位置而不是开头，人们依然会做出同样的判断（Tversky & Kahneman, 1973）。

不同的任务会引发不同的搜索集。例如，假设有人要求你对抽象词（如思想、爱）和具体词（如门、水）出现在书面用语中的频率进行判断。回答这个问题的一种自然方法就是搜索该词可能出现的上下文。我们似乎更容易想到一个包含抽象词而非具体词（如门）的语境，如爱情故事中的"爱"。如果词语出现的频率是根据其出现的语境的可得性来判断的，那么人们就会认为抽象词多于具体词。最近的一项研究发现了这种偏差，该研究表明：人们认为抽象词出现的频率比具体词要高得多，虽然事实上两者具有相同的客观频率（Galbraith & Underwood, 1973）。人们也认为抽象词通常比具体词出现的语境范围更广。

可想象性偏差

有时候，人们必须评估脑海中没有存储相应实例的类别的频率，此时可以根据一些给定的规则进行评估。在这种情境中，人们通常会构造很多实例，并根据构造相关实例的难易程度进行频率或概率的估计。但是，构造实例的难易程度并不总能反映它们实际发生的频率，而且这种评估模型很容易出现偏差。为了对其进行说明，我们可以想象一个由 10 人构成的小组，该小组有一个由 k 个人组成的委员会，且 $2 \leq k \leq 8$。那么，这个委员会有多少种不同的组成方式？这个问题的正确答案是由二项式系数 $\binom{10}{k}$ 给出的，当 $k = 5$ 时为最大值 252。显然，含有 k 个成员的委员会数量与含有 $(10-k)$ 个成员的委员会数量相等，因为如果其中的 k 个成员组成了一个委员会，那么唯一剩下的 $(10-k)$ 个成员自然而然也可以组成一个委员会。

不用计算就能回答这个问题的一种方法是，在心里构造一个由 k 个成员组成的委员会，并根据想到的案例的难易程度来评估其数量。由较少成员组成的委员会（如 2 个人），比由更多成员组成的委员会（如 8 个人）更容易被想到。构建这个委员会最简单的方法，就是将他们划分为不相交的多个小组。很明显，建立起 5 个由 2 个成员组成的委员会非常容易，但由 8 个成员组成的委员会最多只能有 1 个。因此，如果频率是通过可想象性或可得性来评估的话，小规模委员会显然比大规模委员会出现的次数更多，这与完全对称的钟形曲线（正态分布）相反。事实上，当被试被要求估计不同规模委员会的数量时，他们的估计是一个与委员会规模相关的单调递减函数（Tversky & Kahneman，1973）。例如，2 人委员会数量估计的中位数为 70，8 人委员会数量估计的中位数为 20（两种情况的正确答案都是 45）。

在现实生活中，可想象性在概率评估过程中起着重要的作用。例如，探险活动存在的风险是通过想象无法应对的偶然事件来评估的。如果用这种方法描绘探险中遇到各种危险的概率，你就会发现探险会显得极其危险，但事实上，你能快速想到灾难事件并不能准确反映它实际发生的可能性。相反，如果一些可能的危险很难被想到或者根本想不到，那么该活动面临的风险就会被严重低估。

错觉相关

心理学家洛伦·查普曼（Loren Chapman）和琼·查普曼（Jean Chapman）描述了我们在判断两个事件同时发生的频率时的一个有趣偏差（Chapman & Chapman, 1967）。他们向没有统计知识的被试展示了几个假想的精神疾病患者的信息。每个精神疾病患者的数据都包含了一份临床诊断报告和一幅患者的画像。然后，研究人员要求被试判断每次的诊断结果（如偏执或多疑）中包含画像中各种特征（如奇特的眼睛）的频率。被试明显高估了自然联想事件同时发生的频率，如多疑和奇特的眼睛。这种效应被称为"错觉相关"（illusory correlation）。在对所接触数据的错误判断中，缺乏经验的被试"重新发现"了画人测验（the draw-a-person test）中存在的许多常见但毫无根据的临床知识。错觉相关效应对相互矛盾的数据具有极强的抵抗性，甚至当症状和诊断结果实际上负相关时，它也会令判断者难以发现其中存在的真实关系。

可得性为错觉相关效应提供了一种自然的解释。判断两个事件同时发生的频率可以依据它们之间存在的关联性的强度。当关联性很强时，人们可能会得出这样的结论：这些事件经常是成对出现的。因此，强关联体通常被判断为同时发生。根据这一观点，被试之所以会在多疑与画像中奇特的眼睛之间做出错觉相关，是因为与身体的其他部位相比，多疑更容易与眼睛相关联。

人生经验告诉我们，一般情况下，相比于低频率类别中的实例，人们更容易想到高频率类别中的实例；那些发生概率更高的事件也比不可能发生的事件更容易被想到；而事件之间的关联性在事件经常同时发生时会得到加强。因此，在估计某一类别的数量、事件发生的可能性或多个事件同时发生的频率时，人类有一套自己的评估程序，同时还有检索、构造或联想等心理操作。然而，正如前文案例所示，这种有价值的评估程序会受到系统性误差的影响。

调整和锚定

在很多情况下，人们会从一个初始值开始进行估算，然后通过调整得到最终答案。初始值或起始点，可以在问题描述中得到，也可以通过部分演算得到。无论初始值的来源是什么，调整通常都是不够的（Slovic & Lichtenstein，1971）。也就是说，不同的初始值产生了不同的估计值，这些估计值会偏向于初始值。我们称这种现象为"锚定"。

调整不足

在一个锚定效应的例子中，研究人员要求被试用百分比形式估计各类事物的概率，如联合国中非洲国家占比情况。每个问题的起始值为 0～100，由被试面前转动的轮盘所决定。被试需要判断给定的（任意）初始值过高或过低，然后通过向上或向下调整来给出他们的最终估计值。对于每个问题，不同组得到的初始值不同。这些随机获得的初始值对人们的估计值有着显著影响。例如，在初始值为 10% 和 65% 的两个组中,他们对于非洲国家在联合国中所占比例的估计中位数分别为25%和45%。给予被试更多的奖励,也无法降低锚定效应。

锚定效应不仅发生在初始值给定的情况中,而且在被试根据一些不完整计算的结果进行估计时,也会产生锚定效应。对直观数值估计的一项研究说明了这种效应。两组高中生被要求在5秒内对黑板上的一组数字的乘积进行估算。其中一组需要估算8×7×6×5×4×3×2×1的值,另一组需要估算1×2×3×4×5×6×7×8的值。为了在5秒内快速回答这些问题,人们可能会通过推定和调整来进行计算和估计。因为调整通常是不足的,所以这个过程应该会导致被试得出过低的估算结果。此外,由于按降序排列的那组数字前几步相乘(从左到右)的结果,比按升序排列的那组数字前几步计算得到的结果更大,因此人们对前一组数字的估算结果应该比后一组数字更大。这两项预测都得到了证实。升序组估算结果的中位数为512,而降序组估算结果的中位数为2 250。正确答案为40 320。

合取与析取事件评估中的偏差

在最近的一项研究中,被试可以对几类事件中的一类进行投注(Bar-Hillel,1973)。该研究使用了3类事件:(1)简单事件,如从一个红球和白球各占50%的袋子里取出红球;(2)合取事件,如从一个红球占90%白球占10%的袋子里,连续7次取出红球(每次取出球后再放回袋子里);(3)析取事件,如从一个红球占10%白球占90%的袋子里,连续7次取球至少有一次取出红球(每次取出球后再放回袋子里)。在这个问题上,绝大多数被试都倾向于在合取事件上投注(概率为0.48),而不是概率为0.50的简单事件。被试也更愿意投注简单事件而非析取事件，虽然后者的概率为 0.52。也就是说，大多数被试在两两比较中都选择了概率更小的选项。这种选择模式说明了一种普遍现象。针对投注和概率判断的研究表明，人们往往会高估合取事件的概率（Cohen，Chesnick & Haran，1972）而低估析取事件的概率。这些偏差很容易被解释为锚定效应。基本事件的初始概率（如在任何一个阶段的成功）都为合取事件和析取事件概率的评估提供了一个天然的起点。因为从起点进行调整通常是不足的，在这两种情况下，最终评估都与基本事件的概率保持接近。请注意，合取事件的总体概率低于各个基本事件的概率，而析取事件的总体概率高于每个基本事件的概率。由于锚定效应，合取事件的总体概率会被高估，而析取事件的总体概率则会被低估。

评估复合事件时的偏差在制订规划的情境下尤为明显。成功地完成一项事业（如新产品的开发）通常有一个合取性的特征：为了取得成功，一系列事件中的每一步都要获得成功。即使这些事件中的每个子事件发生的概率都很高，如果子事件的数量巨大，获得整体成功的概率也会很低。人们往往会高估合取事件的概率，这会导致在没有依据的情况下做出过于乐观的评估，如对一项计划成功的可能性或一项工程准时完工的可能性的盲目乐观。相反，析取结构通常会用于风险评估。对于复杂系统（如核反应堆或人体）来说，任何基本组件的失效都会导致机能故障。即使每个组件失效的概率都微乎其微，如果涉及大量的组件，整个系统失效的概率也会很高。由于存在锚定效应，人们会倾向于低估复杂系统中的故障概率。因此，锚定偏差的方向有时可以从事件的结构中推断出来。合取事件的链状结构会导致高估，而析取事件的漏斗状结构则会导致低估。

主观概率分布评估中的锚定

人们出于很多目的（如后验概率计算、决策理论分析），需要以概率分布的形式来表达其对某个量（如某一天的道琼斯指数）的信心。这样的分布通常是以这样的方式构建的：让人们选择一个数值，让它与能代表自己的主观概率分布的具体百分位数相对应。例如，被试被要求选择一个数字 X_{90}，来表示他认为这个数字高于道琼斯指数的主观概率为 0.90。也就是说，他选择 X_{90} 即愿意以 9∶1 的赔率在道琼斯指数不超过 X_{90} 时进行赔付。道琼斯指数的主观概率分布可以由这样几个对应着不同判断的百分位数构造而成，如 X_{10}、X_{25}、X_{75}、X_{99} 等。

通过收集很多不同值的主观概率分布，可以测试人们在判断中进行的适当校准。在某一系列问题中，如果评估量的真实值的 Π% 恰好低于被试设定的 $X_Π$ 值，那么这个判断就完成了适当的校准。例如，有 1% 的量的真实值应低于 X_{01}，还有 1% 的量的真实值高于 X_{99}。因此在 98% 的问题上，真实值的置信区间为 $X_{01}\sim X_{99}$。

研究人员已经从大量的判断中得到了许多量的概率分布（Alpert & Raiffa，1969；Staeël von Holstein，1971；Winkler，1967）。这些分布表明其与合适的校准值之间存在很大的系统性偏差。对于大多数研究，在 30% 的问题中评估量的实际值小于 X_{01} 或大于 X_{99}。也就是说，被试设定的置信区间过于狭窄，其反映的确定性超过了基于相应知识得出的合理范围。对于没有统计学知识的人和非常复杂的对象来说，这种偏差是很常见的，而且即使引入可以刺激外部校准的评分规则，这种偏差也是无法消除的。这种效应可以部分归因于锚定。例如，若要选择 X_{90} 作为道琼斯指数的值，首先人们会很自然地先想到自己对道琼斯指数的最佳估值,然后上调这个值。如果像大多数情况一样,调整不够充分,那么 X_{90} 将不够极端。类似的锚定效应也会发生在 X_{10} 的选择中,人们可能会通过向下调整最佳估值来得到这个值。因此,介于 X_{10} 和 X_{90} 之间的置信区间将会变得非常窄,且评估的概率分布会过于集中。为了支持这一解释,可以证明主观概率是在最佳估值无法作为锚的程序中被系统性改变的。

一个给定量的主观概率分布(如道琼斯指数的均值)可以通过两种不同的方法得到:(1)要求被试选择与其概率分布中某一特定百分位数相对应的道琼斯指数的值;(2)要求被试评估道琼斯指数超过某一具体值的概率。这两种方法在形式上是等价的,因此应该产生相同的分布。然而,它们却从不同的锚定点衍生出了不同的调整方式。在第一种方法中,自然起点是对某一量的最佳估值。而在第二种方法中,被试可能是以问题中设定的值为锚定点的。此外,他的锚定点有可能是正反概率相等,也就是似然估计的自然起点。无论哪种情况,第二种方法产生的极端概率都小于第一种方法。

为了对比这两种方法,我们向一组被试呈现了 24 个量(如从新德里到东京的空中距离),这些被试需要对每个问题进行 X_{10} 或 X_{90} 的评估。另一组被试看到的则是第一组被试对 24 个量估计的中位数。他们被要求评估每个给定值超过其对应真实值的概率。在没有任何偏差的情况下,第二组应该重现第一组给定的概率,即 9∶1。不过,如果以平均概率和设定值作为锚定点,第二组的概率应该会不那么极端,也就是接近 1∶1。事实上,这组被试给出的所有问题的概率中位数为 3∶1。当对两组被试的判断进行外部校准测试时,我们发现第一组被试过于极端,而第二组被试则过于保守。

讨论

本章讨论了由于依赖判断启发式而产生的认知偏差。这些偏差不能归因于动机效应，如一厢情愿的想法或由于奖励和处罚而产生的判断扭曲。事实上，尽管被试被鼓励做出准确的回答，并且在回答正确时能获得奖励，但我们还是观察到了前文中出现的那几种严重的判断错误（Kahneman & Tversky，1972；Tversky & Kahneman，1973）。

对启发式的依赖和偏差的普遍性并不只发生在非专业人士身上。当经验丰富的研究人员进行直觉思考时也很容易产生同样的偏差。例如，我们依然可以在受过统计学训练的人身上观察到，他们在进行直觉判断时，在未充分考虑先验概率的情况下，总倾向于做出最拟合数据的预测（Kahneman & Tversky，1973；Tversky & Kahneman，1971）。虽然复杂的统计方法可以避免基本错误（如赌徒谬误），但他们的直觉判断也很容易在更复杂和不怎么一目了然的问题中产生类似的谬误。

即使偶尔会在预测和估计中导致错误，人们依然保留了有用的启发式，如代表性启发式和可得性启发式，这并不奇怪。令人惊讶的可能是，人们未能从长期的生活经验中推断出诸如均值回归或样本大小对抽样变异性的影响等基本的统计规则。尽管在日常生活中，每个人都遇到过无数个可以用来说明这些规律的案例，但很少有人能自行发现抽样和回归的原理。统计原理不是能从每天的经验中学得到的，因为相关的案例没有被适当地归纳总结。

缺乏适当的归纳总结也解释了为什么人们通常无法发现自己在概率判断中存在的偏差。可以理解的是，人们可以通过记录自己在分配了相同概率的事件中实际发生事件的总比例,来了解其判断是否得到了外部校准。然而,根据判断概率对事件进行分组是不自然的。例如,若没有这样的分组,人们不可能发现在自己预测的发生概率高达 0.9 及以上的事件中,只有 50% 的事件会真的发生。

认知偏差的实证分析对于概率判断的理论和应用都具有重要意义。现代决策理论认为,主观概率是对一个理想化个体的意见进行量化的指标(Savage, 1954; de Finetti, 1968)。具体来说,针对某一具体事件的主观概率,是由个体能接受的关于这一事件的一系列赌注定义的。如果人们在投注中做出的选择符合某些原则(如理论定律),那么就可以为其推导出一个内在一致或连贯的主观概率测量方式。我们说推导出的概率是主观的,其含义是它允许不同的人对同一事件做出不同的概率判断。这种方法的主要贡献在于它提供了一种非常严格的对概率的主观理解,而这种理解适用于特定事件,并嵌入理性决策的一般理论之中。

需要指出的是,虽然主观概率有时候可以通过投注行为的偏好推断出来,但它们通常不会以这种方式形成。一个人投注于 A 队而不是 B 队,是因为他认为 A 队更有可能获胜;但他并没有从自己的投注偏好中推断出这一信念。因此,在现实中,主观概率决定了投注行为的偏好,而不是像理性决策的理论定律那样源于后者(Savage, 1954)。

概率固有的主观属性使许多学生相信,一致性或内在连贯性是评估概率的唯一有效标准。从主观概率形式理论的角度来看,任何一组内部一致的概率判断都是一样好。这个标准并不完全令人满意,因为一组内在一致的主观概率判断可能与个人持有的其他信念不相符。想象这样一个人,他对掷硬币游戏所有可能出现的结果的主观概率判断存在赌徒谬误。也就是说，随着前面连续出现正面的次数的增加，他对掷硬币中出现反面的概率估计也会增加。根据形式理论的标准，这个人的判断是内在一致的，因此可以被视作充分的主观概率判断。然而，这些概率判断显然忽略了硬币自身没有记忆，因此它无法自发形成一定的顺序这一事实。要使判断概率被认为是充分的或合理的，内部一致性是不够的，这些判断必须与个体持有的整个信念系统相一致。很可惜，我们没有一个简单的正规程序用来评估一系列的概率判断与判断者的整个信念系统是否兼容。尽管内部一致性更容易达到和被评估，但理性的判断者仍然会争取这种兼容性。具体来说，他会设法使自己的概率判断符合自身这3方面的知识：（1）主题；（2）概率定律；（3）自己拥有的判断启发式和偏差。

本章内容最初发表在1974年9月27日的《科学》杂志上，只做了少量修改。版权归美国科学促进协会所有，经许可出版。

参考文献

Edwards, W. (1968). Conservatism in human information processing. In B. Kleinmuntz (Ed.), *Formal representation of human judgment* (pp. 17–52). New York, NY: Wiley.

Kahneman, D., & Tversky, A. (1973). On the psychology of prediction. *Psychological Review, 80*, 237–251.

Kahneman, D., & Tversky, A. (1972). Subjective probability: A judgment of representativeness. *Cognitive Psychology, 3*, 430–454.

Slovic, P., & Lichtenstein, S. (1971). Comparison of Bayesian and regression approaches to the study of information processing in judgment. *Organizational Behavior and Human Performance, 6*, 649–744.

Tversky, A., & Kahneman, D. (1971). The belief in the law of small numbers.

Psychological Bulletin, 76, 105–110.

Tversky, A., & Kahneman, D. (1973). Availability: A heuristic for judging frequency and probability. *Cognitive Psychology, 5*, 207–232.

Galbraith, R. C., & Underwood, B. J. (1973). Perceived frequency of concrete and abstract words. *Memory & Cognition, 1*, 56–60.

Chapman, L. J., & Chapman, J. P. (1967). Genesis of popular but erroneous psychodiagnostic observations. *Journal of Abnormal Psychology, 73*, 193–204; Chapman, L. J., & Chapman, J. P. (1969). Illusory correlation as an obstacle to the use of valid psychodiagnostic signs. *Journal of Abnormal Psychology, 74*, 271–280.

Bar-Hillel, M. (1973). Compounding subjective probabilities. *Organizational Behavior and Human Performance, 9*, 396–406.

Cohen, J., Chesnick, E. I., & Haran, D. (1972). A confirmation of the inertial-ψ effect in sequential choice and decision. *British Journal of Psychology, 63*, 41–46.

Alpert, M., & Raiffa, H. (1969). A report on the training of probability assessors. Unpublished manuscript, Harvard University.

Staeël von Holstein, C. (1971). Two techniques for assessment of subjective probability distributions—An experimental study. *Acta Psychologica, 35*, 478–494.

Winkler, R. L. (1967). The assessment of prior distributions in Bayesian analysis. *Journal of the American Statistical Association, 62*, 776–800.

Savage, L. J. (1954). *The foundations of statistics*. New York, NY: Wiley.

de Finetti, B. (1968). Probability: Interpretation. In D. L. Sills (Ed.), *International encyclopedia of the social sciences* (vol. 13) (pp. 496–504). New York, NY: Macmillan.

第 2 章

外延性推理与直觉推理：
概率判断中的合取谬误

阿莫斯·特沃斯基
丹尼尔·卡尼曼

不确定性是人类生存环境中不可避免的一个方面。很多重要的选择都必须基于人们对这些不确定性事件所秉持的信念——嫌疑人的无罪推定、选举的结果、美元的未来价值、手术的成功率，甚至是一个朋友的反应。由于我们通常没有足够的形式模型（formal model）来计算这些事件的概率，因此直觉判断通常是评估这些不确定性的唯一方法。

关于人们和专家如何评估这些不确定性事件的概率这一问题，研究人员在最近几十年里已经开展了大量研究（Einhorn & Hogarth, 1981; Kahneman, Slovic & Tversky, 1982; Nisbett & Ross, 1980）。在这些研究中，很多都将直觉推论和概率判断与统计规则和概率定律进行了比较。进行判断的学生会将概率计算作为比较的标准，正如进行感知研究的学生会将物体的感知大小和物体的实际大小进行比较一样。但是，事件的"正确"概率与物体的实际大小不同，前者不容易确定。因为人们有着不同的知识体系或不同的信念，所以会对同样的事件做出不同的概率判断，没有一个对所有人都适用的确定值。而且，对某一个人来说，他也无法总是做出正确的判断。在随机抽样范畴之外，概率论不能决定不确定性事件的概率——它仅能对这些不确定性事件之间的关系加以界定。例如，如果 A 比 B 更有可能发生，那么 A 的补集出现的概率就低于 B 的补集。

概率定律源于外延性推理。一种概率测量方法是由一系列事件来定义的，而每个事件都会被理解为一系列可能性，如掷一对骰子可以得到 10 个点的 3 种方法。一个事件的概率等于它的所有不相容结果的概率之和。概率论传统上用于对重复的偶然进程进行分析，但是这种理论同样会被运用于一些本质上的单一事件，而这些事件的概率是无法还原到"理想"结果的相对频率的。飞机上坐在你身边的男性是未婚状态的概率等于他是单身的概率或他离异和丧偶的概率。可加性原则甚至适用于没有频率解释和基本事件并非等概率事件的情形。

最简单和最基本的定性概率定律就是外延法则：如果 A 的外延包括 B 的外延（如 A⊃B），那么 A 发生的概率就不会小于 B 发生的概率，即 $P(A) \geqslant P(B)$。因为与 A & B 合取相关的一系列概率是包含在与 B 有关的概率里的，而同样的原理也可以通过合取法则 $P(A \& B) \leqslant P(B)$ 来表示：一个合取事件的概率不可能比它所包含的单个事件的概率更高。无论 A 和 B 是否相互独立，该法则都成立，并且它对同一样本空间的任意概率分配都有效。同时，它不仅适用于标准概率计算，也适用于上限概率和下限概率（Dempster，1967；Suppes，1975）、信任函数（Shafer，1976）、培根概率论（Baconian probability；Cohen，

1977）、理性信任（Kyburg，1983）和可能性理论（Zadeh，1978）等非标准模型。

与有关信任的形式理论相反，概率的直觉判断通常都不具有外延性。人们通常不会将日常事件发生的可能性编制成详尽的列表，或者通过整合各种基础事件来计算综合概率。相反，人们只是运用一系列启发式，如代表性启发式、可得性启发式（Kahneman et al.，1982）。我们对判断启发式的设想是建立在自然评估的基础上的，而自然评估通常是作为对事件的感知和对信息的理解的一部分而进行的。这种自然评估包括对相似性和代表性的计算、因果关系的推定，以及对关联事件和范例的评估。我们认为，在有具体任务的情况下，人们应任务的要求而做出这些评估，但在没有具体任务的情况下，人们仍会这样做。例如，只要提到"恐怖电影"人们就会想到一些恐怖电影，从而对它们做出可得性评估。同样，伍迪·艾伦（Woody Allen）的家人曾经希望他能成为一名牙医，这会引发人们将这个角色与刻板印象进行比较，以及对其代表性进行评估。可能是伍迪·艾伦的个性与人们对牙医的刻板印象不匹配，使得这个想法显得有点好笑。尽管这些评估都与频率或概率的估算无关，但当人们需要做出这样的判断时，它们很可能会产生主导作用。恐怖电影的可得性可用来回答这个问题："在去年制作的电影中，恐怖电影占多大比例？"代表性可能会决定某个小男孩更可能成为一名演员还是一名牙医。

"判断启发式"这个术语指的是一种依靠自然评估进行估算或者预测的策略，而这种策略可能是有意也可能是无意的。启发式的一种表现就是对其他思路的相对忽视。例如，一个孩子和各种职业刻板印象的相似程度可能会严重影响人们对其未来职业选择的预测，从而使人们忽略了某种职业的基础比率等相关数据信息。因此，使用判断启发式会产生预测偏差。当启发式不适用时，自然评估会以其他方式影响我们的判断。首先，人们有时会误解自己的任务，所以难以将必要的判断与问题引发的自然评估区分开来。其次，自然评估可能会成为一个锚，使得所需的判断被同化了，而做出判断的人并不打算使用自然评估的结果来估算任务的结果。

上文中关于判断错误的讨论都集中在思维策略和对任务的误解上。而当前的处理需要特别关注锚定和同化机制，因为锚定和同化是在你意识不到的情况下发生的。有关知觉的一个案例可以很好地说明这一点：如果在一幅三维场景的图片中，两个物体的尺寸相同，那么较远的物体不仅看起来"确实"更大，而且在图中它的尺寸也更大一些。虽然观察者不可能将两者混淆或用前者衡量后者，但对于真实大小的自然计算显然影响了人们对图片（与现实相比不那么自然）中物体尺寸的判断。

对代表性和可得性的自然评估并不符合概率论的外延逻辑。具体来说，一个合取事件可能比它包含的子事件更具代表性，而某一具体类别中的案例可能比更复杂类型中的案例更容易被想到。下面这个例子可以证明这一点。当人们用 60 秒时间列出某种形式的包含 7 个字母的单词时，加拿大不列颠哥伦比亚大学的学生能说出的 _ _ _ _ ing 形式的单词多于 _ _ _ _ _ n _ 形式的单词，尽管后者显然包含了前者。在这两种条件下，学生们能想到的单词数量均值分别为 6.4 和 2.9（$t(44) = 4.70$, $p < 0.01$）。在这个针对可得性的测试中，记忆检索效率的提高足以抵消目标类型外延性的降低。

针对可得性启发式的实验说明：以 ing 结尾的单词和以 "_n_" 结

尾的单词在可得性方面的差异性,是通过频率方面的判断反映出来的(Tversky & Kahneman, 1973)。接下来的问题检验了这一预测。

在一篇4页长的英文小说中(总共约2000个单词),请估计有多少个单词是＿＿＿＿ing(以 ing 结尾的7字母单词)形式的?请在以下答案中圈出你的最佳估计:0, 1～2, 3～4, 5～7, 8～10, 11～15, 16+。

另一组被试读到的问题是估计有多少个＿＿＿＿＿n＿形式的7字母单词。两组被试给出的估值中位数分别为13.4(ing 组,共52人)和4.7(＿n＿组,共53人,中位数检验 $P<0.01$),这违反了外延性原则。通过比较＿＿＿＿＿ly 和＿＿＿＿＿l 两种形式的单词,也得到了同样的结果,两组估值的中位数分别为8.8和4.4。

这个案例说明了本章介绍的研究结构,该结构共由五部分组成。在第一部分中,我们提出了这样的一个问题:外延性的降低与可得性或代表性的增强有关,而且我们检验了频率和概率判断中的合取原则。在第二部分中,我们将讨论代表性启发式,并在个人知觉的情境中将其与合取原则进行对比。在第三部分中,我们将描述医学预测、运动赛事预测和投注中的合取谬误。在第四部分中,我们将对因果合取的概率判断进行研究,并描述在未来事件情境中出现的合取错误。在第五部分中,我们会给出能使被试避免出现合取谬误的操作方法。在最后一部分中,我们将主要讨论这些结果的意义。

具有代表性的合取事件

关于物体和事件类别的现代研究表明，信息通常会按照原型（prototype）和图式（schemata）等心理模式被记忆和加工（Mervis & Rosch, 1981; Rosch, 1978; Smith & Medin, 1981）。因此，根据一个事件在多大程度上能够代表它所匹配的心理模式来判断该事件的概率，是非常自然的，也是非常节省认知资源的行为（Kahneman & Tversky, 1972, 1973; Tversky & Kahneman, 1971, 1982）。由于本章中介绍的很多研究结果都可以归因为启发式，因此我们首先要对代表性的概念进行简短的分析，并对它在概率判断中的作用进行一些说明。

代表性是对一个样本与总体、实例与类别、行为与行为者之间一致程度的判断。更宽泛地说，这种一致是结果和模式之间的一致。模式，可以是一个人、一枚硬币或世界经济体系，而相应的结果可能是婚姻状况、硬币正反面出现的顺序，或者当前的黄金价格。针对代表性的研究可以通过直接询问某些人来进行，例如在掷硬币正反面出现的两种序列中，哪一种更具代表性？或者，在两种职业中，某种性格的人更符合哪种职业的刻板印象？这种关系和其他相近概念的不同之处在于，它具有明显的方向性。我们认为，如果说一个样本或多或少其所属总体或物种或者说一个物种（如知更鸟、企鹅）可以代表其上级类别（如鸟类），这是很正常的事情。但如果反过来说总体或多或少可以代表样本或类别或多或少可以代表实例，就显得太不准确了。

当可以用相同的术语描述模式和结果时，代表性就可简化为相似性。例如，一个样本和一个总体可以通过同样的属性（如集中趋势和变异）进行描述，如果样本的显著统计数据与对应的总体参数相匹配，那么这个样本就具有代表性。同样，一个人的性格与某一个社会群体的刻板印象相匹配，那么他在这个社会群体中就更具代表性。但是，代表性不总是等同于相似性，它也可以反映因果关系或相关信念（Chapman & Chapman, 1967; Jennings, Amabile & Ross, 1982; Nisbett & Ross, 1980）。我们之所以说某一具体行为（如自杀）代表着某个人，是因为我们认为行为人具有实施这一行为的倾向，而不是因为该行为与行为人有相似性。因此，如果在显著特征上相匹配或某种模式有产生某一结果的倾向，就可以说一个结果具有某种模式的代表性。

代表性会随频率产生共变：常见案例和高频事件比那些不寻常案例和罕见事件更具有代表性。具有代表性的夏天是炎热晴朗的，具有代表性的美国家庭有两个孩子，一个具有代表性的成年男性身高应该在178厘米左右。但是，在某些环境中，代表性是随实际频率和感知频率变化的。首先，一个非常具体的结果可能具有代表性，但可能并不常见。想象一个数字变量，如体重，某一个总体中所有人的身高数据应该呈一个单峰的正态分布。靠近分布模式狭窄区域内的个体，通常比靠近分布在尾部较宽区域里的个体更具代表性。例如，在斯坦福大学本科生这一样本中（N=105），有68%的人认为该校"体重为124～125磅[①]"的女学生比体重"超过135磅"的女学生更具代表性。在另一个样本中（N=102），78%的人认为在斯坦福女学生中，"超过135磅"的人要多于"体重为124～125磅"的人。也就是说，这些学生认为更窄的区间（124～125磅）比更宽的尾部区间（大于135磅）更具代表性，

[①] 1磅≈0.45千克；1英里≈1.6千米。为了确保实验结论的准确性，本书中的英制单位不改为国际制单位。——编者注

但出现的频率相对更低。

其次，如果某个属性具有很强的特征性，也就是说，如果某个类别中这一属性出现的频率相对于参照类别更高，那么对于该类别来说，这个属性就具有代表性。例如，有 65% 的被试（$N=105$）认为对于一个好莱坞女明星来说，"离婚 4 次"比"投票给民主党"更具代表性。多次离婚对于好莱坞女明星来说更具特征性，一部分原因是人们对其离婚率高于其他女性群体的刻板印象。但是，在另一个样本中（$N=102$），83% 的人认为好莱坞女明星中"投票给民主党"的人数要多于"离婚 4 次"的人数。因此，与特征性更低的属性（投票给民主党）相比，特征性更高的属性被认为更具代表性，但频率更低。再者，某一种类中不具代表性的个例完全可以具有更高级类别的代表性。例如，鸡在鸟类中不具有代表性，但可以是具有代表性的动物；水稻不是一种有代表性的蔬菜，但却是有代表性的食物。

前文中的观察结果表明代表性是非外延性的：它不是由频率决定的，也不受类包含的约束。因此，对概率判断中合取原则进行的检验，使概率论的外延逻辑和心理学的代表性原则形成了鲜明对比。我们最初的合取原则研究是在 1974 年进行的，以职业和政治取向为目标属性，要求被试进行单独预测或通过简要的人格描述进行合取预测（Tversky & Kahneman, 1982）。在本节中描述的研究重复并拓展了之前的成果。我们设置了两个虚拟个体比尔和琳达的性格简述，并罗列了他们各自的职业和业余爱好。

- 比尔今年 34 岁。他很聪明，但缺乏想象力，有强迫症，而且总是缺乏活力。在学校的时候，他的数学成绩很优秀，但是社会研究和人文学科成绩较差。
- 比尔是一名医生，他的业余爱好是打扑克牌。
- 比尔是一名建筑师。
- 比尔是一名会计师。（A）
- 比尔的业余爱好是演奏爵士乐。（J）
- 比尔的业余爱好是冲浪。
- 比尔是一名记者。
- 比尔是一名会计师，并且他的业余爱好是演奏爵士乐。（A&J）
- 比尔的业余爱好是登山。

- 琳达今年31岁，单身，性格直率而且非常阳光。她主修哲学。在学生时代，她非常关心歧视和社会公平性问题，而且曾经参加过反核示威游行。
- 琳达是一名小学老师。
- 琳达在书店工作，并参加瑜伽课程。
- 琳达在女权运动中表现很活跃。（F）
- 琳达是一名精神病学社会工作者。
- 琳达是美国妇女选民联盟的成员。
- 琳达是一名银行出纳。（T）
- 琳达是一名保险销售员。
- 琳达是一名银行出纳，并且在女权运动中表现很活跃。（T&F）

正如读者已经猜到的那样：对比尔的描述被构造成具有会计师（A）的代表性，但不具有一个业余爱好为演奏爵士乐的人（J）的代表性。而对琳达的描述是一个具有代表性的女权运动者（F），但不是有代表性的银行出纳（T）。我们还预测，由属性合取定义的类别（比尔为 A & J，琳达为 T & F）的代表性评分要高于每个合取中代表性较低的组成部分（分别为 J 和 T）的代表性评分。

加拿大不列颠哥伦比亚大学的 88 名本科生根据"比尔（琳达）与该类别的典型成员的相似性"，对与每种描述相关的 8 个陈述进行了排序。结果证实了我们的预测。符合预期排序（比尔为 A > A&J > J；琳达为 F > T&F > T）的被试的比例分别为 87% 和 85%。这一发现既在意料之中也没有什么异议。如果与相似性和代表性一样，代表性既依赖于共同特征，也依赖于显著特征，那么应该通过添加共同特征来增强代表性（Tversky，1977）。在一个面部图示上加上眉毛，会提高其与另一个有眉毛的面部图示的相似性（Gati & Tversky，1982）。类似地，在银行出纳这一职业的基础上加入女权主义，就增加了琳达当下的活动与其个性的匹配度。更令人吃惊和难以接受的是，绝大多数的被试依然认为合取事件（A&J 和 T&F）比单独的代表性部分（J 和 T）更有可能发生。在下文中，我们会对这一现象进行描述和分析。

间接检验和隐性检验

我们可以将合取原则的实验检验分为 3 种：间接检验、直接－隐性检验（direct-subtle tests）和直接－外显检验（direct-transparent tests）。在间接检验中，一组被试评估合取事件的概率，而另一组被试评估单独的子事件的概率。没有被试被要求对合取事件（如琳达既是一名银行出纳，也是一名女权主义者）与其子事件进行比较。在直接－隐性检验中，被试将对合取事件与其代表性较弱的子事件进行比较，但并不强调这些事件之间的包含关系。在直接－外显检验中，被试会评估或者比较合取事件及其子事件的概率，以强调它们之间的关系。

我们通过这3种实验程序对不同的假设进行了研究。间接程序检验的是概率判断是否符合合取原则；直接－隐性程序检验的是人们是否会应用偶然性对关键事件进行比较；而直接－外显程序检验的是人们在被要求对关键事件进行比较时，是否会遵循合取原则。这一系列的检验也体现了我们的研究进程，即一开始是在间接检验中，我们观察到人们违背了合取原则，然后我们越来越惊讶地发现，在几次直接－外显检验中，合取原则也都无一例外地遭到忽视。

有3组被试参加了这项主研究。在统计学意义上表现出"缺乏经验"的被试组由斯坦福大学和不列颠哥伦比亚大学的本科生组成，这些本科生没有任何概率或者统计方面的基础。"见多识广"被试组由心理学、教育学的一年级研究生和斯坦福大学医学院的学生组成，他们都修过一门或者多门统计学课程，因此对概率的基本概念非常熟悉。"资深"被试组由斯坦福大学商学院决策科学项目的博士生组成，他们已经学习过概率、统计和决策理论的很多高级课程。

在主研究中，被试首先会收到一个直接检验的问题（比尔或者琳达）。他们被要求对相关的8种描述（包括合取事件、组成合取事件的独立子事件及5个补充项）根据概率大小进行排序，1表示最有可能，8表示最不可能。然后，被试会收到以间接检验的形式呈现的剩余问题，而其中的选项列表包括了合取事件或其子事件。所有问题都使用了相同的5个补充项。

表2-1呈现了相对于补充项合取事件的排序均值 R (A&B)，以及

合取事件中代表性较低的子事件的排序均值 R (B)。在直接检验中，违背合取原则的百分比用 V 来表示。实验结果可以表述为：第一，在 12 次比较中，合取事件的排序均高于代表性较低的子事件；第二，直接检验和间接检验中的排序不存在一致性方面的差异；第三，在直接检验中，违背合取原则的总体发生率为 88%，与代表性判断中相应模式的发生率基本一致；第四，无论是在间接检验还是直接检验中，被试在统计学方面的背景都没有对结果产生影响。

表 2-1　针对可能性排序中合取原则的检验

被试类型	问题	直接检验				间接检验		
		V	R (A&B)	R (B)	N	R (A&B)	R (B)	总计 N
"缺乏经验"的被试	比尔	92	2.5	4.5	94	2.3	4.5	88
	琳达	89	3.3	4.4	88	3.3	4.4	86
"见多识广"的被试	比尔	86	2.6	4.5	56	2.4	4.2	56
	琳达	90	3.0	4.3	53	2.9	3.9	55
"资深"被试	比尔	83	2.6	4.7	32	2.5	4.6	32
	琳达	85	3.2	4.3	32	3.1	4.3	32

注：V 为违背合取原则的百分比；R(A&B) 和 R(B) 是 A&B 事件和 B 事件的排序均值；N 为直接检验中的被试人数；总计 N 为间接检验中的被试人数，他们被平均分成两组。

在直接比较 B 和 A&B 发生的可能性时，出现的对合取原则的违背现象被称为"合取谬误"。不同被试组在比较 B 和 A&B 发生的可能性时，间接比较时出现的对合取原则的违背现象被称为"合取错误"（conjunction errors）。表 2-1 中最令人惊讶的部分可能就是，间接检验和直接检验之间不存在任何差异。我们曾预计在间接检验中，人们会认为合取事件的概率高于其可能性较低的子事件，这与我们在代表性判断中观察到的现象一致。但是，我们也预计即使最缺乏经验的被试也能注意到一些属性会重复出现、单独出现或者和其他事件一起出现，因此他们应该会运用合取原则，并认为合取事件的概率低于它所包含的子事件。但这一预期并没有出现，不仅缺乏经验的本科生如此，就连统计学知识丰富的博士生也是如此。在直接检验和间接检验中，所有的被试显然是根据比尔（或者琳达）符合刻板印象的程度对陈述进行排序的。针对比尔和琳达的平均概率排序和代表性排序的相关系数分别为 0.96 和 0.98。那么，在包含关系非常明显的情况下，合取原则还成立吗？我们摒弃了所有隐性部分，来使被试可以发现和鉴别目标事件之间的包含关系。

外显检验

在这一部分中，我们描述了一系列旨在引导被试遵循合取原则的极端操作。首先，我们向 142 名加拿大不列颠哥伦比亚大学的本科生提供了关于琳达的描述，然后让他们判断两个选项中哪一个更有可能是真的：

> 琳达是一名银行出纳。(T)
> 琳达是一名银行出纳，同时她在女权运动中表现很活跃。(T&F)

其中一半的被试看到的选项呈现顺序是相反的，但是这一操作没有对结果产生影响。总体来说，85% 的被试认为 T&F 比 T 更有可能发生，这完全违背了合取原则。

这一发现实在惊人，我们尝试从其他角度解释被试的回应。可能被试发现问题过于简单，认为不能仅从字面上对其进行解读，因而将具有包容性的 T 事件解读为"T& 非 F"，即"琳达是一名银行出纳且不是一名女权主义者"。当然，这样一来，我们观察到的判断就没有违背合取原则。为了检验这一解释是否成立，我们让一组新的被试（$N=119$）对 T 和 T&F 进行评估，评分范围为 1～9 分，1 分为极不可能，9 分为极有可能。因为即使在一个事件包含另一个事件的情况下，评估概率也是符合逻辑的，因此被试没有理由将 T 理解为"T& 非 F"。然而，被试的反应还是跟之前一样。T 的概率均值为 3.5 而 T&F 的概率均值为 5.6，而且 82% 的被试对 T&F 的概率判断要高于 T。

尽管被试并不能自发地运用合取原则，但他们也许能意识到这一原则的正确性。我们向另一组加拿大不列颠哥伦比亚大学的本科生展示了带有 T 和 T&F 标注的有关琳达的两个描述，并要求他们指出以下两个论点中哪一个更有说服力。

> **论点 1**：琳达是一名银行出纳的概率高于她是一名具有女权主义属性的银行出纳的概率，因为每个具有女权主义属性的银行出纳都是银行出纳，但是有些女性银行出纳却并非女权主义者，而琳达可能就是其中的一员。
>
> **论点 2**：琳达是一名具有女权主义属性的银行出纳的概率高于她是一名银行出纳的概率；因为与银行出纳相比，她更像一个活跃的女权主义者。

大多数被试（65%，$N=58$）选择了无效的相似性论点 2，而不是有效的外延性论点 1。因此，尽管我们有意引导被试用反思的态度看待问题，仍没有消除代表性启发式对人们的影响。

接下来，我们进一步通过将 T 事件表示为析取事件来说明其包含性。注意：合取原则同样可以表示为析取原则，即 $P(A \text{ or } B) \geqslant P(B)$。我们再一次引入了关于琳达的描述，以 9 分制量表进行概率判断，但将 T 事件替换为：

> 琳达是一名银行出纳，无论她是否在女权运动中表现活跃。(T^*)

这一形式强调了 T 中包含了 T&F。尽管它们的关系已经表达得很明确，但被试对于 T&F 的可能性判断为 5.1，而对于 T^* 的可能性判断为 3.8（t 检验 $p<0.01$）。而且，57% 的被试（$N=75$）依然出现了合取谬误，认为 T&F 的可能性高于 T^*，只有 16% 的被试持相反观点。

在对 T&F 和 T^* 进行的直接比较中，这样的合取谬误非常惊人，因为"琳达是一名银行出纳，无论她是否在女权运动中表现活跃"的外延明显包含了"琳达是一名银行出纳，同时她在女权运动中表现活跃"的情况。很多被试显然无法从"无论是否"这一短语中得出外延性推论，而这一表述可能会让人联想到软弱的性格。这一解释得到了组间比较的证实，在该比较中，不同组的被试在评估共同的补充项"琳达是一名精神病学社会工作者"之后，通过 9 分制量表对 T、T^* 和 T&F 进行评估。结果显示，T 的均值为 3.3，T^* 的均值为 3.9，T&F 的均值为 4.5，3 组被试的均值之间都有显著性差异。T 和 T^* 的表述在外延性上肯定是一样的，但是人们赋予了它们不同的概率。因为女权主义符合琳达的形象，仅仅是提到这个属性都会让 T^* 比 T 变得更有可能，而对女权主义符合琳达这一信念的执着使得合取事件 T&F 的概率反而更高！

可以成功地使人们减少出现合取谬误的方法是让他们进行投注：选择 T 还是 T&F？我们让被试看到了关于琳达的描述，并附带如下说明：

> 如果你在投注中赢了，可以获得 10 美元，你会对下面哪一个进行投注？

在这个任务中，只有 56% 的人（$N=60$）违背了合取原则，虽然比例还是很高，但是与比较两个事件的概率时通常会得到的数值相比，已经大大降低了。我们推断：进行投注的情境会让人们更关注哪个选项能为自己带来回报，这使得一些被试发现在 T 上下注比在 T&F 上下注更有可能获胜。

这一部分研究中的被试都是来自加拿大不列颠哥伦比亚大学的本科生，他们没有任何统计学知识背景。那么统计学教育是否能消除这种谬误？为了回答这个问题，我们组织了来自美国加州大学伯克利分校和斯坦福大学的 64 名社会科学专业的研究生（他们都已经获得了一些统计学课程的学分），以评定量表的形式就琳达的相关问题的合取原则进行直接检验。在这一系列的研究中，T&F 的评价均值（3.5）首次低于 T 的评价均值（3.8），只有 36% 的人犯了合取谬误。因此，掌握一定的统计学知识使得大部分被试在外显检验中都遵循了合取原则，尽管在这些有相关知识储备和"老练"的被试中，出现合取谬误的比例依然不低。

而在另一项研究中，我们通过积极和消极两个方面的解释对违背规范性原则的判断和偏好进行了区分（Kahneman & Tversky，1982a）。积极解释会关注产生某一具体反应的因素；而消极解释则试图解释为什么没有做出正确的反应。比尔和琳达问题中的积极分析引用了代表性启发式。但是，外显检验中难以消除的合取谬误使我们对消极分析中特有的问题产生了兴趣：为什么那些接受了良好教育的、聪明且理性的人没有意识到合取原则在外显问题中的适用性？在实验完成后对被试进行的访谈和课堂讨论，给这一问题带来了启示。无论是缺乏经验的被试，还是有丰富统计知识的被试，基本上都能在直接-外显检验中发现目标事件的包含关系。但是，缺乏经验的被试与具有统计学知识背景的被试不同，前者无法认识到这种关系在概率评估中的重要性。此外，大多数缺乏经验的被试并没有试图为自己给出的回答进行辩解。正如一名被试在承认了合取原则的效度之后说道："我以为你们只是在问我的看法。"

这些访谈和外显检验的结果都表明：缺乏经验的被试不会自发地将合取原则视为决定性的。他们的态度让我们想起了皮亚杰的守恒实验中儿童的反应。处于前运算阶段的儿童并不一定完全理解不了基于总量守恒的观点，或者有关总量守恒的典型预测（Bruner，1966）。他们只是不知道，守恒的论点是有决定性的，而且应当推翻"较高容器比较矮容器能容纳更多水"之类的感性印象。同样，缺乏经验的被试总是将合取原则视为抽象的事物，但是当将其运用到琳达问题中时，他们就会强烈感觉到 T&F 判断比 T 判断更具代表性，从而忽略了合取原则。在这个情境中，这些成人被试表现得就像他们还没有发展到形式运算（formal operation）的阶段一样。要完全理解物理学、逻辑学或统计学原理，需要知道它们能在哪些条件下克服相互矛盾的论点，如一个容器中液体的高度或一个结果的代表性。识别规则中具有决定性的本质的能力，是区分守恒定律（conservation）研究中不同发展阶段的重要依据，因此也可以区分目前这一系列研究中的被试的统计学知识背景的"深厚"程度。

更具代表性的合取

之前提到的研究表明，在人类感知和社会刻板印象领域，人们一再违背合取原则。合取原则在其他判断中是否能更好地发挥作用呢？如果我们把目标事件的不确定性归因于概率，而不是一定程度的无知，合取原则是否成立？相关领域的专业知识是否有助于克服这种合取谬误？经济激励是否可以使受访者意识到这种错误？下面的研究就是为回答这些问题而设计的。

医疗判断

在这个研究中，我们让执业医生对临床证据进行一些直觉上的预测。[1] 我们选择研究医疗判断，是因为医生拥有专业的知识，而且直觉判断在医疗决策中往往起到了非常重要的作用。两组医生参与了这个研究。第一组由来自大波士顿区的 37 名内科医生组成，他们正在哈佛大学攻读研究生课程；第二组由在新英格兰医疗中心颇有声望的 66 名内科医生组成。我们向其提供了如下问题：

一名 55 岁的女性在进行了胆囊切除术 10 天后发生了肺动脉栓塞。
请按照患者所经历的情况，对下列情况发生的可能性进行排序，其中 1 表示最可能发生，6 表示最不可能发生。当然，患者可能会经历不止一种情况。

---

[1] 感谢哈佛大学医学院的芭芭拉·麦克尼尔（Barbara J. McNeil）、美国塔夫茨大学医学院的斯蒂芬·波克尔（Stephen G. Pauker）、斯坦福大学医学院的爱德华·贝尔（Edward Baer），在设计临床问题和收集资料方面提供的帮助。

呼吸困难和轻偏瘫（A&B）	晕厥和心动过速
小腿疼痛	轻偏瘫（B）
胸炎性疼痛	咯血

每个问题的症状都包括一个经我们的咨询医生判断，为该类型患者的非代表性症状，记为 B，还包括 B 与另一个高代表性症状 A 的合取。在上文中提到的肺栓塞（肺部血栓）的例子中，呼吸困难（气短）是一个典型症状，而轻偏瘫（部分瘫痪）是非典型症状。首先每个参与者会以间接的形式收到 3 个（或两个）问题，其中包括 B 或 A&B，但不同时包括两者；然后是两个（或 3 个）直接问题，如上表所示。研究设计是平衡的，即每个问题在每种形式中出现的次数是相等的。我们请一个由 32 名斯坦福大学的医生组成的独立小组根据"每个症状的临床代表性程度"来对其进行排序。

这种设计本质上与比尔和琳达的相关研究是一样的。两个实验的结果也是相似的。在 5 个问题中，概率的均值和代表性程度的平均评分之间的相关性都超过了 0.95。对于这 5 个问题中的每一个问题，一个不太可能出现的症状和一个可能出现症状的合取概率，都大于那个不太可能出现的症状的概率。在直接检验和间接检验中，症状的排序都是一样的。A&B 和 B 的整体排序均值：直接检验中为 2.7 和 4.6；间接检验中为 2.8 和 4.3。在直接检验中，违背合取原则的概率为 73%～100%，平均为 91%。显然，即便是非常资深的专家，也难免会受到代表性启发式的影响，而且也无法避免合取错误的产生。

我们是否可以将这些结果理解为对合取原则的一致违背，而不是归因于这些专家？本研究中使用的说明旨在避免人们将症状 B 理解为对相关事实的详尽描述，这意味着不存在症状 A。我们要求被试按照"这些症状将在患者身上出现"的概率对症状进行排序。同时，我们也会提醒他们"患者可能会出现不止一种症状"。为了检验这些说明的效果，我们在问卷的最后加入了以下问题：

> 在评估患者经历描述的 X 症状的概率时，你是否假设：
> X 是该患者出现的唯一症状？
> X 是该患者出现的多种症状之一？

在被询问的 62 名内科医生中，有 60 名选择了第二个选项，没有接受一种可以证实明显违背合取原则的解释。

另外 24 名内科医生（大部分是斯坦福医院的住院医生）参加了小组讨论，在这个讨论中，他们会在同一问卷中看到自己的合取谬误。这些被试没有对自己的合取谬误进行辩解，尽管有些参考文献指出这些都是"临床经验的本质"。大多数被试为自己犯了一个基本的逻辑错误而感到惊讶和失望。因为合取谬误很容易被发现，因此犯了这种错误的人会有一种自己本可以做得更好的感觉。

预测温布尔登网球公开赛

上述研究遇到的关于患者愈后情况或个人职业的不确定性，通常会被归因于信息的不完整而不是被随机过程所操纵。最近，理查德·尼斯贝特、D. H. 克兰茨（D. H. Krantz）、C. 杰普森（C. Jepson）和 Z. 昆达（Z. Kunda）对日常事件进行的归纳推理的研究表明，统计原理（如大数定律）通常会被运用到诸如体育赛事、博彩等领域，因为这些领域中含有随机因素（Nisbett, Krantz, Jepson & Kunda, 1983）。接下来的两个研究检验了合取原则在预测体育赛事和碰运气游戏时的应用，而在这些赛事和游戏中，整个过程的随机性非常突出。

1980年10月，我们通过在美国俄勒冈大学报纸上刊登广告的方式招募了93名被试来回答下述问题：

> 假设瑞典网球运动员比约恩·博格（Bjorn Borg）在1981年打进了温布尔登网球公开赛（简称温网）决赛。
> 请将以下结果按概率从高到低排序：
> A. 博格将赢得比赛（1.7）
> B. 博格将输掉第一局（2.7）
> C. 博格将输掉第一局，但赢得比赛（2.2）
> D. 博格将赢得第一局，但输掉比赛（3.5）

每种结果后面括号里的数值为其排序均值（1为最有可能，2为第二有可能，依此类推）。这些结果代表着博格的实力的不同水平，选项A代表的水平最高；选项C代表的是一个相对较低的水平，因为它表明博格在第一局中处于劣势；而选项B也代表了较低的水平，因为它只提到了这种劣势；但选项D在所有选项中代表的水平是最低的。

博格在1980年赢得自己的第5个温网冠军之后，他看起来实力非常强大。因此，我们假设人们会判断选项C比选项B更有可能发生，因为与选项B相比，选项C代表着博格发挥得更好，但这种判断违背了合取原则。而排序的平均值也证实了这个假设；72%的被试对选项C的排序优于选项B，在直接检验中违背了合取原则。

被试是否有可能以非外延性方式来理解目标事件，而这种非外延的方式可以证明被观察到的排序的合理性，或可以对其进行解释？众所周知，连接词（如且、或、如果）在通用语言中经常以背离其逻辑定义的方式被使用。也许被试是将合取关系（A 且 B）理解成了析取关系（A 或 B）、指代关系（A 暗指 B），或条件关系（如果 B，那么 A）。或者，事件 B 可能被理解成了 B 和非 A 的合取。为了研究这些可能性，我们向另一组来自斯坦福大学的 56 个毫无统计学知识背景的被试展示了相关网球赛事的假设结果，并以输赢的方式对这些结果进行编码。例如，序列 LWWLW 表示在一场 5 局的比赛中，博格输掉了第一局和第四局（L），但其他的几局都赢了（W），而且最终赢得了比赛。对于每个序列，被试被要求检查原来的博格问卷中的 4 个目标事件并通过符号 + 或 - 标记出给定的序列是否与每个事件相符。

除了极少的例外情况，几乎所有的被试都是根据对目标事件的标准（外延）理解进行标记的。当两个因素都满足时（如 LWWLW），序列被判定为与合取事件"博格将输掉第一局但赢得比赛"相一致，当有一个或两个因素无法满足时则被判定为不一致。最终，这些被试都没有将合取事件理解为一种指代关系、条件关系或析取关系。此外，LWWLW 和 LWLWL 被判定为与"博格将输掉第一局"的这一包含事件相一致，这与包含事件 B 在其他语境中被视为"博格将输掉第一局且输掉比赛"的假设相矛盾。因此，序列的分类在表明目标事件的外延时几乎不存在什么歧义。具体来说，所有被归为 B&A 的例子也可以被归到 B 中，但根据合取原则中应该满足的条件，一些被归于 B 的序列可能与 B&A 不符。

出现合取谬误还可能是因为，被试不是根据证据 E（琳达的个性）来评估假设 B（如琳达是一名银行出纳）的概率 $P(B/E)$ 的，而是评估所提出的假设证据的逆概率 $P(E/B)$。因为 $P(E/A\&B)$ 可能远远超过 $P(E/B)$，因此基于这种解释，被试的判断可能是合理的。无论这种可能性在琳达的例子中多么可信，它都不适用于当前的研究，因为在已知比赛结局的条件下评估博格进入决赛的条件概率是没有意义的。

风险选择

如果合取谬误不能被目标事件的重新解释证实，那么是否可以通过一个非标准性概率概念来将其合理化？基于这种假设，代表性被视为概率的一种合理的非外延性解释，而不是一种容易出错的启发式。因此，合取谬误可能被认为是对"概率"一词的含义的误解。为了研究这个假设，我们在下述决策问题中对合取原则进行了检验。在这些问题中，人们有选择最有可能发生的事件的动机，尽管我们并没有提到"概率"这个词。

> 想象一枚普通的 6 面骰子，其中有 4 个绿色面和 2 个红色面。将骰子滚动 20 次，记录出现绿色面（G）和红色面（R）的顺序。你需要从一组 3 个序列中选择一个序列，如果你选择的序列与骰子连续掷出的结果一致，将赢得 25 美元。请给出你的选择。
>
> 1. RGRRR
> 2. GRGRRR
> 3. GRRRRR

请注意，从序列 2 中拿掉第一个 G 就变成了序列 1。因此，按照合取原则，序列 1 肯定比序列 2 更有可能发生。而且，我们可以看到，这 3 种序列都不具代表性，因为它们包含的 R 比 G 更多。然而，序列 2 看起来更像是序列 1 的改进版，因为序列 2 中包含可能出现的颜色的比例更高了。一组由 50 名被试组成的实验组被要求根据序列所具有的代表性程度对其进行排序。其中，88% 的被试将序列 2 排到了最高位，而将序列 3 排到了最低位。因此，序列 2 最具代表性，尽管它是由序列 1 主导的。

来自加拿大不列颠哥伦比亚大学和斯坦福大学的 260 名学生回答了这个问题。不同人群给出的结果没有显著的差异性，因此我们将数据进行了合并。这些被试被分成 30～50 人的小组，并在教室中进行实验。约一半的被试（$N=125$）通过投注获得了真正的报酬，另一半的被试则进行的是假设性实验。在进行真实投注的被试中，有 65% 的人选择了序列 2；而在假设组中，有 62% 的被试选择序列 2。在两组中，都只有 2% 的被试选择了序列 3。

为了进一步说明两种关键序列之间的关系，我们向一组由 59 名被试组成的实验组提出了一个（假设性）决策问题，并将序列 2 替换为 RGRRRG。这个新序列依然更受欢迎，有 63% 的被试选择了这个新序列而不是序列 1——RGRRR，尽管这两个序列的前 5 个因素一模一样。这些结果表明：被试会根据 G 和 R 的比例对每个序列进行编码，而且按照这两种序列中不同结果（R 和 G）的比例（1/5 和 1/3）与预期值 2/3 之间的差异对序列进行排序。

根据这些结果，合取错误显然并不局限于对"概率"这个词的误解。即使这个词根本没有出现，甚至没有出现在有大额报酬的选项中，我们的被试都会遵循代表性启发式。而且，这些结果也表明合取谬误不仅局限于对连接词"且"的理解，因为这个连接词在问题中根本没有出现。根据之前的定义，对连接词的检验是直接的，因为被试被要求对两个具有包含关系的事件进行比较。然而，对几名被试的非正式访谈表明这种检验是很巧妙的：只有一小部分被试注意到了序列1和序列2之间的包含关系。很显然，人们并不习惯于检验事件之间的包含关系，即使这些关系已经被明显地呈现出来了。

假设被试注意到了序列1和序列2之间的包含关系，他们是否能立刻意识到它的影响，并将其视为选择序列1的决定性因素？最初的选择问题（不包括序列3）被呈现给了88名来自斯坦福大学的被试。但我们没有要求被试选择自己愿意投注的序列，而是要求他们在以下两个论点中选择自己认为正确的论点。

> **论点1**：序列1（RGRRR）比序列2（GRGRRR）更有可能出现，因为序列2只是在序列1的开头加了一个G。因此，每当序列2发生的时候，序列1肯定会发生。因此，你可以在第一局赢、第二局输，但你不可能在第二局赢、第一局输。
>
> **论点2**：序列2（GRGRRR）比序列1（RGRRR）更有可能出现，因为与序列1相比，序列2中R和G的比例更接近原本骰子4个绿色面和2个红色面的预期比例。

结果显示，大多数被试（76%）选择了有效的外延性论点，而不是反映代表性直觉的论点。我们可以回想一下琳达的例子，其中也有一个类似的论点，但在阻止人们出现合取谬误方面的效度要低得多。目前这种操作的成功可以归因于机会设置和投注游戏的结合，这是在通过强调投注的回报条件来促进外延性推理。

谬误与误解

我们将直接检验中违反合取原则的现象称为谬误。"谬误"这个词在这里被理解为一种心理学假设，而不是一个评估性词语。当做出判断的大多数人在获得适当的解释后倾向于接受以下命题时，这个判断就被恰当地贴上了谬误的标签：第一，他们犯的这个错误非同小可，在类似的问题中可能还会犯这种错误；第二，这种错误是观念性的，而不仅仅是字面上或技术上的；第三，他们应该知道正确答案或者寻找正确答案的方法。或者，如果被试误解了问题或者实验人员错误地解释了答案，那么相同的判断可以被描述为交流失败。那些因为误解而犯错的被试很可能会拒绝上述命题，并且会声称其实自己知道正确答案（就像学生在考试后的惯常表现），如果真的犯了错误，也只是字面上或技术上的，而不是观念上的。

心理学分析应该有清晰的解释，并避免将真正的误解当作谬误。而且，也应该避免用临场的理解将判断错误合理化。但是，谬误和误解之间的分界线并不总是清晰的。在我们早期的研究中，大多数的被试会认为某种描述更像是针对体育教师而非学科教师的。严格地说，后者包括了前者，但人们可能认为这个问题里的"教师"并不包括体育教师，就像"动物"在某种意义上不包括昆虫一样。所以，对于外延性原则的明显违背到底是应该被描述成谬误还是误解，其实是不明确的。在目前的研究中，为了避免产生歧义，我们专门将关键事件定义为具有明确界限的类别集合，如银行出纳和女权主义者。这些被试在实验结束后的相关讨论中发表评论支持了我们的结论，即我们在直接检验中观察到的违背合取原则的行为都是真正的谬误，而不仅仅是误解。

因果合取

前文中讨论的问题包括 3 个方面：一个因果模型 M（琳达的人格）；一个基本的目标事件 B，它是模型 M 的非代表性例子（琳达是一名银行出纳）；还有一个附加事件 A，这个事件是模型 M 的高代表性例子（琳达是个女权主义者）。在这些问题中，模型 M 与 A 正相关，而与 B 负相关。这个结构被称为 M → A 范式，如图 2-1 的左侧部分所示。我们发现，当与琳达的人格相关的描述被省略，她被认为只是"一位 31 岁的女士"时，基本上所有的被试都会遵循合取原则，认为合取事件（是名银行出纳且是活跃的女权主义者）的概率比其子事件的概率更小。因此，初始问题中的合取错误可以被归因为 M 和 A 之间的关系，而不是 A 和 B 之间的关系。

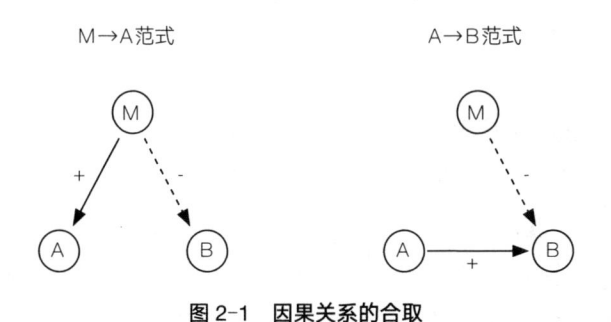

图 2-1　因果关系的合取

注：实线箭头和虚线箭头分别表示模型 M、基本目标事件 B 和附加目标事件 A 之间存在的强正性相关和强负性相关关系。

尽管银行出纳和女权主义者的刻板印象之间只是稍微不相容，但合取谬误在琳达问题中依然很普遍。当合取事件中的子事件之间高度不相容时，合取错误出现的概率会大大降低。例如，合取事件"比尔对音乐毫无兴趣，但他的业余爱好是演奏爵士乐"就会被认为比其子事件更不可能发生（也更不具代表性），尽管"对音乐毫无兴趣"会被认为是比尔的一个可能（具有代表性的）特征。因此，两种属性的不相容会降低它们合取的概率。

相容性对合取事件概率评估的影响不只限于子事件之间接近相互矛盾的关系。例如，一个学生的数学和物理两门课的成绩都名列前茅或都处于下游，比其中一门处于上游而另一门处于下游的情况更具代表性（也更有可能发生）。这就意味着一个合取事件的判断概率（或代表性）不能像其子事件的尺度值的函数（如乘积、和、最小值、加权平均等）那样得以计算。这一结论会排除掉一大批忽略了合取事件中子事件之间关系的形式模型。而这种合取概念模型的可行性也引发了激烈的辩论（Jones，1982；Osherson & Smith，1981，1982；Zadeh，1982；Lakoff，1982）。

上文中的讨论提出了一种新的形式结构，即 A → B 范式，如图 2-1 右侧部分所示。合取错误发生在 A → B 范式中，因为 A 和 B 之间存在直接联系，哪怕附加事件 A 并不是模型 M 的代表性事件。接下来，我们将对一些问题进行研究，在这些问题中，附加事件 A 为事件 B 的发生提供了合理的原因或动机。我们假设因果关系的强度也会使合取事件的概率判断产生偏差（Beyth-Marom，1981），前文已证实它会使条件概率判断产生偏差（Tversky & Kahneman，1980）。正如人格和社会刻板印象会自然引发对其相似性的评价，一种结果和它可能的原因的想法也会激发人们对其中的因果关系进行评价（Ajzen，1977）。对喜好的自然评估将会使概率估计产生偏差。

为了说明 A → B 范式中存在的偏差，我们可以思考以下问题，这也是我们向 115 个加拿大不列颠哥伦比亚大学和斯坦福大学本科生提供的问题：

> 研究人员对不列颠哥伦比亚省（位于加拿大）所有年龄段、从事各类职业的成年男性进行了具有代表性的健康抽样调查。样本包括 F 先生。他是从被试列表中随机抽取出来的。
> 以下哪种描述更有可能发生（单选）：
> F 先生经历过一次或者多次心脏病发作；
> F 先生经历过一次或者多次心脏病发作；而且他已经超过了 55 岁。

在这些没有统计学知识背景的被试中，有 58% 的人在这个看似简单明了的问题中犯了合取错误。为了检验这种错误是由高龄和心脏病发作之间的因果（或者相关）关联引起的，而不是由每个子事件概率的权重均值引起的，我们在不改变其边缘概率的前提下通过拆解目标事件来消除这种关联性。

> 研究人员对不列颠哥伦比亚省所有年龄段和职业男性进行了具有代表性的健康抽样调查。样本中包括 F 先生和 G 先生。他们是从被试列表中被随机抽取出来的。
> 以下哪种描述更有可能发生（单选）：
> F 先生经历过一次或者多次心脏病发作；
> F 先生经历过一次或者多次心脏病发作；而 G 先生已经超过了 55 岁。

将关键属性分配给两个独立的个体，通过使事件（有条件地）保持独立性可以降低 A → B 的联结带来的影响。因此，合取错误的发生率下降到了 29%（N=90）。

A → B 范式可能会产生双重的合取错误，在这种情况下，A&B 会被认为比 A 或 B 更有可能发生，正如下一个问题所示。

> 彼得是一名大学三年级的学生，他正在为地区运动会 1 英里赛跑进行训练。在本赛季前期的比赛中，彼得获得的最好成绩是 4 分 06 秒。请将以下结果按照最有可能到最不可能的顺序进行排序：
> 彼得会在 4 分 06 秒以内跑完全程。
> 彼得会在 4 分钟以内跑完全程。
> 彼得后会在 1 分 55 秒以内跑完后半程。
> 彼得后会在 1 分 55 秒以内跑完后半程，而且会在 4 分钟内跑完全程。
> 彼得会在 2 分 05 秒以内跑完前半程。

关键事件（在 1 分 55 秒以内跑完后半程且在 4 分钟内跑完全程）被清晰地定义为一个合取事件，而不是一个条件事件。然而，76% 的被试（N=96）认为这一合取事件比其中一个子事件的概率更高，而 48% 的被试认为它比两个子事件的概率都要高。人们对于子事件之间的关系的自然判断影响了他们对合取事件的判断。相比之下，没有人违背外延性原则，即认为第 2 个选项（4 分钟以内跑完全程）比第 1 个选项（4 分 06 秒以内跑完全程）更有可能发生。上述结果表明，对于合取事件的概率判断不能由平均模型来解释，因为在这种模型中，

$P(A\&B)$ 位于 $P(A)$ 和 $P(B)$ 之间。但是，平均的过程可能会导致一些合取错误，尤其是当合取事件中的子事件的概率是以数值的形式呈现时。

动机与犯罪

动机 - 行动模式中的合取错误如下所示，我们对 171 名加拿大不列颠哥伦比亚大学的学生进行了以下考察：

约翰·P 是个性格温和的男性，42 岁，已婚，有两个孩子。邻居说他性情温和，但有点神秘。他在纽约市经营一家进出口贸易公司，经常去欧洲和远东旅行。P 先生曾因走私宝石和金属（包括铀）而被定罪，被判 6 个月监禁，缓期执行，且被处以巨额罚款。P 先生目前正在接受警方调查。

请将下列陈述按其将成为调查结论的概率进行排序。请记住，还存在其他的可能性，而且不止一项陈述可能是正确的。1 代表可能性最高的陈述，2 代表可能性次高的陈述，依此类推。

- P 先生是个儿童猥亵犯。
- P 先生参与了间谍活动并出售秘密文件。
- P 先生是个瘾君子。
- P 先生杀死了自己的一名员工。

一半的被试（$N = 86$）对以上陈述进行了排序。而其他被试（$N = 85$）看到的陈述列表是经过修订的，其中最后一项被替换为：

P 先生杀死了自己的一名员工，以阻止其报警。

虽然增加了一种可能的动机显然会降低事件的外延性（P先生可能因为其他原因，如因报复或自卫而杀死自己的员工），但我们假设，提到一个看似合理但并不明显的动机，会增加人们对事件发生的可能性的感知。数据证实了这一预期。合取事件的可能性排序均值为2.90，而包含性陈述的排序均值为3.17（t检验，$p < 0.05$）。此外，有50%的被试认为合取事件比P先生是个瘾君子这一单一事件更有可能发生，但只有23%的被试认为存在包含关系的目标事件比P先生是个瘾君子更有可能发生。我们在其他同类型的问题中发现，当动机为目标事件提供了一个合理的解释且其本身看起来可能性很高但同时又不明显时，提到这样一种原因或动机往往会提高某一行动的判断概率，从某种意义上来说，当提到结果时，这种原因或动机不会立刻浮现在人们的脑海中。

在 A → B 和 M → A 两种范式中，我们都在其他涉及犯罪行为的判断中观察到了合取错误。例如，一名有暴力倾向的警察参与毒品交易，这种假设的可能性（相对于标准的比较集）比他参与毒品交易且最近还袭击了一名嫌疑人的合取推论的可能性排序更低。在这个例子中，近期袭击嫌疑人的行为与毒品之间并没有因果关系，但它使合取事件中的描述与嫌疑人的性格更为相符。判断心理学对法律证据评估的影响值得深入研究，因为许多审判的结果取决于法官或陪审团根据部分和容易出错的数据做出直觉判断的能力（Rubinstein, 1979; Saks & Kidd, 1981）。

预测和情景

对未来事件的情景的构建和评估不仅仅是记者、分析员和新闻观察员的爱好。情景经常会在规划的背景下使用，它们的可能性影响着重要的决策过程。过去的情景在很多情况中也非常重要，包括刑法和历史编写。因此，评估现实事件的预测或重建是否会受到合取错误的影响是很有意义的。我们的分析表明，一个包含可能原因和结果的情景可能比结果本身更有可能出现。我们分别在没有统计学知识背景和有统计学知识背景的被试中检验了这一假设。

1982年4月，我们请245名加拿大不列颠哥伦比亚大学的本科生对1983年的几起事件发生的概率进行了评估。我们采用了9分制量表，定义如下：低于0.1%、0.1%、0.5%、1%、2%、5%、10%、25%、50%和50%以上。每个问题都以两个不同的版本呈现给不同的被试：一个版本只有基本的结果，而另一个版本中包含了导致这一结果的更详细的情景信息。例如，一半的被试评估了1983年北美某地区发生巨大洪水的概率，在这场洪水中有1 000多人丧生。另一半被试评估了1983年加利福尼亚州发生地震的概率，这次地震引发的洪水导致1 000多人丧生。

结果表明，人们对合取事件（地震和洪水）的概率判断明显高于对洪水的概率判断（曼-惠特尼检验，$p<0.01$）。两个概率的几何平均值分别为3.1%和2.2%。因此，提醒人们灾难性的洪水可能是由事先已经预料到的加利福尼亚州地震造成的，这会让人们对地震和洪水的合取事件的概率判断大于只发生洪水的概率判断。在其他问题中，我们也发现了同样的模式。

这个研究的第二部分中的被试，是1982年7月土耳其伊斯坦布尔第二届全球预测大会的115名参会者。大部分被试都是职业分析师，受雇于企业、大学和研究机构。他们是预测和计划方面的专家，而且很多人也在自己的工作中采用了情景分析法。这个研究的设计和问卷量表都与上一个研究一样。其中一组预测者评估了两个国家于某个时期完全中断外交关系的概率。

其他被试评估了下述情景中出现相同结果的概率：在某个时期，世界爆发局部战争，两个国家完全中断外交关系。

尽管"断交"比"爆发局部战争且断交"发生的概率更大，但爆发局部战争为两个国家的断交提供了一个看似合理的情景。正如我们预期的那样，这两个问题的概率估值都很低，但"爆发局部战争且断交"这一合取事件的概率估值却显著高于"断交"（曼－惠特尼检验，$p<0.01$）。两者的几何平均值分别为 0.47% 和 0.14%。在下述的比较中，也出现了类似结果：

> 1983 年，美国的石油消费量会下降 30%。
> 1983 年，石油价格急剧上涨，美国的石油消费量会下降 30%。

这两者的几何均值分别为 0.22% 和 0.36%。我们推测在这个问题中这种效应会小一些（尽管仍然具有统计学意义），因为基本的目标事件（石油消费量大幅下降）使得附加事件（油价的大幅上涨）非常容易被人们想到，即使我们并没有提及这一点。

对于涉及假设性原因的合取事件，人们尤其容易犯错，因为在给定原因的情况下评估结果的概率比评估结果和原因的联合概率更为自然。我们不认为被试会刻意采用这种解释；相反，我们提出了一个更高的条件估计作为锚定点，使合取事件看起来更有可能一些。

尝试预测一些重大国际事件或争端通常都涉及情景的构建和评估。同样，一个关于受害者可能是由被告之外的人谋杀的这种似是而非的故事，可能会让陪审团对相关案件产生合理的怀疑。情景可以有效地激发想象力，建立结果的可行性，或为概率的判断设置界限（Kirkwood & Pollock, 1982; Zentner, 1982）。然而，将情景用作评估概率的主要工具，可能具有高度误导性。首先，这一过程会让人们更相信由一系列可能的步骤（如一个计划的成功执行）产生的合取结果，而不是同等概率的析取结果（如一个周密计划的失败），后者可能以多种不太可能的方式发生（Bar-Hillel, 1973; Tversky & Kahneman, 1973）。其次，通过情景应用来评估概率特别容易出现合取错误。一个由因果联系和代表性事件组成的详细情景可能比这些事件的子集更有可能出现（Slovic, Fischhoff & Lichtenstein, 1976）。这种影响有助于增强情景的吸引力以及这些情况带来的虚幻的洞察力。律师在对未知事实，如动机或操作方式进行推测时，可能会通过提高案件的连贯性来增加说服力，尽管这种补充只会降低案件发生的可能性。类似地，政治分析师可以通过添加可信的原因和具有代表性的结果来改善情景。

外延性线索

本文中提到的许多合取错误说明了人们对非外延性推理的偏好。很明显，人们可以理解并应用外延性规则。什么线索会引发外延性思考？什么因素会促进人们遵循合取原则？在这一节中，我们将重点关注单个估计问题，并报告几种会诱发外延性推理和降低合取谬误发生率的操作方式。本节所述研究的参与者是加拿大不列颠哥伦比亚大学没有统计学知识背景的学生。括号中给出了平均估计值。

加拿大不列颠哥伦比亚省对当地所有年龄段、从事各类职业的成年男性进行了健康情况抽样调查。

请就下列问题做出最佳估计：

- 接受调查的男性中，经历过一次或多次心脏病发作的人的比例是多少？（18%）
- 接受调查的男性中，年龄在 55 岁以上且经历过一次或多次心脏病发作的人的比例是多少？（30%）

对于这个有关健康调查的问题，不具备统计学知识背景的被试犯下了大量的合取错误：65% 的被试（N=147）对第二个问题的概率估计比第一个问题的估计更高（Bar-Hillel，1923）[1]。问题呈现的顺序对结果没有显著影响。

我们可以将在相对频率估计中观察到的对合取原则的违反归因于 A→B 范式。我们认为，对年龄与心脏病发作之间的因果或统计关联强度进行的自然评估，影响了人们对合取事件的概率判断。虽然问题的陈述看起来很明确，但我们考虑的假设是，犯了这种错误的被试实际上是把第二个问题理解成评估一个条件概率的前提。我们请另一组加拿大不列颠哥伦比亚大学本科生也来回答这两个问题，但对第二个问题略做了修改：

接受调查的年龄在 55 岁以上的男性中，经历过一次或多次心脏病发作的人的比例是多少？

---

[1] 对于斯坦福大学一组修过一门或多门统计学课程的高年级本科生（N=62）来说，合取谬误的发生率要低得多（28%）。

这组被试给出的平均估值为 59%（$N = 55$）。这个值明显高于那些在原始问题中犯了合取谬误的被试给出的合取事件的平均估值（45%）。因此，违背了合取原则的被试并不是简单地用条件概率 $P(B/A)$ 代替合取概率 $P(A\&B)$。

问题中看似无关紧要的变化可以帮助许多被试避免合取谬误。一组新的被试（$N=159$）被要求回答最初的问题，但需要在评估合取问题前先来评估"55 岁以上男性受访者在样本中所占的比例"这一问题。这一操作将合取错误的发生率从 65% 降到了 31%。在评估两类事件交集的频率之前，先对其相对频率进行估计的要求，似乎给了被试适当的暗示。

下面的构想也有助于进行外延性推理：

加拿大不列颠哥伦比亚省进行了一项针对当地所有年龄段和职业男性的健康情况抽样调查。
请就下列问题做出最佳估计：
- 100 名参与者中有多少人经历过一次或多次心脏病发作？
- 100 名参与者中有多少人都超过了 55 岁，并且都经历过一次或多次心脏病发作？

在这个版本中，合取谬误的发生率只有 25%（$N = 117$）。显然，明确标记出个案的数量会鼓励被试构建相关问题的表象，在这种问题的表象中，类别的包含关系很容易被感知和理解。我们已经在其他几个相同类型的问题中重复了这种结果。让一组被试（$N=360$）在判断合取事件概率前，先估计 55 岁以上的参与者样本大小，此时他们的错误率进一步降低至 11%。这个研究结果与 R. 贝斯－马罗姆（R. Beyth-Marom）的结果一致，他观察到在概率判断中，对合取事件的估计高于在频率评估中的估计（Beyth-Marom，1981）。

这一部分的研究结果表明，即使是在目标事件的外延和评价量表的意义都完全明确，且针对相对频率的简单估计中，非外延性推理有时也会产生决定性的影响。此外，我们发现，用频率代替百分比并要求被试评估这两种成分类别，可以显著降低合取谬误的发生率。看起来似乎无关紧要的线索很容易让人做出外延性推理。这里有一个值得注意的对比，那就是外延性线索在健康调查问题中的效度，与用于消除琳达问题中的合取谬误的方法（论证、投注、"是否"）的相对无效性之间的对比。当合取由具体类别的交集而不是由属性的组合定义时，合取原则的影响力就更容易被理解。虽然从逻辑的角度来看，类别和属性是等价的，但它们会产生不同的心理表征，在这些心理表征中，不同的关系和规则是明确的。属性与类别在形式上的等价性显然无法通过程序化的方式灌输给外行。

讨论

在这个项目中，我们研究了多个领域的外延规则；我们对 3 000 多名被试进行了数十个问题的测试，并检验了这些问题的多种变体。本章所报告的结果是对这项工作的一个有代表性的总结，但并非详尽无遗。

数据显示，在间接和直接检验中，没有专业知识和具备专业知识的被试都普遍地违反了外延规则。这些结果在判断启发式的框架内得到了解释。我们认为，概率或频率的判断常常会受到问题引发的自然评估的影响。因此，估计某一类别的频率的要求会使人们开始进行范例搜索，从性格概述中预测职业选择的任务会引发针对特征的比较，而关于事件共发的问题则会引发对其因果关系的评估。这些评估不受外延规则的限制。虽然任意减少事件的外延性通常会降低其可得性、代表性或因果一致性，但在许多情况下，对限制事件的评估要高于对合取事件的评估。自然评估可以通过3种方式使概率判断产生偏差：第一，被试可能会有意将自然评估用作一种评估策略；第二，被试可能会受到自然评估的引导或锚定；第三，被试可能没有鉴别出自然评估与所需评估之间的差异。

逻辑与直觉

合取错误以足够清晰的方式向我们展示了以最正式的概率概念为基础的外延逻辑与支配很多判断和信念的自然评估之间的对比。然而，概率判断并不总是由非外延性启发式所主导的。概率论的基本原理已经成为文化的一部分，甚至没有统计学知识背景的成年人也能在简单的概率游戏中列举出各种可能性和计算胜率（Edwards，1975）。此外，一些真实生活的情境能帮助人们对事件进行分解。例如，可以对团队进入季后赛的机会进行如下评估："如果我们击败团队B，就可以进入季后赛，我们应该能够做到这一点，因为我们有了更好的防守；或者B队输给C队和D队，我们也能进入季后赛，而这是不可能的，因为这两支队伍都没有很强的进攻能力。"在这个例子中，目标事件（进入季后赛）被分解成更基本的可能性，人们可以用一种直观的方式对其进行评估。

概率判断的不同之处在于它们遵循分解法或整体法的程度，以及对概率的评估和汇总是分析性或直觉性的程度（Hammond & Brehmer,

1973）。在一种极端情况中，可以通过计算"有利"结果的相对频率来回答一些问题，如在扑克游戏中击败选手牌的概率有多少？这种分析具有与扩展方法相关的所有特性：它是分解性的、频率性的和算法性的。在另一种极端情况中，人们通常以一种整体的、单一的和直观的方式对一些问题进行评估，如目击者说真话的概率是多少（Kahneman & Tversky，1982b）。分解和计算可以防止合取错误和其他偏差的出现，但在随机抽样的领域外，直觉元素并不能从概率判断中被完全排除。

对合取原则的直接检验使直觉印象与概率论的基本定律对立起来。这一冲突的结果取决于证据的本质、问题的提法、事件结构的明显程度、启发式的吸引力，以及被试的专业背景。在任何一个特定的直接检验中，人们是否遵守合取原则取决于这些因素之间的平衡。例如，我们发现很难引导那些没有专业背景的被试在琳达问题中应用合取原则，但是在健康调查问题中，只需要做出微小的改变就会对合取错误产生显著影响。这个结论和尼斯贝特等人的研究结果是一致的，他们发现外行人也可以将某些统计原则（如大数定律）应用于日常问题，这些原则的可得性会随着问题的内容发生变化，而且会随着被试的专业知识水平的提高而明显增加（Nisbett et al., 1983）。然而，我们发现，有专业背景的被试和缺乏经验的被试在间接检验中对琳达问题的回答是相似的，只是在包含关系非常明显的问题版本中出现了分歧。这些观察结果表明，统计的复杂性并没有改变人们对代表性的直觉，尽管它能使被试在直接检验中认识到外延性原则的决定性力量。

现实生活中的判断问题，通常不会以"被试间设计检验"或概率定律的直接检验的形式出现。因此，在被试间设计检验中，被试的表现可以为日常推理提供一个更现实的视角。在间接检验中，即使是经验丰富的判断者也很难保证一个事件中没有比其自身更有可能发生的子集，也不存在发生概率更低的超集。如果将相关集合中的所有事件都表示为基础概率的不相交并集，则肯定可以满足外延性原则，而无须直接将 A&B 与 B 进行比较。然而，在许多实际情况下，这种分析是不可行的。医生、法官、政治分析师或企业家通常只关注关键性目标事件，很少会发现可能会违反外延性原则的行为。

对推理和解决问题的研究表明，人们往往无法理解或应用抽象的逻辑性原则，即使他们在熟悉的具体环境中可以正确地使用，情况依然如此。例如，P.N. 约翰逊－莱尔德（P.N. Johnson-Laird）和彼得·沃森（Peter Cathcart Wason）指出，在抽象形式中验证"如果……那么"（if then）语句时出现错误的人，通常在问题激活了一个熟悉的图式时就能获得成功（Johnson-Laird & Wason，1977）。目前的结果则显示了相反的模式：人们通常能接受抽象形式的合取原则（B 比 A&B 更有可能），但在具体的例子中却会违反合取原则，如在琳达和比尔问题中，这一规则就会与直观印象产生冲突。

违反合取原则的现象不仅在我们的研究中普遍存在，而且出现的次数也很可观。例如，在估计单词频率的时候，被试给出的以 ing 结尾的 7 个字母构成的单词出现的频率估计，是以 _n_ 结尾的 7 个字母构成的单词出现频率估计的 3 倍。3 倍的修正是消除两个估计之间不一致的最小改变。然而，被试当然知道有许多以 _n_ 结尾但不是 ing 的单词（如 present 和 content）。例如，如果他们相信 N 个单词中只有一半以 ing 结尾，那么就需要 6∶1 的调整来使整个系统一致。我们大多数的实验具有的常规性质不允许我们对一致性所需的调整系数进行估计。然而，这种影响的效应值往往是相当大的。例如，在琳达问题的评级量表版本中，T&F 和 T 的评级分布之间几乎没有重叠。当然，我们给出的问题是为引出合取错误而设计的，它们不适用于针对这些错误的普遍程度进行的无偏估计。然而，请注意，合取错误只是一种更普遍的现象的症状：人们倾向于高估具有高度代表性（或可得性）的事件的概率或低估代表性较低的事件的概率。即使"真实"概率是未知的或不可知的，违背合取原则也显示了这种趋势。这种基本现象可能比它的极端现象更为普遍。

以往的关于合取事件的主观概率的研究主要集中于检验乘法规则 $P(A\&B) = P(B) P(A/B)$（Bar-Hillel, 1973; Cohen & Hansel, 1957; Goldsmith, 1978; Wyer, 1976; Beyth-Marom, 1981）。这项法则比合取原则更严格；它还要求对概率进行基数而非序数的评估。结果表明，人们普遍高估了合取事件的概率，即 $P(A\&B) > P(B) P(A/B)$。一些研究人员，特别是怀尔（Wyer）和贝斯－马罗姆，也报告了与合取原则不一致的数据。

不确定状况下的对话

代表性启发式通常倾向于那些有好故事或好假设的结果。"在女权运动中表现活跃的银行出纳"的合取是比"银行出纳"更适合琳达的假设，我们可以通过将格莱斯关于合作的概念扩展到不确定状况下的对话中，来阐述一个好故事的概念（Grice, 1975）。对话规则的标准分析假设说话人知道真相。品质准则要求他只能说真话，数量准则要求说话人说出所有信息，而相关性原则是将信息限制在听话人需要知道的范围内。什么样的合作规则能适用于一个不确定的说话人？也就是说，什么样的合作规则可适用于一个不确定是否说了真话的人？这样的说话人只能保证同义反复的绝对质量（如"只要价格上涨，通货膨胀就会继续"），而这些同义反复的陈述不太可能在对话中产生重要意义。它们真正的意义在于传达说话人的相关信念，即使是在他们并不确定的情况下。因此，针对不确定的说话人的合作规则必须在进行信息评价时考虑到质量和数量之间的平衡。如果信息为真，那么其前景值可以由它的信息值来定义，并由它为真的概率来加权。一个不确定的说话人可能希望遵循价值准则：选择前景值最高的信息。

我们有时可以通过增加信息的内容来提高它的前景值，尽管这会降低其概率。"到今年年底，通货膨胀率将为 6%～9%"的预测可能比"通货膨胀率将为 3%～12%"的预测更有价值，尽管后者更有可能得到证实。一个好的预测是在一个点估计（肯定是错误的）和一个 99.9% 的置信区间（通常太宽泛）之间做出的折中。科学假设的选择也面临着同样的取舍：假设必须有被证伪的风险才会有价值，但如果几乎肯定会被证伪，那么它的价值就会下降。好的假设可以平衡信息量和可能的真实性（Good，1971）。在自然范畴的结构中也存在类似的折中。"狗"这一基础类别比范围更大的类别"动物"包含的信息量要大得多，但比范围较小的类别"小猎犬"包含的信息量略少。基础类别在语言和思想方面具有优势，这大概是因为它们为我们提供了范围和内容的最佳组合（Rosch，1978）。不确定状况下的分类就是一个很好的例子。一个在黑暗中依稀可见的移动物体可能被恰当地贴上了"狗"的标签，而这时如果认定其属于细分类别的"小猎犬"会显得有些鲁莽，而如果贴上"动物"的标签则又过于保守。

请对这个问题的可能答案进行排序："你认为琳达最近在忙什么？"在这个任务中，价值准则可以证明对 T&F 而不是 T 的偏好是合理的，因为增加"女权主义"的属性极大地丰富了对琳达当前活动的描述，这种可能的事实是可以接受的代价。因此，对不确定状况下的对话的分析确定了一个相关问题，可以通过将合取事件置于其子事件之上来对这个问题进行解答。然而，我们认为价值准则并不能完美地解释合取谬误。首先，我们的被试不太可能将"根据概率对语句进行排序的要求"解释为根据预期（信息）值进行排序。其次，我们在数值估计和投注选择中观察到了合取谬误，但对话分析则根本不适用于这些情况。然而，对具有高前景（信息）值的陈述的偏好可能会妨碍我们对外延性规则的理解。正如我们在讨论图片尺寸和真实尺寸的交互时所提到的那样，即使被试很清楚两者之间的区别，一个问题的答案也可能会因另一个同源问题的答案的可得性而产生一些偏差。

同样的分析也适用于概率的其他相关概念。惊讶的概念就是一个很好的例子。虽然惊讶与预期密切相关，但它并不遵循概率定律（Kahneman & Tversky, 1982b）。例如，网球冠军输了第一局的信息比他输了第一局但赢得比赛的信息，更让人觉得惊讶；抛硬币连续 4 次出现正面比出现 4 次正面后接着出现 2 次反面更令人惊讶。然而，在每一次投注中，将赌注都压在不那么令人惊讶的选项上显然是荒谬的。我们与被试的讨论没有显示他们将概率判断的指令解释为评估惊讶程度的指令。此外，这种对惊讶程度的理解并不适用于频率判断中观察到的合取谬误。我们的结论是，惊讶和信息价值并不能很好地解释合取谬误，尽管它们很可能有助于消除合取谬误的诱因，以及降低消除合取谬误的难度。

认知错觉

我们对归纳推理的研究集中在系统错误上，因为它对于那些通常支配着我们的判断和推理的启发式具有诊断作用。用德国生物学家亥姆霍兹（Helmholtz）的话来说："正是那些不符合现实的情况，对我们发现一般知觉产生过程的规律特别有指导意义。"对偏差和错觉的关注是一种利用人为错误的研究策略，尽管它既不假设也不要求人们在感知或认知上是无能的。亥姆霍兹的观点意味着，知觉并没有被有效地分析为一个产生准确知觉的正常过程和一个产生错误和错觉的扭曲过程。认知与知觉一样，同样的机制既能产生有效判断，也可以产生无效判断。事实上，证据似乎并不支持"真理加错误"的模型，该模型假设存在一个连贯的、会受到各种扭曲和错误来源干扰的系统。因此，我们并不认同丹尼斯·林德利（Dennis Lindley）的乐观观点，即"每个语无伦次的人内心其实都有一个试图挣脱的，可以有序表达的人"（Lindley，1980），而且我们怀疑语无伦次不仅仅是表面现象（Tversky & Kahneman，1981）。

将关于一个领域的信念结构（如中美洲的政治前途）与对一个场景的看法（如从冰川点看约塞米蒂峡谷）进行比较是具有指导意义的。我们已经论证过，对相关边际概率、合取概率和条件概率的直觉判断不太可能是一致的，即无法满足概率论的约束条件。同样，对场景中距离和角度的估计也不太可能满足几何定律。例如，有些政治事件的概率 $P(A)$ 被判断为大于 $P(B)$，但 $P(A/B)$ 的概率却被判断为小于 $P(B/A)$（Tversky & Kahneman，1980）。类似地，在一个可能包含三角形 ABC 的场景中，其中 A 角看起来大于 B 角，尽管 BC 之间的距离看起来小于 AC 之间的距离。

在距离和可能性判断中违反几何和概率的定性规律对这些判断的解释和运用具有重要意义。不一致性极大地限制了可以从主观估计中得出的推论。我们不能从三角形的各个角的判断顺序中推导出各边的判断顺序，而且也不能从各个条件概率的判断顺序中推导出边际概率的判断顺序。本研究结果表明，假设 $P(B)$ 受 $P(A\&B)$ 的约束甚至是不安全的。此外，如果一个判断系统不遵守合取原则，我们就不能指望它遵守以合取原则为前提的更复杂的规则，如贝叶斯更新、外部校准和前景效用最大化。偏差和不一致的存在并没有削弱这些规则的规范性，但它降低了其作为行为描述的效度，并阻碍了它们的应用。事实上，无偏差判断的产生和不连贯评估的调和造成了严重的问题，目前还没有令人满意的解决办法（Lindley, Tversky & Brown, 1979; Shafer & Tversky, 1983）。

一致性问题在偏好和信念的研究中比在知觉的研究中更为突出。对距离和角度的判断可以很容易地与客观现实进行比较，当准确度很重要时，我们可以用客观测量来代替。相比之下，对概率的客观测量往往是不可实现的，在进行存在风险的最重要的选择时都需要对概率进行直观的评估。在缺乏有效的客观标准的情况下，不确定性判断的标准理论将信念的一致性作为人类理性的试金石。在心理学、经济学和其他社会科学的许多描述性分析中也假定了一致性。这一假设之所以有吸引力，是因为概率定律强大的规范性使得那些反例显得难以置信。我们针对合取原则的研究表明，假设一致性的标准启发性理论在描述上是不充分的，而那些忽视规范性规则的心理分析也是不完整的。对人类判断的全面描述必须反映出令人信服的逻辑规则与引人入胜的非外延直觉之间的张力。

参考文献

Ajzen, I. (1977). Intuitive theories of events and the effects of base-rate information on prediction. *Journal of Personality and Social Psychology, 35*, 303–314.

Bar-Hillel, M. (1973). On the subjective probability of compound events. *Organizational Behavior and Human Performance, 9*, 396–406.

Beyth-Marom, R. (1981). *The subjective probability of conjunctions* (Decision Research Report No. 81–12). Eugene, OR: Decision Research.

Bruner, J. S. (1966). On the conservation of liquids. In J. S. Bruner, R. R. Olver, P. M. Greenfield, et al. (Eds.), *Studies in cognitive growth* (pp. 183–207). New York, NY: Wiley.

Chapman, L. J., & Chapman, J. P. (1967). Genesis of popular but erroneous psychodiagnostic observations. *Journal of Abnormal Psychology, 73*, 193–204.

Cohen, J., & Hansel, C. M. (1957). The nature of decision in gambling: Equivalence of single and compound subjective probabilities. *Acta Psychologica, 13*, 357–370.

Cohen, L. J. (1977). *The probable and the provable*. Oxford, England: Clarendon Press.

Dempster, A. P. (1967). Upper and lower probabilities induced by a multivalued mapping. *Annals of Mathematical Statistics, 38*, 325–339.

Edwards, W. (1975). Comment. *Journal of the American Statistical Association, 70*, 291–293.

Einhorn, H. J., & Hogarth, R. M. (1981). Behavioral decision theory: Processes of judgment and choice. *Annual Review of Psychology, 32*, 53–88.

Gati, I., & Tversky, A. (1982). Representations of qualitative and quantitative dimensions. *Journal of Experimental Psychology: Human Perception and Performance, 8*, 325–340.

Goldsmith, R. W. (1978). Assessing probabilities of compound events in a judicial context. *Scandinavian Journal of Psychology, 19*, 103–110.

Good, I. J. (1971). The probabilistic explication of information, evidence, surprise, causality, explanation, and utility. In V. P. Godambe & D. A. Sprott (Eds.), *Foundations of statistical inference: Proceedings on the foundations of statistical inference* (pp. 108–127). Toronto, ON: Holt, Rinehart & Winston.

Grice, H. P. (1975). Logic and conversation. In G. Harman & D. Davidson (Eds.), *The logic of grammar* (pp. 64–75). Encino, CA: Dickinson.

Hammond, K. R., & Brehmer, B. (1973). Quasi-rationality and distrust: Implications for international conflict. In L. Rappoport & D. A. Summers (Eds.), *Human judgment and social interaction* (pp. 338–391). New York, NY: Holt, Rinehart & Winston.

von Helmholtz, H. (1903). *Popular lectures on scientific subjects* (E. Atkinson, Trans.). New York, NY: Green. (Original work published 1881).

Jennings, D., Amabile, T., & Ross, L. (1982). Informal covariation assessment. In D. Kahneman, P. Slovic, & A. Tversky (Eds.), *Judgment under uncertainty: Heuristics and biases* (pp. 211–230). New York, NY: Cambridge University Press.

Johnson-Laird, P. N., & Wason, P. C. (1977). A theoretical analysis of insight into a reasoning task. In P. N. Johnson-Laird & P. C. Wason (Eds.), *Thinking: Readings in cognitive science* (pp. 143–157). Cambridge, England: Cambridge University Press.

Jones, G. V. (1982). Stacks not fuzzy sets: An ordinal basis for prototype theory of concepts. *Cognition, 12*, 281–290.

Kahneman, D., Slovic, P., & Tversky, A. (Eds.). (1982). *Judgment under uncertainty: Heuristics and biases*. New York, NY: Cambridge University Press.

Kahneman, D., & Tversky, A. (1972). Subjective probability: A judgment of representativeness. *Cognitive Psychology, 3*, 430–454.

Kahneman, D., & Tversky, A. (1973). On the psychology of prediction. *Psychological Review, 80*, 237–251.

Kahneman, D., & Tversky, A. (1982a). On the study of statistical intuitions. *Cognition, 11*, 123–141.

Kahneman, D., & Tversky, A. (1982b). Variants of uncertainty. *Cognition, 11*, 143–157.

Kirkwood, C. W., & Pollock, S. M. (1982). Multiple attribute scenarios, bounded probabilities, and threats of nuclear theft. *Futures, 14*, 545–553.

Kyburg, H. E. (1983). Rational belief. *Behavioral and Brain Sciences, 6*, 231–245.

Lakoff, G. (1982). *Categories and cognitive models* (Cognitive Science Report No. 2). Berkeley: University of California.

Lindley, D. V., Tversky, A., & Brown, R. V. (1979). On the reconciliation of probability assessments. *Journal of the Royal Statistical Society. Series A (General), 142*, 146–180.

Lindley, D., Personal communication, 1980.

Mervis, C. B., & Rosch, E. (1981). Categorization of natural objects. *Annual Review of Psychology*, *32*, 89–115.

Nisbett, R. E., Krantz, D. H., Jepson, C., & Kunda, Z. (1983). The use of statistical heuristics in everyday inductive reasoning. *Psychological Review*, *90*, 339–363.

Nisbett, R., & Ross, L. (1980). *Human inference: Strategies and shortcomings of social judgment*. Englewood Cliffs, NJ: Prentice-Hall.

Osherson, D. N., & Smith, E. E. (1981). On the adequacy of prototype theory as a theory of concepts. *Cognition*, *9*, 35–38.

Osherson, D. N., & Smith, E. E. (1982). Gradedness and conceptual combination. *Cognition*, *12*, 299–318.

Rosch, E. (1978). Principles of categorization. In E. Rosch & B. B. Lloyd (Eds.), *Cognition and categorization* (pp. 27–48). Hillsdale, NJ: Erlbaum.

Rubinstein, A. (1979). False probabilistic arguments Vs. faulty intuition. *Israel Law Review*, *14*, 247–254.

Saks, M. J., & Kidd, R. F. (1981). Human information processing and adjudication: Trials by heuristics. *Law & Society Review*, *15*, 123–160.

Shafer, G. (1976). *A mathematical theory of evidence*. Princeton, NJ: Princeton University Press.

Shafer, G., & Tversky, A. (1983). *Weighing evidence: The design and comparisons of probability thought experiments*. Unpublished manuscript, Stanford University, Stanford, CA.

Slovic, P., Fischhoff, B., & Lichtenstein, S. (1976). Cognitive processes and societal risk taking. In J. S. Carroll & J. W. Payne (Eds.), *Cognition and social behavior* (pp. 165–184). Potomac, MD: Erlbaum.

Smith, E. E., & Medin, D. L. (1981). *Categories and concepts*. Cambridge, MA: Harvard University Press.

Suppes, P. (1975). Approximate probability and expectation of gambles. *Erkenntnis*, *9*, 153–161.

Tversky, A. (1977). Features of similarity. *Psychological Review*, *84*, 327–352.

Tversky, A., & Kahneman, D. (1971). Belief in the law of small numbers. *Psychological Bulletin*, *76*, 105–110.

Tversky, A., & Kahneman, D. (1973). Availability: A heuristic for judging frequency and probability.

Cognitive Psychology, 5, 207–232.

Tversky, A., & Kahneman, D. (1980). Causal schemas in judgments under uncertainty. In M. Fishbein (Ed.), *Progress in social psychology* (pp. 49–72). Hillsdale, NJ: Erlbaum.

Tversky, A., & Kahneman, D. (1981). The framing of decisions and the psychology of choice. *Science, 211*, 453–458.

Tversky, A., & Kahneman, D. (1982). Judgments of and by representativeness. In D. Kahneman, P. Slovic, & A. Tversky (Eds.), *Judgment under uncertainty: Heuristics and biases* (pp. 84–98). New York, NY: Cambridge University Press.

Wyer, R. S., Jr. (1976). An investigation of the relations among probability estimates. *Organizational Behavior and Human Performance, 15*, 1–18.

Zadeh, L. A. (1978). Fuzzy sets as a basis for a theory of possibility. *Fuzzy Sets and Systems, 1*, 3–28.

Zadeh, L. A. (1982). A note on prototype theory and fuzzy sets. *Cognition, 12*, 291–297.

Zentner, R. D. (1982). Scenarios, past, present and future. *Long Range Planning, 15*, 12–20.

第3章

相似性特征

阿莫斯·特沃斯基

相似性在认知和行为理论中发挥着基础性作用。它作为一种组织原则，能够帮助人们将对象进行分类，形成概念并做出概括。实际上，相似性的概念在心理学理论中无处不在。它是学习过程中的刺激和反应泛化（response generalization）的基础，被用来解释记忆和模式识别中的错误，也是分析隐含意义的核心。

相似性或非相似性数据以不同的形式出现：成对选项的评级、对象的排序，关联对象之间的共同性、替换性错误，以及事件之间的相关性。对这些数据进行分析是为了解释观察到的相似性关系，并捕获研究对象的基础结构。

相似关系的理论分析一直由几何模型主导。这些模型将对象表示为某些坐标中的点，使观察到的对象之间的非相似性能够与各个点之间相应的尺度距离对应起来。在实践中，对数据之间的距离的所有分析在本质上都可作为尺度，尽管一些数据（如分级聚类分析）是树状结构而不是以维度进行组织的空间结构。然而，大多数关于相似性的理论和实证分析都会假设其研究对象可以被充分地表示为某些坐标空间中的点，而非相似性的表现则类似于尺度距离函数。维度和尺度假设都是存疑的。

许多作者认为，维度表征适用于颜色、声调等刺激，但不适用于其他刺激。而诸如面容特征、国家或者人物个性等，以定性特征进行表征似乎比定量的维度更加恰当。因此，可以将对这些刺激之间的相似性的评估描述为特征的比较而不是各点之间的距离的计算。

作为尺度的度量距离函数 δ 根据以下 3 个定理为每一对点分配一个非负数，并将其称为它们的距离：

极小性：$\delta(a, b) \geqslant \delta(a, a) = 0$
对称性：$\delta(a, b) = \delta(b, a)$
三角不等式：$\delta(a, b) + \delta(b, c) \geqslant \delta(a, c)$

为了评估几何方法的充分性，我们检验了当 δ 被视为非相似性尺度时这些尺度定理的效度。极小定理意味着对于所有对象来说，一个对象与其自身之间的相似性都是相同的。然而，这种假设并不适用于某些相似性尺度。例如，两个相同的刺激为"相同"而不是"不同"的判断概率，并非对于所有刺激都是恒定的。此外，在识别中，非对角线条目通常会胜于对角线条目；也就是说，一个对象被识别为另一个对象的情况比它被识别为自身的情况更常见。如果识别概率被理解为一种相似性的尺度，那么这些观察结果就违背了极小定理，因此与距离模型并不契合。

哲学家和心理学家都认为相似性是对称关系的典型例证。实际上，对称性假设本质上是所有相似性理论处理方法的基础。与这种传统观念相反，本文提供了有关非对称相似性的经验证据，并认为相似性不应被视作对称关系。

相似性判断可以被视作相似性陈述的扩展，即"a 就像 b"这样的陈述。这种陈述是有方向性的；它有一个主体 a 和一个指示对象 b；它一般不等同于相反的相似性陈述："b 就像 a"。事实上，主体和指示对象的选择部分取决于对象的相对突出程度。我们倾向于选择更突出的刺激或原型作为指示对象，同时选择不那么突出的刺激或变体作为主体。我们说"肖像与人相似"，而不是"人与肖像相似"。我们说"儿子像父亲"，而不是"父亲像儿子"。我们说"椭圆形与圆形相似"，而不说"圆形与椭圆形相似"。

正如稍后将说明的，相似性陈述选择中的这种非对称性与相似性判断中的非对称性相关。因此，我们会说椭圆形更像圆形而不会说圆形更像椭圆形。显然，非对称性的方向取决于刺激的相对突出程度；变体与原型更相似而不是原型与变体更相似。

相似关系的方向性和非对称性在明喻和隐喻中尤为常见。我们说"土耳其人作战时如同老虎"，而不会说"老虎作战时如同土耳其人"。因为老虎以其战斗勇猛而闻名，因此它被用作指示对象而不是明喻的对象。诗人会写下"我的爱和海洋一样深"，而不是"海洋和我的爱一样

第 3 章　相似性特征

深"，因为海洋体现了深度。有时候，这两种方向都会被使用，但它们具有不同的含义。"一个人就像一棵树"意味着人有根；"一棵树就像一个人"意味着这棵树有自己的生命史。"人生如戏"的意思是人们在生活中扮演着角色；"戏如人生"指的是戏剧是在捕捉人类生活的基本要素。我将在最后一节简要讨论隐喻解释与相似性评估之间的关系。

三角不等式与极小性和对称性不同，因为它不能用序数来表示。由于三角不等式的内容是"三角形的任意两边之和大于第三边"，因此不能用次序或距离数据证明它不成立。然而，三角不等式意味着如果 a 与 b 非常相似，并且 b 与 c 非常相似，那么 a 和 c 不可能非常不相似。因此，它根据 a 和 b 及 b 和 c 之间的相似性设定了 a 和 c 之间的相似性的下限。在下面的例子中，威廉·詹姆斯（William James）对这种假设下的心理效度提出了一些质疑。考虑各国之间的相似性：牙买加与古巴存在相似之处，比如地理位置接近；而古巴与苏联[①]存在相似之处；但牙买加和苏联完全不同。

这个例子表明，正如人们所预料的那样，相似性不具有传递性。此外，它还表明：对牙买加和苏联之间的感知距离，超过了牙买加与古巴之间的感知距离和古巴与苏联之间的感知距离之和。这违反了三角不等式定理。虽然这些例子并不一定能完全反驳三角不等式定理，但它们表明三角不等式定理不应该被认定为相似性模型的基石。

应该注意的是，尺度定理本身不够有说服力。例如，当 $a = b$ 时，

[①] 本篇论文于 1977 年在著名期刊《心理学评论》（Psychological Review）上发表，当时苏联尚未解体。——编者注

$\delta(a, b) = 0$；当 $a \neq b$ 时，$\delta(a, b) = 1$。为了确定距离函数，我们还进行了附加假设，如一维减法性和多维相加性，将对象的维度结构与其尺度距离相关联。关于这些假设的定理分析和批判性讨论，请参考 R. 比尔斯（R. Beals）、克兰茨和特沃斯基的相关研究（Beals, Krantz & Tversky，1968）。

总之，尽管有许多卓有成效的应用，但是相似性分析的几何方法仍然面临着一些困境（Carroll & Wish，1974；Shepard，1974）。维度假设的适用性有限，尺度定理也存在着问题。具体而言，极小性在某种程度上存在着问题，对称性显然是错误的，而三角不等式又很难令人信服。

在下一节中，我们将开发另一种基于特征匹配的相似性理论方法，该方法本质上既不是用于衡量维度的也不是用于衡量尺度的。在后续章节中，这种方法将用于揭示、分析和解释几种经验现象，如共同和显著特征的作用，相似性和差异性判断之间的关系、不对称相似性的存在，以及情境对相似性的影响。在最后一节，我们讨论了当前研究的扩展和影响。

特征匹配

设 $\Delta = \{a, b, c, \cdots\}$，$\Delta$ 表示研究中对象（或刺激物）的域或集合。假设 Δ 中的每个对象都由一组特征或属性表示，同时让 A、B、C 分别表示特征集，并与对象 a、b、c 相关联。这些特征可以对应眼睛或嘴巴之类的部分，可以代表大小或颜色等具体属性，也可以反映质量或复杂程度等抽象属性。将刺激的特征描述为特征集已经被用于许多认知过程的分析，如言语感知（Jakobson, Fant & Halle，1961）、模式识别（Neisser，1967）、知觉学习、优先选择（Tversky，1972）和语义判断（Smith，Shoben & Rips，1974）。

关于特征表示的两个初步解释是有序的。首先，注意到特定对象（如一个人、一个国家或一件家具）的总数据库通常内容丰富且形式复杂这一点非常重要。这些总数据库一般包括外观、功能及与其他对象的关系，还有从我们对世界的一般认识中推断出的该对象的任何其他属性。当面对特定任务（如识别或评估相似性）时，我们从数据库中提取并编译包含着有限相关特征的列表，在此基础上执行需要完成的任务。因此，将一个对象表示为特征集合，被视为提取和编译的最初过程的产物。

其次，术语"特征"通常表示二元变量（如浊辅音与清辅音）的值或标称变量（如眼睛的颜色）的值。然而，特征表示并不局限于二元或标称变量；它们也适用于序数变量（ordinal variable）或基数变量（cardinal variable），如维度。例如，仅在响度方面不同的一系列音调可以被表示为嵌套组的序列，其中与每个音调相关的特征集被包括在与响度更高的音调相关联的特征集中。这种表征与有方向性的一维结构是同构的。一个无定向的一维结构（如仅在音高上不同的一系列音调）可以由一系列重叠集合表示。雷斯特勒研究了定性和定量维度的集合理论表示（Restle，1959）。

设 $s(a, b)$ 是对 Δ 中所有不同 a、b 定义的 a 到 b 的相似性的尺度。s 为相似性的定序尺度。也就是说，$s(a, b) > s(c, d)$ 意味着 a 与 b 的相似性高于 c 与 d 的相似性。本理论基于以下假设。

1. 匹配

$$s(a,b)=F(A\cap B, A-B, B-A)$$

a 与 b 的相似性可通过有 3 个参数的函数 F 来表示，其中 $A \cap B$ 表示 a 和 b 共有的特征；$A-B$ 表示属于 a 但不属于 b 的特征；$B-A$ 表示属于 b 但不属于 a 的特征。这些要素的示意图如图 3-1 所示。

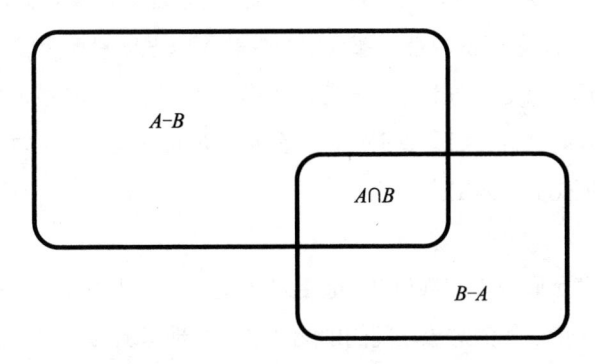

图 3-1 两个特征集之间的关系示意图

2. 单调性

当

$$A \cap B \supset A \cap C, A-B \subset A-C$$

且

$$B-A \subset C-A$$

时

$$s(a, b) \geqslant s(a, c)$$

此外，只要其中任何一个包含关系成立，不等式就成立。

也就是说，相似性随着共同性特征的增加或区别性特征（属于一个对象但不属于另一个对象的特征）的减少而增加。如果我们用要素线（直线）来定义它们的特征，那么单调性就可以很容易地用印刷体大写字母来呈现。在这个假设下，E 应该更像 F 而不是 I，因为 E 和 F 比 E 和 I 有更多的共同特征。此外，I 应该更像 F 而不是 E，因为 I 和 F 的区别性特征比 I 和 E 更少。

任何满足假设 1 和假设 2 的函数 F 被称为"匹配函数"。它测量的是两个作为特征集的对象之间的匹配程度。在现有的理论中，相似性评价被描述为一个特征匹配过程。因此，相似性评价是根据匹配函数的集合理论概念而不是根据距离的几何概念来表述的。

为了确定匹配函数的函数形式，我们引入了关于相似性排序的附加假设。我们将在下文中介绍理论（独立性）的主要假设；其余的假设和表示定理（representation theorem）的证明详见附录。对形式理论不太感兴趣的读者可以浏览或跳过以下段落，直接阅读表示定理部分。

设 Φ 表示与 Δ 的对象相关联的所有特征集，并且设 X、Y、Z 等表示特征集（Φ 的子集）。表达式 $F(X, Y, Z)$ 被定义为当 a，b 在 Δ 中存在时，则 $A \cap B = X$，$A - B = Y$，$B - A = Z$，其中 $s(a, b) = F(A \cap B, A - B,$

$B-A) = F(X, Y, Z)$。接下来对于 X, Y, Z，如果下列等式中的一个或多个成立，那么定义 $V \simeq W$：$F(V, Y, Z) = F(W, Y, Z)$，$F(X, V, Z) = F(X, W, Z)$，$F(X, Y, V) = F(X, Y, W)$。

当以下一种、两种或三种情况成立时，(a, b) 和 (c, d) 对下面的 1 个、2 个或 3 个子集是一致的：$(A \cap B) \simeq (C \cap D)$，$(A - B) \simeq (C - D)$，$(B - A) \simeq (D - C)$。

3. 独立性

假设 (a, b) 和 (c, d) 及 (a', b') 和 (c', d') 在相同的两个子集上是一致的，而 (a, b) 和 (a', b') 及 (c, d) 和 (c', d') 在其余的（第三个）子集中达成一致，则当且仅当 $s(c, d) \geqslant s(c', d')$ 时，$s(a, b) \geqslant s(a', b')$。

为了说明独立性定理的影响力，可参考图 3-2 中所示的刺激物实验，其中

$A \cap B = C \cap D =$ 圆形轮廓 $= X$

$A' \cap B' = C' \cap D' =$ 尖锐的轮廓 $= X'$

$A-B = C-D =$ 微笑的嘴 $= Y$

$A'-B' = C'-D' =$ 哭丧的嘴 $= Y'$

$B-A = B'-A' =$ 直眉 $= Z$

$D–C = D'–C' =$ 弯眉 $= Z'$

因此，通过独立性定理可得，当且仅当

$s(c, d) = F(C \cap D, C–D, D–C) =$

$F(X, Y, Z') \geqslant F(X', Y', Z') =$

$F(C' \cap D', C'–D', D'–C') =$

$s(c', d')$

时

$s(a, b) = F(A \cap B, A–B, B–A) =$

$F(X, Y, Z) \geqslant F(X', Y', Z') =$

$F(A' \cap B', A'–B', B'–A') =$

$s(a', b')$

因此，任何两个子集（如 X，Y 与 X'，Y'）的联合效应的排序与第三因素（如 Z 或 Z'）的固定水平无关。

应该强调的是，对定理的任何检验都应以对特征的解释为前提。例如，独立性定理可能在一种解释中成立，而在另一种解释中则不成立。因此，对定理的实验检验同时检验了特征解释的充分性和假设的经验效度。此外，上述示例不能说明刺激物的特征（如大写字母、面孔示意图）可以由其子集进行适当的表征。为了形成充分的视觉特征表征，应引入更为广泛的属性，如对称性、连通性。对于这个问题的有趣讨论，可参见格式塔心理学传统（Goldmeier，1972，最初发表于1936年）。

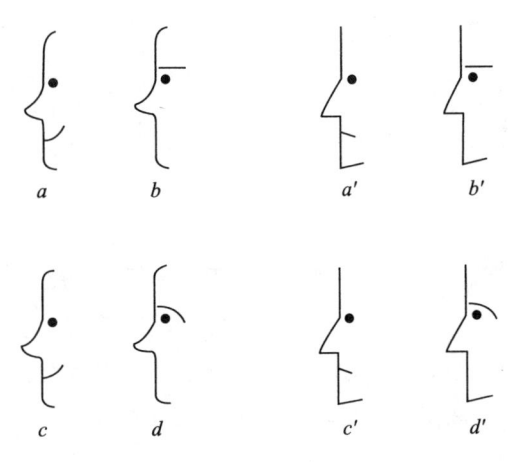

图 3-2　独立性示例

除了匹配性、单调性和独立性之外，我们还假设了可解性和不变性。可解性要求所研究的特征空间足够丰富，以便可以求解某些（相似性）公式。不变性确保了因素之间的区间的等价性。附录中给出了这些假设的严格表述，以及以下结果的证明。

表示定理

假设 1、2、3、4 和 5 成立，那么存在一个相似性指标 S 和非负指

标 f，使得 D 中的所有 a, b, c, d：

(i) 当且仅当 $s(a, b) \geq s(c, d)$ 时，$S(a, b) \geq S(c, d)$。

(ii) $S(a, b) = \theta f(A \cap B) - \alpha f(A-B) - \beta f(B-A)$，对于某些 $\theta, \alpha, \beta \geq 0$。

(iii) f 和 S 是区间尺度。

该定理表明，对于假设 1 至假设 5，存在一个区间相似性尺度 S，它能保证观察到的相似性顺序，并将相似性表示为测量共同性和区别性特征的线性组合或对比。因此，这种表示被称为"特征对比模型"。在接下来的进一步发展中，我们还假设 f 满足特征可加性。也就是说，只要 X 和 Y 不相交并且满足以上 3 个条件，那么 $f(X \cup Y) = f(X) + f(Y)$。[①]

请注意，对比模型并不是在定义单一相似性尺度，而是在定义以参数 θ、α 和 β 的不同值为特征的一系列尺度。例如，如果 $\theta = 1$ 且 α 和 β 为零，那么 $S(a, b) = f(A \cap B)$；也就是说，对象之间的相似性是它们的共同性特征的尺度。此外，如果 $\alpha = \beta = 1$ 且 θ 为 0，那么 $-S(a, b) = f(A-B) + f(B-A)$；也就是说，对象之间的非相似性为各个特征集之间的对称性差异的尺度。雷斯特勒分别将这些公式列为相似性和心理距离的模型（Restle, 1961）。注意，在前一个模型中（$\theta = 1$，$\alpha = \beta = 0$），对象之间的相似性仅由它们的共同性特征决定，而在后一个模型中（$\theta = 0$，$\alpha = \beta = 1$），相似性仅由其区别性特征决定。对比模型将对象之间的相似性表示为其共同性特征和区别性特征的加权差异，从而允许在同一域中存在各种相似性关系。

---

① 为了从定性假设中推导出特征可加性，我们必须假设广泛结构的公理，以及广义和联合尺度的相容性（Krantz et al., 1971；第 10.7 节）。

本理论的主要概念是用于评估相似性的对比规则，以及评估反映各种特征的显著性或突出性的尺度 f。因此，f 衡量了任何特定（共同性或区别性）特征对对象间相似性的影响。因此，与刺激物 a 相关联的标度值 $f(A)$ 被视为该刺激物的总体显著性的衡量标准。促成刺激物显著性的因素包括强度、频率、熟悉度、良好形式和信息内容。尺度 f 和参数（θ, α, β）的选择取决于所处的情境，具体的方式我们将在以下部分中讨论。

让我们概括一下表示定理中的假设和证明的内容。一开始，我们描述了特征集合的对象集，以及假设满足理论定理的相似性排序。根据这些假设，我们得出特征空间上的尺度 f，并证明了对象组的相似性排序与其对比排序是一致的，并以线性组合来表征这些共同性特征和区别性特征。因此，尺度 f 和对比模型是从关于对象相似性的定性定理中推导出来的。

这种结果的本质可以用风险决策经典理论的一个类比来阐明（von Neumann & Morgenstern，1947）。在风险决策理论中，人们首先会给出一组有关前景预期的选项，用来描述在某些结果空间上的概率分布，以及假设的满足其理论定理的偏好顺序。从这些假设中，人们可以得出有关结果的效用量表，证明前景之间的偏好顺序与其预期的效用顺序一致。因此，效用量表和期望原则都源于关于偏好的定性假设。现有的相似性理论与期望效用模型的不同之处在于，将对象的特征表达为特征集比将不确定选项的特征表达为概率分布可能存在着更多问题。此外，效用理论的定理是作为理性行为的（规范性）原则被提出的，而当前理论的定理是描述性的而不是规定性的。

对比模型可能是匹配函数最简单的形式，但它并不是唯一值得研究的形式。另一个令人感兴趣的匹配函数是比率模型（ratio model）：

$$S(a,b) = \frac{f(A \cap B)}{f(A \cap B) + \alpha f(A-B) + \beta f(B-A)}, \quad \alpha, \beta \geq 0$$

其中相似性被正态化了，使得 S 介于 0 和 1 之间。比率模型概括了文献中提出的几个相似性集合理论模型。如果 $\alpha = \beta = 1$，那么 $S(a, b)$ 将减少到 $f(A \cap B) / f(A \cup B)$（Gregson，1975；Sjöberg，1972）。如果 $\alpha = \beta = \frac{1}{2}$，那么 $S(a, b)$ 等于 $2f(A \cap B) / (f(A) + f(B))$（Eisler & Ekman，1959）。如果 $\alpha = 1$ 且 $\beta = 0$，那么 $S(a, b)$ 减小到 $f(A \cap B) / f(A)$（Bush & Mosteller，1951）。因此，本框架包含各种相似性模型，这些模型在匹配函数 F 的形式和参数的权重分配上有所不同。

为了在任何特定领域中应用和检验本理论，我们必须对相应的特征结构做出一些假设。如果明确指定了每个对象的相关特征，我们就可以直接对理论进行检验，并根据对比模型对特征进行测量。然而，该方法通常仅限于测量从固定的特征集中构造的刺激物（如结构化面孔刺激物、字母、符号串）。如果无法轻易确定与研究中的对象相关联的特征（通常是自然刺激物的情况），我们仍然可以对对比模型的若干预测进行检验，这些预测仅涉及与对象的特征结构相关的一般定性假设。我和伊塔马尔·加蒂（Itamar Gati）都曾在一系列实验中使用过这两种方法。在以下 3 节中，我们回顾和讨论了我们的主要发现，侧重于定性预测的检验。关于刺激物和数据的更详细描述可参阅特沃斯基和加蒂的著作（Tversky & Gati，1978）。

非对称性和焦点

根据目前的分析,相似性不一定是对称关系。实际上,无论对于对比模型还是比率模型来说,当且仅当

$$\alpha f(A\text{-}B) + \beta f(B\text{-}A) = \alpha f(B\text{-}A) + \beta f(A\text{-}B)$$

以及

$$(\alpha\text{-}\beta)f(A\text{-}B) = (\alpha\text{-}\beta)f(B\text{-}A)$$

时

$$s(a, b) = s(b, a)$$

因此,如果 $\alpha=\beta$ 或 $f(A-B)=f(B-A)$,即 $f(A)=f(B)$,那么 $s(a,b)=s(b,a)$,该条件下的特征具有可加性。因此,当对象在测量中是相等的(即 $f(A)=f(B)$),或任务为非定向($\alpha=\beta$)时,对称性成立。要解释后一种情况,可比较以下两种形式:

(i) 评估 a 和 b 彼此相似的程度。
(ii) 评估 a 与 b 相似的程度。

在(i)中,任务是非定向的,因此 $\alpha=\beta$ 且 $s(a,b)=s(b,a)$。在(ii)中,任务是定向的,因此 α 和 β 可能不同并且不需要保持对称性。

如果 $s(a, b)$ 被解释为 a 与 b 相似的程度，那么 a 是比较的主体，b 是指示对象。在这样的任务中，人们自然会关注比较的主体。因此，主体的特征比指示对象的特征更重要（即 $\alpha > \beta$）。所以，相似性的减少更多的是由主体的区别性特征而不是指示对象的区别性特征引起的，即只要 $\alpha > \beta$，当且仅当 $f(B) > f(A)$ 时，$s(a, b) > s(b, a)$。

因此，焦点假设（即 $\alpha > \beta$）意味着不对称的方向是由刺激物的相对显著性决定的，使得较不显著的刺激物与显著刺激物更相似，反之亦然。特别需要指出的是，变体相似于原型而不是原型相似于变体，因为原型通常比变体更显著。

国家间的相似性

将 21 对国家作为刺激物，每一对国家中都有一个元素比另一个元素更突出（如美国 - 墨西哥和比利时 - 卢森堡）。为了验证这种关系，我们要求一组 69 名被试[①]在每对中选出他们认为更突出的国家。除了一对国家，在其他每一对国家比较中，与先验顺序一致的被试比例都超过了 2/3。第二组 69 名被试被要求在两个短语中选择他们更喜欢使用的短语："国家 a 类似于国家 b" 或 "国家 b 类似于国家 a"。在所有 21 个案例中，大多数被试选择了更不突出的国家作为主语及更突出的国家作为指示对象的短语。这些结果表明，人们在选择相似性陈述时存在明显的非对称性，其方向与刺激物的相对显著性一致。

[①] 所有实验的被试都是年龄为 18～28 岁的以色列大学生。该材料以小册子的形式呈现，并在小组环境中进行管理。

为了检验有关相似性的直接判断中的非对称性，我们向两组 77 名被试展示了上述 21 对国家的名单，并要求他们在 20 分制的评分体系中对相似性进行评分。这两组被试看到的 21 对国家的名单之间的唯一区别是每对国家的顺序。例如，一组被试被要求评估"苏联与波兰的相似性"，而另一组被试被要求评估"波兰与苏联的相似性"。我们采用了一些手段，将这些名单更突出的国家在第一个位置和第二个位置出现的次数相同。

对于任何一对 (p, q) 的刺激物，让 p 表示更突出的元素，让 q 表示不太突出的元素。在所有被试中，$s(q, p)$ 均值显著高于 $s(p, q)$ 均值：相关样本的 t 检验得到 $t(20)= 2.92$，$p<0.01$。为了获得一个基于个体数据的统计性检验，我们计算了每名被试的定向不对称分数。这种定向不对称分数被定义为与显著指示对象进行比较的平均相似性，即 $s(q, p)$ 减去与显著主语进行比较时的平均相似性 $s(p, q)$。这种平均差异呈显著正相关：$t(153)=2.99$，$p<0.01$。

我们还通过差异性判断而非相似性判断重复了以上的研究结果。本研究有两组被试，每组 23 人。他们收到了相同的 21 对国家名单，第一组被试被要求判断国家 a 与国家 b 的差异程度，表示为 $d(a, b)$；而第二组被试则被要求判断国家 b 与国家 a 的差异程度，表示为 $d(b, a)$。如果差异判断遵循对比模型，并且 $\alpha>\beta$，那么我们预计显著刺激物 p 与不显著刺激物 q 不同；即 $d(p, q)> d(q, p)$。该假设用同一组 21 对国家和先前确定的显著性排序进行了检验。在所有被试和成对出现的国家中，$d(p, q)$ 的平均值显著高于 $d(q, p)$ 的平均值：相关样本的 t 检验结果为 $t(20)= 2.72$，$p <0.01$。此外，上述每名被试的平均不对称得分显著大于零（$t(45)= 2.24$，$p <0.05$）。

图像的相似性

几何图像显著性的一个主要决定因素是形状的良好程度。因此,"好的图像"可能比"糟糕的图像"更为突出,尽管后者通常更为复杂。然而,当两个图像在形状的良好程度上大致相同时,更复杂的图像可能更为显著。为了研究这些假设并检验非对称性预测,我们绘制了两组 8 对几何图像。在第一组中,每对图像中的一个图像(表示为 p)比另一个(表示为 q)具有更好的形状。在第二组中,每对图像中的两个图像在形状上大致匹配,但是其中一个图像(p)比另一个图像(q)更丰富或更复杂。每组成对出现的图像的例子如图 3-3 所示。

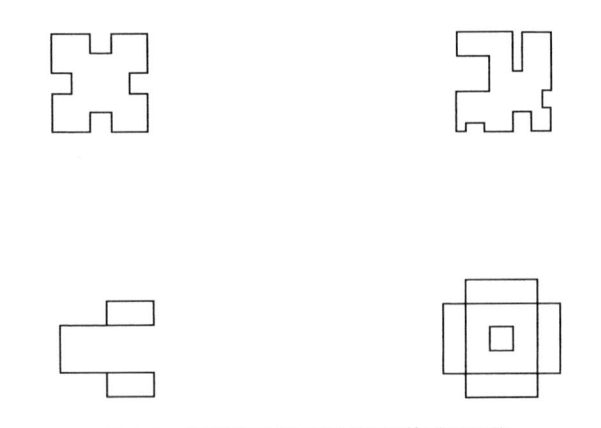

图 3-3 用于检验非对称性预测的成对图像

注:上面两个图像是一对,它们在形式上有所不同;下面的图像在复杂性上有所不同。

一个由 69 名被试组成的实验组都看了由 16 对图像组成的完整列表,其中每对中的两个图像并排显示。对于每对图像,被试被要求指出他们更倾向的一种陈述:"左图与右图相似"或"右图与左图相似"。刺激物的位置是随机的，因此 p 和 q 在左侧和右侧出现的次数相同。结果显示，在每对图像中，大多数被试都会选择"q 与 p 相似"的句式。因此，人们通常选择更显著的刺激物作为参照物而不是相似性陈述的主体。

为了检验相似性判断的非对称性，我们选择了两组共 67 名被试参与，每名被试会看到相同的 16 对图像，并被要求评价左边图像与右边图像的相似程度（1～20 分计）。两组被试收到的小册子基本相同，只有每对图像中的数字的左右位置是相反的。结果显示，所有被试对于 $s(q, p)$ 的评价均值明显高于 $s(p, q)$ 的评价均值。对相关样本进行的 t 检验结果为 $t(15)= 2.94$，$p <0.01$。此外，在两组中，每名被试对于不同方向的相似性评价差异显著大于零：在第一组中 $t(131)= 2.96$，$p <0.01$，第二组中 $t(131)= 2.79$，$p <0.01$。

字符的相似性

一个常用的测量刺激物之间相似性的方法是检测它们在认知或识别任务中被混淆的概率：刺激物越相似，它们就越可能被混淆。而混淆概率通常是不对称的，即用 b 混淆 a 的概率与用 a 混淆 b 的概率不同，这种效应通常被归因于反应偏差（response bias）。为了消除对于非对称性的这种解释，我们可以引入一项实验任务，其中被试仅仅需要说明（按顺序呈现的或同时呈现的）两个刺激物是否相同。约阿夫·科恩（Yoav Cohen）和我采用这一程序研究了某些字符之间的混淆性。

以 8 个字符为刺激物：Γ、⊏、⊓、□、F、E、R、B。在嘈杂的背景下，成对的字符并排显示在阴极射线管（cathode-ray tube）上。这些字符按顺序呈现，每个字符大约出现 1 毫秒。右侧字符始终跟在左侧字符之后,间隔为 630 毫秒。在每次演示之后,被试可按下两个键中的一个来表示两个字符是否相同。

共有 32 名被试参与了该实验。每名被试单独进行测试。在每次实验中,一个已知字符都将作为标准刺激物。对于一半被试来说,标准刺激物总是出现在左侧,而对于另一半被试来说,标准刺激物总是出现在右侧。8 个字符中的每个字符都会在某一组实验中作为标准刺激物出现。每组有 10 次实验,其中标准刺激物与其余的每个字符成对出现 1 次,与其自身成对出现 3 次。完整的实验设计由 8 组组成,每组做 10 次实验。每名被试重复参与 3 次完整的实验设计(即 240 次实验)。每次设计中各组的顺序和组内的字符顺序都是随机的。

根据目前的分析,人们会将作为主体的变量刺激物与标准刺激物(即参考对象)进行比较。因此,标准刺激物的选择决定了比较的方向。不同字母的显著程度,是根据字符之间的包含关系确定的。因此,如果一个字符包括另一个字符,我们就认为前者的测量值更大。例如,E 包括 F 和 ⌐ 但不包括 □。在 19 对字符中,其中一个字符都包含另一个字符,用 p 表示更显著的字符,q 表示不太显著的字符。此外,用 $s(a, b)$ 表示被试判断变量刺激物 a 与标准刺激物 b 相同的次数所占的百分比。

从对比模型得出,$\alpha > \beta$,当变量刺激物被包含在标准刺激物中时,"相同"的反应比例应该大于标准刺激物被包含在变量刺激物中时的比例,即 $s(q, p) > s(p, q)$。这一预测得到了数据的证实。所有被试和所有实验 $s(q, p)$ 的平均值为 17.1%,而 $s(p, q)$ 的平均值为 12.4%。为了进行统计学检验,我们计算了每名被试在所有实验中的 $s(q, p)$ 和 $s(p, q)$ 之间的差异。这种差异性显著大于零,$t(31) = 4.41$, $p < 0.001$。这些结

果表明，从对比模型推导出的方向非对称性预测也适用于混淆数据而不仅仅是相似性。

信号的相似性

E.Z. 罗思科普（E.Z. Rothkopf）组织了 598 名被试，向其提供了 36 个摩斯电码信号的所有有序对，并要求他们指出每对中的两个信号是否相同（Rothkopf, 1957）。这些信号都以无固定标准的随机顺序呈现。每名被试对其中 25% 的序对进行了判断。

设 $s(a, b)$ 表示认为有序对 (a, b) "相同"的被试的百分比，即将第一信号 a 判断为与第二信号 b 相同的被试的百分比。注意，a 和 b 在这里分别指的是第一信号和第二信号，而不是前一节中的变量刺激物和标准刺激物。显然，摩斯电码信号在一定程度上是根据时间长度进行排序的。对于时间长度不同的任意一对信号，以 p 和 q 分别表示该对中较长和较短的元素。

在罗思科普对 555 对长度不同的信号进行的比较中，有 336 个案例的 $s(q, p)$ 超过 $s(p, q)$，有 181 个案例的 $s(p, q)$ 超过 $s(q, p)$，有 38 个案例的 $s(q, p)$ 等于 $s(p, q)$，通过符号检验，$p < 0.001$（Rothkopf, 1957）。所有案例中 $s(q, p)$ 和 $s(p, q)$ 之间的平均差异为 3.3%，这也是非常显著的。相关样本的 t 检验结果为 $t(554) = 9.17$，$p < 0.001$。

当我们只考虑其中的那些一个信号是另一个信号的特有子序列的比较时，不对称效应得到增强，例如，·· 是 ··- 及 ·-- 的子序列。在这种类型的 195 个案例中，有 128 个案例的 $s(q, p)$ 超过 $s(p, q)$，有

55 个案例的 $s(p, q)$ 超过 $s(q, p)$，有 12 个案例的 $s(q, p)$ 等于 $s(p, q)$，通过符号检验可得 $p < 0.001$。在这种条件下，$s(q, p)$ 和 $s(p, q)$ 之间的平均差异是 4.7%（$t(194) = 7.58$，$p < 0.001$）。

M. 威什（M. Wish）进行了一项后续研究，该研究遵循的实验范式与上述相同但信号略有不同（Wish，1967）。他的信号由 3 个音调组成，且由 2 个静音间隔隔开，其中每个元素（即音调或静音）或短或长。研究人员向被试展示以这种方式形成的所有 32 对信号，并要求被试判断每对信号中的两个元素是否相同。

上述分析也适用于威什的数据。在不同长度信号之间的 386 个比较中，有 241 个案例的 $s(q, p)$ 超过 $s(p, q)$，117 个案例的 $s(p, q)$ 超过 $s(q, p)$，28 个案例的 $s(q, p)$ 等于 $s(p, q)$。这些数据显然是不对称的，在符号测试中 $p < 0.001$。$s(q, p)$ 和 $s(p, q)$ 之间的平均差异为 5.9%，这也是非常显著的，$t(385) = 9.23$，$p < 0.001$。

在罗思科普和威什的研究中，没有先验的方法来确定比较的方向性，或等效地识别主体和参考对象。然而，如果我们接受焦点假设（$\alpha > \beta$）并且假设长信号比短信号更显著（明显），那么观察到的不对称方向表明：第一信号为主体，第二信号为参考对象。因此，根据目前的分析，刺激物的显著顺序和观察到的不对称方向决定了比较的方向性。

罗施的数据

埃莉诺·罗施（Eleanor Rosch）阐述并支持了这样的观点，即感知和语义类别是根据焦点或原型自然形成和被定义的（Rosch,

1973/1975）。由于原型在类别形成的过程中具有特殊作用，她假设：第一，在包含诸如"a本质上是b"这样的模糊限定的句子框架中，焦点刺激物（原型）出现在第二个位置；第二，从原型到变体的感知距离大于从变体到原型的感知距离。为了验证这些假设，罗施使用了3种刺激域：颜色、线条方向和数字（Rosch，1975）。原型颜色很鲜艳（如纯红色），而变体颜色不鲜艳（如浅红色）或较透明。垂直、水平和对角为线的方向的原型，而其他角度的线为变体。将10的倍数（如10、50、100）作为原型数字，并将其他数字（如11、52、103）视为变体。

这3种刺激域都证实了第一个假设。当看到诸如"_____实际上是_____"的句子时，被试通常将原型放在第二个空白处，而将变体放在第一个空白处。例如，与"100实际上是103"相比，被试更喜欢句子"103实际上是100"。为了检验第二个假设，将第一个刺激物（标准物）放置在半圆形板的原点处，并且让被试将第二个刺激物（变体）放置在板上的某个位置以"表示其对刺激物与固定在原点处的刺激物之间的距离的感知"。正如假设的那样，在3种刺激域中，当原型（而不是变体）被固定在原点时，人们认为刺激物之间的距离明显更小。

如果焦点刺激物比非焦点刺激物更显著，那么罗施的研究结果支持目前的分析。模糊性语句（如"a大致为b"）可以被视为相似性陈述的特定类型。实际上，模糊性数据与相似性陈述的选择完全一致。此外，观察到的放置距离的非对称性来自目前的非对称分析，以及标准物和变量物在距离放置任务中分别作为参考对象和主体的自然假设。因此，将b放到离a的距离为t的地方，被理解为从b到a的（感知）距离等于t。

罗施将观察到的非对称性归因于不同原型（如完美的正方形或纯

红色）在信息处理中的特殊作用（Rosch，1975）。此外，在本理论中，非对称性由刺激物的相对显著性来解释。因此，它意味着成对的刺激物样本的非对称性不包括原型（如相同形式的两个不同级别的失真）。然而，如果我们以相对意义而不是以绝对意义来理解原型的概念（即 a 比 b 更典型）的话，那么针对非对称的两种解释实际上是一致的。

讨论

对比模型和焦点假设的合取意味着存在非对称的相似性。这一预测在以判断方法（如评级）和行为方法（如选择）进行的知觉和概念实验中得到了证实。

在比较任务中，我们观察到了上文中讨论的非对称性，其中被试比较了两个给定的刺激物以确定它们的相似性。我们在生成任务中（即被试被给予单一刺激物并被要求产生最相似的反应），也观察到了非对称性。模式识别、刺激物识别和单词关联的研究都是生成任务的例子。我们在这些研究中观察到的一种常见模式是，更显著的对象更常发生在人们对不显著对象的反应中，而不是相反。例如，相对于"豹子"与"老虎"相关，更可能是"老虎"与"豹子"相关。同样地，W.R. 加纳（W.R. Garner）让被试在给定的模式中，从一组给定的光点图形中选择一个相似但不相同的光点图形（Garner，1974）。他的研究结果表明，"好"模式通常被选择作为对"坏"模式的反应，而不是相反。

生成任务中的这种非对称性通常被归因于反应的不同程度的可得性。因此，更可能是"老虎"与"豹"相关联而不是反过来，因为"老虎"更常见，因此比"豹"更有效。这个解释可能更适用于被试必须产生实际反应的任务（如在单词关联或模式识别中），而不是仅从某个指定集合中选择一种的情况（如加纳的任务）。

如果不考虑反应可得性的重要程度，现有的理论为我们提供了生成任务中观察到的非对称性的另一个诱因。例如，考虑将以下生成任务转换为问答方案。问题：a 像什么？回答：a 像 b。如果这种解释是有效的，并且给定的对象 a 是作为主体而不是作为参考对象的，那么我们观察到的生成非对称性就来自当前的理论分析，因为每当 $f(B) > f(A)$，$s(a,b) > s(b,a)$。

总之，来自比较和生成任务的数据似乎揭示了显著性的系统性不对称，其方向由刺激物的相对显著性决定。然而，我们不应该完全摒弃对称性假设。在许多情况下，我们都可以看到对称性假设成立的情况，并且它在许多其他情况下都可以作为有效的近似值。但是，它不能被视为心理相似性的普遍原则。

共同性特征与区别性特征

在现有的理论中，对象的相似性表示为其共同性特征和区别性特征的线性组合或对比。本章研究了这些元素的相对影响及其对相似性和差异性评估之间的关系的影响。讨论仅涉及对称性的任务，其中 $\alpha = \beta$，因此 $s(a,b) = s(b,a)$。

特征的提取

第一项研究采用对比模型来预测由被试给出的特征之间的相似性。以 12 种载人工具作为刺激物：公共汽车、汽车、卡车、摩托车、火车、飞机、自行车、船、电梯、推车、筏和雪橇。一组 48 名被试按照从 1（无相似性）到 20（最大相似性）的等级评定所有 66 对工具之间的相似性。我们参照罗施和 C. B. 梅尔维斯（C. B. Mervis）的方法，让第二组 40 名被试在 70 秒内列出每辆车的特征（Rosch & Mervis, 1975）。不同的被试看到的刺激物的顺序不同。

每种工具的特征数量不等，飞机数量最多，有 71 种，雪橇数量最少，有 21 种。被试共列出了 324 个特征，其中 224 个是特有的，而另外 100 个特征是两个或更多种工具共有的。对于每种工具，我们计算了两者（至少一个主体）共有的特征数量，以及属于一种工具但不属于另一种工具的特征数量。计算每名被试列出的不同工具的共同性或区别性特征的频率。

为了从列出的特征中预测车辆之间的相似性，必须定义其拥有的共同性特征和区别性特征。最简单的衡量方法是计算被试给出的共同性特征和区别性特征的数量。刺激物的（平均）相似性与其共同性特征的数量之间的积差相关性为 0.68。物体相似性与其区别性特征数量之间的相关性为 −0.36。相似性与共同性特征及区别性特征的数量之间的多重相关性（相似性与对比模型之间的相关性）是 0.72。

无论被提及的频率如何，我们在计算中都赋予了所有特征相同的权重。考虑到这个因素，我们使 X_a 表示将特征 X 归因于对象 a 的主体的比例，让 N_x 表示共同性特征 X 的数量。对于任何 a 和 b，用 $f(A \cap B) = \sum X_a X_b / N_x$ 定义它们的共同性特征，其中总和超过 $A \cap B$ 中的所有 X，并且它们的区别性特征为

$$f(A-B) + f(B-A) = \sum Y_a + \sum Z_b$$

其中总和范围超过所有 $Y \in A-B$ 和 $Y \in B-A$，即 a 和 b 的区别性特征。相似性与上述计算中的共同性特征之间的相关性是 0.84；相似性与上述计算中的区别性特征之间的相关性为 -0.64。相似性与共同性特征及区别性特征之间的多重相关性是 0.87。

请注意，用于定义 f 的上述方法仅基于提取的特征，并且根本没有使用相似性数据。在这些条件下，不应预计两者之间存在完美的相关性，因为与特征相关联的权重对于相似性的预测不是最佳的。某一特征可能会因为它易于标记或回忆而经常被提及，尽管它对相似性并没有很大的影响，反之亦然。实际上，当使用叠加树程序对特征进行衡量时（即特征尺度是由对象之间的相似性得出的），数据和模型之间的相关性达到了 0.94（Sattath & Tversky, 1977）。

这项研究的结果表明：第一，从被试的语义刺激物中提取细节特征是可能的，如交通工具；第二，所列特征可用于根据对比模型预测相似性，并能获得合理的结果；第三，当我们考虑到提及频率而不仅仅是特征数量时，相似性的预测可以得到改善（Rosch & Mervis, 1975）。

相似性与差异性

一般情况下，人们会认为相似性和差异性的判断是互补的；也就是说，判断差异性是判断相似性的线性函数，斜率为 -1。一些研究证实了这一假设。例如，在 J. 霍斯曼（J. Hosman）和 T. 库纳帕斯（T. Kuennapas）对所有小写字母进行的以 0～100 为计量方式的描述性研究中，他们观察到了相似性和差异性的独立判断（Hosman & Kuennapas 1972）。判断之间的积差相关性为 -0.98，并且回归线的斜率为 -0.91。我们还使用 20 分评定量表收集了被试针对 21 组国家的相似性和差异性判断。在所有情况下，对每组国家的两个判断的总和非常接近 20。评分之间的积差相关性也是 -0.98。然而，相似性和差异性之间的这种反比关系并不总是成立的。

共同性特征的增加提升了相似性并且降低了差异性，而区别性特征的增加则降低了相似性并且提升了差异性。但是，分配给共同性特征和区别性特征的相对权重可能在两个任务中有所不同。在评估对象之间的相似性时，被试可能会更多地关注它们的共同性特征，而在评估对象之间的差异性时，被试可能更多地关注它们之间的区别性特征。因此，共同性特征在前一任务中的相对权重大于在后一任务中的相对权重。

设 $d(a, b)$ 表示 a 和 b 之间的感知差异。假设 d 满足本理论中单调性公理的反向不等式，即每当 $A \cap B \supset A \cap C$、$A-B \subset A-C$ 和 $B-A \subset C-A$ 时，$d(a, b) \leq d(a, c)$。此外，假设 s 也满足本理论并假设（为简单起见）d 和 s 都是对称的。因此，根据表示定理，存在非负尺度 f 及非负常数 θ 和 λ，使得对于所有 a, b, c, e，当且仅当 $\theta f(A \cap B) - f(A-B) - f(B-A) > \theta f(C \cap E) - f(C-E) - f(E-C)$ 时：

$$s(a, b) > s(c, e)$$

当且仅当 $f(A-B) + f(B-A) - \lambda f(A \cap B) > f(C-E) + f(E-C) - \lambda f(C \cap E)$ 时：

$$d(a, b) > d(c, e)$$

在不损失一般性的对称情况下,与区别性特征相关的权重可以设置为等于 1。因此,θ 和 λ 分别反映了相似性和差异性评估中共同性特征的相对权重。

注意,如果 θ 非常大,那么相似性排序基本上由共同性特征决定。此外,如果 λ 非常小,那么差异性排序主要由区别性特征决定。因此,以下条件满足时,可以得到 $s(a, b) > s(c, e)$ 和 $d(a, b) > d(c, e)$:

$$f(A \cap B) > f(C \cap E)$$

且

$$f(A-B) + f(B-A) > f(C-E) + f(E-C)$$

也就是说,如果共同性特征在相似性判断中比在差异性判断中的权重更大,那么具有许多共同性或区别性特征的对象组可以被感知为比具有更少共同性或区别性特征的另一对象组更相似或更不同。

为了验证这一假设,我们在预实验的基础上进行了 20 组 4 个国家的测试。每组包括两对国家:一对显著的和一对不显著的。显著的国家对由我们所熟知的国家组成(如美国和苏联)。不显著的国家对包括被试知道但不突出的国家(如突尼斯和摩洛哥)。所有被试看到的 20 组对象是相同的。一组 30 名被试在更相似的国家组合中选择,另一组 30 名被试在差异性更大的国家组合中进行选择。

设 Π_s 和 Π_d 分别表示选择显著国家组更为相似和区别性更大的百分比。如果相似性和差异性是互补的，即 $\theta = \lambda$，那么对于所有对象组，$\Pi_s + \Pi_d$ 应该等于 100。此外，如果 $\theta > \lambda$，那么 $\Pi_s + \Pi_d$ 应该超过 100。在所有集合中，$\Pi_s + \Pi_d$ 的平均值是 113.5，显著大于 100，其中 $t(59) = 3.27$，$p < 0.01$。

而且，平均而言，在相似性和差异性任务中，人们更多地选择具有显著性的国家组（相比于不突出的国家组）。例如，相似组中 67% 的被试选择联邦德国和民主德国（现已合为德国）比斯里兰卡和尼泊尔更相似，而差异组中 70% 的被试选择联邦德国和民主德国比斯里兰卡和尼泊尔更不同。这些数据表明共同性和区别性特征的相对权重随任务而变化，并验证了人们在相似性判断（相对于区别性判断）中会更多地关注共同性特征的假设。

情境的相似性

与其他判断一样，相似性取决于情境和参考框架。有时参考的相关框架是被明确指定的，比如："英语和法语在发音方面有多相似？""梨和苹果在味道方面有什么相似之处？"但是，一般来说，相关的特征空间未被明确指定，而是从上下文中被推断出来的。

例如，当被试被要求评估美国和苏联之间的相似性时，他们通常会假设相关情境是一个国家的集合，并认为相关的参考框架包括所有政治、地理和文化特征。当然，分配给这些特征的相对权重可能因人而异。对于国家、人物、颜色和声音等自然的、整合的刺激物，相关特征空间的模糊性相对较小。然而，对于人为的、可分离的刺激物，例如颜色和形状、不同的图形或者长度和方向不同的线条，被试有时难以评估整体的相似性，偶尔会倾向于评估一个因素或另一个因素的相似性或通过改变情境来改变属性的相对权重（Shepard, 1964; Torgerson, 1965）。

在目前的理论中，情境或参考框架的变化对应于特征空间的变化。例如，当被要求评估各国之间的政治相似性时，被试可能会只考虑这些国家的政治特征而忽略其他特征，或赋予其他特征零权重。除了由显性和隐性指令引起的对特征空间的这种限制之外，特征的显著性以及对象的相似性也会受到有效情境（如需要考虑的对象集）的影响。为了理解这个过程，让我们来检验一下决定特征的显著性的因素，以及这些特征对评估对象相似性的贡献。

诊断原则

特征的显著性（或尺度）由两种因素决定：强化因素和诊断因素。强化因素指的是增加强度或加大信号噪声比的因素，如灯光的亮度、音调的响度、颜色的饱和度、字母的大小、项目的频率、图片的清晰度或图像的生动性。诊断因素是指特征的分类意义，即基于这些特征进行分类的重要性或普遍性。与强化因素不同，诊断因素对研究中的特定对象高度敏感。例如，特征"真实"在真实的动物组中没有诊断性价值，因为所有真实动物都拥有这个特征，因此不能用来对它们进行分类。然而，如果将对象集扩展到传说中的动物，如半人马、美人鱼或凤凰，那么"真实"就具有了很高的诊断性价值。

当面对一组对象时，人们通常会将它们分别聚类以减少信息负载并利于进一步的处理。而人们选择聚类通常是为了最大化聚类内对象的相似性及不同聚类之间的差异性。因此，对象的添加或删除可以改变剩余对象的聚类。反过来，聚类的变化有望提高新特征的诊断性价值，也因此增加了共享这些特征的对象的相似性。我们最好通过具体的例子来对相似性和分组之间的这种关系——诊断性假设进行解释。假设两组由 4 个结构化简笔笑脸图组成的集合（图 3-4），只有一组元素（p 和 q）会导致它们发生变化。

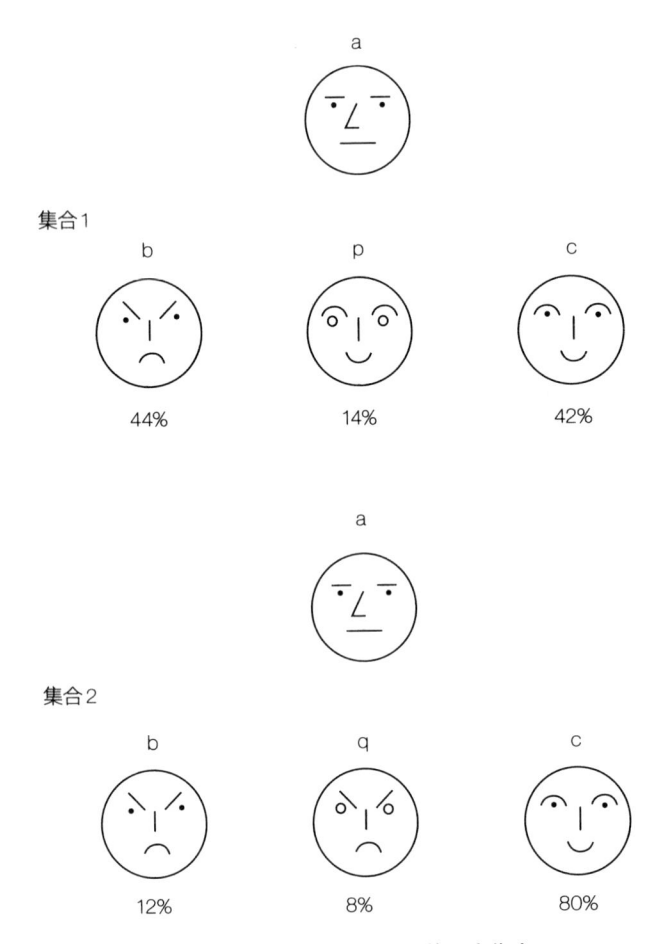

图 3-4　用于检验诊断性假设的两个集合

注：面孔下方显示为选择每张面孔（与目标最相似）的被试百分比。

25名被试需要从连续展示的两个集合中，将每个集合中的4张图片分成两对。集合1的最常见分区是c和p（笑脸），a和b（非笑脸）。集合2的最常见分区是b和q（皱眉），a和c（非皱眉）。因此，用q替换p改变了a的配对方式：在集合1中a与b配对，而在集合2中a与c配对。

根据上述分析，微笑在集合1中比在集合2中具有更大的诊断性价值，而皱眉在集合2中比在集合1中具有更大的诊断性价值。因此，诊断性假设应该遵循分组的相似性。也就是说，a（中性表达式）与b（皱眉）的相似性应该在集合1中更大，在集合1中它们被分在了一起，而在集合2中它们被分开了。同样地，a和c（微笑）的相似性应该在集合2中更大，在集合2中它们被组合在一起，而在集合1中却不是。

为了检验这个预测，我们给50名被试（分为两个组）展示了集合1和集合2（如图3-4所示），并要求选择下面3个面孔刺激物中的1个（选择集），这些面孔刺激物最相似的部分在顶部（目标）。给出选择集中3个元素中的1个的被试百分比分别呈现在面孔下方。结果证实了诊断性假设：第1组被试比第2组被试更多地选择b，而第2组被试比第1组被试更多地选择c。两种差异在统计学上都是显著的，$p<0.01$。此外，用q替换p实际上颠倒了相似性排序：在集合1中，b与a更相似而不是c与a更相似；而在集合2中，c与a更相似而不是b与a更相似。

接下来，我们使用语义而不是视觉刺激物进行了更具有普遍性的诊断性假设检验。实验设计基本相同，只是用国家而不是面孔作为刺激物。实验构建了形式为$\{a, b, c, p\}$和$\{a, b, c, q\}$的以4个国家为一组的20对匹配组。两个匹配集的示例如图3-5所示。

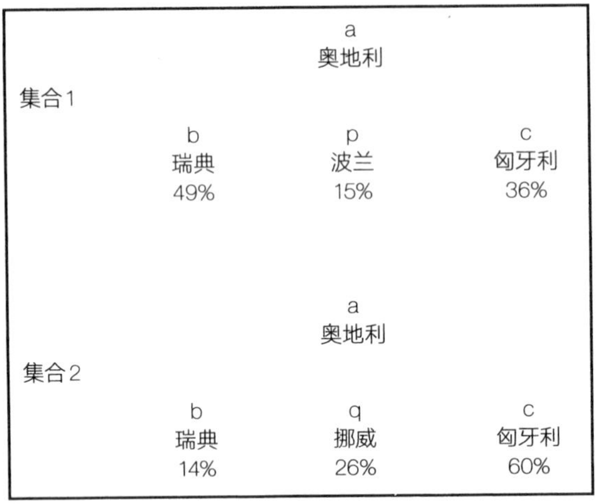

```
┌─────────────────────────────────────────────────┐
│                      a                          │
│                    奥地利                        │
│    集合1                                         │
│              b          p          c            │
│             瑞典        波兰       匈牙利         │
│             49%         15%        36%          │
│                                                 │
│                                                 │
│                      a                          │
│                    奥地利                        │
│    集合2                                         │
│              b          q          c            │
│             瑞典        挪威       匈牙利         │
│             14%         26%        60%          │
└─────────────────────────────────────────────────┘
```

图 3-5　用于检验诊断性假设的两个国家集合

注：国家下方的显示为选择与奥地利最相似的国家的被试百分比。

请注意，两个匹配的集合（1 和 2）仅相差一个元素（p 和 q）。这些集合的构建使得 a（奥地利）可能与第 1 组中的 b（瑞典）和第 2 组中的 c（匈牙利）分组到一起。为了验证这一假设，我们向两个由 25 名被试组成的实验组呈现了 4 个国家，并要求他们将每 4 个国家分为 2 对。每组接收 4 个国家组中两两匹配的一种情况，它们以随机顺序连续显示。结果证实了我们先前关于国家分组的假设。在每种情况下，用 q 替换 p 改变了目标国家在预测方向上的配对，通过检验发现 $p < 0.01$。例如，第 1 组中 60% 的被试将奥地利与瑞典配对，第 2 组中 96% 的被试将奥地利与匈牙利配对。

为了检验诊断性假设，我们向由 35 人组成的两组被试展示了由 20 个国家中的每 4 个为一组形成的刺激物，如图 3-5 所示。我们要求这些被试从每 4 个国家组成的集合中选择与目标国家最相似的国家。每组被试只看到由4个国家构成的组合中的一对国家。如果b与a的相似性与选择集无关，那么无论选择集中的第3个元素是p还是q，认为（b而不是c）与a最相似的被试比例应该是相同的。例如，选择瑞典（而不是匈牙利）与奥地利最相似的被试比例应该与选择集中的其他国家是挪威还是波兰无关。

相反，诊断性假设意味着由其他元素的替换引起的分组变化将以可预测的方式改变相似性。回想一下，在集合1中，波兰与匈牙利、奥地利与瑞典配对，而集合2中瑞典与挪威、奥地利与匈牙利配对。因此，集合1中选择瑞典而不是匈牙利（与奥地利最相似）的被试比例应该高于集合2。图3-5中的数据强烈支持这一预测，这表明在集合1中更多人选择了瑞典而不是匈牙利，而集合2中匈牙利被选择的频率高于瑞典。

当选择集中的单个元素为p时，设b(p)表示选择国家b与a最相似的被试的百分比，依此类推。如上所示，选择符号使得b通常与q分为一组，c通常与p分为一组。因此，b(p)-b(q)和c(q)-c(p)的差异反映了其他元素p和q，对b和c以及目标a的相似性的影响。在没有情境影响的条件下，两者的差异性应该等于零，而在诊断性假设下，两者的差异性应该是大于零的。例如，在图3-5中，b(p)-b(q)= 49-14 = 35，c(q)-c(p)= 60-36 = 24。所有4元组的平均差异为9%，显著大于零（$t(19)= 3.65$，$p<0.01$）。

实验形式的变化并没有改变实验的结果。当每个选择集包含4个元素而不是3个元素时；被试根据选择集中每个元素与目标的相似性对其进行排序，而不是选择最类似的元素，以及当目标由两个元素组

第3章 相似性特征

成，并且让被试指出选择集中的某个元素与两个目标元素最相似时，诊断性假设都得到了验证。有关详细信息，请参阅特沃斯基和加蒂的研究（Tversky & Gati，1978）。

外延效应

回想一下，特征的诊断性是由基于它们的分类决定的。我们不能根据可被所有对象共享的特征来对这些对象进行分类，因此可以说这些特征缺乏诊断性价值。当通过扩展对象集来扩展情境时，原始情境中的所有对象共享的某些特征可能不会被更广泛的情境中的所有对象共享。此时，这些特征就获得了诊断性价值，并且增加了共享它们的对象之间的相似性。因此，原始情境中的一组对象的相似性通常小于它们在扩展情境中的相似性。

在研究不同动物和不同乐器之间的相似性时，萧伯格提出并验证了本质上相同的说法（Sjöberg，1972）。例如，萧伯格指出，当一个管乐器（单簧管）被添加到弦乐器组（班卓琴、小提琴、竖琴、电吉他）时，它们之间的相似性增加了。由于弦乐器比起单簧管来说彼此更相似，上述结果至少可以部分归因于被试倾向于将反应量表标准化，也就是说，对任何一组进行比较都会产生相同的平均相似性。

在接下来的研究中，我们采用了稍微不同的实验设计以消除这种效应。所有被试看到的是几组接壤的国家，并让他们以 20 分制对这些国家的相似性进行评分。我们一共设置了 4 组，每组包含 8 对国家。第 1 组包含 8 对欧洲国家（如意大利 - 瑞士）。第 2 组包含 8 对美洲国家（如巴西 - 乌拉圭）。第 3 组包含的国家是第 1 组的 4 对国家和第 2 组的 4

对国家，而第 4 组包含的国家是第 1 组和第 2 组剩余的 4 对国家。4 组国家分别被呈现给不同组的 30～36 名被试。

根据诊断性假设，"欧洲"和"美洲"这两个特征在第 1 组和第 2 组中没有诊断性价值，但它们在第 3 组和第 4 组中都具有诊断性价值。因此，我们推测差异组（第 3 组和第 4 组）中的总体平均相似性高于相似组（第 1 组和第 2 组）。该预测也得到了数据的证实（$t(15)= 2.11$, $p <0.05$）。

在本研究中，所有的相似性评估仅仅涉及同质组（即来自同一大洲接壤的一对国家）。与引入不同类别的比较组的萧伯格研究不同，我们的实验是通过由同质元素组成异质组来扩展情境的。因此，在本研究中观察到的因情境扩大而增加的相似性，不能用被试倾向于将任意组评估的平均相似性等同起来进行解释。

相似性的两个方面

根据目前的分析，特征的显著性有两个组成部分：强度和诊断性。特征的强度由不同情境中的感知稳定性和认知因素决定。特征的诊断性价值取决于由它进行的分类的普遍性，而且这些分类会随着情境的不同而变化。因此，情境对相似性的影响被视为由对象分组的相应变化引起的特征的诊断性价值的变化。

实验发现支持了这一解释，即分组的变化（由替换或添加对象产生的变化）引起了对象相似性的相应变化。这些结果揭示了相似性和分类之间存在的相互的动态作用。我们通常会假设分类取决于对象之间的相似性。前面的讨论支持相反的假设：对象的相似性会被它们的分类方式改变。因此，相似性有两个方面，即因果和衍生。它是对象分类的基础，但也受到分类方法的影响。作为该过程的基础的诊断性原则，是分析情境对相似性的影响的关键。

讨论

在这一部分中，我们以聚类和树来表征对象，讨论了原型性和家族相似性的概念，并评论了相似性和隐喻之间的关系。

特征、聚类和特征树

对象的特征或属性与其所属的类之间存在着众所周知的对应关系。例如，红色花可以被表征为具有"红色"特征，或者被描述为红色物体类的成员。通过这种方式，我们将 Φ 中的每个特征与 Δ 中具有该特征的对象类相关联。特征和类之间的这种对应关系将本理论与近似数据的聚类表征方法直接联系起来。

在对比模型中，对象之间的相似性被表示为它们的共同性特征和区别性特征的函数。重叠集之间的关系通常用维恩图表示（Venn diagram；如图 3-1 所示）。然而，当对象的数量超过 4 或 5 时，这种表示就会变得很烦琐。为了获得对比模型的图形表征，我们采纳了两种替代性的简化方法。

首先，假设所研究的对象在显著性上是相等的，即对于 Δ 中的所有 a 和 b 来说，$f(A) = f(B)$。虽然这个假设一般而言并不是绝对有效的，但仍可以在某些情况下作为合理的近似假设。我们同时假设特征具有可加性和对称性，可以得到：

$$S(a,b) = \theta f(A \cap B) - f(A-B) - f(B-A) =$$

$$\theta f(A \cap B) + 2f(A \cap B) - f(A-B) - f(B-A) - 2f(A \cap B) =$$

$$(\theta+2)f(A \cap B) - f(A) - f(B) =$$

$$\lambda f(A \cap B) + \mu$$

由于 Δ 中的所有 a，b，$f(A)=f(B)$。因此，在目前的假设下，对象之间的相似性是其共同性特征的线性函数。

由于 f 是附加尺度，因此 $f(A \cap B)$ 可表示为属于 a 和 b 的所有特征之和。对于 Δ 的每个子集 Λ，令 $\Phi(\Lambda)$ 表示由 Λ 中的所有对象共享的特征集，并且不属于 Λ 的对象不得共享。因此

$$S(a, b) = \lambda f(A \cap B) + \mu =$$

$$\lambda (\sum f(X)) + \mu \quad X \in f(A \cap B) =$$

$$\lambda (\sum f(\phi(\Lambda))) + \mu \quad \Lambda \supset \{a, b\}$$

由于求和范围包括 a 和 b 两者在内的 Δ 的所有子集，对象之间的相似性可以表示为与包括两个对象的所有集合相关联的权重之和。

该形式与 R. N. 谢泼德（R. N. Shepard）和 P. 阿拉布尔（P. Arabie, 1975）提出的可加性聚类模型基本相同。这些调查人员开发了一个计算机程序 ADCLUS，它选择了一个相对较小的子集，并为每个子集分配了权重，以便最大化模型所占的（相似性）方差的比例。谢泼德和阿拉布尔将 ADCLUS 应用于几项研究，包括谢泼德、基尔帕特里克和 J. P. 卡宁哈姆（J. P. Cunningham）关于整数 0 到 9 之间的抽象数字特征的相似性判断（Shepard, Kilpatric & Cunningham, 1975）。具有 19 个子集的解决方案占方差的 95%。表 3-1 显示了 9 个主要（权重最大的）子集及其建议性解释。所有主要子集都很容易解释，它们是重叠的而不是分层的。

表 3-1　通过 ADCLUS 进行的整数 0 到 9 的相似性分析

级别	权重	子集的元素	解释子集
1	0.305	2 4 8	2 的次方
2	0.288	6 7 8 9	较大的数
3	0.279	3 6 9	3 的倍数
4	0.202	0 1 2	很小的数
5	0.202	1 3 5 7 9	奇数
6	0.175	1 2 3	小的非零数
7	0.163	5 6 7	中间的数（较大的）
8	0.160	0 1	加法和乘法的数
9	0.146	0 1 2 3 4	较小的数

以上模型仅表示共同性特征方面的相似性。或者，可以仅根据区别性特征来表达相似性。什穆埃尔·萨塔特（Shmuel Sattath）已经证明（Sattath, 1976），对于任何具有可加性的尺度 f 的对称性对比模型，在相同的特征空间上存在定义尺度 g，使得：

对于某些 $\lambda > 0$

$S(a, b) = \theta f(A \cap B) - f(A-B) - f(B-A) =$

$\lambda - g(A-B) - g(B-A)$

该结果表明当特征空间 Φ 是特征树时，即每当 Δ 中的任意3个对象都可以被标记为 $A \cap B = A \cap C \subset B \cap C$ 时，就可以简单地表示不相似性。由什穆埃尔·萨塔特和特沃斯基根据库纳帕斯和詹森（Kuennapas & Janson）提出的判断小写字母的相似性构建的特征树例子如图3-6所示（Sattath & Tversky, 1977）。主要分支被标注出来，以便对特征树进行解释。

图中的每段（水平）弧表示由顺着这条弧线的所有对象（字母）共享的特征集，并且弧长对应于该集的尺度。对象的特征是通向该对象的所有弧的特征，而且其大小就是它到根部的（水平）距离。对象 a 和 b 之间的树的距离是连接它们的路径的（水平）长度，即 $f(A-B) + f(B-A)$。因此，如果对比模型成立，$\alpha = \beta$，并且 Φ 是树形，那么非相似性（即 $-S$）可表示为树的距离。

特征树也可以被解释为分层聚类模型，其中每个弧长表示由该弧后面的所有对象组成聚类的权重。图3-6中的树与一般分级聚类树的不同之处在于分支的长度不同。萨塔特和特沃斯基描述了一个计算机系统ADDTREE，该系统可根据相似性数据构造可加性特征树，并讨论了它与其他缩放方法的关系（Sattath & Tversky, 1977）。

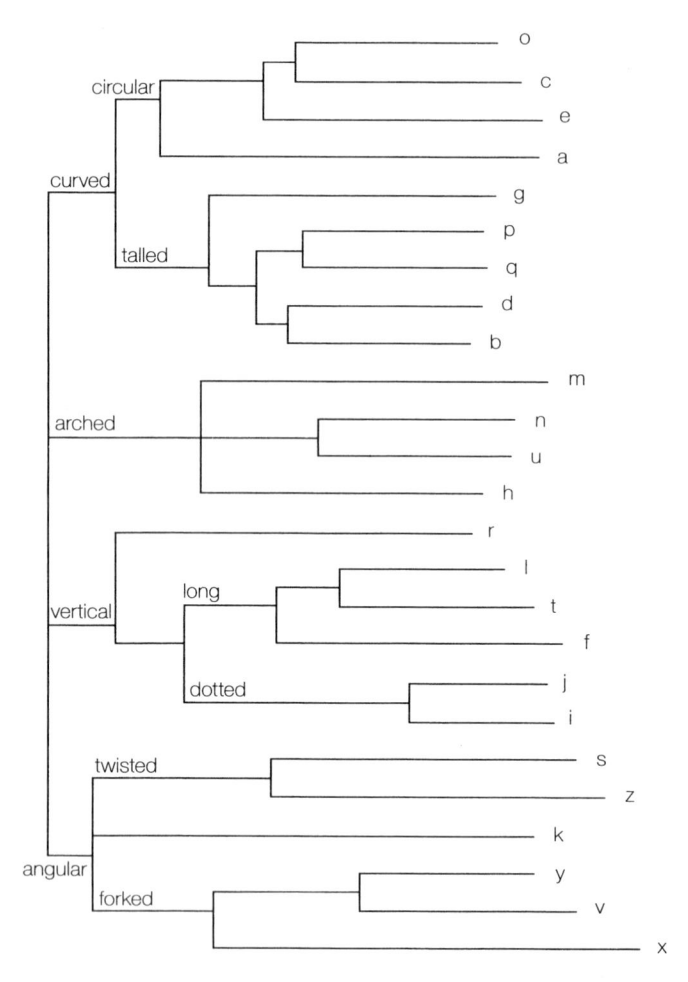

图 3-6 用可加性（特征）树表示字母的相似性

从上面的讨论中可以很容易得出，如果我们假设特征集 Φ 是特征树，并且对于 Δ 中的所有 a, b, $f(A)=f(B)$，那么对比模型可简化为众所周知的层次聚类方法。因此，可加性聚类模型（Shepard & Arabie，1975）、可加性相似树（Sattath & Tversky，1977）和层次聚类方法（Johnson，1967）是对比模型的所有特例。因此，这些缩放模型可用于发现研究对象的共同性特征和区别性特征。而我们的研究为分析近似表征的集-理论方法提供了理论基础。

相似性、原型性和家族相似性

相似性是两个物体之间的接近关系。在对象和类之间存在着其他接近关系，如原型性和代表性。直观地说，如果一个对象是它所属类别所有特征的例证，那么该对象就是该类别的原型。请注意，原型不一定是同类中最典型或最常见的。最近的研究已经证明了原型性或代表性在感知学习（Posner & Keele，1968；Reed，1972）、归纳推理（Kahneman & Tversky，1973）、语义记忆（Smith, Rips & Shoben，1974）以及类别形成（Rosch & Mervis，1975）中的重要性。在接下来的讨论中，我们将用现有的相似理论来分析原型性与家族相似性的关系。

设 $P(a, \Lambda)$ 表示对象 a 相对于类 Λ 的原型性（程度），基数为 n，由下式定义：

$$P(a, \Lambda) = P_n (\lambda \sum f(A \cap B) - \sum (f(A-B) + f(B-A)))$$

其中总和超过 Λ 中的所有 b。因此，$P(a, \Lambda)$ 被定义为与 Λ 中的元素共享 a 的特征及与 Λ 中的元素不共享 a 的特征的线性组合（对比度）。如果 Λ 中的元素 a 使 $P(a, \Lambda)$ 最大化，那么它就是原型——一个类可能有多个原型。

因子 p_n 反映了类别大小对原型的影响，而常数 λ 决定了共同性和区别性特征的相对权重。如果 $p_n = 1/n$，$\lambda = \theta$，并且 $\alpha = \beta = 1$，那么 $P(a, \Lambda) = 1/n\Sigma S(a, b)$（相对于 Λ，a 的原型性等于 a 与 Λ 中所有成员的平均相似性）。然而，与前面讨论的焦点假设一致，共同性特征在原型性判断中的权重比在相似性判断中似乎更高。

罗施和梅尔维斯发现了一些关于测量效度的证据（Rosch & Mervis, 1975）。他们从 6 个类别（家具、车辆、水果、武器、蔬菜、服装）中选取 20 个对象，让被试列出与每个对象相关联的属性。对象的原型性由其与该类别中每个成员共享的属性或特征的数量来定义。因此，关于 Λ 的原型 a 由 $\Sigma N(a, b)$ 定义，其中 $N(a, b)$ 表示由 a 和 b 共享的特征的数量，并且求和范围超过了 Λ 中的所有 b。显然，罗施和梅尔维斯采用的原型尺度是建议尺度的一个特例，其中 λ 很大且 $f(A \cap B) = N(a, b)$。

研究者还通过指导被试根据其符合"类别含义的想法或图像"的程度，以 7 分制对每个对象进行评分，从而对原型性进行直接测量。这些评级与上述测量的排序关系在所有类别中都很高：家具，0.88；车辆，0.92；武器，0.94；水果，0.85；蔬菜，0.84；服装，0.91。因此，某一类别中成员的原型性可通过其与该类别中其他成员共享的特征数量来预测。

与认为自然类别是通过结合关键特征来定义的观点相反，维特根斯坦认为，一些自然类别（如游戏）并不具有所有成员共享的属性（Wittgenstein, 1953）。他提出，自然类别和概念通常是根据家族相似性来得以表示和理解的，即连接种类中不同成员的相似关系的网络。罗施及其合作者的研究有效地强调了家族相似性在类别形成和发展中的重要性（Rosch，1973；Rosch & Mervis，1975；Rosch，Mervis，Gray，Johnson & Boyes-Braem，1976）。这项研究表明，对于自然类别和人工类别，人们通常以原型（或焦点元素）以及与原型的接近程度来进行理解和组织。此外，这一研究也实质性地证明，人们是基于最佳抽象水平的基本语义类别来构建自己的世界的。例如，椅子是一个基本类别；家具太笼统，而厨房椅子则太具体了。同样，汽车是一个基本类别；车辆太笼统，轿车则太具体。罗施认为选择基本类别是为了最大化由提示的效度定义的家族相似性。

目前的研究提出了以下衡量家族相似性或类别相似性的指标。设 Λ 是 Δ 的一些子集，基数为 n。Λ 的类别相似性表示为 $R(\Lambda)$，其由下式定义：

$$R(\Lambda)=r_n(\lambda \sum f(A \cap B) - \sum (f(A-B) + f(B-A)))$$

其总和超过 Λ 中所有 a、b。因此，类别相似性是该类别中所有成对对象的共同性特征和区别性特征的线性组合。因子 r_n 反映了类别大小对类别相似性的影响，而常数 λ 决定了共同性特征和区别性特征的相对权重。如果 $\lambda=\theta$，$\alpha=\beta=1$，并且 $r_n = 2/n(n-1)$，那么

$$R(\Lambda) = \frac{\sum S(a, b)}{\binom{n}{2}}$$

总和超过 Λ 中所有的 a 和 b。也就是说，类别相似性等于 Λ 内所有元素之间的平均相似性。虽然家族相似性的建议尺度与罗施提出的不

同，但也捕捉到了其理论的基本概念，即家族相似性是最高的类别，这些类别"具有该类别内所有元素共有的最多属性，且与其他类别的元素可共享的属性最少"（Rosch et al., 1976）。

类别相似性的最大化可用于解释类别的形成。因此，只要 $R(\Lambda) > R(\Gamma)$，就应将集合 Λ 而不是 Γ 作为自然类别。同样地，每当 $R(\{\Lambda \cup a\}) > R(\Lambda)$ 时，可将对象 a 添加到类别 Λ 中。优选（基本）类别既非最具包容性的也非最特殊的这一事实，对 r_n 设定了某些限制。

如果 $r_n = 2 / n(n-1)$，那么 $R(\Lambda)$ 等于 Λ 所有成员之间的平均相似性。那么这一指数将使人们选择最小的类别，因为我们通常可以通过删减对象来增加平均相似性。例如，轿车之间的平均相似性肯定大于汽车之间的平均相似性；然而，汽车相对于轿车是一个更基本的类别。如果 $r_n = 1$，则 $R(\Lambda)$ 等于 Λ 所有成员之间的相似性之和。那么这一指数将使人们选择最大的类别，因为如果 S 是非负的，那么添加对象会增加总相似性。

因此，为了解释中间类别的形成，类别相似性必须是平均值和总和之间的折中。也就是说，r_n 必须是超过 $2 / n(n-1)$ 的 n 的递减函数。在这种情况下，每当平均相似性为常数时，$R(\Lambda)$ 随着类别大小而增加，反之亦然。因此，类别扩展的显著增加可能会超过平均相似性的小幅下降。

尽管相似性、原型性和家族相似性的概念密切相关，但它们之前并未以正式的外显方式相关联。目前的发展为在统一框架下的相似性、原型性和家族相似性提供了解释，在这个框架中，它们被视为共同性特征和区别性特征集的对比或线性组合。

明喻和隐喻

明喻和隐喻是创造性言语表达的基本要素。也许隐喻表达最有趣的特性在于，尽管它们具有新颖性和非文字性，但它们通常是可以理解的并且信息含量丰富。例如，"X 先生像推土机"很容易被理解为 X 先生是一个勇敢的、有实力的人，他克服了工作中的所有障碍。对内涵的充分分析应该考虑到人们在先前没有具体学习过的特定情况下解释隐喻的能力。由于这些表达所传达的信息往往具有针对性和特殊性，因此不能用一些内涵意义的广义维度来解释，如评价或效力（Osgood，1962）。人们通过扫描特征空间并选择适用于该主题的指示对象的特征来解释明喻（如选择特征适用于某个人的推土机）。这个过程的本质有待解释。

相似性评估与隐喻解释之间存在着密切联系。在相似性判断中，我们要假定特定的特征空间或参考框架，并评估主体和指示对象之间的匹配质量。在对明喻的解释中，人们假设主体和指示对象之间存在相似性，并寻找对空间的解释，以使匹配质量最大化。因此，相同的一对物体被视为相似或不同，取决于参照系的选择。

良好隐喻的一个特征是先验、字面解释与后验、隐喻解释之间的对比。过于明显的隐喻是无趣的；晦涩难懂的隐喻又是无法理解的。一个好的隐喻就像一个好的侦探故事。为了保持读者的兴趣，答案不应该提前给出，而应该在保持故事的连贯性之后给出。可以想象一下"一篇文章就像一条鱼"这个比喻。这句话令人费解。一篇文章不会具有腥、滑或湿这样的特点。但当我们想到一篇文章（像鱼一样的）有头有尾，并且偶尔还会在结尾处来一记翻尾时，那么这个困惑就会解除。

本章内容得益于约阿夫·科恩、伊塔马尔·加蒂、丹尼尔·卡尼曼、萧伯格的热烈讨论。

参考文献

Beals, R., Krantz, D. H., & Tversky, A. (1968). Foundations of multidimensional scaling. *Psychological Review*, *75*, 127–142.

Bush, R. R., & Mosteller, F. (1951). A model for stimulus generalization and discrimination. *Psychological Review*, *58*, 413–423.

Carroll, J. D., & Wish, M. (1974). Multidimensional perceptual models and measurement methods. In E. C. Carterette & M. P. Friedman (Eds.), *Handbook of perception: Psychophysical judgment and measurement* (Vol. 2, pp. 391–447). New York, NY: Academic Press.

Eisler, H., & Ekman, G. (1959). A mechanism of subjective similarity. *Acta Psychologica*, *16*, 1–10.

Garner, W. R. (1974). *The processing of information and structure*. New York, NY: Halsted Press.

Gibson, E. (1969). *Principles of perceptual learning and development*. New York, NY: Appleton-Century-Crofts.

Goldmeier, E. (1972). Similarity in visually perceived forms. *Psychological Issues*, *8*, 1–136.

Gregson, R. A. M. (1975). *Psychometrics of similarity*. New York, NY: Academic Press.

Hosman, J., & Kuennapas, T. (1972). *On the relation between similarity and dissimilarity estimates* (Report No. 354). University of Stockholm, Psychological Laboratories.

Jakobson, R., Fant, G. G. M., & Halle, M. (1961). *Preliminaries to speech analysis: The distinctive features and their correlates*. Cambridge, MA: MIT Press.

Johnson, S. C. (1967). Hierarchical clustering schemes. *Psychometrika*, *32*, 241–

254.

Kahneman, D., & Tversky, A. (1973). On the psychology of prediction. *Psychological Review, 80,* 237–251.

Krantz, D. H., Luce, R. D., Suppes, P., & Tversky, A. (1971). *Foundations of measurement* (Vol. 1). New York, NY: Academic Press.

Krantz, D. H., & Tversky, A. (1975). Similarity of rectangles: An analysis of subjective dimensions. *Journal of Mathematical Psychology, 12,* 4–34.

Kuennapas, T., & Janson, A. J. (1969). Multidimensional similarity of letters. *Perceptual and Motor Skills, 28,* 3–12.

Neisser, U. (1967). *Cognitive psychology.* New York, NY: Appleton-Century-Crofts.

Osgood, C. E. (1962). Studies on the generality of affective meaning systems. *American Psychologist, 17,* 10–28.

Posner, M. I., & Keele, S. W. (1968). On the genesis of abstract ideas. *Journal of Experimental Psychology, 77,* 353–363.

Reed, S. K. (1972). Pattern recognition and categorization. *Cognitive Psychology, 3,* 382–407.

Restle, F. (1959). A metric and an ordering on sets. *Psychometrika, 24,* 207–220.

Restle, F. (1961). *Psychology of judgment and choice.* New York, NY: Wiley.

Rosch, E. (1973). On the internal structure of perceptual and semantic categories. In T. E. Moore (Ed.), *Cognitive development and the acquisition of language* (pp. 111–144). New York, NY: Academic Press.

Rosch, E. (1975). Cognitive reference points. *Cognitive Psychology, 7,* 532–547.

Rosch, E., & Mervis, C. B. (1975). Family resemblances: Studies in the internal structure of categories. *Cognitive Psychology, 7,* 573–603.

Rosch, E., Mervis, C. B., Gray, W., Johnson, D., & Boyes-Braem, P. (1976). Basic objects in natural categories. *Cognitive Psychology, 8,* 382–439.

Rothkopf, E. Z. (1957). A measure of stimulus similarity and errors in some paired-associate learning tasks. *Journal of Experimental Psychology, 53,* 94–101.

Sattath, S. *An equivalence theorem.* Unpublished note, Hebrew University, 1976.

Sattath, S., & Tversky, A. (1977). Additive similarity trees. *Psychometrika, 42,* 319–345.

Shepard, R. N. (1964). Attention and the metric structure of the stimulus space.

Journal of Mathematical Psychology, 1, 54–87.

Shepard, R. N. (1974). Representation of structure in similarity data: Problems and prospects. *Psychometrika, 39*, 373–421.

Shepard, R. N., & Arabie, P. Additive cluster analysis of similarity data. *Proceedings of the U.S.–Japan Seminar on Theory, Methods, and Applications of Multidimensional Scaling and Related Techniques*. San Diego, August 1975.

Shepard, R. N., Kilpatric, D. W., & Cunningham, J. P. (1975). The internal representation of numbers. *Cognitive Psychology, 7*, 82–138.

Sjöberg, L. A cognitive theory of similarity. *Göteborg Psychological Reports* (No. 10), 1972.

Smith, E. E., Rips, L. J., & Shoben, E. J. (1974). Semantic memory and psychological semantics. In G. H. Bower (Ed.), *The psychology of learning and motivation* (Vol. 8, pp. 1–45). New York, NY: Academic Press.

Smith, E. E., Shoben, E. J., & Rips, L. J. (1974). Structure and process in semantic memory: A featural model for semantic decisions. *Psychological Review, 81*, 214–241.

Torgerson, W. S. (1965). Multidimensional scaling of similarity. *Psychometrika, 30*, 379–393.

Tversky, A. (1972). Elimination by aspects: A theory of choice. *Psychological Review, 79*, 281–299.

Tversky, A., & Gati, I. (1978). Studies of similarity. In E. Rosch & B. Lloyd (Eds.), *On the nature and principle of formation of categories* (pp. 79–98). Hillsdale, NJ: Erlbaum.

Tversky, A., & Krantz, D. H. (1970). The dimensional representation and the metric structure of similarity data. *Journal of Mathematical Psychology, 7*, 572–597.

von Neumann, J., & Morgenstern, O. (1947). *Theory of games and economic behavior*. Princeton, NJ: Princeton University Press.

Wish, M. (1967). A model for the perception of Morse Code-like signals. *Human Factors, 9*, 529–540.

Wittgenstein, L. (1953). *Philosophical investigations*. New York, NY: Macmillan.

附录：相似性的定理理论

令 Δ= {a, b, c, …} 是特征集对象的集合，并且让 A、B、C 分别表示与 a、b、c 相关联的特征集。设 s(a, b) 是 a 到 b 的相似性的序数，并将其定义为所有在 Δ 中的不同 a、b。本理论基于以下 5 个定理。由于论文中讨论了前 3 个，因此仅将其列出；同时简要讨论其余的定理。

1. 匹配。s (a, b) = F (A ∩ B, A-B, B-A)，其中 F 是在 3 个参数中的实值函数。

2. 单调性。每当 A ∩ B ⊃ A ∩ C, A-B ⊂ A-C 和 B-A ⊂ C-A 时，s (a, b) ⩾ s (a, c)。此外，如果任何一个包含关系都是正确的，那么这种不等式就是严格的。

设 Φ 是与 Δ 的对象相关的所有特征的集合，并且令 X、Y、Z 等表示 Φ 的子集。可将表达式 F (X, Y, Z) 定义为，当 Δ 中存在 a、b 时，使得 A ∩ B= X, A-B = Y, B-A = Z，其中 s (a, b) = F (X, Y, Z)。如果以下等式中的一个或多个成立, X, Y, Z: F (V, Y, Z) = F (W, Y, Z), F (X, V, Z) = F (X, W, Z), F (X, Y, V) = F (X, Y, W)，那么定义 V ≃ W。只要满足以下式子中的 1 个、2 个或 3 个：(A ∩ B) ≃ (C ∩ D), (A-B) ≃ (C-D), (B-A) ≃ (D-C)，则 (a, b) 和 (c, d) 在 1 个、2 个或 3 个元素上分别一致。

3. 独立性。假设组合 (a, b) 和 (c, d) 及组合 (a′, b′) 和 (c′, d′) 在相同的两个分量上是一致的，而组合 (a, b) 和 (a′, b′)，以及组合 (c, d) 和 (c′, d′) 与剩余的（第三个）元素达成一致。则

当且仅当 $s(c, d) \geqslant s(c', d')$ 时，$s(a, b) \geqslant s(a', b')$。

4. 可解性。第一，对于 Δ 中对象的所有组合 (a, b) (c, d) (e, f)，存在一对组合 (p, q)，它们分别与第一、第二、第三个元素一致，即 $P \cap Q \simeq A \cap B$, $P-Q \simeq C-D$, $Q-P \simeq F-E$。

第二，假设 $s(a, b) > t > s(c, d)$，则存在 e、f，其中 $s(e, f) = t$，使得如果 (a, b) 和 (c, d) 在 1 个或 2 个元素上一致，那么 (e, f) 在这些元素上与它们一致。

第三，在 Δ 中存在成对的对象 (a, b) 和 (c, d)，它们在任何元素上都不一致。

与其他定理不同的是，可解性不会对相似性顺序施加约束；它只是声称所研究的结构足够丰富，因此可以满足某些公式。定理 4 的第一部分类似于阶乘结构。定理的第二部分暗示了 s 的范围是实际区间：在 Δ 中存在某对象，其相似性可匹配任何由两个相似性限定的实际值。定理 4 的第三部分确保了 F 的所有参数都是必不可少的。

令 Φ_1、Φ_2 和 Φ_3 分别作为 F 的第一、第二或第三自变量出现的特征集（注意，$\Phi_2 = \Phi_3$）。假设 X 和 X' 属于 Φ_1，而 Y 和 Y' 属于 Φ_2。每当两个区间匹配时，即每当 Δ 中存在同样类似的成对的对象 (a, b) 和 (a', b') 与第三个因子一致时，则定义 $(X, X')_1 \simeq (Y, Y')_2$。因此，当

$$s(a, b) = F(X, Y, Z) = F(X, Y', Z') = s(a', b')$$

时

$(X, X')_1 \simeq (Y, Y')_2$

该定义很容易扩展到任何其他因子中。接下来，对于某些 $(X, X')_j$，$j \neq i$，当 $(V, V')_i \simeq (X, X')_j \simeq (W, W')_i$ 时，定义 $(V, V')_i \simeq (W, W')_i$，其中 $i = 1, 2, 3$。因此，如果在另一个因子上匹配相同的区间，那么相同因子上的两个区间是等效的。下面的不变性定理提出，如果两个区间在一个因子上是等价的，那么它们在另一个因子上也是等价的。

5. 不变性。假设 V、V'、W、W' 属于 Φ_i 和 Φ_j，$i, j = 1, 2, 3$，那么当且仅当 $(V, V')_j \simeq (W, W')_j$ 时，$(V, V')_i \simeq (W, W')_i$。

表示定理

假设定理 1 至定理 5 成立，那么存在相似性尺度 S 和非负尺度 f，使得对于 Δ 中的所有 a, b, c, d：

(1) 当且仅当 $s(a, b) \geqslant s(c, d)$ 时，$S(a, b) \geqslant S(c, d)$；

(2) 对于某些 $\theta, \alpha, \beta \geqslant 0$，$S(a, b) = \theta f(A \cap B) - \alpha f(A-B) - \beta f(B-A)$；

(3) f 和 S 是区间尺度。

虽然表示定理的自包含证明很长，但该定理可以很容易地被简化为先前的结果。

回想一下 Φ_i 是 F 的第 i 个参数的一组特征,并令 $\Psi_i=\Phi_i/\simeq$,$i=1$,2,3。因此,Ψ_i 是 Φ_i 相对于 $\simeq$ 的等价类集合。从定理 1 和公式 3 得出,每个 Ψ_i 都是经明确定义的,并且从定理 4 得出 $\Psi=\Psi_1\times\Psi_2\times\Psi_3$ 等价于 F 的定义域。我们希望证明根据 F 排序的 Ψ 是一个由 3 个元素组成的可加性合取结构(Krantz,Luce,Suppes & Tversky,1971)。

然而,这一结果来自特沃斯基和克兰茨提出的可分解的相似性结构的分析(Tversky & Krantz,1970)。特别要指出的是,文中定理 1 部分(c)的证明显示,在公理 1、3 和 4 中,存在定义在 Ψ_i 上的非负函数 f_i,$i=1$,2,3,对于 Δ 中的所有 a,b,c,d:

当且仅当 $S(a,b) \geqslant S(c,d)$ 时

$s(a,b) \geqslant s(c,d)$

其中

$S(a,b) = f_1(A\cap B) + f_2(A-B) + f_3(B-A)$

并且 f_1、f_2、f_3 是具有共同单位的区间尺度。

根据定理 5,间隔的等价性在因子中保持不变。也就是说,对于 $\Phi_i\cap\Phi_j$,i,$j=1$,2,3 中所有 V、V'、W、W' 来说,当且仅当 $f_j(V)-f_j(V')=f_j(W)-f_j(W')$ 时

$$f_i(V) - f_i(V') = f_i(W) - f_i(W')$$

因此，根据克兰茨等人的定理 6.15 的第一部分，存在标度 f 和常数 θ_i，使得 $f_i(X) = \theta f(X)$，$i = 1, 2, 3$（Krantz et al., 1971）。最后，根据定理 2，S 在 f_1 中增加并且在 f_2 和 f_3 中减小。因此，可以将其表达为：

对于一些非负常数 θ、α、β，存在 $S(a, b) = \theta f(A \cap B) - \alpha f(A - B) - \beta f(B - A)$。

第 4 章

前景理论：风险决策分析

丹尼尔·卡尼曼
阿莫斯·特沃斯基

引言

期望效用理论在风险决策的分析中已占据主导地位。它作为理性选择的规范性模型已被普遍接受（Keeney & Raiffa，1976），并被广泛用作经济行为的描述性模型（Friedman & Savage，1948；Arrow，1971）。因此，我们假设所有理性的人都应该遵守该理论的相关定理，而且大多数人在多数情况下都是这样做的（Savage，1954；von Neumann & Morgenstern，1944）。

本章将描述几类选择问题，人们在这些问题中的偏好系统性地违背了期望的效用理论。基于这些观察结果，我们认为，人们通常理解的效用理论并不是一个完善的描述性模型，因此我们提出了另外一个理论，帮助人们在风险情况下做选择。

评价

我们可以将风险决策视为前景或博弈之间的选择。一个前景 $(x_1, p_1; \cdots; x_n, p_n)$ 是产生结果 x_i 的概率 p_i 的一项合约,其中 $p_1 + p_2 + \cdots + p_n = 1$。为了简化表示方法,我们省略了空值结果,并用 (x, p) 表示前景 $(x, p; 0, 1-p)$,其中 x 的概率为 p,0 的概率为 $1-p$。(x) 表示肯定能获得 x 的无风险前景。目前的讨论仅限于具有所谓的客观或标准概率的预期。

期望效用理论在前景选择中的应用以下面 3 个原则为基础。

(1) 前景: $U(x_1, p_1; \cdots; x_n, p_n) = p_1 u(x_1) + \cdots + p_n u(x_n)$。

也就是说,一个前景的总体效用 U,就是其结果的预期效用。

(2) 资产整合: 当且仅当 $U(w + x_1, p_1; \cdots; w + x_n, p_n) > u(w)$ 时,$(x_1, p_1; \cdots; x_n, p_n)$ 在资产量为 w 时是可接受的。

也就是说,如果前景与某个人的资产整合所产生的效用超过了这些资产本身的效用,那么这个前景是可以接受的。因此,效用函数的取值是最终的状态(包括一个人的资产状况)而不是收益或损失。

虽然效用函数的使用范围不限于任何特定类别的结果,但该理论的大多数应用都与货币结果相关。此外,大多数经济学的应用都引入了下面这个额外假设。

（3）风险规避：u 是凹函数（$u''<0$）。

如果一个人更倾向于确定性前景（x）而不是具有前景值 x 的任何风险前景，那么他就是风险规避的。在期望效用理论中，风险规避等于效用函数的凹度。风险规避的普遍性可能是关于风险选择最广为人知的概括。早在 18 世纪，决策理论家就指出，效用是货币的凹函数，这种思想一直沿用至今（Pratt，1964；Arrow，1971）。

在接下来的部分中，我们列出了一些违反期望效用理论的现象。这些例子都是基于学生和大学教师对假设性选择问题的回答。被试被要求回答如下类型的问题：

> 你更喜欢下列选项中的哪一个？
> A. 你有 50% 的机会赢得 1 000 新谢克尔，有 50% 的机会什么也得不到。
> B. 你一定能得到 450 新谢克尔。

这里的结果指的是以色列货币。为了表明所涉金额的大小，这里要说明，一个家庭的月净收入中位数约为 3 000 新谢克尔。研究人员要求被试想象一下，他们实际面临这些问题时，会做出什么样的选择。这些回答都是匿名的，其说明中明确指出，对于这类问题没有"正确"的答案，这项研究的目的是观察人们在风险前景中是如何做出选择的。研究中的问题以问卷形式呈现，每本小册子最多有十几个问题。问卷有多种形式，这样可以使被试以不同的顺序看到问题。此外，每个问题都使用了两个版本，并互换了不同前景的位置。

本章提到的问题是我们选择出来的，用来说明一系列的效应。我们已经在一些结果和概率不同的问题中观察到了各种效应。这些问题也呈现给了斯德哥尔摩大学和密歇根大学的学生和教师。其结果与以色列被试的答题结果基本相同。

由于用到的是虚构的前景，所以被试难免会对方法的有效度和结果的普遍性提出质疑。我们敏锐地意识到了这些问题。然而，用于测试效用理论的其他所有方法也同样存在严重的缺陷。我们可以在真实情境下，或是在实验室中，对经济行为的真实选择进行自然的或统计学观察。实地研究只能提供相当粗略的定性预测检验，因为在这种情况下无法充分测量概率和效用。已经设计的实验从实际选择中获得了有关实用性和概率的精确预测，但是这些实验研究通常只适用于赌注较小的人为设定的博弈，以及大量非常相似的问题。实验博弈的这些特征使得其对结果的解释变得复杂，并限制了它们的通用性。

默认情况下，假设选择法是研究大量理论问题的最简单方法。这种方法的使用依赖于这样一种假设，即人们通常知道自己在实际情况下进行选择时会怎么做；以及进一步假设被试没有特殊的理由来掩饰自己的真实偏好。如果人们在预测自己的选择时是合理且准确的，那么在假设问题中普遍存在的系统性违反期望效用理论的行为，就为我们提供了否定该理论的假设证据。

确定性、概率和可能性

在期望效用理论中，计算结果的效用时，会将其概率作为权重系数。本节描述了一系列选择问题，其中人们的偏好系统地违反了这一原则。我们首先通过示例表明，相对于可能的结果来说，人们更看重确定性结果，这就是确定性效应现象。

法国经济学家莫里斯·阿莱斯（Maurice Allais）于1953年提出了期望效用理论的最著名的反例，并在其中探讨了确定性效应（Allais, 1953）。许多作者从规范和描述的角度讨论了阿莱斯的例子（MacCrimmon & Larsson, 1979; Slovic & Tversky, 1974）。以下两对选择问题是阿莱斯示例的变体，它与原始理论的不同之处在于，这里使用的是中等而非极大的增益。示例用 N 表示每个问题的回复人数，用中括号表示选择每个选项的被试百分比。

问题 1：请在以下选项中选择。

A. 赢得 2 500（新谢克尔，下同）的概率　　0.33
　　赢得 2 400 的概率　　　　　　　　　　0.66
　　赢得 0 的概率　　　　　　　　　　　　0.01

N=72　[18]

B. 确定赢得 2 400

　　[82]*

问题 2：请在以下选项中选择。

C. 赢得 2 500 的概率　　　　　　　　　　0.33
　　赢得 0 的概率　　　　　　　　　　　　0.67

N=72　[83]*

D. 赢得 2 400 的概率　　　　　　　　　　0.34
　　赢得 0 的概率　　　　　　　　　　　　0.66

　　[17]

第 4 章　前景理论：风险决策分析

数据显示，82% 的被试在问题 1 中选择了 B，83% 的被试在问题 2 中选择了 C。星号表示此偏好在 0.01 水平上是显著的。此外，对个人选择模式的分析表明，大多数被试（61%）在这两个问题上都做出了模式化的选择。这种偏好模式违反了阿莱斯最初描述的期望效用理论。根据该理论，当 $u(0) = 0$ 时，第一个偏好表明：

$$u(2\,400) > 0.33u(2\,500) + 0.66u(2\,400)，即$$
$$0.34u(2\,400) > 0.33u(2\,500)$$

而第二种偏好则反映了相反的不等式是成立的。请注意，问题 2 是通过从问题 1 中的两个前景中同时减去"0.66 的可能性赢得 2 400 新谢克尔"而得到的。显然，当这种变化将前景特征从确定的利益变成可能的利益时，与原始和减少的前景都不确定的情况相比，其可取性会大大降低。

下面给出了相同现象的简单演示，此处仅涉及两个结果的博弈。这个例子也是基于阿莱斯的示例（Allais，1953）。

问题 3:

A. （4 000, 0.80） 或 B. （3 000）

N=95 [20] [80]*

问题 4:

C. （4 000, 0.20） 或 D. （3 000, 0.25）

N=95 [65]* [35]

在本节中的这对问题及所有其他对问题中,超过一半的被试违反了期望效用理论。为了表明问题 3 和问题 4 中的偏好模式与理论不相容,设 $u(0)=0$,并认为 B 的选择意味着 $u(3\,000) / u(4\,000) > 4/5$,而 C 的选择意味着逆向不平等。注意,前景 $C = (4\,000, 0.20)$ 可以表示为 $(A, 0.25)$,而前景 $D = (3\,000, 0.25)$ 可以改写为 $(B, 0.25)$。前景效用理论的替代定理断言,如果 B 优于 A,那么任何(概率)混合体 (B, p) 必须优于混合体 (A, p)。我们的实验结果符合这个定理。显然,将获胜率从 1.0 降至 0.25 的效果比将获胜率从 0.8 降至 0.2 的效果更大。以下两对问题说明了不涉及经济收益情况下的确定性效应。

问题 5:

A. 你有 50% 的概率赢得英格兰、法国和意大利三周游

$N=72$ [22]

B. 你确定无疑能赢得英格兰一周游。

[78]*

问题 6:

A. 你有 5% 的概率赢得英格兰、法国和意大利三周游

$N=72$ [67]*

B. 你有 10% 的概率能赢得英格兰一周游

[33]

确定性效应不是违反替代定理的唯一情况。以下问题说明了违反这个定理的另一种情况。

问题 7：

A. (6 000, 0.45)　　　B. (3 000, 0.90)

N=66　[14]　　　　　　　　　[86] *

问题 8：

C. (6 000, 0.001)　　D. (3 000, 0.002)

N=66　[73] *　　　　　　　　[27]

请注意，在问题 7 中，你获胜的可能性很大（0.45 和 0.90），并且大多数人选择更有可能获胜的情况。在问题 8 中，虽然有获胜的可能性，但获胜的可能性都很小（0.001 和 0.002）。在这种情况下，获胜是可能但不是一定的，大多数人选择了能带来更大收益的前景。K.R. 麦克里蒙（K.R. MacCrimmon）和 S. 拉尔森（S. Larsson）也发表了类似的结果（MacCrimmon & Larsson, 1979）。

上述问题说明了在前景效用模型中人们对无法确定的风险或机会的一般态度。结果总结了关于违反替代定理的方式。如果 (y, pq) 等于 (x, p)，那么 (y, pqr) 优于 (x, pr)，$0 <p, q, r <1$。该特性被纳入了替代定理，我们将在本章的第二部分对此进行阐述。

镜像效应

上一节中我们讨论了人们在正面前景，即不涉及损失的前景之间的偏好。当结果的符号变成负号，也就是前景由收益变成损失时，会发生什么？表 4-1 的左侧栏显示的是上一节讨论过的 4 道选择题，右侧栏显示了结果的符号变成负号的选择题。我们用 $-x$ 来表示损失 x，用 >

表示普遍的偏好,即大多数被试做出的选择。

在表4-1所示的4个问题中,人们在负面前景之间的偏好是正面前景之间的偏好的镜像。因此,镜像0周围的前景的镜像颠倒了偏好顺序。我们将这种模式标记为镜像效应。

表4-1 正面前景和负面前景之间的偏好

正面前景	负面前景
问题3: (4 000, 0.80) < (3 000)	问题3': (-4 000, 0.80) > (-3 000)
N=95 [20] [80]*	N=95 [92]* [8]
问题4: (4 000, 0.20) > (3 000, 0.25)	问题4': (-4 000, 0.20) < (-3 000, 0.25)
N=95 [65]* [35]	N=95 [42] [58]
问题7: (3 000, 0.90) > (6 000, 0.45)	问题7': (-3 000, 0.90) < (-6 000, 0.45)
N=66 [86]* [14]	N=66 [8] [92]*
问题8: (3 000, 0.002) < (6 000, 0.001)	问题8': (-3 000, 0.002) > (-6 000, 0.001)
N=66 [27] [73]*	N=66 [70]* [30]

现在让我们谈谈这些数据的含义。首先,请注意镜像效应意味着正数区间中的风险规避将成为负数区间中的风险寻求。例如,在问题3'中,尽管博弈具有较低的前景值,但大多数被试愿意接受概率为0.80的损失4 000的风险,而不是确定损失3 000。A. C. 威廉姆斯(A. C. Williams)早期就注意到了人们在负面前景之间进行选择时存在风险寻求(Markowitz, 1952)。威廉姆斯给出的数据显示,结果的转换产生了从风险规避到风险寻求的巨大转变(Williams, 1966)。例如,被试无视(100, 0.65; -100, 0.35)和(0),这表明他们厌恶风险。被试也无视(-200, 0.80)和(-100),这表明他们寻求风险。P. C. 菲什伯

恩（P. C. Fishburn）和 G. A. 柯亨伯格（G. A. Kochenberger）所做的综述，记录了人们在负面前景选择中寻求风险的普遍性（Fishburn & Kochenberger, 1979）。

其次，表 4-1 显示人们在正面前景之间的偏好与期望效用理论不一致。相应的负面前景之间的偏好也以同样的方式违反了前景原则。例如，问题 3' 和问题 4' 及问题 3 和问题 4，均表明相对于不确定是否能赢得某物，确定能赢得某物更重要。在正数区间中，确定性效应导致了人们对确定性收益的风险规避偏好程度大于更大的不确定性收益。在负数区间中，同样的效应导致了人们的风险偏好，即相对于确定的较小损失而言，有可能发生的损失更容易受到风险偏好的影响。同样的心理原则，即人们更看重确定性导致了人们在收益区间的风险规避和损失区间的风险寻求行为。

再次，镜像效应作为确定性效应的解释，消除了人们对不确定性或可变性的厌恶，如对 (3 000) 大于 (4 000, 0.80)，以及 (4 000, 0.20) 大于 (3 000, 0.25) 的普遍偏好。为了解决这种明显的不一致性，可以引用人们更喜欢具有高前景值和小方差前景的假设（Allais, 1953; Markowitz, 1959; Tobin, 1958）。由于 (3 000) 方差较小，而 (4 000, 0.80) 方差较大，尽管前者前景值较低，但人们仍然会选择前者。然而，当前景减少时，(3 000, 0.25) 和 (4 000, 0.20) 之间的方差差异可能不足以克服前景值大小的差异。因为 (-3 000) 具有比 (-4 000, 0.80) 更高的前景值和更低的方差，根据这个解释，选择确定性损失应该更符合被试的偏好，而这种现象与数据结果背道而驰。因此，我们的数据与人们通常喜欢确定性这种说法并不相符。相反，似乎是确定性强化了人们对损失的厌恶，以及对收益的偏好。

概率型保险

为对抗损失而购买保险这一现象，已经被许多人视为货币效用函数具有凹性的有力证据。为什么人们会花这么多钱甚至以超过预期精算成本的价格购买保险呢？然而，对各种形式保险相对吸引力的检验，并不支持货币的效用函数具有凹性这一观念。例如，人们通常更喜欢可以提供有限保障但具有低免赔额或零免赔额的保险产品，而不是具有较大的保障范围和更高免赔额的保险产品，这与风险规避相反（Fuchs，1976）。另一种类型的保险问题可被称为概率型保险，其中人们的反应与货币效用函数的凹性假设不一致。为了说明这个概念，请考虑以下问题，该问题已由 95 名斯坦福大学的学生进行了回答。

> **问题 9**：假设你考虑为某些财产购买保险以防发生意外，如遭遇火灾或盗窃。在了解了风险和溢价之后，你在购买保险或不购买保险的选择之间没有明确的偏好。
>
> 然后，请注意保险公司将提供一项名为概率型保险的新计划。在这项计划中，你需要支付一半的常规保险费。如果财产遭受损坏，你有 50% 的机会支付另一半保险费，保险公司会承担所有损失；同时你还有 50% 的机会拿回保险费并承受所有损失。例如，如果在一个月的某个奇数日发生事故，你需要支付另一半保险费，你的损失将会得到赔偿；但如果事故发生在该月的偶数日，你的保险金将被退还，但你的损失将不会得到赔偿。
>
> 回想一下，全面保险的保险费就是这样的，你会发现这个保险几乎不值得购买。
>
> 在这种情况下，你会购买概率型保险吗？

	会	否
N=95	[20]	[80]*

尽管问题 9 看起来不怎么合理，但值得注意的是，概率型保险代表了许多形式的保障，其中，人们支付一定的成本来降低不良事件的可能性，而不是完全消除这种可能性。安装防盗报警器、更换旧轮胎及戒烟的决定都可被视为一种概率型保险。

对问题 9 和同一问题的其他几个变体的回答表明，概率型保险通常没有吸引力。显然，将损失概率从 p 降至 $p/2$ 的可能性比将损失概率从 $p/2$ 降至 0 的可能性要小。

与这些数据相反，期望效用理论（凹陷系数 u）意味着概率型保险优于常规保险。也就是说，如果在资产 w 中，人们只愿意支付溢价 y 以确保损失 x 的概率是 p，那么一个人肯定愿意支付一个较小的溢价 ry 以将失去 x 的概率从 p 减小到 $(1-r)p$，$0 < r < 1$。也就是说，如果一个人认为 $(w-x, p; w, 1-p)$ 和 $(w-y)$ 无关紧要，那么相对于保险 $(w-y)$，人们应该更喜欢概率型保险 $(w-x, (1-r)p; w-y, rp; w-ry, 1-p)$。

为证明这一说法，我们证明了：

$$pu(w-x) + (1-p)u(w) = u(w-y)$$

从而推导出：

$$(1-r)pu(w-x) + rpu(w-y) + (1-p)u(w-ry) > u(w-y)$$

在不失一般性的前提下，我们可以设 $u(w-x) = 0$ 和 $u(w) = 1$。因此，$u(w-y) = 1-p$，我们希望得到

$$rp(1-p) + (1-p)u(w-ry) > 1-p$$

或

$$u(w-ry) > 1-rp$$

当且仅当 u 具有凹性时公式成立。

这是效用理论的风险规避假说的一个相当令人费解的结果，因为概率型保险看起来比常规保险更具风险性，常规保险完全消除了风险因素。显然，风险效用函数的假定凹度并未充分反映风险的直观概念。

人们对概率型保险的排斥很令人费解，因为从某种意义上说，所有保险都是概率型的。最狂热的保险买家仍然容易受到政策没有覆盖的许多金融风险和其他风险因素的影响。概率型保险与所谓的意外保险（contingent insurance）之间似乎存在着显著差异，意外保险为特定类型的风险提供了确定性。例如，将概率型保险与针对家庭内所有形式的损失或损害的意外保险进行对比。意外保险能消除因盗窃而造成的所有损失风险，但不包括其他风险，如火灾。我们推测，在没有保护的情况下，当损失的概率相等时，意外保险通常比概率型保险更具吸引力。因此，两个在概率和结果上等同的前景可能因其表述方式的不同而具有不

同的值。下一节中我们将介绍一些普遍存在的此类现象。

隔离效应

为了简化在备选方案之间做出选择的过程，人们常常会忽略备选方案共有的成分，而专注于区分它们的内容（Tversky，1972）。这种选择问题的方法可能会产生不一致的偏好，因为一对前景可以被多种方式分解为共同性成分和区别性成分，而不同的分解方式有时会引发不同的偏好。我们将这种现象称为隔离效应。

> **问题 10**：考虑以下包括两个阶段的游戏。在第一阶段，游戏结束却没有赢得任何东西的概率为 0.75，进入第二阶段的概率为 0.25。如果进入第二阶段，那么可以在 (4 000, 0.80) 和 (3 000) 之间进行选择。
> 你必须在游戏开始之前，即在知道第一阶段的结果之前做出选择。

请注意，在这个游戏中，人们可以选择以 0.25×0.80 = 0.20 的概率赢得 4 000，也可以选择以 0.25×1.0 = 0.25 的概率赢得 3 000。因此，就最终结果和概率而言，人们面临着 (4 000, 0.20) 和 (3 000, 0.25) 之间的选择，如问题 4 所示。然而，这两个问题的主导偏好是不同的。在回答问题 10 的 141 名被试中，78% 的被试选择了后者，这与问题 4 中的结果偏好相反。显然，人们忽略了游戏的第一阶段，其结果由两个前景共享，并将问题 10 视为在 (4 000, 0.80) 和 (3 000) 之间进行选择，如上文中的问题 3 所示。

我们把问题 4 标准形式和问题 10 顺序形式分别表示为决策树，如

图 4-1 和图 4-2 所示。按照惯例，正方形表示决策节点，圆形表示机会节点。两个图之间的本质区别在于决策节点的位置。在标准形式（如图 4-1 所示）中，决策者面临着两个风险前景之间的选择；而在顺序形式（如图 4-2 所示）中，决策者面临的是风险前景和无风险前景之间的选择。这是通过在不改变概率或结果的情况下引入前景之间的依赖关系实现的。具体而言，事件"未赢得 3 000"被包括在顺序形式"未赢得 4 000"的事件中，而这两个事件在标准形式中是相互独立的。因此，"赢得 3 000"在顺序形式中具有确定性这一优势，而在标准形式中则没有。

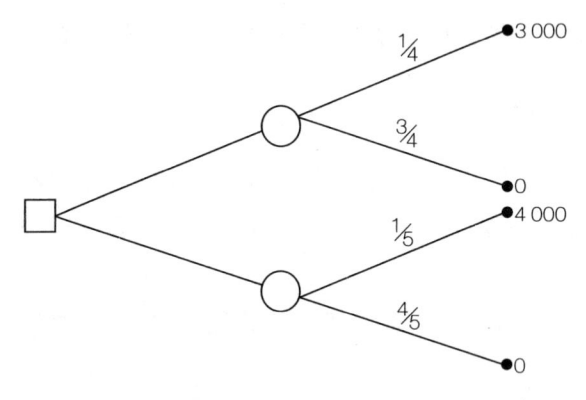

图 4-1　问题 4 的表达式决策树（标准形式）

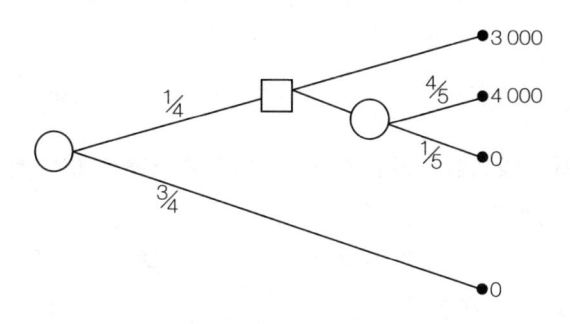

图 4-2　问题 10 的表达式决策树（顺序形式）

第 4 章　前景理论：风险决策分析　　145

由于事件之间具有依赖性，偏好逆转具有重要的意义，因为它违背了决策理论分析的基本假设，即前景之间的选择仅由概率的最终状态决定。

人们通常很容易想到以上述其中一种形式表示的决策问题。例如，我们可以在标准形式中查看两种不同风险的企业之间的选择。此外，以下问题最有可能以顺序形式表示。人们可以投资一个风险投资项目，如果投资失败，人们可能会失去个人资本；如果成功，人们可以在约定的固定收益和一定比例的收益之间做出选择。隔离效应意味着相对于具有相同概率和结果的风险投资而言，具有固定回报或确定性增强了该选项的吸引力。

前面的问题说明了如何用不同的概率表现形式来改变人们的偏好。我们现在阐述的是如何通过改变结果的表现形式来改变人们的选择。

考虑以下问题，这些问题被呈现给了两个不同的受试组。

问题 11： 除了拥有的东西，你还会获得 1 000（新谢克尔，下同）。你需要在以下两个选项中进行选择。

A. （1 000, 0.50） B. （500）
N=70　[16] 　　　　　　　　　　[84]*

问题 12： 除了拥有的东西，你还会获得 2 000。你需要在以下两个选项中进行选择。

C. （-1 000, 0.50） D. （-500）
N=68　[69]* 　　　　　　　　　 [31]

大多数被试在第一个问题中选择了 B，在第二个问题中选择了 C。这些偏好符合表 4-1 中显示的镜像效应，表现出了对正面前景的风险规避和对负面前景的风险寻求。但请注意，从最终状态来看，两个选择问题是相同的，具体如下：

A = (2 000, 0.50; 1 000, 0.50) = C

B = (1 500) = D

实际上，问题 12 是通过在问题 11 初始奖金的基础上增加 1 000，然后又从所有获得的奖金中减去 1 000 得到的。显然，被试没有将奖金与前景相结合。奖金没有进入前景比较中，因为每个问题的两个选项都很常见。

我们从问题 11 和问题 12 中观察到的结果显然与效用理论不一致。例如，在该理论中，不管之前的效用财富是 9.5 万美元还是 10.5 万美元，我们将相同的效用分配给财富为 10 万美元的人。因此，在拥有 10 万美元的总财富与拥有 9.5 万美元或 10.5 万美元的机会之间进行选择，应该与目前是否拥有这两个金额中较小或较大的金额无关。在附加了风险规避假设的情况下，该理论认为，拥有 10 万美元的确定性总是比博弈情况更可取。然而，被试对问题 12 和之前几个问题的回答表明，如果个人拥有较小的金额，则会出现上述结果，但如果他拥有较大的金额则不会。

在问题 11 和问题 12 的两个选项中，对奖金的明显忽视是常见现象，这意味着价值或效用的载体是财富的变化，而不是包括当前财富的最终资产。这个结论是风险选择替代定理的基石，我们将在以下章节中进行描述。

理论

上文中，我们讨论和回顾了几项实证效应，这些效应似乎使期望效用理论成了无效的描述性模型。本章的其余部分介绍了风险条件下个人决策的另一种方法，即前景理论。该理论是针对具有货币结果和陈述概率的简单前景发展而来的，但它可以扩展到更多涉及选择的形式。前景理论区分了选择过程中的两个阶段：早期的编辑阶段和随后的评估阶段。编辑阶段包括对所提供的前景的初步分析，通常可以得到这些前景的简单的表现形式。在第二阶段中，人们对评估后的前景进行评价，并选择价值最高的前景。接下来我们将对编辑阶段进行概述，并进一步改进评估阶段的正式模型。

编辑阶段的功能是组织和重新设置选项，以简化后续的评估和选择。编辑包括若干操作的应用，这些操作可改变与所提供的前景相关的结果和概率。编辑阶段的主要操作如下所述。

编码。上文中的讨论表明，人们通常认为结果是收益和损失，而不是财富或福利的最终状态。当然，收益和损失是相对于某个中性参考点来定义的。这个参考点通常对应于当前资产，在这种情况下，收益和损失与收到或支付的实际金额一致。但是，这个参考点的位置及相应的损失或收益的结果编码，会受前景的描述形式及决策者的期望影响。

组合。有时可以通过将与相同结果相关的概率进行组合来简化前景。例如，前景 (200, 0.25; 200, 0.25) 可简化为 (200, 0.50)，并以该形式来进行评估。

分离。某些前景包含一个无风险部分，因为该部分在编辑阶段风险成分组分离。例如，前景 (300, 0.80; 200, 0.20) 自然地被分解为 200 的确定性收益和 (100, 0.80) 的风险前景。类似地，前景 (-400, 0.40; -100; 0.60) 很容易被视作确定性损失 100 和前景 (-300, 0.40)。

前面的操作可分别应用于每个前景。以下操作适用于一组两个或更多前景。

消除。前面描述的隔离效应的本质是忽略前景的共享成分。因此，我们的被试显然忽略了问题 10 中呈现的连续游戏的第一阶段，因为这个阶段对于两个选项来说是共有的，他们会根据第二阶段的结果来评估前景（图 4-2）。同样，他们忽略了问题 11 和问题 12 中增加到前景中的共同奖金。另一种类型的消除涉及舍弃共享成分，即结果-概率组合。例如，(200, 0.20; 100, 0.50; -50, 0.30) 和 (200, 0.20; 150, 0.50; -100, 0.30) 之间的选择可以通过消除而减少到 (100, 0.50; -50, 0.30) 和 (150, 0.50; -100, 0.30) 之间。

这里还要介绍另外两项操作，即对前景进行简化和对优势度进行检测。第一个操作是通过对概率或结果进行取整来简化前景。例如，前景 (101, 0.49) 很可能被记录为赢得 100 的偶然机会。舍弃极不可能的结果是一种特别重要的简化形式。第二个操作涉及扫描所提供的前景，以发现占据优势地位的替代性方案，这些方案在没有得到进一步评估的情况下会被拒绝。

由于编辑操作可以使决策任务的执行更便利，所以我们假设它们是在可能的情况下被执行的。然而，有些编辑操作会允许或阻止其他操作的应用。例如，如果两个前景的第二个成分被简化为 (100, 0.50)，则 (500, 0.20; 101, 0.49) 比 (500, 0.15; 99, 0.51) 优势度更高。因此，最终的编辑前景可能取决于编辑操作的顺序，而编辑操作的顺序可能会随集合的结构和显示的格式发生变化。对这个问题的处理超出了目前研究的范围。在本文中，我们讨论的选择问题是，合理地假设前景的原始形式没有进一步编辑的空间，或可以明确地指定经过编辑的前景。

偏好上出现的许多异常情况都是对前景进行编辑的结果。例如，与隔离效果相关的不一致性是由于消除了共享成分。选择的某些不和谐性可以通过简化来解释，这种简化消除了前景之间的微小差异（Tversky, 1969）。说得更通俗一些就是，前景之间的偏好顺序在不同情况下不一定会保持不变，因为相同的前景可以根据其出现的情境以不同的方式被编辑。

在编辑阶段完成之后，我们假设决策者会对每个编辑后的前景进行评估，然后选择价值最高的前景。用 V 表示编辑后的前景的整体价值，用 π 和 v 表示其两个尺度。

第一个尺度 π 将每个概率 p 与决策权重 $\pi(p)$ 相关联，这反映了 p 对前景的总体价值的影响。然而，π 不是概率尺度，我们稍后将会证明 $\pi(p) + \pi(1-p)$ 通常小于 1。第二个尺度 v 为每个结果分配一个数字 $v(x)$，它反映了该结果的主观价值。回想一下，结果是相对于参考点定义的，参考点是价值尺度的零点。因此，尺度 v 与该参考点的偏差值即增益和损失。

目前的表述涉及以 $(x, p; y, q)$ 为形式的简单前景,其最多有两个非零结果。在这样的前景中,人们接受 x 的概率为 p,接受 y 的概率为 q,而什么都不接受的概率为 $1-p-q$,其中 $p + q \leqslant 1$。如果结果全部为正数,即如果 $x, y > 0$ 且 $p + q = 1$,那么所提供的前景严格为正;如果结果全部为负数,那么所提供的前景严格为负;如果结果既不严格为正也不严格为负,那么所提供的前景为常规前景。

该理论的基本公式描述了 π 和 v 相结合来确定常规前景总体价值的方式。

如果 $(x, p; y, q)$ 是常规前景(即 $p + q < 1$,$x \geqslant 0 \geqslant y$ 或 $x \leqslant 0 \leqslant y$),那么

$$V(x, p; y, q) = \pi(p) v(x) + \pi(q) v(y) \tag{1}$$

其中 $v(0) = 0$, $\pi(0) = 0$, $\pi(1) = 1$。在效用理论中,V 是在前景上定义的,而 v 是在结果上定义的。两个尺度在确定性前景上重合,其中 $V(x, 1.0) = V(x) = v(x)$。

等式(1)通过放宽前景理论来概括期望效用理论。附录中描述了针对这种表现形式的定理分析,同时也描述了确保存在唯一 π 和满足等式(1)的比例尺度的条件。

严格为正和严格为负的前景的评估遵循不同的规则。在编辑阶段,这些前景被分为两个成分:第一是无风险成分,即肯定会获得或支付的最低收益或损失;第二是风险成分,即风险的额外收益或损失。对这种

前景的评估可参考如下等式。

如果 $p + q = 1$ 且 $x > y > 0$ 或 $x < y < 0$，那么

$$V(x, p; y, q) = v(y) + \pi(p) \ [v(x) - v(y)] \qquad (2)$$

也就是说，严格为正或严格为负的前景的值等于无风险成分的值加上结果之间的值差与更极端的结果相关的权重的积。例如，$V(400, 0.25; 100, 0.75) = v(100) + \pi(0.25)[v(400) - v(100)]$。等式（2）的基本特征是将决策权重应用于值差 $v(x) - v(y)$，它代表着前景的风险成分，但不代表 $v(y)$，即无风险成分。注意，等式（2）的右边等于 $\pi(p)v(x) + [1 - \pi(p)]v(y)$。因此，如果 $\pi(p) + \pi(1-p) = 1$，那么等式（2）可简化为等式（1）。我们将在下文中证明，该条件通常无法满足。

评估模型的许多要素出现在前文对期望效用理论的尝试中。马科维茨第一个提出效用被定义为收益和损失而不是最终资产的假设，这一假设在大多数实用性效用测量中已得到默认（Daviclson, Suppes, & Siegel, 1957; Mosteller & Nogee, 1951; Markowitz, 1952）。马科维茨还指出在正面前景和负面前景中存在寻求风险的偏好。他提出了一个效用函数，在正数区间和负数区间都有凸凹区域。然而，他保留了前景原则，因此，他无法解释许多违反这一原则的行为，详情如表 4-1 所示。

W. 爱德华兹（W. Edwards）提出通过更常规的权重来替换概率，并且在几个实证研究中对该模型进行了研究（Edwards, 1962; Anderson & Shanteau, 1970; Tversky, 1967）。W. 费尔纳（W. Fellner）开发了类似的模型，他引入了决策权重的概念来解释模糊厌恶，而

范·达姆（van Dam）试图扩展决策权重的模型（Fellner, 1965; van Dam, 1975）。对于期望效用理论和替代选择模型的其他关键分析，可参见阿莱斯、C. H. 库姆斯（C. H. Coombs）、菲什伯恩和 B. 汉森（B. Hansson）的研究（Allais, 1953; Coombs, 1975; Fishburn, 1977; Hansson, 1975）。

前景理论公式保留了期望效用理论的基础性一般双线性形式。然而，为了适应本文第一部分中描述的效果，我们必须假设值被附加到了变化上而不是最终状态上，并且决策权重与所述概率不一致。这些与期望效用理论的偏离必然导致规范性的不可接受的后果，诸如不一致、不和谐或违反支配性。当意识到自己的偏好不一致、不可过渡或不可接受时，决策者通常会纠正这种偏好异常。然而，在许多情况下，决策者没有机会发现自己的偏好可能违反了其希望服从的决策规则。在这些情况下，前景理论的异常是可以预见的。

效用函数

本理论的一个基本特征是价值的载体是财富或福利的变化，而不是财富或福利的最终状态。这种假设与感知和判断的基本原则一致。我们的感知器官适应的是对变化或差异的评估，而不是对绝对值的评估。当我们回应亮度、响度或温度等属性时，过去和现在的经验定义了适应水平或参考点，以及相对于该参考点的感知刺激物（Helson, 1964）。因此，一个物体被感知到的冷或者热取决于人们所适应的温度。该原则同样适用于非感官属性，如健康、声望和财富。例如，同样的财富水平对于一个人来说可能意味着赤贫，而对于另一个人来说则是巨额财富，这取决于他们目前的资产状况。

强调变化是价值的载体，并不意味着某一特定变化的价值与初始位置无关。严格地说，效用函数应该被视为有两个参数的函数：作为参考点的资产量，以及从该参考点开始（正或负）的变化幅度。比如，个人对金钱的态度可以通过一本书来描述，其中每一页都显示了特定资产量变化的效用函数。显然，不同页面上描述的效用函数并不相同：资产增加的形式可能是线性的。然而，前景的偏好顺序并未因资产状况的微小甚至相对变化而大幅改变。例如，对于大多数人来说，在通常的资产状况中，前景 (1 000, 0.50) 的确定性收益为 300～400。因此，在一个参数中把值表示为函数通常可以为我们提供一个令人满意的近似值。

许多感觉和感知维度都有一个共同的特性，即心理反应是物理变化幅度的凹函数。例如，人们在室温下区分 3℃和 6℃的变化要比区分 13℃和 16℃的变化更容易。我们认为这一原则特别适用于对货币变化的评估。因此，收益 100 和收益 200 之间的差值似乎大于收益 1 100 和收益 1 200 之间的差值。同样，损失 100 和损失 200 之间的差值似乎大于损失 1 100 和损失 1 200 之间的差值，除非更大的损失是无法容忍的。因此，我们假设财富的效用函数变化通常在参考点之上是凹的（$v''(x) < 0, x > 0$），在参考点下方是凸的（$v''(x) > 0, x < 0$）。即收益和损失的边际价值通常随其幅度的增加而减小。加兰特和普利纳的报告支持了这一假设，他们量化了货币和非货币的收益和损失的感知程度（Galanter & Pliner，1974）。

上述关于效用函数形状的假设基于对无风险情境下收益和损失的反应。我们发现从风险选择中得出的效用函数具有相同的特征，如下列问题所示。

问题 13:

(6 000, 0.25)　　　(4 000, 0.25; 2 000, 0.25)

N=68　　[18]　　　[82] *

问题 13':

(-6 000, 0.25)　　(-4 000, 0.25; -2 000, 0.25)

N=64　　[70] *　　[30]

将等式（1）应用于这些问题中的偏好模型可得：

$$\pi(0.25) v(6\,000) < \pi(0.25) [v(4\,000) + v(2\,000)]$$

和

$$\pi(0.25) v(-6\,000) > \pi(0.25) [v(-4\,000) + v(-2\,000)]$$

因此

$v(6\,000) < v(4\,000) + v(2\,000)$ 和 $v(-6\,000) > v(-4\,000) + v(-2\,000)$

这些偏好符合这样的假设：效用函数对于增益是凹的，而对于损失是凸的。

任何关于货币效用函数的讨论都必须为特殊情况对偏好的影响留出空间。例如，需要 60 000 美元购买房屋的个人效用函数可能会异常地在临界值附近急剧上升。同样地，个人对损失的厌恶可能会在损失临界值附近急剧增加，这会迫使人们卖掉他的房子并搬到一个不太理想的社区。因此，个人的衍生价值（效用）函数并不总是反映人们对货币的"纯粹"态度，因为它可能受到与特定金额相关的附加后果的影响。这种影响可以轻易地在效用函数的收益中形成凸区域，而在效用函数的损失中形成凹区域。后一种情况可能更常见，因为大量损失通常会改变人们的生活方式。

对福利态度的变化有一个显著特征，即损失大于收益。人们在失去一笔金钱时所经历的痛苦似乎比获得相同数额的金钱带来的快乐程度更大（Galanter & Pliner, 1974）。实际上，大多数人发现以 $(x, 0.50; -x, 0.50)$ 为形式的对称赌注明显没有吸引力。此外，人们对于公平赌注的厌恶通常会随着赌注的增加而增加。也就是说，如果 $x>y \geq 0$，那么 $(y, 0.50; -y, 0.50)$ 优于 $(x, 0.50; -x, 0.50)$。因此，根据等式（1）可得 $v(y)+v(-y)>v(x)+v(-x)$ 和 $v(-y)-v(-x)>v(x)-v(y)$。

设 $y = 0$，得到 $v(x) < -v(-x)$，让 y 无限接近 x，得到 $v'(x) < v'(-x)$，且满足 v 的导数 v' 的存在。因此，损失的效用函数比收益的效用函数更陡峭。

总之，我们认为效用函数定义于参考点的偏差上；其次，收益通常为凹函数，损失通常为凸函数；再者，损失函数比收益函数更陡峭。满足这些属性的效用函数如图 4-3 所示。请注意，我们所提出的 S 形效用函数在参考点处最陡峭，这与马科维茨假设的效用函数形成了鲜明对比，该函数在该区域相对较平缓（Markowitz, 1952）。

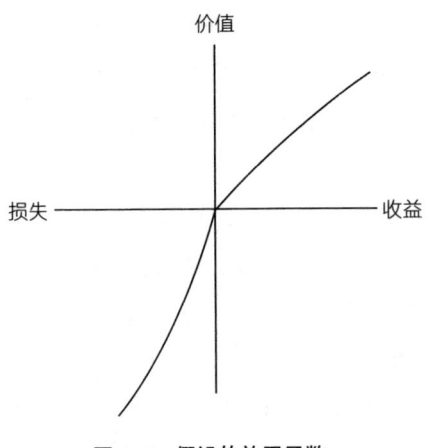

图 4-3　假设的效用函数

尽管本理论可以应用于从前景间的偏好中推导出的效用函数，但由于决策权重的引入，实际衡量比实用理论要复杂得多。例如，即使应用线性效用函数，决策权重也可能产生风险规避和风险寻求。然而，值得关注的是，在冯·诺伊曼－摩根斯坦财富变化效用函数的详细分析中我们已经观察到了归因于效用函数的主要性质（Fishburn & Kochenberger，1979）。这些函数来自 5 项独立研究，这些研究的参与者是 30 位来自各个业务领域的决策者（Barnes & Reinmuth，1976；Grayson，1960；Green，1963；Halter & Dean，1971；Swalm，1966）。大多数收益效用函数是凹的，大多数损失函数都是凸的，只有 3 个人对收益和损失都表现出了风险规避。除此之外，损失的效用函数比收益的效用函数要大得多。

加权函数

在前景理论中，我们用每个结果的价值乘以决策权重。决策权重是从前景之间的选择中推断出来的，主要概率是从拉姆齐 - 萨维齐（Ramsey-Savage）偏好方法中推断出来的。然而，决策权重不是概率，它们不服从概率定理，不应被解释为程度或信念的尺度。

我们可以思考这样一种下注，人们通过投掷硬币来决定可以赢得 1 000 或什么都赢不到。任何人在这种情况下获胜的概率是 0.50。这个结果可以通过多种方式进行验证；例如，通过展示被试对硬币的正反毫不在意，或者通过被试口述他们认为这两个事件是等概率的。然而，从选择中得出的决策权重 $\pi(0.50)$ 可能小于 0.50。决策权重能衡量事件对前景的可取性的影响，而不仅仅是这些事件的感知可能性。如果前景原则成立，那么两个尺度就会重合，即 $\pi(p)=p$，反之则不成立。

本文讨论的选择问题是根据明显的数值概率设置的，我们在分析时假设被试采用了 p 的规定值。此外，由于事件仅通过其陈述的概率来识别，因此在该情境中可以将决策权重表示为所述概率的函数。然而，一般而言，与事件相关的决策权重可能会受到其他因素的影响，如模糊性（Ellsberg, 1961; Fellner, 1961）。

我们现在转而讨论加权函数 π 的显著性质，其中我们将决策权重与所述概率相关联。当然，π 是 p 的递增函数，其中 $\pi(0) = 0$ 且 $\pi(1) = 1$。也就是说，我们忽略了不可能事件的结果，并且将标度正态化，使得 $\pi(p)$ 是与概率 p 相关联的权重与特定事件相关联的权重的比率。

我们首先讨论小概率加权函数的一些性质。问题 8 和问题 8' 中的偏好表明，对于较小的 p 值，π 是 p 的次可加性函数，即 $0 < r < 1$ 时，$\pi(rp) > r\pi(p)$。回想一下，在问题 8 中，(6 000, 0.001) 优于 (3 000,

0.002)。因此 v 的凹函数显示

$$\frac{\pi(0.001)}{\pi(0.002)} > \frac{v(3\,000)}{v(6\,000)} > \frac{1}{2}$$

问题 8' 中反映的偏好产生了相同的结论。然而，问题 7 和问题 7' 中的偏好模式表明，对于较大的 p 值，次可加性不需要保持不变。

此外，我们认为小概率通常较重要，即对于小 p，$\pi(p) > p$。考虑以下选择题。

问题 14:

	(5,000,0.001)	或	(5)
N=72	(72)*		(28)

问题 14':

	(-5,000,0.001)	或	(-5)
N=72	(17)		(83)*

请注意，在问题 14 中，比起彩票的前景价值，人们更喜欢其实际价值。此外，在问题 14' 中，人们更喜欢小损失，这可以被视为支付小损失的保险费。马科维茨指出了类似的观察结果。在目前的理论中，问题 14 中对彩票的偏好意味着，假设增益的效用函数是凹的，则 $\pi(0.001)\,v(5\,000) > v(5)$，因此 $\pi(0.001) > v(5)/v(5\,000) > 0.001$（Markowitz, 1952）。假设损失的效用函数是凸的，那么在问题 14 中支付保险的意愿也隐含着相同的结论。

重要的是要从评估罕见事件概率时常见的高估中区分权重，即指定决策权重的属性。注意，当前情境下不会出现高估的问题，其中假设人们采用 p 的规定值。在许多现实生活中，过高的估计和过高的权重赋值都可能会增加罕见事件的影响力。

虽然 $\pi(p) > p$ 的概率较低，但有证据表明，对于所有 $0 < p < 1$，存在 $\pi(p) + \pi(1-p) < 1$。我们将该属性标记为确定性。我们很容易看出阿莱斯版本中的典型偏好（如问题1和问题2）暗示了 p 的相关值的次确定性。我们将等式（1）应用于问题1和问题2中的普遍偏好，则分别得到

$$v(2\,400) > \pi(0.66)\,v(2\,400) + \pi(0.33)\,v(2\,500)$$

即

$$[1-\pi(0.66)]\,v(2\,400) > \pi(0.33)\,v(2\,500)$$

和

$$\pi(0.33)\,v(2\,500) > \pi(0.34)\,v(2\,400)$$

因此

$$1-\pi(0.66) > \pi(0.34) \text{ 或 } \pi(0.66) + \pi(0.34) < 1$$

将相同的分析应用到阿莱斯原来的例子中可得到 $\pi(0.89) + \pi(0.11) < 1$，而麦克里蒙和拉尔森研究的一些数据表明了 p 的附加值的次确定性

(MacCrimmon & Larsson, 1979)。

区间 (0, 1) 中 π 的斜率可以被视为衡量偏好对概率变化敏感度的尺度。次确定性要求 π 相对于 p 是递减的，即偏好通常对概率变化的敏感度低于前景原则所要求的敏感度。因此，次确定性得到了人们对不确定性事件的态度的基本要素，即与互补事件相关的权重之和通常小于与特定事件相关的权重。

回想一下，本文前面讨论的对替代定理的违反遵循以下规则：如果 (x, p) 等于 (y, pq)，那么 (x, pr) 不优先于 (y, pqr)，其中 $0 < p, q, r \leq 1$。通过等式（1）

$$\pi(p) v(x) = \pi(pq) v(y)$$

可知

$$\pi(pr) v(x) \leq \pi(pqr) v(y)$$

因此

$$\frac{\pi(pq)}{\pi(p)} \leq \frac{\pi(qpr)}{\pi(pr)}$$

因此，对于固定的概率比，当概率低时，相应决策权重的比率更接近它们较高时的比率。π 的这个属性为次比例，它对 π 的形状施加了相当大的限制：当且仅当 $\log \pi$ 是 $\log p$ 的凸函数时，它才成立。

值得注意的是，次比例及小概率的权重增加意味着 π 在该范围内是次可加的。形式上，它可以被证明如果 $\pi(p) > p$ 且次比例保持不变，那么 $\pi(rp) > r\pi(p)$，$0 < r < 1$，条件是 p 是单调的并且在 $(0, 1)$ 上连续。

图 4-4 给出了一个假设的权重函数，它满足 p 的小值的权重增加、次可加性、次确定性和次比例性。这些特性要求 π 在开放区间内相对平稳，并且在 $\pi(0)=0$ 和 $\pi(1)=1$ 的终点附近突然变化。在端点处 π 急剧下降或明显不连续的情况与一个概念是一致的，即如果给予任何权重，那么该事件的决策权重的最低值是有限的。类似的怀疑可能会对任何低于统一的决策权重施加上限。这种量子效应可能反映了确定性和不确定性之间的明确区别。此外，编辑阶段的前景简化会导致个人舍去极低概率事件并且将极高概率事件视为确定性事件。因为人们理解和评估极端概率的能力有限，所以极不可能的事件要么会被忽略要么会被过分夸大，也就是说，高概率和确定性之间的差异要么被忽视要么被夸大了。因此，π 在端点附近表现不佳。

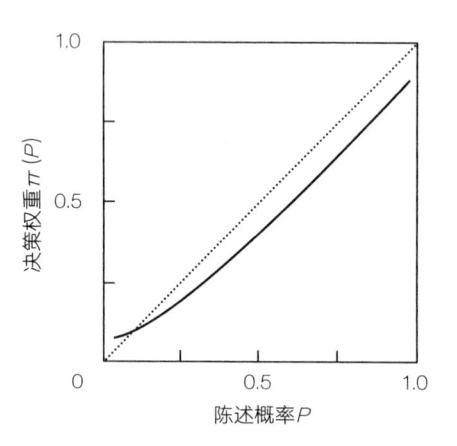

图 4-4 假设的加权函数

根据理查德·泽克豪泽（Richard Zeckhauser）的研究，以下示例说明了 π 的非线性假设。假设你被迫玩俄罗斯轮盘，但你可以花钱从可能会射向你的装满子弹的枪中移除一颗子弹。你愿意花同样多的金钱将子弹数量从 4 颗减少到 3 颗，还是从 1 颗减少到 0 颗？大多数人认为自己愿为将死亡概率从 1/6 减少到零而不是从 4/6 减少到 3/6 支付更多的钱。在后一种情况下，经济因素会导致人们支付更多的费用，此时金钱的价值大概会因为人们将无法享受它而大大降低。

对于 $\pi(p) \neq p$ 的假设，一个明显的反对形式涉及前景 $(x, p; x, q)$ 和 $(x, p'; x, q')$ 之间的比较，其中 $p+q = p'+q'<1$。由于所有人都对这两个前景不感兴趣，我们可以认为这个观察需要条件 $\pi(p) +\pi(q) =\pi(p') +\pi(q')$，这种反向关系意味着 π 是恒等函数。这一论点在目前的理论中是无效的，该理论假设相同的结果概率在前景编辑中被合并了。关于 π 的非线性反对形式包含潜在的对支配原则的违背。假设 $x>y>0$ 时，$p>p'$，并且 $p+q=p'+q'<1$，因此，$(x, p; y, q)$ 支配着 $(x, p'; y, q')$。如果偏好服从支配原则，那么

$$\pi(p)\,v(x) +\pi(q)\,v(y) >\pi(p')\,v(x) +\pi(q')\,v(y)$$

或

$$\frac{\pi(p)-\pi(p')}{\pi(q')-\pi(q)} > \frac{v(y)}{v(x)}$$

因此，当 y 无限接近 x 时，$\pi(p) -\pi(p')$ 接近 $\pi(q') - \pi(q)$。由于 $p-p'= q'-q$，π 必须基本上是线性的，否则必然会违反支配原则。

在目前的理论中，我们通过假设在评估前景之前检测并消除占支配地位的替代方案，可以防止直接违背支配原则。但是，该理论允许间接违背支配原则，如三元组前景，A优于B，B优于C，C优于A。相关示例请参见H. 雷法（H. Raiffa）的研究（Raiffa，1968）。

最后应该指出的是，目前的处理是在两个可用前景之间进行选择的最简单的决策任务。我们没有详细研究更复杂的生成性任务（如投标），其中决策者需要生成与给定前景价值相等的替代性方案。在这种情况下，两种选择之间的不对称可能会引入系统性偏差。事实上，S. 利希滕斯坦（S. Lichtenstein）和P. 斯洛维克（P. Slovic）构建了一对前景A和B，人们通常更喜欢A而不是B，但愿意为B支付更高的费用（Lichtenstein & Slovic，1971）。这种现象已在几项研究中得到证实，包括假设和实际博弈（Grether & Plott，1979）。因此，通常不能假设招标程序可以恢复前景的优先顺序。

由于前景理论已被视为选择模型，因此博弈和选择的不一致意味着价值和决策权重的衡量应基于特定前景之间的选择，而不是基于博弈或其他任务。这种限制使得对v和π的评估更加困难，因为生成任务与比较任务相比更便于量化。

讨论

在最后一节中，我们阐述了前景理论是如何解释人们对风险的态度的，讨论了由参考点的变化引起的选择问题的替代性形式，并概述了该理论的几个扩展形式。

风险态度

在阿莱斯的例子（问题 1 和问题 2）中观察到的主要偏好模式来自现有理论，当且仅当

$$\frac{\pi(0.33)}{\pi(0.34)} > \frac{v(2\,400)}{v(2\,500)} > \frac{\pi(0.33)}{1-\pi(0.66)}$$

在这种情况下，对独立定理的违反可以归因于次确定性，更具体地说，可归因于不等式 $\pi(0.34)<1-\pi(0.66)$。该分析表明，只要两个非零结果的 $v-$ 比率受相应的 $\pi-$ 比率限制，就会出现阿莱斯版本中的违背。

问题 3 至问题 8 具有相同的结构，因此只需要考虑其中的一对问题，如问题 7 和问题 8。这些问题的选项是由下列理论暗示的，当且仅当

$$\frac{\pi(0.001)}{\pi(0.002)} > \frac{v(3\,000)}{v(6\,000)} > \frac{\pi(0.45)}{\pi(0.90)}$$

在这种情况下，对替代定理的违反应归因于 π 的次比例。因此，只要两个结果的 $v-$ 比率受各自的 $\pi-$ 比率的限制，就会以上述方式违反期望效用理论。同样的分析也适用于正数区间和负数区间中其他违反替代定理的情况。

我们接下来将证明，问题 9 中对定期概率型保险的偏好来自前景理论，即假设损失概率更重要。也就是说，如果 $(-x, p)$ 对 $(-y)$ 无关紧

要，那么 (-y) 优先于 (-x, p/2; -y, p/2; -y/2, 1-p)。为简单起见，我们定义 $x \geq 0$ 时，$f(x) = -v(-x)$。由于损失的效用函数是凸的，因此 f 是 x 的凹函数。应用前景理论，随着等式 2 的自然延伸，我们希望证明

$$\pi(p)f(x) = f(y)$$

这表示

$$f(y) \leq f(y/2) + \pi(p/2)[f(y) - f(y/2)] + \pi(p/2)[f(x) - f(y/2)] =$$

$$\pi(p/2)f(x) + \pi(p/2)f(y) + [1 - 2\pi(p/2)]f(y/2)$$

将 f 的凹度代入 $f(x)$，足以证明

$$f(y) \leq \frac{\pi(p/2)}{\pi(p)}f(y) + \pi(p/2)f(y) + f(y)/2 - \pi(p/2)f(y)$$

或

$$\pi(p)/2 \leq \pi(p/2)$$

这遵循了 π 的次可加性。

根据现有理论，风险态度是由 v 和 π 共同决定的，而不仅仅是由效用函数决定的。因此，研究前景出现风险规避或风险寻求的条件是有益的。考虑博弈 (x, p) 和前景值 (px) 之间的选择。如果 $x>0$，那么每当

$\pi(p) > v(px)/v(x)$ 时意味着风险寻求，即如果增益效用函数是凹的，那么风险寻求大于 p。因此，权重高估 ($\pi(p)>p$) 是必要的，但是在收益领域寻求风险是不充分的。当 $x<0$ 时，恰好相同的条件是必要的但不足以进行风险规避。这种分析将收益范围内的风险寻求和损失范围内的风险规避限制在了小概率中，其中权重高估将持续。实际上，这些是出售彩票和保险单的典型条件。在前景理论中，小概率事件的权重高估对于博弈和保险来说有利，而 S 形效用函数倾向于抑制这两种行为。

虽然前景理论预测了保险和博弈中的小概率事件，但我们认为目前的分析远不足以完全解释这些复杂现象。事实上，两项实验研究、调查研究及对经济行为（如服务和医疗保险）的观察结果都表明，购买保险通常会扩展到中等概率范围，而小的灾难概率有时会完全被忽视（Slovic, Fischhoff, Lichtenstein, Corrigan & Coombs, 1977; Kunreuther et al., 1978）。此外，有证据表明，决策问题设置中的微小变化会对保险的吸引力产生显著影响（Slovic, Fischhoff, Lichtenstein, Corrigan & Coombs, 1977）。除了对不确定性和金钱的纯粹态度之外，保险行为的全面理论还应考虑诸如安全价值、谨慎的社会规范、随时间推移的对大量小额支付的厌恶、关于概率和结果的信息等其他因素。这些变量的影响可以在本框架内得以描述，如随着参考点的变化、效用函数的变换，或对概率或决策的操纵权重增加。其他影响可能需要引入该方案中未考虑的变量或概念。

参考点的改变

到目前为止，我们提到的收益和损失是由前景被设置时所获得或支付的金额来定义的，参考点被视为现状或一个人的流动资产。尽管对于大多数选择题而言这可能是正确的，但是在某些情况下，得失是根据不同的前景或前景水平编码记录的收益损失情况。例如，从月度工资支票中意外退税是一种损失，而不是基于现状的前景收益的减少。同样地，一个比竞争对手更成功地度过了低迷期的企业家，相对于预估的更大损失来说，他可能会将一小笔损失解释为收益。

上述示例中的参考点对应于人们前景达到的资产量。参考点与流动资产所处的量之间的差异也会存在，因为人们尚未适应财富的变化（Markowitz，1952）。想象一下，某人进行了一项商业风险投资，已经损失了 2 000 英镑，他现在面临着一个选择：是肯定能赚到 1 000 英镑，还是有机会赚到 2 000 英镑，或者什么都赚不到。如果还没有适应损失，他很可能将问题编码为（-2 000，0.50）和（-1 000）之间的选择，而不是编码为（2 000，0.50）和（1 000）之间的选择。正如我们所看到的，前者的表现形式比后者更具冒险性。

参考点的更改会改变前景的优先顺序。特别需要指出的是，目前的理论暗指选择问题的消极转化，如对近期损失的不完全适应，在某些情况下增加了风险寻求。具体来说，如果风险前景 $(x, p; -y, 1-p)$ 可以接受，那么 $(x-z, p; y-z, 1-p)$ 优于 $(-z)$，其中 $x, y, z > 0$ 且 $x > z$。

为证明这一理论，请注意当且仅当 $\pi(p)v(x) = -\pi(1-p)v(-y)$ 时

$$V(x, p; y, 1-p) = 0$$

那么

$V(x-z, p; -y-z, 1-p)=$

$\pi(p)v(x-z) + \pi(1-p)v(-y-z) >$ （由 v 的特性得出）

$\pi(p)v(x) - \pi(p)v(z) + \pi(1-p)v(-y) + \pi(1-p)v(-z) =$

$-\pi(1-p)v(-y) - \pi(p)v(z) + \pi(1-p)v(-y) +$

$\pi(1-p)v(-z) =$ （通过代入得出）

$-\pi(p)v(z) + \pi(1-p)v(-z) >$

$v(-z)[\pi(p) + \pi(1-p)] >$ （因为 $v(-z) < -v(z)$）

$v(-z)$ （由次确定性得出）

这一分析表明,如果一个人不能坦然接受自己的损失,他很可能会接受自己原本无法接受的博弈。在投注日期间投注远期投资的倾向性的增加,为假设未能适应损失或获得前景收益引发风险寻求提供了一些支持(McGlothlin,1956)。再举一个例子,一个希望购买保险的人,也许是因为他过去拥有保险或者他的朋友这么做了。这个人可以将支付溢价 y 以防止损失 x 的决定编码为 $(-x+y, p; y, 1-p)$ 和 (0) 之间的选择而不是 $(-x, p)$ 和 $(-y)$ 之间的选择。前面的论证要求保险在前者中比在后者中更具吸引力。

参考点转移的另一种重要情况是,当一个人按照决策分析中所提倡的最终资产（而不是像人们通常所做的那样按照损益）来表述他的决策问题时，就会出现参考点转移。在这种情况下，参考点在财富规模上被设为零，效用函数很可能在任何一处都是凹的（Spetzler, 1968）。根据目前的分析，除了低概率的博弈，这个公式基本上消除了风险寻求。根据最终资产明确地设置决策问题，可能是消除损失领域中风险寻求的最有效方式。

许多经济决策都涉及这样一种交易：一个人为了得到一个理想的前景而支付金钱。目前的决策理论分析了现状与替代状态之间的比较，包括从获得的前景中减去其成本。例如，人们把决定是否为博弈 (1 000, 0.01) 支付 10 美元视为在 (990, 0.01; -10, 0.99) 和 (0) 之间进行选择。在此分析中，购买正面前景的意愿等同于愿意接受相应的混合前景。

普遍存在的未能将无风险和高风险预期的失败进行整合的现象（在隔离效应中表现得更为突出）表明，人们在决定是否参与博弈时，不太可能执行从结果中减去成本的操作。相反，我们认为人们通常会分别评估博弈及其成本，如果综合价值为正，就决定购买。因此，如果 π (0.01) v (1 000) $+v$ (-10) > 0，那么人们将以 10 美元的价格参与博弈 (1 000, 0.01)。

如果这个假设是正确的，那么决定为 (1 000, 0.01) 支付 10 美元就不再等同于决定接受博弈 (990, 0.01; -10, 0.99)。此外，前景理论还指出，如果一个人认为 $(x(1 - p), p; -px, 1 - p)$ 和 (0) 无关紧要，那么人们不会为购买前景 (x, p) 而支付 px。因此，人们在决定是否接受一场公平博弈时，比在决定是否以公平的价格投注一场博弈时表现出了更为明显的风险寻求特点。参考点的位置及选择问题的编码和编辑方式成了决策分析中的关键因素。

扩展

为了包含更广泛的决策问题，前景理论应该向几个方向扩展。有些概括是直接的；其他的则需要进一步发展。我们将等式（1）和等式（2）推广到具有任意数量结果的前景中是直接的。但是，当结果的数量很大时，可能会调用额外的编辑操作来简化计算。如何将复杂的选择，如复合前景，简化为简单的选择，尚待研究。

虽然本章主要涉及货币结果，但这一理论能很容易地被应用于涉及其他属性的选择，如生活质量或由于一项政策性决定而可能丧失或挽救的生命数目。建议性货币效用函数的主要属性也应适用于其他属性。特别需要指出的是，我们预计结果将被编码为相对于中性参考点的收益或损失，而损失将大于收益。

该理论还可以推广到选择的典型情况中，即结果的概率没有明确给出时的情况。在这种情况下，决策权重必须附加到特定的事件上，而不是指定的概率上，但是人们希望它们能显示出权重函数所具有的基本属性。例如，如果 A 和 B 是互补事件但又不是确定的，$\pi(A) + \pi(B)$ 应小于 1，这是确定性的自然类似物。

与某一事件相关的决策权重主要取决于该事件的感知可能性，该可能性可能会受到主要偏差的影响（Tversky & Kahneman，1974）。此外，决策权重可能会受到其他考虑因素的影响，如模糊性。事实上，丹尼尔·埃尔斯伯格（Daniel Ellsberg）和费尔纳的研究表明，模糊性降低了决策权重（Ellsberg，1961；Fellner，1965）。因此，次确定性更应该被视为模糊性而不是清晰的可能性。

目前对人们在风险期权之间的偏好的分析形成了两个主题。第一个主题涉及确定如何看待前景的编辑操作。第二个主题涉及支配得失评价和不确定结果权重的判断原则。这两个主题似乎为风险下的选择的描述性分析提供了一个有用的框架。

附录

在本附录中，我们描述了前景理论的定理分析。由于完整的独立处理步骤是漫长而乏味的，我们只是概述了基本步骤，并展示了建立等式（1）的双线性表现形式所需的关键序数属性。类似的方法可以扩展到公理化等式（2）中。

考虑形式 $(x, p; y, q)$ 的所有常规前景的集合，其中 $p + q < 1$。将 $p + q = 1$ 扩展到常规前景非常简便。设 $\gtrsim$ 表示毫无联系的关系，$(x, p; y, q) \simeq (y, q; x, p)$ 自然成立。我们还假设，正如我们的符号所暗示的那样，$(x, p; 0, q) \simeq (x, p; 0, r)$ 和 $(x, p; y, 0) \simeq (x, p; z, 0)$。也就是说，空值和不可能事件具有可乘零的属性。

注意，前景的表示形式［等式（1）］在概率-结果中是可加的。因此，可以应用可加性联合测量理论来获得保留偏好顺序的尺度 V，其保留了偏好顺序以及在两个参数中的尺度 f 和 g 的区间，使得

$$V(x, p; y, q) = f(x, p) + g(y, q)$$

用于推导该公式的关键定理有：

独立性：当且仅当 $(x', p'; y, q) \gtrsim (x', p'; y', q')$ 时，$(x, p; y, q) \gtrsim (x, p; y' q')$。

取消性：如果 $(x, p; y' q') \gtrsim (x', p'; y, q)$ 和 $(x', p'; y'', q'') \gtrsim (x'', p''; y', q')$，那么 $(x, p; y'', q'') \gtrsim (x'', p''; y, q)$。

可解性：对于某些结果 z 和概率 r，如果 $(x, p; y, q) \gtrsim (z, r) \gtrsim (x, p; y' q')$，那么存在 y'' 和 q'' 使得 $(x, p; y'' q'') \simeq (z, r)$。

研究表明，如果偏好顺序符合阿基米德定理，这些条件足以构造所需的加法表示形式（Debreu，1960；Krantz, Luce, Suppes & Tversky，1971）。此外，由于 $(x, p; y, q) \simeq (y, q; x, p)$，$f(x, p) + g(y, q) = f(y, q) + g(x, p)$，并且设 $q = 0$，则可得到 $f = g$。

接下来，考虑 (x, p) 表示所有前景的集合，其中只有一个非零的结果。在这种情况下，双线性模型减少到 $V(x, p) = \pi(p)v(x)$。这是在相关实验中得到研究的乘法模型（Roskies，1965；Krantz, Luce, Suppes & Tversky，1971）。为了构造乘法表达式，我们假设概率与结果对的顺序满足独立性、可取消性、可解性和阿基米德定理。此外，我们假设要根据相关实验来确保符号的正确相乘方式（Krantz, Luce, Suppes & Tversky，1971）。值得注意的是，在相关研究中使用的可解性公理必须被削弱，因为概率因子只允许有限的可解性（Roskies，1965；Krantz, Luce, Suppes & Tversky，1971）。

结合加法和乘法表达式可得

$$V(x, p; y, q) = f[\pi(p)\upsilon(x)] + f[\pi(q)\upsilon(y)]$$

接着,我们引入了一个新的分配定理,当且仅当 $(x, q; y, q) \simeq (z, q)$ 时

$$(x, p; y, p) \simeq (z, p)$$

将此定理应用于上述表达式,可得

$$f[\pi(p)\upsilon(x)] + f[\pi(p)\upsilon(y)] = f[\pi(p)\upsilon(z)]$$

则

$$f[\pi(q)\upsilon(x)] + f[\pi(q)\upsilon(y)] = f[(\pi(q)\upsilon(z)]$$

假设在不失一般性的条件下,$\pi(q) < \pi(p)$,并且设 $\alpha = \pi(p)\upsilon(x)$,$\beta = \pi(p)\upsilon(y)$,$\gamma = \pi(p)\upsilon(z)$ 和 $\theta = \pi(q)/\pi(p)$,则 $f(\alpha) + f(\beta) = f(\gamma)$ 意味着,对于所有 $0 < \theta < 1$,$f(\theta\alpha) + f(\theta\beta) = f(\theta\gamma)$。

因为 f 是严格单调的,所以我们可以设 $\gamma = f^{-1}[f(\alpha) + f(\beta)]$。因此,$\theta\gamma = \theta f^{-1}[f(\alpha) + f(\beta)] = f^{-1}[f(\theta\alpha) + f(\theta\beta)]$。

该函数公式的解是 $f(\alpha) = k\alpha^c$ [1]。因此,对于 $k, c > 0$,$V(x, p; y, q) = k[\pi(p)\upsilon(x)]^c + k[\pi(q)\upsilon(y)]^c$。前景的双线性模式通过重新定义标度 π、υ 和 V,来引入常数 k 和 c。

感谢斯坦福大学行为科学高级研究中心的支持。感谢戴维·克兰茨在设计附录方面提供的帮助。

参考文献

Aczél, J. (1966). *Lectures on functional equations and their applications*. New York, NY: Academic Press.

Allais, M. (1953). Le comportement de l'homme rationnel devant le risque: Critique des postulats et axiomes de l'école americaine. *Econometrica, 21*, 503–546.

Anderson, N. H., & Shanteau, J. C. (1970). Information integration in risky decision making. *Journal of Experimental Psychology, 84*, 441–451.

Arrow, K. J. (1971). *Essays in the theory of risk-bearing*. Chicago, IL: Markham.

Barnes, J. D., & Reinmuth, J. E. (1976). Comparing imputed and actual utility functions in a competitive bidding setting. *Decision Sciences, 7*, 801–812.

Coombs, C. H. (1975). Portfolio theory and the measurement of risk. In M. F. Kaplan & S. Schwartz (Eds.), *Human judgment and decision processes* (pp. 63–85). New York, NY: Academic Press.

Davidson, D., Suppes, P., & Siegel, S. (1957). *Decision-making: An experimental approach*. Stanford, CA: Stanford University Press.

Debreu, G. (1960). Topological methods in cardinal utility theory. In K. J. Arrow, S. Karlin, & P. Suppes (Eds.), *Mathematical methods in the social sciences* (pp. 16–26). Stanford, CA: Stanford University Press.

Edwards, W. (1962). Subjective probabilities inferred from decisions. *Psychological Review, 69*, 109–135.

Ellsberg, D. (1961). Risk, ambiguity and the savage axioms. *Quarterly Journal of Economics, 75*, 643–669.

Fellner, W. (1961). Distortion of subjective probabilities as a reaction to uncertainty. *Quarterly Journal of Economics, 75*, 670–690.

Fellner, W. (1965). *Probability and profit—A study of economic behavior along Bayesian lines*. Homewood, IL: Richard D. Irwin.

Fishburn, P. C. (1977). Mean-risk analysis with risk associated with below-target returns. *American Economic Review, 67*, 116–126.

Fishburn, P. C., & Kochenberger, G. A. (1979). Two-piece von Neumann–Morgenstern utility functions. *Decision Sciences*, *10*, 503–518.

Friedman, M., & Savage, L. J. (1948). The utility analysis of choices involving risks. *Journal of Political Economy*, *56*, 279–304.

Fuchs, V. R. (1976). From Bismark to Woodcock: The "irrational" pursuit of national health insurance. *Journal of Law & Economics*, *19*, 347–359.

Galanter, E., & Pliner, P. (1974). Cross-modality matching of money against other continua. In H. R. Moskowitz, et al. (Eds.), *Sensation and measurement* (pp. 65–76). Dordrecht, the Netherlands: Reidel.

Grayson, C. J. (1960). *Decisions under uncertainty: Drilling decisions by oil and gas operators*. Cambridge, MA: Harvard University Graduate School of Business.

Green, P. E. (1963). Risk attitudes and chemical investment decisions. *Chemical Engineering Progress*, *59*, 35–40.

Grether, D. M., & Plott, C. R. (1979). Economic theory of choice and the preference reversal phenomenon. *American Economic Review*, *69*, 623–638.

Halter, A. N., & Dean, G. W. (1971). *Decisions under uncertainty*. Cincinnati, OH: South Western Publishing Co.

Hansson, B. (1975). The appropriateness of the expected utility model. *Erkenntnis*, *9*, 175–194.

Helson, H. (1964). *Adaptation-level theory*. New York, NY: Harper.

Keeney, R. L., & Raiffa, H. (1976). *Decisions with multiple objectives: preferences and value tradeoffs*. New York, NY: Wiley.

Krantz, D. H., Luce, D. R., Suppes, P., & Tversky, A. (1971). *Foundations of measurement*. New York, NY: Academic Press.

Kunreuther, H., Ginsberg, R., Miller, L., Sagi, P., Slovic, P., Borkan, B., et al. (1978). *Disaster insurance protection: Public policy lessons*. New York, NY: Wiley.

Lichtenstein, S., & Slovic, P. (1971). Reversal of preference between bids and choices in gambling decisions. *Journal of Experimental Psychology*, *89*, 46–55.

MacCrimmon, K. R., & Larsson, S. (1979). Utility theory: Axioms versus paradoxes. In M. Allais & O. Hagen (Eds.), *Expected utility hypothesis and the Allais paradox* (pp. 333–409). Dordrecht, the Netherlands: Springer.

Markowitz, H. (1952). The utility of wealth. *Journal of Political Economy*, *60*, 151–158.

Markowitz, H. (1959). *Portfolio selection: Efficient diversification of investments.* New York, NY: Wiley.

McGlothlin, W. H. (1956). Stability of choices among uncertain alternatives. *American Journal of Psychology, 69,* 604–615.

Mosteller, F., & Nogee, P. (1951). An experimental measurement of utility. *Journal of Political Economy, 59,* 371–404.

Pratt, J. W. (1964). Risk aversion in the small and in the large. *Econometrica, 32,* 122–136.

Raiffa, H. (1968). *Decision analysis: Introductory lectures on choices under uncertainty.* Reading, MA: Addison-Wesley.

Roskies, R. (1965). A measurement axiomatization for an essentially multiplicative representation of two factors. *Journal of Mathematical Psychology, 2,* 266–276.

Savage, L. J. (1954). *The foundations of statistics.* New York, NY: Wiley.

Slovic, P., Fischhoff, B., Lichtenstein, S., Corrigan, B., & Coombs, B. (1977). Preference for insuring against probable small losses: insurance implications. *Journal of Risk and Insurance, 44,* 237–258.

Slovic, P., & Tversky, A. (1974). Who accepts savage's axiom? *Behavioral Science, 19,* 368–373.

Spetzler, C. S. (1968). The development of corporate risk policy for capital investment decisions. *IEEE Transactions on Systems Science and Cybernetics, SSC-4,* 279–300.

Swalm, R. O. (1966). Utility theory—Insights into risk taking. *Harvard Business Review, 44,* 123–136.

Tobin, J. (1958). Liquidity preferences as behavior towards risk. *Review of Economic Studies, 26,* 65–86.

Tversky, A. (1967). Additivity, utility, and subjective probability. *Journal of Mathematical Psychology, 4,* 175–201.

Tversky, A. (1969). Intransitivity of preferences. *Psychological Review, 76,* 31–48.

Tversky, A. (1972). Elimination by aspects: A theory of choice. *Psychological Review, 79,* 281–299.

Tversky, A., & Kahneman, D. (1974). Judgment under uncertainty: Heuristics and biases. *Science, 185,* 1124–1131.

van Dam, C. Another Look at Inconsistency in Financial Decision-Making, presented at the Seminar on Recent Research in Finance and Monetary Economics, Cergy-Pontoise, March, 1975.

von Neumann, J., & Morgenstern, O. (1944). *Theory of Games and Economic Behavior*. Princeton, NJ: Princeton University Press.

Williams, A. C. (1966). Attitudes toward speculative risks as an indicator of attitudes toward pure risks. *Journal of Risk and Insurance*, *33*, 577–586.

第 5 章

理性选择和决策框架

阿莫斯·特沃斯基
丹尼尔·卡尼曼

现代风险决策理论不是从风险和价值的心理分析中产生的，而是从针对机会博弈的逻辑分析中产生的。该理论被认为是一个理想化的决策者的规范性模型，而不是对真实人的行为的描述。用经济学家熊彼特的话来说，它"更应该被称为选择的逻辑，而不是价值心理学"（Schumpeter，1954）。

使用规范分析来预测和解释实际行为有几个支持论据。第一，人们普遍认为自己在追求目标方面是有效的，特别是当他们有动力和机会从经验中学习时。因此，将选择描述为一个最大化过程似乎是合理的。第二，竞争对于理性的个人和组织有利。最优决策增加了在竞争环境中的生存机会，少数理性的个体有时可以将理性强加于整个市场。第三，理性选择定理的直觉吸引力使得由这些定理派生的理论似乎应该为我们提供一个可接受的有关选择行为的解释。

本章的论点是，尽管有这些先验性论点，但选择的逻辑并没有为描述决策理论提供充分的基础。我们认为来自规范性模型行为的实际偏差过于普遍，因此无法忽视；过于系统化，因此不能被视为随机错误；过于基础，因此无法通过放宽规范体系来适应。我们首先勾画出了对理性选择理论基础的分析，然后表明决策者普遍违反了理论的最基本规则。我们从这些发现中得出结论：规范性和描述性分析无法协调。因此，我们提出了一个描述性的选择模型，它解释了规范理论中的异常偏好。

规范性规则的层次结构

现代风险决策理论的主要成就是从理性选择的简单原则中推导出了预期效用规则，而这些规则无法应用于长期（von Neumann & Morgenstern，1944）。对期望效用理论基础的定理分析揭示了除可比性和连续性之外的 4 个实质性假设：消除性、传递性、占优性和不变性。实质性假设可以通过它们的规范性诉求来排序，从被许多理论家质疑的消除条件，到被所有人接受的不变性。我们接下来简要讨论这些假设。

消除性。产生期望效用理论的关键定性属性是消除性或消除无论如何选择结果都相同的效应。这个概念已经被不同的形式特征所体现，例如冯·诺伊曼和摩根斯坦的替代定理（von Neumann & Morgenstern，1944）、伦纳德·萨维奇（Leonard Savage）的扩展确定性原则（Savage，1954），以及卢斯和克兰茨的独立条件（Luce & Krantz，1971）。因此，如果 A 优先于 B，那么明天下雨赢得 A 的前景就应该优先于明天下雨赢得 B 的前景，因为如果明天不下雨，这两个前景会产生相同的结果（什么也没有赢得）。在期望效用最大化过程中，为了将对不同前景的偏好表示出来，消除性就是有必要的。消除性的主要观点是，实际上只有一个情形会成为现实，因此单独评估每个情形的选择结果是合理的。因此，各种选项之间的选择应只取决于产生不同结果的情形。

传递性。风险选择模型和无风险选择模型的一个基本假设是偏好的传递性。这个假设对于用序数效用尺度 u 表示偏好来说是必要的且本质上是充分的，当 $u(A) > u(B)$ 时，A 优先于 B。因此，如果可以为每个选项分配一个不依赖于其他可用选项的值，那么传递性就得到了满足。传递性在单独评估期权时可能成立，但在预期的后果取决于与之进行比较的备选方案时则不成立，如考虑到后悔这一因素时。传递性的一个常见论点是，循环偏好可以支持"金钱泵"，在这个泵中，非传递性的人会被诱导为一系列返回初始选项的交换进行支付。

占优性。这可能是理性选择中最明显的原则：如果一个选项在一个情形中优于另一个选项，并且前者与后者在所有其他情形中至少也是一样好的，则应选择这一占优选项。一个略微更强的条件，即随机占优条件，表明对于一维风险预期而言，如果 A 的累积分布在 B 的累积分布的右侧，那么 A 优于 B。占优性比消除性和传递性更简单且更具吸引力，它是选择规范理论的基石。

不变性。主张规范性地位的选择理论的一个基本条件是不变性：同一选择题的不同表现形式可能会产生相同的偏好。也就是说，选项之间的偏好应该独立于对它们进行的描述。经过反思后，决策者会将两个特征视为对同一问题的可供选择的描述，即使没有这种反思带来的益处，这两个特征也应该导致相同的选择。不变性（或可拓性）原则是很基础的，因此常在描述选项时默认使用，而不是被明确地表述为一个可检验的定理（Arrow，1982）。例如，将选择对象描述为随机变量的决策模型都假定应该对相同随机变量的可选择形式进行相同的处理。不变性捕捉规范性的直觉，即不影响实际结果的形式的变化不应影响选择。哈蒙德对一个相关的概念进行了讨论，其被称为结果主义（Hammond，1985）。

期望效用理论的这 4 个原则可以通过其规范性诉求来排序。不变性和占优性似乎是必不可少的，但传递性可能会受到质疑，消除性也可能会被许多作者拒绝。事实上，阿莱斯（Allais，1953）和埃尔斯伯格（Ellsberg，1961）提出的巧妙的反例使得几位理论家放弃了消除性和前景原则，选择支持更一般的陈述。大多数模型都假定具有传递性、占优性和不变性（Hansson，1975；Allais，1979；Hagen，1979；Machina，1982；Quiggin，1982；Weber，1982；Chew，1983；Fishburn，1983；Schmeidler，1984；Segal，1984；Yaari，1984；Luce & Narens，1985）。其他人放弃了传递性但支持不变性和占优性（Bell，1982；Fishburn，1982，1984；Loomes & Sugden，1982）。这些理论家通过削弱规范理论来回应观察到的消除性和传递性的反例，以保持其作为描述性模型的地位。但是，这种策略不能扩展到我们要记录的占优性和不变性的失败中。由于不变性和占优性在规范上是必不可少的，并且描述性分析是无效的，因此理性决策理论无法为我们提供对选择行为的充分描述。

接下来，我们将通过几个例子说明不变性和占优性无效的情况，然后回顾描述性分析，将这些失败追溯到管理前景框架、结果评估和概率加权规则的联合效应中。我们将先对支持本解释的几种选择现象进行描述。

不变性无效的案例

在本节中，我们考虑了两个说明性案例，其中违反了不变性的条件；同时我们还对其产生的因素进行了讨论。

第一个案例来自对医学治疗之间的偏好的研究（McNeil et al., 1982）。被试看到的是两种肺癌治疗结果的统计信息。一部分被试得到的死亡率方面的统计数据是相同的，而其他被试得到的存活率方面的统计数据是相同的。然后被试被要求选择出他们的首选治疗方法。相关信息如下所示：[①]

> **问题 1（存活框架）**
> 手术：手术期间有 100 名患者接受手术治疗，术后阶段有 90 名患者存活，其中 68 名患者在治疗结束 1 年后仍存活，34 名患者在治疗结束 5 年后仍存活。
> 放射治疗：100 名患者接受放射治疗，治疗期间无一例死亡，其中 77 名患者在治疗结束 1 年后仍存活，22 名患者在治疗结束 5 年后仍存活。

---

① 本文中涉及的所有问题与实验中呈现给参与者的内容一样。

问题 1（死亡框架）

手术：在手术期间或术后，100 名接受手术的患者中 10 名患者死亡，其中 32 名患者在治疗结束 1 年后死亡，66 名患者在治疗结束 5 年后死亡。

放射治疗：100 名患者接受放射治疗，治疗期间无一例死亡，其中 23 名患者在治疗结束 1 年后死亡，78 名患者在治疗结束 5 年后死亡。

这些描述性语句中看似无关紧要的差异产生了显著的效果。更愿意接受放射治疗的被试的总体百分比从存活框架中的 44%（$N = 247$）上升到了死亡框架中的 44%（$N = 336$）。从将死亡率由 10% 降低到 0 而不是将生存率由 90% 增加到 100% 来看，放射治疗的优势显然比手术的优势更明显。对于有经验的医生或具有较高统计学素养的商科学生而言，他们感知到的框架效应并不比一组临床患者感知到的框架效应小。

我们接下来列出一个涉及风险预期与货币结果的决策案例。每名被试要做出两个选择，一个选择在有利前景之间进行，另一个选择在不利前景之间进行（Tversky & Kahneman，1981）。假设两个选定的前景是相互独立的。

问题 2（$N = 150$）：想象一下，你面临着下列并行决策。首先检查两个决策，然后指出你喜欢的选项。

第一项决策：

A. 确保赢得 240 美元 [84%]

B. 25% 的概率赢得 1 000 美元，75% 的概率没有任何收益 [16%]

第二项决策：

C. 确定损失 750 美元 [13%]

D. 75% 的概率损失 1000 美元，25% 的概率没有任何损失 [87%]

用 N 表示被试总数，方括号中的数字代表选择每个选项的被试百分比（除非特别说明，否则相关数据都来自斯坦福大学和加拿大不列颠哥伦比亚大学的本科生）。第一项决策中的多数选择是风险规避，而第二项决策中的多数选择是风险寻求。这是一种常见的模式：涉及收益的选择通常会表现为风险规避，涉及损失的选择通常会表现为风险寻求，除非输赢的概率很小（Fishburn & Kochenberger, 1979; Kahneman & Tversky, 1979; Hershey & Schoemaker, 1980）。

由于被试同时考虑了两个决策，他们实际上表达了对组合 A 和 D 及对组合 B 和 C 的偏好。但是，被试没有选择的组合实际上比首选组合更占优势。合并后的选项如下所示。

A 和 D：25% 的概率赢得 240 美元，75% 的概率损失 760 美元

B 和 C：25% 的概率赢得 250 美元，75% 的概率损失 750 美元

当选项以这种并行的形式呈现时，人们总是选择优势更为明显的选项。而在问题 2 中，73% 的被试选择了优势更为明显的组合 A 和 D，只有 3% 的被试选择了 B 和 C。这两种对比违反了不变性。调查结果也支持一般性观点，即不变性的无效可能会导致违背随机占优性，反之亦然。

被试显然在问题 2 中分别评估了第一项和第二项决策，他们表现出了在收益中规避风险，在损失中寻求风险的标准模式。看到这些问题的人非常惊讶地发现，他们以为非常合理的两种偏好的组合使自己做出了一种处于优势地位的选择。在用真实货币支付的由问题 2 按比例缩小得到的模式中，研究人员也得到了相同的结果（Tversky & Kahneman，1981）。

如前面的案例所示，决策问题框架的变化产生了系统性违反不变性和占优性的行为，这种行为无法在规范的基础上得到保障。对可以确保偏好不变性的两种机制：权威性描述和前景精算价值的使用进行研究是有益的。

如果将相同前景的所有公式转换为标准的权威性描述（如相同随机变量的累积概率分布），那么不变性将保持不变，因为随后人们将以相同的方式对不同版本进行评估。例如，在问题 2 中，如果在评估之前将这两个决策的结果进行汇总，那么不变性和占优性都将得到保留。同样，如果结果是根据一个主要框架（如生存率）编码的，那么在不同版本的医学问题中人们会做出同样的选择。在研究中观察到的不变性的失效表明，人们不会自发地合并前景或将所有结果转化为共同框架。

在决策问题中无法构建权威性描述，这与其他认知任务形成了鲜明的对比。在其他认知任务中，这种描述是自动、毫不费力地生成的。特别是我们的视觉体验主要由权威性描述构成：当我们在物体周围移动或光照发生变化时，物体的大小、形状、亮度或颜色似乎不会发生变化。在昏暗的光线下，从一个倾斜的角度看到一个白色的圆，它是圆形和白色的，而不是椭球体和灰色的。权威性描述也会在语言理解的过程中生成，听众会迅速将他们听到的大部分内容重新编排成一个抽象的命题形式，不再区分它们的主动和被动语态，并且通常不区分实际所说的内容，以及不再区分是否是从暗示或预设的角度看问题的（Clark & Clark, 1977）。很可惜，以感知和句子转换为标准形式的心理机制并不能自动适用于选择过程。

如果对前景的评估在概率和货币价值上分别是线性或接近线性的，那么即使在没有权威性描述的情况下也可以满足不变性。如果人们通过他们的精算价值来预设风险前景，那么不变性和占优性将永远存在。尤其是医疗问题的死亡率和生存率之间是没有区别的。因为结果和概率的评估通常是非线性的，并且因为人们不会自发地构建决策的权威性描述，所以不变性通常会失败。因此，我们假设不变性的选择规范性模型无法对选择行为进行充分描述。在下一节中，我们将介绍风险选择的描述性说明，即前景理论，并探讨其后果。不变性的失效可以由控制选项描述方式的框架效应来解释，并与价值和信念的非线性相结合。

结果的框架和评估

前景理论将选择过程区分为两个阶段：框架和编辑阶段，然后是评估阶段（Kahneman & Tversky, 1979）。第一个阶段包括对决策问题的初步分析，该分析包括有效行为、突发事件和结果。框架由选择问题的呈现方式及决策者的规范、习惯和前景来控制。在评估之前执行的其他操作包括消除共同成分和消除被其他人视为占优的选项。在第二个阶段中，我们对被包装过的前景进行了评估，最高价值的前景是经过选择的。该理论区分了两种选择前景的方法：通过检测一个对另一个的占优或通过比较它们的价值。

为简单起见,我们将讨论设定在具有数值概率和货币结果的简单博弈的范围内。设 (x; p; y; q) 表示一个前景,得到 x 的概率为 p,得到 y 的概率为 q,保持现状的概率为 (1-p-q)。根据前景理论,在收益和损失上定义了值 $v(\cdot)$,并且在所述概率上定义了决策权重 $\pi(\cdot)$,使得前景的总值等于 $\pi(p)v(x)+\pi(q)v(y)$。如果前景的所有结果都具有相同的符号,那么需要稍做修改。[1]

效用函数

根据马科维茨的研究,在前景理论中结果被描述为来自中性参考结果的正偏差或负偏差(收益或损失),被赋值为零(Markowitz, 1952)。然而,与马科维茨不同的是,我们认为效用函数通常为 S 形,在参考点上方凹入,在参考点下方凸出,如图 5-1 所示。因此,100 美元收益和 200 美元收益之间的主观价值差异大于 1 100 美元收益和 1 200 美元收益之间的主观差异。价值差异之间的相同关系适用于相应的损失。我们所提出的函数的性质是,边际变化的影响随着其与参考点在任一方向上距离的缩短而减小。这些关于效用函数的典型形状的假设可能不适用于毁灭性损失或特定金额具有特殊意义的情况。

效用函数的一个重要特性被称为损失厌恶,指的是人们对损失的反应比对收益的反应更极端。人们普遍不愿意接受投掷硬币的公平赌注,这表明人们对于失去一笔钱的痛苦超过了赢得相同数额金钱的乐趣。因此,我们提出的效用函数是在收益和损失上定义的,通常收益函数是凹

---

[1] 如果 p+q=1 且 x>y>0 或 x<y<0,那么前景的值由 $v(y)+\pi(p)[v(x)-v(y)]$ 给定,因此决策权重不适用于确定性结果。

陷的而损失函数是凸的，且损失函数比收益函数更陡峭。许多关于货币结果的风险选择（Fishburn & Kochenberger，1979；Kahneman & Tversky，1979；Hershey & Schoemaker，1980；Payne，Laughhunn & Crum，1980）和现实生活（Tversky，1977；Eraker & Sox，1981；Tversky & Kahneman，1981；Fischhoff，1983）的研究都支持效用函数的这些性质。损失厌恶也可能会使我们观察到人们愿意为一件商品支付的金额与他们要求放弃的补偿之间的差异（Bishop & Heberlein，1979；Knetsch & Sinden，1984）。如果商品在前一种情况下被视为收益而在后者中被视为损失，那么效用函数表明了这种效应。

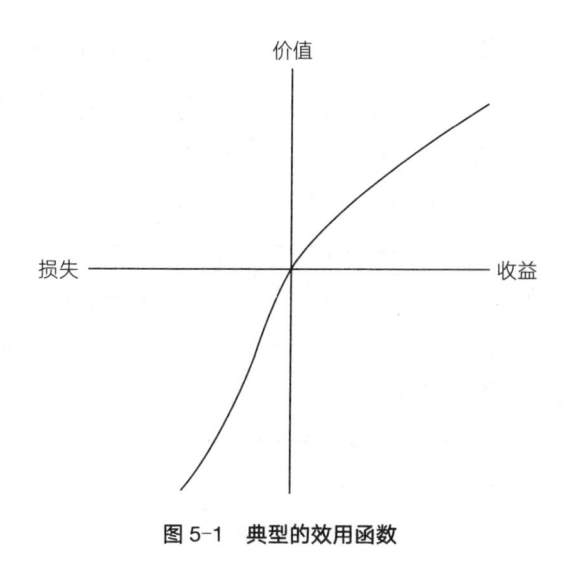

图 5-1　典型的效用函数

框架结果

我们将在下述问题中对结果框架，以及传统理论与当前分析之间的对比进行说明。

问题 3（N = 126）：假设你比现在多了 300 美元。你必须从下列选项中做出选择：

100 美元的确定收益 [72%]

有 50% 的概率获得 200 美元，50% 的概率未获得任何收益 [28%]

问题 4（N = 128）：假设你比现在多了 500 美元。你必须从下列选项中做出选择：

肯定损失 100 美元 [36%]

有 50% 的概率没有任何损失，50% 的概率失去 200 美元 [64%]

正如效用函数所表明的那样，问题 3 中的多数选择都表现出了风险规避，问题 4 中的多数选择表现为风险寻求，尽管这两个问题基本相同。在这两种情况下，人们都面临着在确定得到 400 美元和以均等的机会得到 500 美元或 300 美元之间做出选择。问题 4 是从问题 3 中得到的，将最初值增加 200 美元，同时从选项中减去这个增量。这种变化对偏好有很大影响。附加问题表明，初始财富 200 美元的变化对选择几乎没有影响。显然，偏好对财富的微小变化非常不敏感，但对参考点的相应变化高度敏感。这些观察结果表明，价值的有效载体是收益和损失，或财富的变化，而不是理性模型所暗示的财富状态。

在问题 3 和问题 4 中观察到的共同偏好模式具有特殊的意义，因为它不仅违反了期望效用理论，而且实际上违反了所有其他基于规范的选择模型。特别是，这些数据与 D. E. 贝尔（D. E. Bell）、G. 卢默斯（G. Loomes）和罗伯特·萨格登（Robert Sugden）提出的遗憾模型（Bell, 1982; Loomes & Sugden, 1982）以及 P. 菲什伯恩的定理（Loomes & Sugden, 1982; Fishburn, 1982）不一致。这是因为问题 3 和问题 4

产生了相同的结果和相同的遗憾结构。此外，即使没有相应的赋值变化使问题在延伸上等价，遗憾理论也不能适应问题 3 中的风险规避和问题 4 中的风险寻求的组合。

如上述问题所示，可以通过将结果分解为风险成分和无风险成分来引发参考点变化。也可以通过只标记结果来改变参考点，如以下问题所示（Tversky & Kahneman，1981）。

> **问题 5**（N = 152）：想象一下，美国正在爆发一种不寻常的疾病，预计将导致 600 人死亡。相关人员已经提出了两种防治该疾病的替代性方案。假设针对这些计划的后果的确切科学估计如下所示。
> 如果采用 A 计划，将有 200 人获救。[72%]
> 如果采用 B 计划，有 1/3 的概率可以救活 600 人，同时有 2/3 的概率救不活任何人。[28%]

在问题 5 中，结果以积极的术语（挽救生命）得以描述，因此多数选择表现为风险规避。肯定能挽救 200 人的前景比具有同等前景值的风险前景更有吸引力。另一组被试获得了相同的起始故事，并附有以下对替代性计划的描述。

> **问题 6**（N = 155）：
> 如果采用 C 计划，将有 400 人死亡。[22%]
> 如果采用 D 计划，那么有 1/3 的概率无人死亡，同时有 2/3 的概率 600 人全部死亡。[78%]

在问题 6 中，结果由负面的词语（失去生命）来表示，因此多数选择表现为风险寻求。确定 400 人死亡比有 2/3 的概率死亡 600 人的结果更不容易被人接受。然而，问题 5 和问题 6 基本相同。它们的不同之处仅在于前者以挽救生命的数量为框架（相对于如果不采取行动，预计会损失 600 人的生命），而后者则以失去的生命数量为框架。

我们多次向相同的被试提供了两个版本，并与他们讨论了两个框架引起的不一致性偏好。许多被试表示希望在"挽救生命"版本中保持风险规避，并在"失去生命"版本中保持风险寻求，尽管他们也表示希望自己的答案保持一致。在其吸引力的持续存在下，框架效应更像是视觉错觉而不是计算错误。

折扣和附加费用

也许经济分析中最独特的智力贡献是对替代机会的系统性考虑。经济思维的基本原则是机会成本和自付费用应该被平等对待。偏好应仅取决于选项之间的相关差异，而不是这些差异的标记方式。这一原则与使偏好容易受到表面形式变化影响的心理倾向背道而驰。特别需要指出的是，有利于结果 A 而不是结果 B 的差异，有时可以通过建议 B 或 A 作为中性参考点来构建 A 或 B 的劣势。由于存在损失厌恶，当 A 为中性且 B-A 被评估为损失时，比 B 为中性且 A-B 被评估为增益时的差异更大。在某些情境下人们已经注意到了这种框架变化的重要性。

2017 年诺贝尔经济学奖得主理查德·塞勒（Richard Thaler）注意到了将两种价格之间的差异标记为附加费或折扣的效果。放弃折扣比接受附加费更容易（Thaler，1980）。相同的价格差异在前一种情况下被视为收益而在后一种情况下被视为损失。实际上，据说信用卡销售人员坚持认为现金和信用卡消费之间的任何价格差异都应被标记为现金折扣而不是信用附加费。可以用类似的思路来解释为什么商家对弹性需求的价格反应通常采取折扣或特殊让步的形式（Stigler & Kindahl, 1970）。相对于直接的价格上涨，客户可能会对最终取消此类临时安排表现出较小程度的抵制。人们对公平的判断也表现出了相同的模式（Kahneman, Knetsch & Thaler, 1986a）。

2005年诺贝尔经济学奖得主托马斯·谢林（Thomas Schelling）描述了在税收政策背景下引人注目的框架效应（Schelling, 1981）。他指出，税表可以通过将有两个孩子的家庭或无子女家庭作为默认情况来构建。有两个孩子的家庭和无子女家庭之间的税收差异在第一个框架中表现为自然免税（有两个孩子的家庭），在第二个框架中表现为税收最大化（无子女家庭）。这种看似无害的差异对收入、家庭规模和税收之间所需关系的判断有很大影响。谢林指出，他的学生拒绝在第一个框架中赋予富人比穷人更大的税收豁免额度，但支持在第二个框架中赋予无子女的富人比无子女的穷人更高的税收优惠。由于税收豁免和税收优惠是两种情况下相同税收差异的可选择性标签，因此该判断违背了不变性。以正面或负面的方式构建公共政策的后果可以极大地改变其吸引力。

货币错觉的概念有时适用于在高通货膨胀期间，工人接受不能保护其实际收入的名义工资增加的意愿，尽管他们会在没有通货膨胀的情况下极力抵制相应的减薪。本质上，名义工资的削减被认为是一种损失，而名义工资的增加却不能保证实际收入的增加。在对经济行为的公平性研究中我们观察到了货币错觉的另一种表现（Kahneman, Knetsch &

Thaler，1986b）。被试在电话采访中评估了下述行为的公平性，它以两个版本呈现，只是括号中的条款有所不同。

一家公司利润微薄。它位于一个经济衰退社区，失业率很高（但没有通货膨胀/通货膨胀率为12%）。该公司今年决定（降低7%的工资和薪水/工资仅增加5%）。

虽然两个版本中实际收入的损失非常接近，但是判断公司行为"不公平"或"非常不公平"的被试中选择名义减少的比例是62%，而选择名义增加的比例只有22%。

应用行为心理学家马克斯·巴泽曼（Max Bazerman）[1]在有关交易的实验研究中记录了框架效应（Bazerman，1983）。当将交易的结果表示为收益或损失时，他比较了实验对象的表现。对损失分配进行交易的被试往往未能达成协议，而且往往未能找到帕累托最优（Pareto-optimal）解决方案。巴泽曼将这些观察结果归因于人们在损失领域寻求风险的一般倾向，这可能会增加双方的参与者冒险承担负面后果的意愿。

每当参与者将自己的让步视为损失，将从另一方获得的让步视为收益时，损失厌恶就会成为交易的障碍。例如，在对导弹事宜进行谈判时，与拆除导弹有关的主观安全损失可能比对手采取类似行动所产生的

---

[1] 为什么你总是对那些重要信息视而不见？你是否遗漏了信息背后的信息？马克斯·巴泽曼在《信息背后的信息》中介绍了5种突破信息获取屏障的方法。该书中文简体字版由湛庐引进、浙江人民出版社于2019年出版。——编者注

安全增量更大。如果双方都对他们所做出的让步和获得的让步按 2∶1 的比例进行价值分配，那么由此产生的 4∶1 的差距可能是很难弥合的。无论手牌是什么，如果谈判者用价值相等的"筹码"进行交易，将更容易达成协议。这种交易模式在日常购买行为中很常见，其中损失厌恶趋于消失（Kahneman & Tversky, 1984）。

随机事件的框架和权重

在期望效用理论中，每种可能性结果的效用由其概率加权。在前景理论中，不确定性结果的值乘以决策权重 $\pi(p)$，$\pi(p)$ 是 p 的单调函数但不是概率函数。加权函数 p 具有以下属性。第一，丢弃不可能的事件，即 $\pi(0)=0$，并且将标度正态化，使得 $\pi(1)=1$，但是该函数在端点附近表现不佳（Kahneman & Tversky, 1979）。第二，对于低概率，$\pi(p)>p$，但 $\pi(p)+\pi(1-p) \leqslant 1$（确定性）。因此，低概率被突显，中等概率和高概率被弱化，而后者的效果比前者更明显。第三，对于所有 $0<p, q, r \leqslant 1$（次比率性），$\pi(pr)/\pi(p)<\pi(pqr)/\pi(pq)$。也就是说，对于任何固定概率比 r，当概率低时，决策权重的比率比概率高时更接近统一，如 $\pi(0.1)/\pi(0.2)>\pi(0.4)/\pi(0.8)$。满足这些特性的假设加权函数如图 5-2 所示。我们将在下一节中对其结果进行讨论。[1]

---

[1] 将本分析扩展到具有许多（非零）结果的前景的过程涉及两个附加步骤。首先，我们假设在框架阶段连续（或多值）分布近似于离散分布，且结果的数量相对较少。例如，区间（0, 90）上的均匀分布可以由离散前景 (0, 0.1; 10, 0.1; …; 90, 0.1) 表示。其次，在多结果情况下，加权函数 $\pi_p(p_i)$ 必须依赖于概率向量 p，而不仅仅取决于分量 p_i, $i=1,...,n$。例如，J. 奎金（J. Quiggin）使用函数 $\pi_p(p_i)=\pi(p_i)/[\pi(p_1)+\cdots+\pi(p_n)]$（Quiggin, 1982）。如在存在两个结果的情况下，假设加权函数满足次确定性，$\pi_p(p_1)+\cdots+\pi_p(p_n) \leqslant 1$，以及次比例。

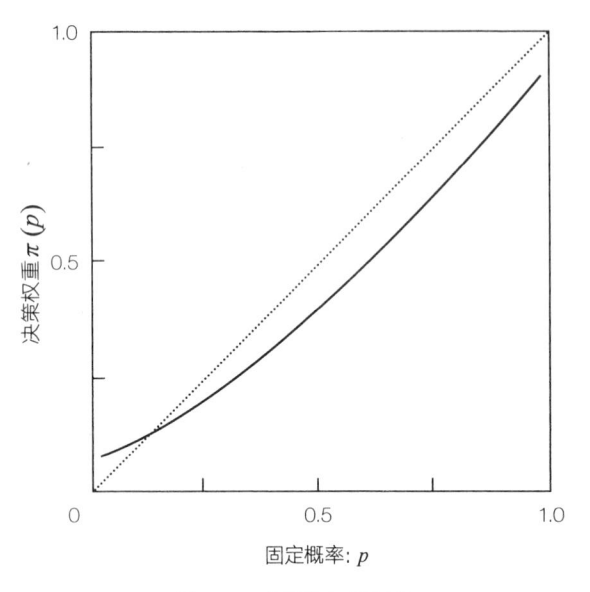

图 5-2 典型的加权函数

非透明的占优性

加权函数的主要特征是相对于标度中部的可比较性差异,如 $\pi(0.3) - \pi(0.2)$,涉及确定性和不可能性的概率差异的权重过高,如 $\pi(1.0) - \pi(0.9)$ 或 $\pi(0.1) - \pi(0)$。特别是,对于小 p,π 通常是次可加性的,如 $\pi(0.01) + \pi(0.06) > \pi(0.07)$。此属性可能会导致违反占优性,如下面两个问题所示。

> **问题 7**($N = 88$):用每个盒子中不同颜色的弹珠的百分比来描述,且根据随机抽取的弹珠的颜色来判断你赢或输的货币金额。你更喜欢哪种彩票?
> A. 90% 白色　6% 红色　1% 绿色　1% 蓝色　2% 黄色

	0 美元	赢得 45 美元	赢得 30 美元	输掉 15 美元	输掉 15 美元
B.	90% 白色	6% 红色	1% 绿色	1% 蓝色	2% 黄色
	0 美元	赢得 45 美元	赢得 45 美元	输掉 10 美元	输掉 15 美元

我们很容易看出选项 B 优于选项 A：对于每种颜色，B 的结果至少不比 A 的结果差。事实上，所有被试都选择了 B 而不是 A。这种结果并不令人惊讶，因为优势关系是高度透明的，所以在没有进行进一步处理的情况下，占优势的前景就会被拒绝。下一个问题实际上与问题 7 完全相同，除了产生相同结果的颜色（B 中的红色和绿色，A 中的黄色和蓝色）被合并了。我们已经提出，如果没有检测到占优势的前景，那么决策者通常会执行该操作。

问题 8（ $N = 124$ ）：你更喜欢哪种彩票？

C.	90% 白色	6% 红色	1% 绿色	3% 黄色
	0 美元	赢得 45 美元	赢得 30 美元	输掉 15 美元
D.	90% 白色	7% 红色	1% 绿色	2% 黄色
	0 美元	赢得 45 美元	输掉 10 美元	输掉 15 美元

问题 8 的表述简化了选项，但掩盖了占优关系。此外，它还增强了选项 C 的吸引力。相对于具有两个正面结果和一个负面结果的选项 C，选项 D 具有两个负面结果和一个正面结果。为了引导被试仔细考虑这些选项，我们告知他们，其中 1/10 是随机选择的博弈。虽然这个声明激起了一定程度的关注，但 58% 的被试选择了占优势地位的替代选项

C。占优选项能否被发现，不仅取决于决策者的经验是否丰富，还取决于框架。在回答另一个问题时，大多数被试也分配给选项 C 比选项 D 更高的现金等价物。这些结果支持以下命题。第一，同一问题的两种表述方式引起了不同的偏好，违反了不变性。第二，如果规则是透明的，那么服从占优原则。第三，优势被一个框架掩盖了，在该框架中，较差的选项在确定状态下产生了更有利的结果（如绘制一个绿色弹珠）。第四，差异性偏好与决策权重的次可加性一致。透明的作用可以通过感知的例子来阐明。众所周知的缪勒－莱尔错觉（Müller-Lyer illusion）如图 5-3 所示：上面那条线段看起来比下面那条线段长，但它实际上更短。在图 5-4 中，相同的图案被嵌入矩形框架，我们就会发现突出边框的下面那条线段比上面那条线段更长。这种判断具有推理的性质，与图 5-3 所示的影响判断的感性印象形成了鲜明对比。类似地，在问题 7 中引入更精细的分区可以得出结论：在不评估它们的值的情况下，选项 D 优于选项 C。问题 8 和问题 1 中的占优关系对于老练的决策者来说可能是显而易见的，但对于大多数被试来说并不明显。

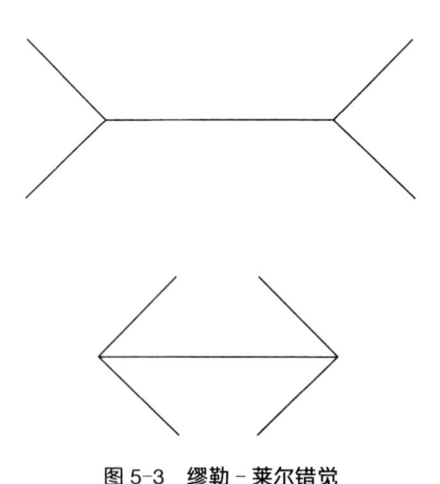

图 5-3　缪勒－莱尔错觉

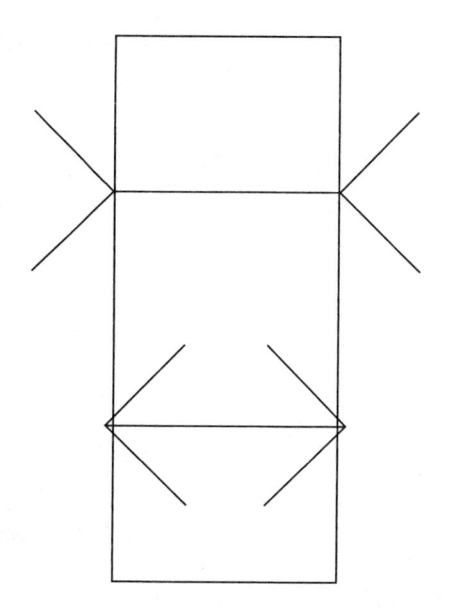

图 5-4 缪勒－莱尔错觉的透明版本

确定性和假性

正如阿莱斯首次指出的那样，相对于可能的结果，确定性结果的权重过大会导致违反预期规则（Allais，1953）。下列的一系列问题说明了阿莱斯发现的现象及其与概率权重和随机事件框架的关系（Tversky & Kahneman，1981）。随机事件是通过从一个装有特定数量的有利和不利弹珠的袋子里取出一颗弹珠来实现的。为了引导被试认真考虑选项，随机挑选的被试中只有 1/10 的人有机会参与他们选择的博弈。同样的被试按照这个顺序回答了问题 9 至问题 11。

问题 9（$N = 77$）：你更喜欢以下哪个选项？
A. 肯定会赢得 30 美元 [78%]

B. 有 80% 的概率赢得 45 美元，有 20% 的概率未赢得任何奖金 [22%]

问题 10（N = 81）：你更喜欢以下哪个选项？

C. 有 25% 的概率赢得 30 美元，有 75% 的概率未赢得任何奖金 [42%]

D. 有 20% 的概率赢得 45 美元，有 80% 的概率未赢得任何奖金 [58%]

注意，问题 10 是通过将问题 9 中的概率降低 1/4 得到的。在期望效用理论中，问题 9 中对选项 A 的偏好超过选项 B 意味着在问题 10 中对选项 C 的偏好超过选项 D。与预测相反，当获胜概率大幅降低时，多数偏好从较低奖金（30 美元）转为较高奖金（45 美元）。我们把这种现象称为确定性效应，因为获胜概率从 1.0 降低到 0.25 比从 0.8 降低到 0.2 的影响更大。在前景理论中，问题 9 中的模式选项意味着 $v(45)\pi(0.80) < v(30)\pi(1.0)$，而问题 10 中的模式选项意味着 $v(45)\pi(0.20) > v(30)\pi(0.25)$。然后，如果以下条件成立，那么我们观察到的对期望效用理论的违反是由 p 的曲率表示的（如图 5-2 所示）。

$$\frac{\pi(0.20)}{\pi(0.25)} > \frac{v(40)}{v(45)} > \frac{\pi(0.80)}{\pi(1.0)}$$

阿莱斯的问题引起了众多理论家的注意，他们试图通过放宽消除性规则来构建确定性效应的规范性理论基础（Allais，1979；Fishburn，1982，1983；Machina，1982；Quiggin，1982；Chew，1983）。以下问题说明了一种相关的现象，它被称为假确定性效应（pseudocertainty effect），这种现象无法通过放宽消除性的方法来解决,因为其中同样存在违反不变性的问题。

> **问题11**（N = 85）:考虑下述二阶比赛。在第一阶段,有75%的概率在没有获胜的情况下结束比赛,并有25%的概率进入第二阶段。如果到达第二阶段,你可以选择:
> E. 肯定赢得30美元[74%]
> F. 有80%的概率赢得45美元,有20%的概率未赢得任何奖金[26%]
> 你必须在知道第一阶段的结果之前做出选择。

因为有1/4的机会进入第二阶段,在前景E中有0.25的概率赢得30美元,前景F中有0.25×0.80 =0.20的概率赢得45美元。因此,问题11在概率和结果方面与问题10相同。然而,这两个问题的偏好不同:大多数被试在问题11中做出了风险规避的选择,但在问题10中却没有。我们将这种现象称为假确定性效应,因为实际上不确定性结果被加权了,就好像它是确定性的一样。将问题11作为二阶比赛的框架来鼓励被试应用消除性:未能达到第二阶段的事件在评估之前被舍弃了,因为它在两个选项中产生了相同的结果。在这个框架中,对问题11和问题9的评估是相似的。

虽然问题10和问题11在最终结果和概率方面是相同的,但问题11有更大的诱发遗憾的可能性。例如,一个决策者在问题11中选择了选项F,到达了第二阶段,但未能赢得奖金,而该决策者知道选项E会产生30美元的收益。此外,在问题10中,选择选项D并且未能获胜的被试无法确切地知道另一个选项的结果是什么。这种差异可能暗示了对遗憾方面的假确定性效应的另一种解释(Loomes & Sugden,

1982)。然而，确定性和假确定性效应在问题 9 至问题 11 的修订版本中同样强烈，其中不同问题之间产生遗憾的概率是相等的。这一发现并不意味着遗憾机制在决策中不起作用（Kahneman & Tversky，1982）。它仅仅表明阿莱斯的例子和假确定性效应主要受决策权重的非线性和意外事件的框架的控制，而不是由于遗憾的预期。[①]

确定性和假确定性效应并不仅限于货币结果。以下问题说明了医学背景下同样存在这些现象。被试是参加加州医学会（California Medical Association）会议的 72 名医生。基本上相同的反应模式来自较大的一组（$N = 180$）大学生样本。

> **问题 12**（$N = 72$）：在肿瘤的治疗中，有时需要在两种类型的治疗之间进行选择：第一，诸如广泛手术这样的根治性治疗，存在一些死亡风险；第二，中度治疗，例如有限的手术或放射治疗。以下每个问题描述了针对 3 种不同情况的两种替代性治疗的可能结果。在考虑每个病例时，假设患者是 40 岁的男性。假设如果不接受治疗，患者可能会很快死亡（一个月内）；如果接受治疗，只能应用其中一种治疗方法。请说明你希望的治疗方法。

---

① 在修订版本问题 9′ 至问题 11′ 中，通过从包含 100 个顺序编号的票证包中抽取数字来生成获胜概率。在问题 10′ 中，与赢得 45 美元（抽取 1～20 的数字）相关事件被包括在与赢得 30 美元相关事件中（抽取 1～25 的数字）。问题 11 的顺序设置被两个同时运行的随机设备取代：掷骰子（其结果决定游戏是否开启）然后从包中抽取编号的票据。现在这 3 个问题都存在后悔的可能性，问题 10′ 和问题 11′ 在这方面不再有所不同，因为决策者总是知道替代选择的结果。因此，后悔理论无法解释在修订问题中观察到的确定性效应（问题 9′ 相对于问题 10′）或假确定性效应（问题 10′ 相对于问题 11′）。

案例 1

治疗 A：马上死亡的概率为 20%；可以正常生活的概率为 80% 且预期寿命为 30 年。[35%]

治疗 B：确定能正常生活，预期寿命为 18 年。[65%]

案例 2

治疗 C：马上死亡的概率为 80%；可以正常生活的概率为 20%，且预期寿命为 30 年。[68%]

治疗 D：马上死亡的概率为 75%；可以正常生活的概率为 25%，且预期寿命为 18 年。[32%]

案例 3

考虑一个新病例，其肿瘤可治疗的可能性为 25%，不可治疗的可能性为 75%。如果肿瘤不可治疗，将会很快死亡。如果肿瘤是可治疗的，治疗结果如下：

治疗 E：马上死亡的概率为 20%；正常生活的概率为 80%，且预期寿命为 30 年。[32%]

治疗 F：确定能正常生活，且预期寿命为 18 年。[68%]

该问题中的 3 种情况分别对应问题 9 至问题 11，并且我们观察到了相同的偏好模式。在案例 1 中，大多数被试做出了一种风险规避的选择，倾向于确定能存活但存活时间较短的选项。在案例 2 中，中度治疗不再能确保生存，大多数被试选择可提供更长预期寿命的治疗选项。特别是，在案例 1 中选择 B 选项的 64% 的被试在案例 2 中选择了 C 选项。这是阿莱斯确定性效应的另一个例子。

案例 2 和案例 3 的比较为我们提供了假设的另一个例证。案例在相关结果及其概率方面是相同的，但偏好不同。特别是，在案例 2 中选择选项 C 的 56% 的被试在案例 3 中选择了选项 F。条件框架使人们忽视了肿瘤不可治疗这一事件，因为在这种情况下两种治疗都是无效的。在这个框架中，治疗选项 F 拥有假性的优点。它似乎可以确保患者存活，但这种保证是以肿瘤的可治疗性为前提条件的。事实上，如果选择这个选项，只有 0.25 的机会存活一个月。

确定性和假确定性效应的结合对规范性和描述性选择理论之间的关系具有重要意义。我们的结果表明，人们在选择中，特别是在那些使其应用更透明的问题中，遵守了消除性。具体来说，我们发现人们在问题 9、问题 11 以及问题 12 的案例 3 和案例 1 中做出了相同的选择。显然，人们会在二阶或嵌套结构中"删掉"一个会在所有选项中产生相同结果的事件。请注意，在这些示例中，消除性在一些问题中得到了满足，而在之前一些与其等同的问题中，却遭到了违背。因此，消除性的经验效度取决于问题的框架。

目前的框架概念起源于 L. 萨维奇和雷法对阿莱斯问题的分析，他们重新定义了这些案例，试图使消除性的应用更加引人注目（Savage，1954；Raiffa，1968）。萨维奇和雷法是对的：当应用程序足够透明时，缺乏经验的被试确实会遵守消除性定理。[1] 但是，相同选项的不同版本（问题 10 和问题 11 以及问题 12 的案例 2 和案例 3）的对比偏好

---

[1] 值得注意的是，问题 11 和问题 12 中使用的条件框架（案例 3）在消除对阿莱斯悖论的共同反应方面比萨维奇引入的分区框架更有效（Slovic & Tversky，1974）。这可能是因为在消除了其结果不依赖于一个人的选择的状态之后，条件框架清楚地表明了关键选项是相同的（即在问题 11 中达到第二阶段，问题 12 中的无法治愈的肿瘤，案例 3）。

表明当它的应用不透明时，人们不会遵循相同的定理。相反，他们会将（非线性）决策权重应用于所述的概率。因此，消除性与占优性的情况类似：两种规则都是直观且引人注目的抽象选择原则，在透明问题中始终被遵守，而在非透明问题中经常不被遵循。试图通过放弃消除性来合理化阿莱斯案例中的偏好面临着一个主要困难：他们没有区分遵守消除性的透明框架与不遵循消除性的非透明框架。

讨论

在前面的章节中，我们挑战了期望效用理论的主要原则的描述效度，并概述了风险选择的另一种说法。在本节中，我们将讨论替代定理，并为反对规范和描述性分析的调和进行辩解。经济学家对我们的分析和结论提出了一些反对意见。

描述性和规范性考虑因素

在过去 10 年中，研究人员已经开发了许多风险选择的替代模型，用于解释观察到的对期望效用理论的背离现象。这些模型可被分为以下 4 类。第一，非线性函数是通过完全舍弃消除性条件而获得的（Allais，1953、1979；Machina，1982）。这些模型没有进行定理性效用的（基数）测量，但是它们对效用函数施加了各种限制（即可区分性）。第二，预期指数模型用较弱的替代定理代替消除性，并用两个线性函数的比率表示前景的值（Chew & MacCrimmon，1979；Weber，1982；Chew，1983；Fishburn，1983）。第三，具有非可加性概率的双线性模型假设了消除性（或替代性的）各种限制版本，并构建了双线性表达式，其中结果的效用通过非可加性概率测量或概率尺度的一些非线性变换进行加权（Kahneman & Tversky, 1979; Quiggin, 1982; Schmeidler, 1984; Segal, 1984; Yaari, 1984; Luce & Narens, 1985）。第四，通过二元效用函数表示偏好的非传递模型。菲什伯恩对这些模型进行了定理化，而贝尔、卢默斯和萨格登将其解释为预期后悔（expected regret; Fishbum, 1982, 1984; Bell, 1982; Loomes & Sugden, 1982）。有关进一步的理论发展，请参阅菲什伯恩的研究（Fishbum, 1985）。

表 5-1 总结了模型和数据之间的关系。子栏列出了期望效用理论的 4 个主要原则。第 1 列是实证中违背这些原则的主要现象，并列举了一些具有代表性的偏好。第 2 列是上面讨论的与观察到的违背现象相一致的模型子集。

表 5-1 违背理论的实证现象和解释性模型汇总

原则	违背理论的实证现象	解释性模型
消除性	确定性效应（Allais, 1953, 1979; kahneman & Tversky, 1979）[问题 9、问题 10 和问题 12（案例 1 和 2）]	所有模型
传递性	词典半序（Tversky, 1969） 偏好逆转（Slovic & Lichtenstein, 1983）	双变量模型
占优性	对比风险态度（问题 2）；次级决策权重（问题 8）	前景理论
不变性	框架效果（问题 1、3、4、5、6、7、8、10、11 和 12）	前景理论

表 5-1 的结论可概括如下。首先，所有上述模型（以及其他一些模型）与确定性效应产生的违背消除性的行为一致。[1] 因此，阿莱斯的

---

[1] 由于本文主要关注具有已知概率的前景，因此我们不讨论由于含糊不清而导致消除性的重要违规行为（Ellsberg, 1961）。

"悖论"不能用于比较或评估竞争的非前景模型。其次，需要二元（非传递性）模型来解释观察到的敏感度较低的情况。再次，只有前景理论可以解释观察到的对（随机）占优性和不变性的违背。虽然有些模型允许一些有限的对不变性的违背，但它们没有考虑到本文中描述的框架效应的范围（Loomes & Sugden，1982；Luce & Narens，1985）。

由于框架效应和相关的不变性失调无处不在，没有足够的描述性理论可以忽略这些现象。此外，由于不变性（或延伸性）在规范上是必不可少的，所以没有足够的规范性理论允许这种违背。因此，构建一个描述性和规范性上都可接受的理论，似乎是不可实现的梦想（Tversky & Kahneman，1983）。

前景理论与上述其他模型的不同之处在于其不加掩饰的描述性，以及没有提出规范性主张。无论是否可以被合理化，它的主要目的都在于解释偏好。M. 马奇纳（M. Machina）声称前景理论"作为风险行为的描述模型是不可接受的"，因为它意味着对随机的占优地位的违背（Machina，1982）。但是，由于实际上已经观察到对理论预测的占优地位的违背（见问题2和问题8），因此马奇纳的反对意见似乎是无效的。

本文的主要发现是，理性选择定理通常在信息透明的情况下成立，但在非透明的情况下不成立。例如，当随机占优关系透明时（如问题2和问题7的聚合版本），实际上每个人都倾向于选择处于优势地位的前景。然而，当这些问题陷入困境时，占优性不再透明（如问题2和问题8的分离版本），大多数被试就会违反占优性，正如预测的那样。这些结果与所有暗示随机占优性的理论，以及那些预测人们在透明和非透明背景下，会做出相同选择的其他理论相矛盾（Machina，1982）。同样的结论也适用于消除性，如虚假性讨论。看起来消除性和占优性都具有规范性吸引力，尽管两者在描述上都是无效的。

目前的结果和分析，特别是针对透明度的作用和框架重要性的分析，与赫伯特·西蒙（Herbert Simon）最初提出的有限理性概念是一致的（Simon，1955，1978；Nelson & Winter，1982）。实际上，前景理论试图阐明一些限制选择合理性的感知和判断原则。

心理因素（如框架）的引入既丰富了对于选择的分析，又使其复杂化了。因为决策的框架取决于用于表达的语言、选择的背景以及展示的性质，我们对过程的处理必然是非正式的和不完整的。我们已经确定了几个常见的框架规则，并且已经证明了它们对选择的影响，但还没有得出框架的正式理论。此外，本分析未考虑所有观察到的传递性和不变性的实效。虽然一些不和谐（Tversky，1969）可以通过抛弃框架阶段中的小差异来解释，而其他不和谐（Raiffa，1968）是由透明和非透明比较的组合产生的，但是存在的循环偏好和背景效应（Slovic, Fischhoff & Lichtenstein，1982；Slovic & Lichtenstein，1983）需要额外的解释机制，如多个参考点和可变权重）。在对选择进行充分考虑时，不能忽视框架和背景的这些影响，即使它们在规范上令人反感，且在数学上难以处理。

支撑性假设

理性假设在经济学中占优势地位。它具有所有方法论的优点：一个不言而喻的真理、一个合理的理想化处理、一个重言式逻辑和一个零假设。其中的每一种解释要么提出了不容置疑的理性行为假设，要么将举证责任直接放在对信念和选择的任何替代性分析上。理性模型的优势是复杂的，因为没有其他判断和决策理论可以在范围、权力和简单性方面与之匹配。

此外，合理性假设受到了一系列强大防御措施的保护，其形式包括支持任何观察到的违反模型的重要性假设。特别是，人们通常认为，严重违反标准模型的行为仅限于无关紧要的选择性问题，这些问题能通过学习迅速被消除，或由于市场力量具有纠正功能而与经济学无关。实际上，激励措施有时能提高决策质量，经验丰富的决策者往往比新手做得更好，套利和竞争的力量可以抵消错误和错觉的某些影响。这些因素能否确保任何特定情况下的理性选择是一个经验性问题，需要通过观察而不是假设来解决。

观察到的理性模型的失败可归因于思考的成本，因此应通过适当的激励来消除（Smith，1985）。实验结果几乎没有给出支持这个观点的论据。经济学和心理学的研究表明，即使存在重大的货币收益，在针对假设性问题的回答中普遍存在的错误仍然存在。尤其是概率推理的基本错误（Grether，1980；Tversky & Kahneman，1983）、选择的严重不一致性（Grether & Plott，1979；Slovic & Lichtenstein，1983）以及违反非透明问题中的随机占优性（上文中的问题2）几乎都没有通过激励得以减少。关于高风险并不总能改善决策的证据并不仅限于实验室研究。在涉及高风险和认真审议的实际决策中，记录了重大的判断性和选择性错误。例如，小企业的高失败率不易与理性前景和风险规避的假设保持一致。

激励不是通过魔术来发挥作用的：它们是通过集中注意力和延长审议来运行的。因此，他们更有可能防止由于误解或错误的直觉引起的错误，这种错误来自注意力和努力不足。视觉上的错觉的案例很有启发性。没有明显的可以仅仅引入激励（没有额外的机会进行测量）就能减少图 5-3 中观察到的错觉的机制，并且即使没有激励，当图 5-4 中的呈现方式发生改变时，错觉就会消失。激励的纠正力量取决于特定错误的性质，不能将其视为理所当然。

决策的理性假设常常会受到人们会学着做出正确的决策这一观念的支持，有时还会受到演化论证的支持，即非理性决策者会被理性决策者所取代。毫无疑问，学习和选择确实会发生，而且往往能提高效率。然而，就激励而言，不涉及任何魔法。有效的学习只有在某些条件下才能进行：它要求对情境条件与适当反应之间的关系进行准确和即时的反馈。管理者、企业家和政治家做出的决定往往缺乏必要的反馈，原因如下：第一，结果通常是延迟性的，而且不容易归因于某一特定行动；第二，环境的变化会降低反馈的可靠性，特别是在涉及低概率的结果时；第三，如果已经做出另一项决定，往往没有关于结果将会怎样的信息；第四，最重要的决定是独特的，因此所能提供的学习机会很少（Einhorn & Hogarth，1978）。组织学习的条件也不会更好。对于个人和组织来说，学习肯定会发生，但必须通过证明有效学习的条件已得到满足来支持通过经验可以消除特定错误的说法。

有时人们认为，由于市场具有纠正功能，因此个人决策中非理性是无关紧要的（Knez，Smith & Williams，1985）。由于竞争力和套利者的行为，经济主体往往可以免受自身非理性偏好的影响，但在某些情况下，这种机制会失效。D. B. 豪施（D. B. Hausch）、W. T. 津巴（W. T.

Ziemba）和 M. E. 鲁本斯坦（M. E. Rubenstein）记录了一个有启发性的案例：赛马场上的中奖投注市场是有效的，但是场地和表演中的投注市场则不然（Hausch, Ziemba & Rubenstein, 1981）。投注者会低估最受欢迎的一方最终会排在第二位或第三位的概率，并且这种影响足以维持具有正面前景价值的逆向投注策略。尽管有很高的激励机制、赛道参与者无可置疑的奉献精神和专业知识，以及有明显的学习和套利机会，但仍存在低效现象。

约翰·霍尔蒂万格（John Haltiwanger）和 M. 瓦尔德曼（M. Waldman）以及 T. 拉塞尔（T. Russell）和塞勒分析了市场不太可能纠正许多人常见的错误的情况（Haltiwanger & Waldman, 1985; Russell & Thaler, 1985）。此外，诺贝尔经济学奖得主乔治·阿克尔洛夫（George Akerlof）和美国现任财政部长珍妮特·耶伦（Janet Yellen）提出了他们近乎理性的理论，其中在对经济变化（如惯性或货币错觉）的反应中，一些普遍存在的错误对个人影响不大（从而消除了学习的可能性），也没有提供套利的机会，但其经济效应却很大（Akerlof & Yellen, 1985）。如果没有确凿的证据，就不能相信市场能够纠正个人的非理性行为的影响，而提出这种主张的人应承担详细说明合理的纠正机制的责任。

本文的主题是规范性和描述性的选择分析应被视为独立的部分。该结论提出了一个研究议程。为了使理性模式保持其惯有的描述性作用，必须验证相关的支撑性假设。在这些假设失败的情况下，追踪描述性分析（如损失厌恶、虚假性或货币错觉的影响）对公共政策、战略决策和宏观经济现象的影响都是有益的（Arrow, 1982; Akerlof & Yellen, 1985）。

本章从新的角度回顾了我们在风险决策方面的成果，主要在第一部分和最后一部分进行了讨论。大多数实证分析已经发表在了之前的出版物中。问题 3、问题 4、问题 7、问题 8 和问题 12 是首次发表。

参考文献

Akerlof, G. A., & Yellen, J. (1985). Can small deviations from rationality make significant differences to economic equilibria? *American Economic Review*, 75, 708–720.

Allais, M. (1953). Le comportement de l'homme rationnel devant le risque: Critique des postulats et axiomes de l'Ecole Américaine. *Econometrica*, 21, 503–546.

Allais, M. (1979). The foundations of a positive theory of choice involving risk and a criticism of the postulates and axioms of the American School. In M. Allais & O. Hagen (Eds.), *Expected utility hypotheses and the Allais paradox* (pp. 27–145). Dordrecht, the Netherlands: Reidel.

Arrow, K. J. (1982). Risk perception in psychology and economics. *Economic Inquiry*, 20, 1–9.

Bazerman, M. H. (1983). Negotiator judgment. *American Behavioral Scientist*, 27, 211–228.

Bell, D. E. (1982). Regret in decision making under uncertainty. *Operations Research*, 30, 961–981.

Bishop, R. C., & Heberlein, T. A. (1979). Measuring values of extra-market goods: Are indirect measures biased? *American Journal of Agricultural Economics*, 61, 926–930.

Chew, S. H. (1983). A generalization of the quasilinear mean with applications to the measurement of income inequality and decision theory resolving the Allais paradox. *Econometrica*, 51, 1065–1092.

Chew, S. H., & MacCrimmon, K. 1979. Alpha utility theory, lottery composition, and the Allais paradox. Working Paper no. 686. Vancouver, BC: University of British Columbia.

Clark, H. H., & Clark, E. V. (1977). *Psychology and language*. New York, NY: Harcourt Brace Jovanovich.

Einhorn, H. J., & Hogarth, R. M. (1978). Confidence in judgment: Persistence of the illusion of validity. *Psychological Review*, 85, 395–416.

Ellsberg, D. (1961). Risk, ambiguity, and the Savage axioms. *Quarterly Journal of Economics*, 75, 643–669.

Eraker, S. E., & Sox, H. C. (1981). Assessment of patients' preferences for therapeutic outcomes. *Medical Decision Making*, 1, 29–39.

Fischhoff, B. (1983). Predicting frames. *Journal of Experimental Psychology: Learning, Memory, and Cognition*, 9, 103–116.

Fishburn, P. C. (1982). Nontransitive measurable utility. *Journal of Mathematical Psychology*, 26, 31–67.

Fishburn, P. C. (1983). Transitive measurable utility. *Journal of Economic Theory*, 31, 293–317.

Fishburn, P. C. (1984). SSB utility theory and decision making under uncertainty. *Mathematical Social Sciences*, 8, 253–285.

Fishburn, P. C. (1985). Uncertainty aversion and separated effects in decision making under uncertainty. Working paper. Murray Hill, NJ: AT&T Bell Labs.

Fishburn, P. C., & Kochenberger, G. A. (1979). Two-piece von Neumann–Morgenstern utility functions. *Decision Sciences*, 10, 503–518.

Grether, D. M. (1980). Bayes rule as a descriptive model: The representativeness heuristic. *Quarterly Journal of Economics*, 95, 537–557.

Grether, D. M., & Plott, C. R. (1979). Economic theory of choice and the preference reversal phenomenon. *American Economic Review*, 69, 623–638.

Hagen, O. (1979). Towards a positive theory of preferences under risk. In M. Allais & O. Hagen (Eds.), *Expected utility hypotheses and the Allais paradox* (pp. 271–302). Dordrecht, the Netherlands: Reidel.

Haltiwanger, J., & Waldman, M. (1985). Rational expectations and the limits of rationality: An analysis of heterogeneity. *American Economic Review*, 75, 326–340.

Hammond, P. (1985). Consequential behavior in decision trees and expected utility. Institute for Mathematical Studies in the Social Sciences Working Paper no. 112. Stanford University.

Hansson, B. (1975). The appropriateness of the expected utility model. *Erkenntnis*, 9, 175–193.

Hausch, D. B., Ziemba, W. T., & Rubenstein, M. E. (1981). Efficiency of the market for racetrack betting. *Management Science*, *27*, 1435–1452.

Hershey, J. C., & Schoemaker, P. J. H. (1980). Risk taking and problem context in the domain of losses: An expected utility analysis. *Journal of Risk and Insurance*, *47*, 111–132.

Kahneman, D., Knetsch, J. L., & Thaler, R. H. (1986a). Fairness and the assumptions of economics. *Journal of Business*, *59*, S285–S300.

Kahneman, D., Knetsch, J. L., & Thaler, R. (1986b). Fairness as a constraint on profit seeking: Entitlements in the market. *American Economic Review*, *76*, 728–741.

Kahneman, D., & Tversky, A. (1979). Prospect theory: An analysis of decision under risk. *Econometrica*, *47*, 263–291.

Kahneman, D., & Tversky, A. (1982). The psychology of preferences. *Scientific American*, *246*, 160–173.

Kahneman, D., & Tversky, A. (1984). Choices, values, and frames. *American Psychologist*, *39*, 341–350.

Knetsch, J. L., & Sinden, J. A. (1984). Willingness to pay and compensation demanded: Experimental evidence of an unexpected disparity in measures of value. *Quarterly Journal of Economics*, *99*, 507–521.

Knez, P., Smith, V. L., & Williams, A. W. (1985). Individual rationality, market rationality and value estimation. *American Economic Review*, *75*, 397–402.

Loomes, G., & Sugden, R. (1982). Regret theory: An alternative theory of rational choice under uncertainty. *Economic Journal (Oxford)*, *92*, 805–824.

Luce, R. D., & Krantz, D. H. (1971). Conditional expected utility. *Econometrica*, *39*, 253–271.

Luce, R. D., & Narens, L. (1985). Classification of concatenation measurement structures according to scale type. *Journal of Mathematical Psychology*, *29*, 1–72.

Machina, M. J. (1982). "Expected utility" analysis without the independence axiom. *Econometrica*, *50*, 277–323.

March, J. G. (1978). Bounded rationality, ambiguity, and the engineering of choice. *Bell Journal of Economics*, *9*, 587–608.

Markowitz, H. (1952). The utility of wealth. *Journal of Political Economy*, *60*, 151–158.

McNeil, B. J., Pauker, S. G., Sox, H. C., Jr., & Tversky, A. (1982). On the elicitation of preferences for alternative therapies. *New England Journal of Medicine*, *306*,

1259-1262.

Nelson, R. R., & Winter, S. G. (1982). *An evolutionary theory of economic change*. Cambridge, MA: Harvard University Press.

Payne, J. W., Laughhunn, D. J., & Crum, R. (1980). Translation of gambles and aspiration level effects in risky choice behavior. *Management Science, 26*, 1039-1060.

Quiggin, J. (1982). A theory of anticipated utility. *Journal of Economic Behavior & Organization, 3*, 323-343.

Raiffa, H. (1968). *Decision analysis: Introductory lectures on choices under uncertainty*. Reading, MA: Addison-Wesley.

Russell, T., & Thaler, R. (1985). The relevance of quasi-rationality in competitive markets. *American Economic Review, 75*, 1071-1082.

Savage, L. J. (1954). *The foundations of statistics*. New York, NY: Wiley.

Schelling, T. C. (1981). Economic reasoning and the ethics of policy. *Public Interest, 63*, 37-61.

Schmeidler, D. (1984). *Subjective probability and expected utility without additivity. Preprint Series no. 84*. Minneapolis, MN: University of Minnesota, Institute for Mathematics and Its Applications.

Schumpeter, J. A. (1954). *History of economic analysis*. New York, NY: Oxford University Press.

Segal, U. 1984. Nonlinear decision weights with the independence axiom. Working Paper in Economics no. 353. Los Angeles, CA: University of California, Los Angeles.

Simon, H. A. (1955). A behavioral model of rational choice. *Quarterly Journal of Economics, 69*, 99-118.

Simon, H. A. (1978). Rationality as process and as product of thought. *American Economic Review, 68*, 1-16.

Slovic, P., Fischhoff, B., & Lichtenstein, S. (1982). Response mode, framing, and information processing effects in risk assessment. In R. M. Hogarth (Ed.), *New directions for methodology of social and behavioral science: Question framing and response consistency* (pp. 21-36). San Francisco, CA: Jossey-Bass.

Slovic, P., & Lichtenstein, S. (1983). Preference reversals: A broader perspective. *American Economic Review, 73*, 596-605.

Slovic, P., & Tversky, A. (1974). Who accepts Savage's axiom? *Behavioral Science*,

19, 368–373.

Smith, V. L. (1985). Experimental economics [Reply]. *American Economic Review*, *75*, 265–272.

Stigler, G. J., & Kindahl, J. K. (1970). *The Behavior of industrial prices*. New York, NY: National Bureau of Economic Research.

Thaler, R. H. (1980). Towards a positive theory of consumer choice. *Journal of Economic Behavior & Organization*, *1*, 39–60.

Tversky, A. (1969). Intransitivity of preferences. *Psychological Review*, *76*, 105–110.

Tversky, A. (1977). On the elicitation of preferences: Descriptive and prescriptive considerations. In D. E. Bell, R. L. Keeney, & H. Raiffa (Eds.), *Conflicting objectives in decisions* (pp. 209–222). New York, NY: Wiley.

Tversky, A., & Kahneman, D. (1981). The framing of decisions and the psychology of choice. *Science*, *211*, 453–458.

Tversky, A., & Kahneman, D. (1983). Extensional versus intuitive reasoning: The conjunction fallacy in probability judgment. *Psychological Review*, *90*, 293–315.

von Neumann, J., & Morgenstern, O. (1944). *Theory of games and economic behavior*. Princeton, NJ: Princeton University Press.

Weber, R. J. (1982). The Allais paradox, Dutch auctions, and alpha-utility theory. Working paper. Northwestern University.

Yaari, M. E. (1984). *Risk aversion without decreasing marginal utility. Report series in theoretical economics*. London, England: London School of Economics.

第 6 章

个体患者和群体患者医疗决策之间的差异

唐纳德·A. 雷德梅尔
阿莫斯·特沃斯基

在很多情况下，卫生政策和医疗实践之间的关系很紧张。例如，尽管有广泛的共享信息，但实践模式的区域性差异仍然存在（Chassin, Brook, Park et al., 1986; Wennberg, 1986; Iglehart, 1984），患者每天接受的护理都与公认的指导方针有很大偏差（Woo, Woo, Cook, Weisberg & Goldman, 1985; Kosecoff, Kanouse, Rogers, McCloskey, Winslow & Brook, 1987; Eddy, 1982; Lomas, Anderson, Domnick-Pierre, Vayda, Enkin & Hannah, 1989），并且给予了选定个体不成比例的护理（Woolley, 1984; Bunker, 1976; Levinsky, 1984）。这些观察结果表明，临床领域中侧重于个体患者的决策可能会与一般的医疗政策不一致，一般性医疗政策应基于更广泛的考虑。我们对这种差异进行了调查研究。

想象一名患者向医生提出一个特定的问题。通常情况下，医生会把每名患者作为一个独特的病例来对待，并选择对该患者来说似乎是最好的治疗方法。然而，随着时间的推移，医生可能会遇到许多类似的患者。当一个病例被认为是独一无二的，而不是一组可比较的病例中的一个时，医生会做出不同的判断吗？有证据表明，人们在面对单一而非重复的情况时，会在与金钱相关的冒险活动中做出不同的选择（Samuelson，1963；Keren & Wagenaar，1987；Montgomery & Adelbratt，1982）。此外，对经济和医疗决策的研究表明，从不同的角度看待问题可以改变其属性的相对权重，导致不同的选择（McNeil，Pauker，Sox & Tversky，1982；Eraker & Sox，1981；Tversky & Kahneman，1986）。

我们假设，当医生将患者视为个体时，他们更重视患者的个人问题；当医生将患者视为群体的一部分时，他们更重视一般的效度标准。更具体地说，我们认为，在将患者视为个体而不是群体的一员时，医生更有可能做出以下行为：建议做花费不多且可能有帮助的额外的检查，对患者进行直接检查而不是通过电话跟进，避免讨论器官捐献等复杂性问题，以及推荐一种成功率很高但有可能会出现不良后果的治疗方法。在这项研究中，我们希望通过对这些问题进行探讨来解决下面这个问题：与考虑一组相似的患者相比，医生在评估单个患者时会做出不同的判断吗？我们的数据表明确实如此，接受过健康服务研究培训的医生能够认识到这种差异，而非专业人士也可以做出这种区分。

方法

在第一个实验中，我们邀请执业医师参与了一项医学决策研究。我们使用的问卷包含对患者管理问题中的临床情景的描述,高水平的医生可能不会认可问卷中列出的这些情景。我们要求每位医生选择最合适的治疗方法。

我们在两个版本的问卷中都提出了这些问题,每个版本都从不同的角度对其进行了讨论。个体版本涉及一名患者的治疗;总体版本涉及一组同类可比较的患者的治疗。在其他方面,这两个版本包含的信息相同。例如,个体版本的情景如下所述。

> 文献几乎没有提供任何关于使用电话作为医疗工具的信息。例如,海格是一名年轻女性,家庭医生很熟悉她的身体状况,她没有任何严重疾病。有一次她通过电话联系了家庭医生,因为她发烧了 5 天,且没有任何其他的局部症状。此时家庭医生做出的初步诊断是病毒感染,并根据症状给出了建议性措施,并告诉她要"保持联系"。大约 36 小时后,她打电话回来,说感觉和之前差不多:没有好转,没有恶化,也没有出现新的症状。这时医生必须做出选择,是继续通过电话跟踪一段时间,还是告诉她现在就来检查。你认为医生应该选择哪种方式?

在这种情况下的总体版本与之类似,不同点在于我们用表示一组患者的术语替换了对个体患者的所有引用。

> 文献几乎没有提供任何关于使用电话作为医疗工具的信息。例如,设想有这样一些年轻女性,她们的家庭医生熟知她们的身体状况,并且她们没有任何严重疾病。她们可能会因为发烧5 天但没有任何其他的局部症状而通过电话联系各自的家庭医

生。通常情况下，医生会将其初步诊断为病毒感染，给出相应的症状诊断措施，并告诉她们"保持联系"。假设在大约36小时后，她们打电话回来，说感觉和之前差不多：没有好转，也没有恶化，并且没有出现新的症状。这时医生必须做出选择，是继续通过电话跟踪她们一段时间，还是告诉她们现在就来检查。你会建议选择哪种方式？

4组医生参与了这项研究：斯坦福大学医院医学系的住院医生、在区域健康维护组织工作的全职医生、斯坦福大学内科学术医生，以及在县级医疗中心工作的全职医生。在每组中，我们随机分配医生来填写个体版本或总体版本的问卷。之后，我们使用曼-惠特尼检验来对比他们对两个版本的反应（Moses, 1986）。

在第二个实验中，我们展示了与第一个实验类似的情景，并要求被试直接比较这两个视角。在这份调查问卷中，我们调查了一组内科医生、精神科医生和儿科医生，他们在临床医学和卫生服务研究方面都接受过高级培训。对于每种情景，被试需要表明他们是否认为医生更可能从个体患者的角度或一般性政策的角度推荐特定的治疗措施。例如，我们提出了以下情况："一名骑摩托车的25岁男子正在接受常规医疗检查。从哪个角度来看，医生更有可能与其讨论器官捐献？"

在第三个实验中，我们要求斯坦福大学的本科生考虑一个假设性医学案例，这个案例不需要技术性知识就可以理解。与第一个实验一样，一半的学生看到的是个体版本，另一半看到的是总体版本。这3个实验的被试都收到了调查问卷，他们可以在空闲时完成，并匿名提交。

结果

实验 1

在第一个实验中，59 名住院医生、94 名大学附属医院医生、75 名健康维护组织的医生，以及 128 名县级医院的医生提交了完整的问卷。问卷总体回复率为 78%。正如预料的那样，之前收到的不同版本问卷的两个群体在年龄、性别、经历和反应率方面很相似。下面我们来讨论之前提出的 4 个问题。

血液检测。为了探究第一个问题，我们请医生考虑一个大学生表现出疲劳、失眠和注意力不集中的情况。除了通常的评估外，我们还描述了一项额外的血液检测，通过这个血液检测可能会检测出罕见的、可治疗的疾病，但这需要花费 20 美元，且学生必须自付。当面对一个患者的个体版本时，医生会比面对一组患者的总体版本时更加频繁地进行血液检测（30% 对 17%；$p<0.005$）。4 组不同的医生之间的差异性比较明显，分别为住院医生（26% 对 4%；$p<0.05$）、健康维护组织的医生（28% 对 7%；$p<0.10$）、学术医生（40% 对 19%；$p<0.01$），以及县级医疗中心的医生（43% 对 22%；$p<0.05$）。

电话医学。为了探究第二个问题，我们让医生考虑一个健康的年轻女性的情况，她因为持续的轻微发烧而打电话给家庭医生。医生在面对总体版本的情况下会比面对个人版本时更常建议通过电话跟进，而不是要求患者接受检查（13% 对 9%；$p<0.005$）。学术医生和县级医院医生间的差异性很明显，学术医生（15% 对 6%；$p<0.01$），县级医院医生（12% 对 2%；$p<0.05$），但在健康维护组织医生中并不明显（14%

对 24%；p 不显著）。住院医生没有参与该情景下的实验。

实验 2

与实验 1 中只评估一个问题版本的医生相比，实验 2 中的医生直接比较了总体和个体两个角度。本次实验共收回 89 份已完成的问卷，回复率为 77%。该结果证实了实验 1 的结果。对于疲劳的大学生，81% 的被试（$p<0.005$）认为如果从个体角度而不是总体角度考虑，他们将更频繁地推荐额外的检查。对于发烧的年轻女性，87% 的被试（$p<0.005$）认为从群体角度出发他们多数情况下会选择通过电话跟进。

器官捐献。为了探究第三个问题，我们还向卫生服务研究人员展示了一名健康的摩托车手的情景，他因为一个小的医疗问题而接受检查。当被问及讨论器官捐献问题时，93% 的被试（$p<0.005$）认为从总体角度来看，多数情况下他们会推荐器官捐献。

不良反应。为了探讨第四个问题，我们向卫生服务研究人员提供了一个患有血液病的女性的情景。我们描述了一种可以添加到她的治疗中的药物，这种药物有可能会延长她的寿命，但也有可能会使病情恶化。这种药物有 85% 的概率让她多活两年，有 15% 的概率让她少活两年。在这种情况下，59% 的被试（$p<0.10$）认为从个体角度来看，他们在多数情况下会推荐使用这种药物。

实验 3

这个实验检验了不同视角之间的差异性，在普通人的判断中是否同样明显。我们共向 327 名学生展示了不良反应的情景，之所以选择这一方案，是因为即便被试不具备专业的医学知识也不影响判断。与第一个实验一样，每名学生都收到了个体版本或总体版本。根据我们之前的研究结果，面对个体版本的医生会比面对总体版本的医生更推荐使用药物（62% 对 42%；$p < 0.005$）。

讨论

我们的研究结果表明，在评估个体患者时，医生做出的决定与考虑一组同类患者时不同（实验1）。这种差异性被认为是一种职业规范（实验2），它也会出现在非专业人士的判断中（实验3）。我们探讨了能突出这种差异性的4个问题。从个体角度来看，与总体角度相比，医生更有可能要求患者做额外的检查，花时间直接评估患者，避免提出一些令人不安的问题，并推荐一种成功率很高但可能会出现不良后果的治疗方法。

这些实验中所显示的总体角度和个体角度之间的差异不能被归因于医疗信息或经济激励的差异，因此，我们很难从规范的角度对其加以解释（Sox, Blatt, Higgins & Marton, 1988; Raiffa, 1968）。我们的研究结果与以下观点一致，即医生在将患者视为个体时更重视患者的个人问题，而在将患者视为群体中的一员时更重视一般的效度标准。例如，被试对我们给定的不良后果情景的反应表明，当只考虑一个案例时，医生对小概率事件的重视程度较低。赋予一个问题的不同方面相应权重时，这些差异可能有助于解释为什么反映群体角度的一般性原则在临床实践中并不总是被遵循，这种临床实践是在逐个案例分析的基础上进行的。因此，即使卫生决策者和医务人员都接受相关事实，总体角度和个人角度之间的差异也可能让两者之间的关系紧张。医学决策的一些特点可能会放大不同角度之间的差异。谢林讨论了统计生活和现实生活之间的区别，强调社会对现实中的人的生活来说具有更高的价值（Schelling，1968）。经济学家 V. R. 富克斯（V. R. Fuchs）在医患关系中提出了"技术要求"，这反映了医生在治疗个体患者时，更愿意做与他们所接受过的训练相关的所有事情（Fuchs，1974）。R. 埃文斯（R. Evans）谈到了医生作为患者的完美代理人和社会保护者之间的矛盾（Evans，1983）。当然，财政奖励也可能导致政策与实践之间的紧张关系（Bock，1988；Scovern，1988）。

虽然总体角度和个体角度之间的差异需要解决，但我们并不建议放弃任何一种角度。个体角度强调患者的特殊性，更符合医患关系的个性化特征。但从总体角度来看，随着时间的推移，医生将治疗很多类似的患者。医生和决策者可能希望从两个角度来研究问题，以确保治疗决策适用于一名或多名患者。了解这两种角度可以提高临床判断的质量，同时也可以丰富卫生政策。

致谢

在此，我们要感谢塔米·滕（Tammy Teng）、琼·埃斯普林（Joan Esplin）、马库斯·克鲁伯（Marcus Krupp）、爱德华·哈里斯（Edward Harris）、艾略特·沃尔夫（Eliott Wolfe）和帕特里克·卡恩斯（Patrick Kearns）帮助设计本章采用的问卷。感谢霍尔斯特德·霍曼（Halsted Holman）、黛安娜·达顿（Dianna Dutton）、艾伦·加伯（Alan Garber）、罗伯特·瓦赫特（Robert Wachter）和米切尔·威尔逊（Mitchel Wilson）在原稿准备中给予我们的帮助；感谢我们的受访者。

参考文献

Chassin, M. R., Brook, R. H., Park, R. E., et al. (1986). Variations in the use of medical and surgical services by the Medicare population. *New England Journal of Medicine, 314*, 285–290.

Wennberg, J. (1986). Which rate is right? *New England Journal of Medicine, 314*, 310–311.

Iglehart, J. K. (Ed.). (1984). Variations in medical practice. *Health Affairs (Project Hope), 3*(2), 6–148.

Woo, B., Woo, B., Cook, E. F., Weisberg, M., & Goldman, L. (1985). Screening procedures in the asymptomatic adult: Comparison of physicians' recommendations, patients' desires, published guidelines, and actual practice. *Journal of the American Medical Association, 254*, 1480–1484.

Kosecoff, J., Kanouse, D. E., Rogers, W. H., McCloskey, L., Winslow, C. M., & Brook, R. H. (1987). Effects of the National Institutes of Health Consensus Development Program on physician practice. *Journal of the American Medical Association, 258*, 2708–2713.

Eddy, D. M. (1982). Clinical policies and the quality of clinical practice. *New England Journal of Medicine, 307*, 343–347.

Lomas, J., Anderson, G. M., Domnick-Pierre, K., Vayda, E., Enkin, M. W., & Hannah, W. J. (1989). Do practice guidelines guide practice? The effect of a consensus statement on the practice of physicians. *New England Journal of Medicine, 321*, 1306–1311.

Woolley, F. R. (1984). Ethical issues in the implantation of the total artificial heart. *New England Journal of Medicine, 310*, 292–296.

Bunker, J. P. (1976). When the medical interests of society are in conflict with those of the individual, who wins? *Pharos, 39*(1), 64–66.

Levinsky, N. G. (1984). The doctor's master. *New England Journal of Medicine, 311*, 1573–1575.

Samuelson, P. A. (1963). Risk and uncertainty: A fallacy of large numbers. *Scientia, 98*, 108–113.

Keren, G., & Wagenaar, W. A. (1987). Violation of expected utility theory in unique and repeated gambles. *Journal of Experimental Psychology: Learning, Memory, and Cognition, 13*, 382–391.

Montgomery, H., & Adelbratt, T. (1982). Gambling decisions and information about expected value. *Organizational Behavior and Human Performance*, *29*, 39–57.

McNeil, B. J., Pauker, S. G., Sox, H. C., Jr., & Tversky, A. (1982). On the elicitation of preferences for alternative therapies. *New England Journal of Medicine*, *306*, 1259–1262.

Eraker, S. A., & Sox, H. C., Jr. (1981). Assessment of patients' preferences for therapeutic outcomes. *Medical Decision Making*, *1*, 29–39.

Tversky, A., & Kahneman, D. (1986). Rational choice and the framing of decisions. *Journal of Business*, *59*, S251–S278.

Moses, L. E. (1986). *Think and explain with statistics*. Reading, MA: Addison-Wesley.

Sox, H. C., Jr., Blatt, M. A., Higgins, M. C., & Marton, K. I. (1988). *Medical decision making*. Boston, MA: Butterworths.

Raiffa, H. (1968). *Decision analysis*. Reading, MA: Addison-Wesley.

Schelling, T. C. (1968). The life you save may be your own. In S. B. Chase, Jr. (Ed.), *Problems in public expenditure analysis* (pp. 127–176). Washington, DC: Brookings Institution.

Fuchs, V. R. (1974). *Who shall live? Health, economics, and social choice*. New York, NY: Basic Books.

Evans, R. W. (1983). Health care technology and the inevitability of resource allocation and rationing decisions. *Journal of the American Medical Association*, *249*, 2208–2219.

Bock, R. S. (1988). The pressure to keep prices high at a walk-in clinic: A personal experience. *New England Journal of Medicine*, *319*, 785–787.

Scovern, H. (1988). Hired help: A physician's experiences in a for-profit staff-model HMO. *New England Journal of Medicine*, *319*, 787–790.

第 7 章

不确定状况下的思考：
非结果主义推理和选择

埃尔德·沙菲尔
阿莫斯·特沃斯基

  很多日常思考和决策都涉及客观世界状态及我们的主观情绪和欲望方面存在的不确定性。我们可能无法确定未来的经济状况、即将到来的考试后的心情以及假期是否想去夏威夷度假。当然，不同的状态往往会导致不同的决定。如果考得好，我们可能会觉得应该休息一下，想去夏威夷；如果考得不好，我们可能宁愿待在家里。当在不确定的情况下做出决定时，我们需要考虑现实中可能的状态及其对我们的愿望和行动的潜在影响。不确定性情况可以被认为是可能状态的析取：要么获得一种状态，要么获得另一种状态。例如，一位不确定考试表现如何的学生会面临两种结果：通过考试或考试不及格。在决定是否计划去夏威夷度假时，该学生需要考虑如果通过了考试自己是否想去夏威夷，以及如果未通过考试自己是否想去夏威夷，具体情况如图 7-1 所示。按照惯例，决策节点用正方形表示；机会节点用圆形表示。

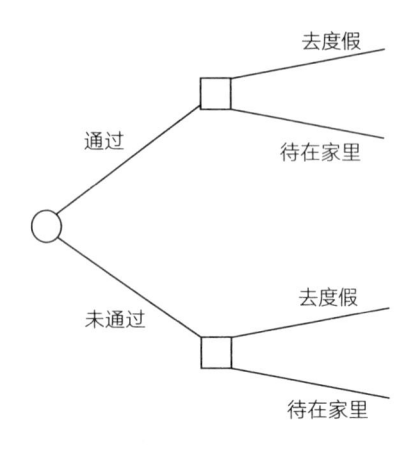

图 7-1 夏威夷度假问题的树形图

大多数不确定状况下的决策概念，不管是规范性的还是描述性的，都是结果主义的，因为决策是由对潜在结果及其感知的可能性的评估决定的。根据这种观点，学生去夏威夷度假的决定取决于他在考试通过和未通过的情况下待在家和去度假的主观价值，以及他认为考试通过和未通过的主观概率。[①] 基于对预期结果的结果主义评估，我们预测选择满足不确定性决策的基本公理，即萨维奇的确定性原则（Savage, 1954）。确定性原则认为，如果我们在给定的任何可能状态下都更喜欢 x 而不是 y，那么即使不知道现实的确切状态，我们也应该更喜欢 x 而不是 y。图 7-1 所示的情况表明，如果该学生在通过和未通过考试时都更倾向于去度假，那么即使考试结果未知，他也应该更倾向于去度假。确定性原则是结果主义观点的一个重要内涵，它抓住了由预期结果决定决策的基本直觉。它是期望效用理论的基石，并且在其他对合理性标准

[①] 结果主义的概念在哲学和决策理论文献中有许多不同的意义（Hammond, 1988; Levi, 1991; Bacharach & Hurley, 1991）。

不那么严格的模型中也成立。

但是，如果人们并不总是以结果主义的方式进行选择，那么有时可能会违反确定性原则。例如，我们在其他地方已经证明，很多不管考试通过或未通过都会选择去夏威夷度假的人，当考试结果未知时，在析取情况下他们会决定推迟度假（Tversky & Shafir，1992）。如果通过考试，假期大概会被认为是一个成功的学期后的庆祝时间；如果考试不及格，度假则是安慰和治愈的方式。我们认为，由于不知道考试结果，决策者缺乏去度假的明确理由，因此在决定去度假之前，他们可能宁愿等待结果的揭晓，而这与确定性原则相反。

对于另一个非结果论推理的例子，假设你已经同意通过掷硬币来进行投注，那么你有相同的机会赢 200 美元或者输 100 美元。假设已经掷了硬币，但不知道输赢，你还想再一次投注吗？或者，如果知道自己在第一次投注中输了 100 美元，你会接受第二次投注吗？最后，如果你已经知道自己在第一场投注中赢了 200 美元，你会进行第二次吗？我们已经证明，与确定性原则相反，大多数被试不管第一次投注是赢是输，他们都接受了第二次投注；但在第一次结果未知时，大多数被试拒绝进行第二次投注（Tversky & Shafir，1992）。这种赢时接受、输时接受、结果未知时拒绝的模式是被试表现出的最常见的偏好模式。我们已经发现，在获得收益后人们有充分的理由接受第二次投注，即"我已经赢了，无论发生什么事情我都不会有损失"；对于在失败后接受第二次投注，他们还有一个尽管不同但令人信服的理由，即"我失败了，这将是我赢的机会"。但是，当第一次投注的结果未知时，人们不知道自己是领先且不会有损失，还是落后且需要挽回损失。我们认为，在这种情况下，他们可能没有明确的理由接受附加的投注，而就其本身而言，这种投注并不特别有吸引力。我们把上面的偏好模式称为析取效应（disjunction effect）。当人们知道事件 A 成功或失败时都更喜欢 x 而不是 y，但当不知道事件 A 是否成功时他们更喜欢 y 而不是 x，这时就会发生析取效应。析取效应是对确定性原则的违反，因此也是对结果主义的违反。

在本章中，我们将探讨几个推理和决策任务中的非结果主义行为。我们认为，在存在和不存在不确定性的情况下，各种理由和考虑因素的权重不同，从而导致违反确定性原则。我们之前的研究探讨了一些情况，一旦不确定性得到解决，选择特定选项的理由（如去夏威夷或投注）比结果不确定时更令人信服。目前的研究集中在这些情景上，即那些在结果不确定时看似有吸引力的论据，一旦不确定性得到解决就会失去大部分效力。本文认为，由不确定性得到解决引起的观点转变，可能有助于解释一些非结果主义行为的令人困惑的表现。在本章的第一部分中，我们探讨了只有一次机会的囚徒困境，以及与计算机程序对弈的纽科姆问题的一个版本。接下来，我们将分析从决策扩展到推理。我们认为非结果主义推理在沃森的选择任务中扮演着重要角色，然后我们会描述一个美国金融市场似乎表现出了非结果主义行为的情景。最后，我们探讨了目前的研究结果对不确定性思维分析的意义，并考虑了它们与自然和人工智能之间的比较的相关性。

游戏和决策

囚徒困境

博弈论分析了根据特定规则行事的参与者之间的互动。一个特别的双人游戏受到了极大的关注,那就是囚徒困境(Prisoner's Dilemma)(Rapoport & Chammah,1965;Rapoport,1988)。一个典型的囚徒困境如图7-2所示。单元格条目表示每个玩家获得的收益(如分数)。因此,如果你和对手都合作,每人得到75分。若对方合作而你参与竞争,你会得到85分,而对方得到25分,依此类推。囚徒困境的特点是,无论对手的选择如何,每个玩家在竞争中都比在合作中表现得更好。如果他们都参与竞争,其表现就会比合作时差。虽然重复游戏会出现许多有趣的策略,但本次讨论仅限于只玩一次的囚徒困境(Axelrod,1984;Kreps & Wilson,1982;Luce & Raiffa,1957)。

	他人 合作	他人 竞争
你 合作	你: 75 他人: 75	你: 25 他人: 85
你 竞争	你: 85 他人: 25	你: 30 他人: 30

图 7-2 典型的囚徒困境

注:单元格条目表示你和对方玩家根据你们的选择获得的积分数。

这是一种最简单、最尖锐的困境形式。因为对手之间只会遇到一次,所以没有机会传达战略信息、诱导互惠、建立声誉或影响其他玩家的策略选择。因为不管对方在这一场比赛中做了什么,如果参与竞争你就会比参与合作得到更多的分数,所以最主要的策略是竞争。然而,有些人可能会出于道德原因选择合作。当侯世达(Douglas

Hofstadter）[1]向一些专家提出这个问题时，大约 1/3 的人选择了合作（Hofstadter, 1983）。研究人员在许多实验研究中也观察到相似的合作概率（Rapoport, Guyer & Gordon, 1976; Rapoport, 1988）。哲学家丹尼尔·丹尼特（Daniel Dennett）[2]抓住了这种道德动机，他说："我宁愿做买下布鲁克林大桥的人，也不愿做卖掉它的人。同样，比起通过背叛获得 10 美元，通过合作获得 3 美元的感觉更好。"显然，有些人愿意放弃一些收益，以便做出倾向合作的、合乎道德的决定。

我们之前对非结果主义推理的讨论提出了在一次囚徒困境游戏中观察到的合作的另一种解释。一旦玩家知道对方选择了竞争或合作，显然竞争对他来说比合作更有利。但只要对方没有做出决定，相互合作就会成为对双方都有吸引力的解决方案。虽然每个玩家不能影响对方的决定，但他可能会试图尽自己最大的努力（在这种情况下是合作）来达到双方都想要的状态。当然，一旦结果出现，这种推理就不再适用。投票行为就是一个很好的例子。我们知道，个人的投票不太可能影响选举的结果。然而，我们中许多人在选举结果确定后不愿意投票，却倾向于在选举结果尚未确定时进行投票。如果这种对囚徒困境游戏中合作的解释是正确的，我们预测在析取条件下，当另一个玩家的策略未知时有更高的合作率。下面的研究检验了这一假设。

---

[1] 认知能力会影响人们的决策。在《表象与本质》一书中，侯世达揭示了人类认知中隐藏的核心机制。该书中文简体字版已由湛庐引进、浙江人民出版社于 2018 年出版。——编者注

[2] 在《直觉泵和其他思考工具》一书中，丹尼尔·丹尼特展示了数十种思考工具，教读者做出独立且清晰的思考。该书中文简体字版已由湛庐引进、浙江教育出版社于 2018 年出版。此外，丹尼尔·丹尼特在《丹尼尔·丹尼特讲心智》一书中探讨了心智的本质。该书中文简体字版已由湛庐引进、天津科学技术出版社于 2021 年出版。——编者注

方法。我们组织 80 名普林斯顿大学本科生进行囚徒困境游戏，电脑屏幕上每次会显示一个囚徒困境游戏，游戏格式如图 7-2 所示。在每次实验中，被试都通过按下适当的按钮来选择是竞争还是合作。被试按照自己的节奏做出反应，一旦他们选择了自己的策略，屏幕就会被清空，下一个游戏就会出现。每名被试进行 40 个游戏，其中只有 6 个是囚徒困境游戏。其他双人游戏（具有不同的收益结构）被穿插在囚徒困境游戏中，以保证被试可以重新考虑每一个游戏，而不是采用"标准"策略。被试会被告知这些游戏是和其他学生一起玩的，而游戏的结果将由他们和每个游戏的新参与者的选择决定。他们的选择不会被透露给任何和他们一起玩的人。因此，被试要玩一系列的一次性游戏，每次都要面对不同的对手。此外，被试被告知他们被随机分配到一个奖励组，该组中的玩家偶尔会在选择自己的策略之前获得其他玩家已经选择的策略的信息。这些信息会随着游戏一起出现在屏幕上，因此被试可以应用它来做出决定。被试将根据他们在整个过程中积累的分数来获得报酬。他们平均获得了 6 美元，整个过程持续了约 40 分钟。完整的说明见本章附录。

我们现在关注的是被试玩的 6 个囚徒困境游戏。在整个过程中，每个囚徒困境游戏都出现了 3 次：第一次出现在不知道对方战略标准版本中；第二次出现在知道对方选择竞争的信息中；第三次出现在知道对方选择合作的信息中。每个囚徒困境游戏的标准版本先出现，其他两个游戏的顺序在不同被试之间是平衡的。每个游戏的 3 个版本之间都被一些其他游戏分隔开。我们将每个囚徒困境游戏的 3 个版本称为囚徒困境"三元组"。前 18 名被试参与 4 个囚徒困境三元组游戏，其余被试每人参与 6 个囚徒困境三元组游戏，总共产生 444 个三元组游戏。

结果和讨论。被试对囚徒困境三元组的反应如表 7-1 所示。表 7-1A 项总结了在所有的 444 个游戏中，当对方竞争和合作时，被试选择的策略。表 7-1B 显示了在析取条件下，当对方的策略未知时，这些相同的被试选择的策略。当被告知对方已经选择竞争时，绝大多数的被试都会以竞争作为回报。合作就意味着掉以轻心和扣分。在 444 个游戏中，当被试被告知对方选择竞争时（表 7-1A 项），只有 3% 的被试选择合作。当被告知对方选择合作时，则有更多的被试选择合作。这证实了一种普遍的观点，即当对方合作时，被试会产生一种道德上的回报倾向。在 444 个游戏中，当被试被告知对方已经选择合作时，有 16% 的被试选择合作。那么，当对方的策略未知时，被试应该怎么做？由于 3% 的被试在对方竞争时选择合作，16% 的被试在对方合作时选择合作，所以我们预测在对方策略未知的情况下有一个合作率。相反，在 444 个游戏中，当对方的策略未知时（表 7-1B 项），有 37% 的人选择合作（3 个版本中的合作率都有显著差异，在所有情况下 $p<0.001$）。当不确定对方选择的策略时，合作倾向的增加不能归因于丹尼特所阐述的那种道德上的必要性。任何基于道德考量的解释都表明，当知道对方已经选择合作时，合作率应该最高，这与表 7-1 显示的情况相反。

表 7-1 囚徒困境

		对方竞争		
		S 竞争	S 合作	
A. 对方的策略已知 [a]				
对方合作	S 竞争	364	7	371（84%）
	S 合作	66	7	73（16%）
		430	14	444
		(97%)	(3%)	

续表

	对方竞争	
	S 竞争	S 合作
B. 对方的策略未知 [b]		
对方合作 S 竞争	113 合作	3 合作
	251 竞争	4 竞争
S 合作	43 合作	5 合作
	23 竞争	2 竞争

注：a. 当对方竞争或合作时，被试（S）策略的联合分布。
b. 当对方的策略未知时，被试的策略分布，如 A 中所述，根据被试在其他玩家选择竞争和合作时的策略选择进行细分。

正如所料，竞争是所有条件下最受欢迎的策略。因此，最常见的选择模式是在所有 3 个版本中都选择竞争。然而，下一个最经常出现的模式是：在对方选择竞争时选择竞争，在对方选择合作时选择竞争，但在不知道对方策略时选择合作，这种模式占所有响应三元组游戏的 25%（表 7-1B 项中的 444 个三元组游戏中的 113 个），65% 的被试对他们参与的 6 个囚徒困境三元组游戏的至少一个表现出了这种析取效应。在对方策略未知的情况下产生合作的三元组游戏中，69% 的被试在对方选择竞争和合作的情况下选择竞争。此模式可以使用图 7-3 中的树形图来说明。大多数被试选择在上部分支（当对方合作时）及下部分支（当对方竞争时）中选择竞争。然而，与确定性原则相反，当不知道自己在哪个分支时，许多被试会选择合作。

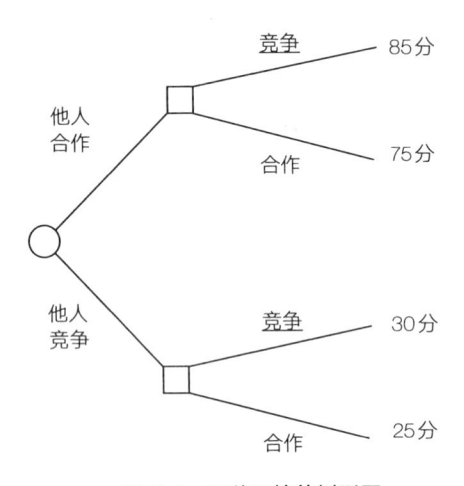

```
                        竞争      85分
              ┌────────┤
         他人  │         └─────   75分
         合作  │          合作
        ┌────○
        │    他人
        │    竞争        竞争      30分
        │        ┌────────┤
        └────────┘         └─────  25分
                           合作
```

图 7-3　囚徒困境的树形图

注：决策节点和机会节点分别由正方形和圆形表示；下划线是模式选择。

一种违反简单规范规则的行为模式既需要正面分析来解释引发观察到的反应的具体因素，也需要反面分析解释为什么没有做出正确的反应（Kahneman & Tversky，1982）。合取谬误就是一个很好的例子（Tversky & Kahneman，1983）。对这种现象的实证分析引发了判断性启发式，例如可用性和代表性，而反面分析将合取错误归因于人们未能发现一个事件包含在另一个事件中的事实，或者他们未能理解这一事实的含义。类似地，对析取效应的反面分析表明人们没有适当地评估所有相关结果。这可能是因为人们有时没有考虑到相关决策树的所有分支，特别是当结果数量很多时。或者，人们可能会考虑所有相关的结果，但由于存在不确定性，可能无法很清楚地看到自己的偏好。考虑一下前文中描述去夏威夷度假的情景。一个刚刚参加完考试但不知道结果的人，在没有特别考虑成功和失败的影响下，可能会觉得现在不是选择去夏威夷的时机。另一种选择是，这个人可能会考虑结果，但不确定会发生什么结果，她可能会对自己的偏好感到不确定。例如，如果她通过了考试，可能十分想去夏威夷度假，但不确定如果考试没有通过是否还会想去度假。只有当她把注意力完全集中在考试不及格的可能性上时，对于去夏威夷的偏好才会变得清晰起来。类似的分析也适用于当前的囚徒困境游戏。由于不知道对手的策略，玩家可能会意识到如果对方竞争，他希望参与竞争，但如果对方合作，那么他可能不确定自己的偏好。在专注于后一种可能性时，玩家现在更清楚地看到自己也希望在这种情况下竞争。我们认为，不确定性的存在使我们很难将注意力集中在任何一个分支上；扩大注意力的焦点会导致人们丧失敏锐度。因此，没有认识到确定性原则的力量是因为人们不愿意考虑所有的结果，或者是由于他们不愿意在这些结果存在不确定性的情况下制订一个明确的偏好。这一解释与研究结果一致，即一旦人们意识到他们对每种可能结果的偏好，就不再会违反确定性原则（Tversky & Shafir，1992）。

这里有几个因素可能有助于囚徒困境博弈中析取效应的实证分析。游戏的特点是，每个玩家的个人理性决策导致的结果总体上不是最优的。我们的被试似乎表现出了一种视角的变化，这种变化可以被描述为从个人理性向集体理性的转变。一旦知道了对方的策略，玩家就变成"孤军作战"了。囚徒困境表中只有一列是相关的（对手所选择的策略），游戏的结果取决于自己。当然，个人的理性策略是竞争。此外，在析取条件下，表中的所有4个单元格都在发挥作用。博弈的结果取决于双方的集体决策，而合作是双方的最优集体决策。因此，囚徒困境中观察到的行为模式至少可以部分被解释为，在游戏的析取版本中人们更倾向于采用集体视角。①顺便提一句，请注意，集体行动虽然不协调，却是十分可行的。在某种程度上，当我们的非结果主义被试相互竞争时，他们获得的分数（达到合作-合作单元）会比结果主义被试获得的分数（达到竞争-竞争单元）高。罗宾·道斯（Robyn Dawes）和 J. 欧贝尔（J. Orbell）讨论了在社会困境中合作的潜在好处（Dawes & Orbell, 1995）。

通常情况下，在对方选择竞争和合作时选择竞争的结果主义被试也应当在对方的决定未知时选择竞争。相反，不确定性可以促进合作的倾向，一旦确定了对方的决定，这种倾向就会消失。似乎许多被试没有适当地评估每种可能的结果及其影响。相反，当对手的反应未知时，许多被试倾向于合作也许是作为"诱导"对方合作的一种方式。因为被试很自然地认为对方是同学，对方将会以与他们一样的方式参与游戏，无论他们的决定是什么，看起来对方也可能会做同样的事情。沿着这些思路，L. 梅瑟（L. Messe）和 J. 西瓦切克（J. Sivacek）认为人们高估了其他人在混合动机游戏中会用与他们一样的方式行动的可能性（Messe & Sivacek, 1979）。这种态度可能导致被试选择合作，希望实现联合合作，从而获得最大的互利，而不是竞争和风险带来的联合竞争。如果他们能够协调出一份具有约束力的协议，那么被试肯定会就相互合作达成一致。由于无法在囚徒困境游戏中获得具有约束力的协议，被试仍然倾向于按照双方都认可的协议行事。尽管实际上不能影响对方的决定，

---

① S. 赫尔利（S. Hurley）提出了对只有一次机会的囚徒困境游戏中合作行为的"集体行动"解释（Hurley, 1989, 1991）。她将这种行为解释为"非理性"，因为据她所说，该行为的动机是"参与、尽自己的一份力量、参与……一种有价值的集体代理形式"（1989）。然而，正如前面提到的道德论点一样，这种解释意味着当对方合作时，被试当然应该倾向于合作，这与目前的调查结果相反。

但是被试选择"尽自己的一份力量"来达到双方都喜欢的状态。这种解释与 G. 夸特隆（G. Quattrone）和特沃斯基的发现一致：人们经常选择对有利结果具有诊断意义的行为，即使这些行为并没有导致这些结果（Quattrone & Tversky, 1984）。下一节中我们将继续讨论因果推理和诊断推理之间的关系。

我们将上述囚徒困境游戏中对确定性原则的违反现象解释为人们没有以结果主义的方式评估结果。我们现在来考虑针对上述发现的两种不同解释。首先，被试可能在游戏的析取版本中选择合作是因为他们担心自己的选择会在对方做出决定之前传递给对方。当然，一旦对方已经做出决定，这种担忧就不会出现。回想一下，被试被明确告知，他们的选择不会传达给任何与他们玩游戏的人。尽管如此，他们本可以持怀疑态度。然而，实验后的采访显示，虽然有少数被试怀疑系统中同时存在其他玩家，但没有人担心自己的选择会被秘密泄露。在目前的实验中，怀疑不太可能解释被试的策略。

其次，我们认为目前的结果可以通过以下假设来解释：竞争倾向随着实验的进行而增加。为了在标准的囚徒困境中观察被试未受干扰，我们在进行结果已知的游戏之前先展示了这些游戏。因此，随着实验的进行，竞争倾向的增加可能促进了观察到的模式的出现，因为通常在实验的早期，合作程度最高的析取问题就会出现。然而，我们并没有观察到这种时间上的变化。遇到的第一个析取（第6局）、第四个析取（第15局）和最后一个析取（第19局）中的合作率分别为33%、30%和40%。同样，当被试被告知对方已经选择合作时，此时的合作率在前3次发生时平均为13%，在后3次为21%。实际上，随着实验的进行，合作趋于增加将减少观察到的析取效应发生的频率。

回想一下，像侯世达这样的专家一样，近 40% 的被试在只有一次机会的囚徒困境中选择合作。然而，一旦他们知道了对方的策略，这些合作者中将近 70% 的人会在对方竞争和合作时都选择竞争。这些参与者遵循了康德绝对命令的一个变体：按照你希望别人怎么做的方式去做。然而，他们觉得没那么有必要按照别人已经采取的方式行事。这一模式表明，在只有一次机会的囚徒困境游戏中观察到的一些合作可能并非源自丹尼特所描述的那种道德上的需要，而是一种一厢情愿的想法和与非结果主义评估的结合。类似的分析也适用于我们接下来要讨论的相关决策问题。

纽科姆问题

纽科姆问题最初由罗伯特·诺齐克（Robert Nozick）提出，之后引发了一场涉及理性决策本质的生动的哲学辩论（Nozick，1969）。问题的标准版本大致如下。

假设你有两个选择：取出你面前封闭盒子里的物品；或者取出封闭盒子和另一个打开的盒子里的物品，你可以看到打开的盒子里面有 1 000 美元现金。封闭的盒子里面要么有 100 万美元要么什么东西都没有，这取决于一个具有神奇预见能力的人，也就是所谓的预言家在你做出决定之前有没有把 100 万美元放在那里。你知道如果预言家预测你会只选封闭盒子，他会将钱放在封闭盒子里；如果他预测你会同时选择两个盒子，便不会在封闭盒子里放任何东西。你还知道，几乎所有选择两个盒子的人都会发现封闭盒子是空的，他们只得到了 1 000 美元，而几乎所有只选择了封闭盒子的人都会发现里面有 100 万美元。你的选择是什么？

许多作者对纽科姆问题与囚徒困境的逻辑关联性进行了评论（Brams，1975；Lewis，1979；Sobel，1991）。在这两种情况下，结果取决于你做出的选择及另一个人的选择，即囚徒困境中的另一个玩家和纽科姆问题中的预言家。在这两种情况下，一个选项（竞争或同时拿两个盒子）支配着另一个选项，但另一个选项（合作或只拿一个盒子）似乎更好，如果预言家或其他玩家知道你将做什么，或许他们会做出和你一样的选择。

纽科姆问题产生的相互矛盾的直觉大致如下（Nozick，1969）。

论证 1（一个盒子）。如果我选择两个盒子，几乎可以肯定的是，预言家会预测到这一点，并且不会将 100 万美元放入封闭盒子中，因此我只能获得 1 000 美元。如果我只选择封闭盒子，几乎可以肯定的是，预言家会预测到这一点，并且会将 100 万美元放进那个盒子里，所以我会获得 100 万美元。因此，如果我拿两个盒子肯定会得到 1 000 美元，如果我只拿封闭盒子几乎肯定会得到 100 万美元。因此，我应该只选择封闭的盒子。

论证 2（两个盒子）。预言家已经做出了预测，并且已经将 100 万美元放入封闭盒子中或者没放。如果预言家已经将 100 万美元放入封闭盒子中，我拿两个盒子会得到 100 万美元 +1 000 美元，而如果我只拿走封闭盒子就只能得到 100 万美元。如果预言家没有把 100 万美元放进封闭盒子里，我拿两个盒子可以得到 1 000 美元，而如果我只拿走封闭盒子则拿不到钱。因此，无论 100 万美元是否存在，我都可以通过拿走两个盒子而不是仅拿封闭盒子来获得 1 000 美元。所以我应该拿两个盒子。

马丁·加德纳（Martin Gardner）在《科学美国人》上发表了纽科姆问题，并邀请读者把他们的问答寄给自己，大约 70% 表现出偏好的读者发现论证 1 更具吸引力，选择只拿走封闭盒子，而 30% 的读者认为论证 2 更有吸引力，因此拿走两个盒子（Gardner, 1973, 1974）。论证 2 依赖于让人回想起确定性原则的结果主义推理，即无论盒子的状态是什么，被试都会选择两个盒子而不是一个盒子。此外，论证 1 有更多的问题。从预期效用的角度来看，它似乎预设了预言家预测的内容，事实上，预言家的确这样做了，但在某种程度上，这取决于被试现在决定做什么。除了诡计之外，预言家的特异能力有两种解释。根据第一种解释，预言家只是一个善于判断人性的判断者。通过应用某些数据库（如性别、背景和外表），预言家可能能够预测决策者的反应并取得显著成功。如果这种解释是正确的，那么被试没有理由只拿一个盒子：无论预言家的预测多么有洞察力，拿两个盒子都会比只拿一个盒子更好。第二种解释是预言家确实具有超自然的洞察力。如果不愿意忽视这种可能性，那么被试就可能有理由遵从预言家的神秘力量而只拿一个盒子（Bar-Hillel & Margalit, 1972）。这个谜题引起了许多人的想象。R. 坎贝尔（R. Campbell）和 L. 索登（L. Sowden）为我们提供了一系列关于纽科姆问题及其与囚徒困境之间关系的有趣文章（Campbell & Sowden, 1985）。

像加德纳的读者一样，许多人在纽科姆问题中只选择一个盒子，这与论证 2 的逻辑相悖。选择单个盒子可能源于相信预言家的超自然能力。或者，它可能反映了对相关选项的非结果主义评估。为了区分这些解释，我们创建了一个可信的纽科姆问题版本，它不涉及超自然因素。在我们的实验中，由虚构的计算机程序扮演预言家的角色，其对被试所做选择的预测基于先前建立的数据库。实验大致过程如下。在完成前面描述的囚徒困境研究部分后，被试（$N = 40$）在计算机屏幕上看到如下场景：

> 你现在还有一次机会获得附加分数。在整个过程中，研究人员会应用麻省理工学院最近开发的一个程序来分析你的偏好模式。基于这个分析，程序已经预测出你在接下来这个问题中的偏好。
>
> | 20 分 | ? |
> |---|---|
> | 盒子 A | 盒子 B |
>
> 考虑上面的两个盒子。盒子 A 确定有 20 分。盒子 B 可能有也可能没有 250 分。你的选择是？
> （1）选择两个盒子（并收集两个盒子中的分数）。
> （2）仅选择盒子 B（并仅收集盒子 B 中的分数）。
> 如果程序根据你之前的偏好进行预测，你将同时拿走两个盒子，那么它令盒子 B 为空。然而，如果它预测你只拿盒子 B，那么它会在盒子里放 250 分。为了确保在表明你的偏好后该程序不会改变其预测，请向研究人员表明你是选择两个盒子还是只选盒子 B。在表明你的偏好后，按任意键来了解得到的分数。

到目前为止，该程序取得了非常大的成功：仅选择盒子 B 的被试中，92% 的人发现里面有 250 分，而同时选了两个盒子的被试中，只有 17% 的人得到了 250 分。

这个情景为我们提供了一个纽科姆问题的可信版本。虽然计算机程

第 7 章　不确定状况下的思考：非结果主义推理和选择　　243

序非常成功，但它并不是绝对可靠的。[①] 此外，任何对反向因果关系的怀疑都已被移除：假设研究人员没有以某种复杂的方式作弊（我们实验后的访谈表明没有被试认为他会作弊），虽然程序的预测已经完成，并且可以在任何时候进行观察，而无须对被试的决定做出进一步反馈。这个问题有一个明确的"共同原因"结构：正如之前的囚徒困境游戏中所观察到的那样，被试在这类游戏中的策略倾向可以用来预测他在下一场比赛中的首选策略以及程序的预测（Eells，1982）。虽然选择单个盒子可以判断其中是否有 250 分，但两件事情之间不存在相关的因果影响。在这种情况下，似乎没有理由只拿一个盒子。正如诺齐克指出的那样，"如果行动或决定……不影响/帮助实现/影响……获得的状态，那么无论条件概率如何……，都应该执行支配性行为"，即拿走两个盒子（Nozick，1969）。在这种情况下，看起来人们应该选择两个盒子，因为无论如何两个盒子都比一个盒子好。

结果显示，35%（40 名被试中的 14 名）的人选择两个盒子，而 65% 的人仅选择盒子 B。目前的情景，即从纽科姆问题的原始表述中去掉了所有超自然元素后得到的一个和两个盒子的选择比例，与加德纳从《科学美国人》的读者那里获得的结果大致相同。该怎样解释大多数被试只选择一个盒子的行为呢？如果他们确定 250 分在那个盒子里（并且可以看到 20 分在另一个盒子里），他们肯定会选择拿走两个盒子而不是仅仅拿走一个盒子。当然，如果他们知道 250 分不在那个盒子里，

[①] "如果被试在囚徒困境实验中产生至少两种析取效应，那么在盒子 B 中放 250 分；否则，不在盒子 B 中放任何东西"这一非常简单的程序令 70% 的拿了一个盒子的人和 29% 的拿了两个盒子的人在盒子 B 中获得了 250 分。更复杂的规则可能更接近麻省理工学院程序所显示的表现。

肯定会拿走两个盒子而不是只拿走那个空盒子。换句话说，如果他们知道盒子 B 不是空的，这些被试就会拿走两个盒子，如果他们知道盒子 B 是空的，也会拿两个盒子。即使不知道盒子 B 是不是空的，结果主义者应该也会选择两个盒子。然而，大多数人在盒子里的东西未知时选择了盒子 B。请注意，前面讨论过的将析取效应归因于被试无法预测自己的偏好的假设，不能解释目前的发现。如果被试考虑了未知盒子可能的状态，那么他预测自己对更多而不是更少分数的偏好就不会有任何困难。很明显，许多被试没有单独考虑程序预测的结果，因此没有抵挡住选择单个盒子的诱惑，这恰好与较高的奖金相关。

准神奇式思考。"神奇式思考"指的是错误的信念，即人们可以通过某种象征性或其他间接性的行为（如想象一个特定的数字）来影响结果（如骰子的数字），即使该行为与结果并没有因果关系。我们引入了"准神奇式思考"（quasi-magical thinking）这个术语来描述人们的行为，就好像错误地认为自己的行为会影响结果，尽管他们并不真的持有这种信念。正如我们在囚徒困境和纽科姆问题中观察到的偏好模式，都可以被描述为准神奇式思考。当程序的预测已知时，结果完全取决于被试的决定，显而易见的选择是选择两个盒子。但只要程序的预测结果未知且最终结果取决于被试和程序的行为，就会有诱惑存在，好像一个人的决定会影响程序的预测一样。正如 A. 吉伯德（A. Gibbard）和 W. 哈珀（W. Harper）试图解释人们对单个盒子的选择一样，"一个人可能……想要创造一种他所希望的有关世界状态的迹象，即使他知道创造这种迹象的行为绝不会带来所期待的状态本身，他依然会这样做"（Gibbard & Harper, 1978）。当然，大多数人实际上并不认为他们能够改变程序或改变对方做出的决定。尽管如此，他们还是觉得有必要"尽自己的一份力"，以达到预期的结果。夸特隆和特沃斯基也为我们展示了这种准神奇式思考的例子，他们的被试实际上通过选择行为（如将手放在非常冰冷的水中一段时间）在医院检查中"作弊"了（Quattrone & Tversky, 1984）。尽管他们肯定知道自己的行为不可能产生预期的结果，但仍认为这样做有助于诊断出好的结果（如拥有一颗强壮的心脏）。

我们认为，准神奇式思考是与自欺欺人和控制错觉有关的几种现象的基础。例如，夸特隆和特沃斯基指出，加尔文主义者的行为似乎将决定他们是去天堂还是地狱，尽管他们相信神的预先决定，即他们的命运在自己出生之前就已经注定了，也依然如此（Quattrone & Tversky, 1984）。一些作者，尤其是 E. J. 兰格（E. J. Langer）指出，人们通常表现得好像自己可以对随机事件施加控制，因此与投掷硬币之后相比，人们在投掷之前会表现出不同的态度，并在投掷时下更大的赌注（Langer, 1975; Rothbart & Snyder, 1970; Strickland, Lewicki & Katz, 1966）。[1] 然而，大多数人并不真正相信他们可以控制掷硬币，也不认为纽科姆问题中选择单个盒子会影响程序已经做出的预测。在上述和其他类似情况中，人们都可能知道自己并不能影响结果，但他们表现得好像可以。据说物理学家尼尔斯·玻尔（Niels Bohr）曾被一位记者问及悬挂在他家门前的马蹄（据说是为了带来好运）时，他解释说自己当然不相信这种无稽之谈，但即便不相信，也会觉得它对自己有所帮助。

当然，要弄清人们真正相信什么是极其困难的。上文中的讨论表

---

[1] 人们可以区分未来事件结果的不确定性和已经发生的事件结果的不确定性。虽然目前的研究没有系统地区分这两者，但 S.B. 格林（S.B. Greene）和 D.J. 约尔斯（D.J. Yolles）提供的数据有理由预言前者比后者会有更多的非结果主义推理（Greene & Yolles, 1990）。

明，我们不能总是从行动中推断信念。人们可能会表现得好像自己能够影响无法控制的事件，尽管他们实际上并不相信自己能够做到这一点。例如，轻掷以获小数、重掷以获大数的掷骰子玩家可能并不一定相信投掷的性质会影响结果（Henslin，1967）。那些迷信的人，比如佩戴幸运符或避免穿过黑猫走过的路，可能并不真的相信他们的行为能影响未来。在某种意义上，准神奇式思考似乎比神奇式思考更理性，因为它不会让人相信明显荒谬的信念。此外，准神奇式思考似乎更令人困惑，因为它破坏了信念和行动之间的联系。虽然神奇式思考涉及站不住脚的信仰，但准神奇式思考会引发令人费解的行为。我们认为，存在不确定性是准神奇式思考的主要诱因；很少有人表现得好像自己可以通过执行一个诊断替代事件的动作来改变已经确定的事件。在这种情况下，夸特隆和特沃斯基实验中的被试如果知道自己心脏的强弱情况，而不是对"诊断"结果未知，他们就不太愿意将手放在冰冷刺骨的水中了（Quattrone & Tversky，1984）。

综合讨论

如上一节所述，人们往往没有考虑不确定性事件可能的结果。在不确定状况下进行思考的困难在各种情况中都显露了出来，它们包括推理和决策任务，并且在实验室内外都可以观察到。在本节中，我们会将非结果主义评估的分析扩展到演绎推理和经济预测中。

华生选择任务

人类推理研究中最著名的任务之一是由 P. C. 华生（P. C. Wason）设计的选择任务（Wason，1966）。在任务的典型版本中，被试面前有

4张卡片，每张卡片的一面有一个字母，另一面有一个数字。每张卡片只显示一面。例如：

| E | D | 4 | 7 |

被试的任务是指出要验证这一规则，需要翻开哪些卡片："如果卡片的一面是元音字母，那么卡片的另一面必定是偶数。"这个问题的简单性具有欺骗性。绝大多数被试都无法解决它。[1] 大多数人只选择翻开写有字母 E 的卡片，或写有字母 E 和数字 4 的卡片，而正确的选择是翻开写有字母 E 和写有数字 7 的卡片。选择任务的难度令人费解，特别是因为人们通常可以毫无困难地评估可能隐藏在每张卡片的另一面的结果的相关性。华生和约翰逊-莱尔德评论了被试评估潜在结果相关性的能力（即理解规则的真实条件）与相关卡片的不恰当选择之间的差异（1970；Wason，1969）。例如，被试明白4张卡片的另一面不管是元音字母还是辅音字母都不会导致规则本身出现矛盾，但是当另一面未知时，他们选择翻开4张卡片。被试同样明白，如果写有数字7的那张卡片的另一面是辅音字母，那么不会使规则本身出现矛盾，而如果卡片的背面是元音字母，那么规则就出现了矛盾，但他们却忽略了翻开写有数字7的卡片。上述模式类似于析取效应，当可以轻易地评估特定结果的相关性的被试，在面对析取结果而未能应用这一知识时，就会出现上述模式。正如 J. 埃文斯（J. Evans）所指出的那样："这有力地证实了这一观点，即卡片的选择不是基于对翻转卡片结果的任何分析。"（Evans，1984）就像那些在考试结果未知时推迟去夏威夷度假的人，以及那些在

---

[1] 在几十项使用基本形式的选择任务（带有"抽象"材料）的研究中，初始选择的成功率通常介于 0 和略高于 20% 之间（Evans, 1989; Gilhooly, 1988）。

囚徒困境的析取版本中选择合作的人一样，执行选择任务的被试未能考虑每个事件的后果。在不考虑卡片另一面每种特定符号的结果的前提下，当卡片的另一面未知时，它们似乎仍然隐藏在不确定的面纱之后。

大量的研究探索了难以捉摸的思维过程，这是被试在选择任务中的表现的核心。事实上，一个复杂的内容效果模式已经从原始任务的许多变化中显现出来（Johnson-Laird, Legrenzi & Legrenzi, 1972; Griggs & Cox, 1982; Wason, 1983; Evans, 1989; Manktelow & Evans, 1979）。为了解释这些发现，研究人员提出了验证偏见（Johnson-Laird & Wason, 1970）、匹配偏见（Evans & Lynch, 1973; Evans, 1984）、特定领域经验的记忆（Griggs & Cox, 1982; Manktelow & Evans, 1979）、语用推理模式（Cheng & Holyoak, 1985, 1989），以及寻找骗子的内心倾向（Cosmides, 1989）等解释。这些解释的共同之处在于，它们都是对选择任务中的表现的描述，但并不涉及形式推理。相反，人们被假定专注于已明确提及的项目，应用预先存储的知识结构，或记得过去的相关经验。华生总结道："在这些情况下发生的推理过程，并不是'逻辑'推理的实例。"（Wason, 1983）因此，人们发现对每一个孤立的结果进行逻辑推理相对容易，但结果的析取导致他们暂停了逻辑推理。这让人想起了 D. N. 奥谢森（D. N. Osherson）和 E. 马克曼（E. Markman）针对 8 岁儿童的研究，当被问到"我手中隐藏的单色筹码是或不是黄色"是否正确时，他们回答"不知道"，因为他们看不到它（Osherson & Markman, 1974）。虽然大多数成年人发现筹码的析取是无关紧要的，但更微妙的析取可能导致判断的暂时中止。

金融市场中的析取效应。非结果主义决策的一个结果是人们有时会寻求对其决策没有影响的信息。例如，在前文描述的去夏威夷度假问题中，被试愿意为那些不会改变他们的选择的信息付费，但正如我们所解释的那样，这仅仅是为了澄清他们的选择的理由。在早期囚徒困境实验的一个变体中，我们给一组新的被试提供了同样的囚徒困境游戏，但这一次，被试不会被告知对方的决定，而是在做出自己的选择之前可以用非常少的费用知道对方的决定。无论对方是选择竞争还是合作，绝大多数被试选择竞争，但81%的被试会先选择花钱了解对方的决定。虽然这种行为可以归因于好奇心，但我们猜想如果人们意识到这并不会影响他们的决定，那么他们愿意为这些信息付费的意愿就会降低。在不确定的情况下，人们可能会频繁地搜索对决策没有影响的信息。例如，我们可能会在预订酒店之前打电话询问海滩酒店是否有游泳池，尽管事实上不管是否有游泳池，我们最终还是会去的。下面这段关于美国金融市场的描述为我们提供了一个有趣的非结果主义信息评估案例。

在1988年美国总统大选前的几个星期里，"由于总统选举前的谨慎"，美国金融市场相对不活跃且稳定（《纽约时报》，11月5日）。"投资者不愿在离总统选举还有7天时有重大举动，这周充满了经济不确定性"（《华尔街日报》，11月2日）。据《华尔街日报》的报道，市场正在"消磨时间"。选举后的第二天，席拉森－拉曼·休顿投资公司的交易台负责人指出，"几乎什么都没有发生，可能至少要到周三才会有改变（《华尔街日报》，11月8日）。一家投资公司的总裁评论道："一旦选举的不确定性被消除，投资者就可以开始对经济、通胀和利率前景有更好的感知。"（《纽约时报》，11月2日）投资组合策略师解释说："最近几天，选举结果给市场带来了明显的阴影（《纽约时报》，11月9日）。其在未来几天内可能会迅速发展。"事实上，在大选之后，一个明确的方向浮出水面。美元大幅下跌至10个月以来的最低水平，股票和债券价格也会下跌。在布什获胜后的一周内，道琼斯工业平均指数总共下跌了 78 个点。① 高盛公司投资委员会联合主席解释说："选举后的真实情况正在形成。"(《华尔街日报》，11 月 21 日) 分析师解释道，美元的下跌"反映了市场对美国贸易和预算赤字的持续担忧"，"选举的兴奋期已经结束，蜜月期已经结束，现实经济已经回归"(《华尔街日报》，11 月 10 日)。《纽约时报》11 月 12 日的头版称金融市场"普遍支持布什先生的当选，并已经预料到他的胜利，但在选举后的 3 天内，他们对其未来表示了担忧"。当然，如果迈克尔·杜卡基斯（Michael Dukakis）先生当选，金融市场可能至少也会引起同样的担心。大多数交易员都同意，在选举日写道："如果民主党候选人杜卡基斯从落后走向胜利，股市将大幅下跌。"事实上，市场对布什获胜做出的反应就像它对杜卡基斯获胜的反应一样。大选后一位交易员解释说："当我走进去看屏幕时，我以为杜卡基斯赢了。"(《纽约时报》，11 月 10 日)

在大选前长时间的沉寂之后，股市在布什获胜后立即下跌，如果杜卡基斯获胜，股市肯定至少也会出现同样程度的下跌。当然，对金融市场行为的全面分析可能会揭示出许多复杂的问题。例如，有一种可能性是，出乎意料的胜利优势（令人惊讶的最后时刻的结果）可能促成了这种矛盾的效果。然而，凑巧的是，"报纸和电视网络与民调专家所认为的大选结果最接近"(《纽约时报》，11 月 10 日)。在大选前一周，尽管一些人认为杜卡基斯的支持率仍有可能"大幅上升"，但盖洛普咨询公司（Gallup）、《华盛顿邮报》、《华尔街日报》和《纽约时报》进行的民调显示，布什将以平均 9 个百分点的优势获胜，这比最终的 8 个百分点只差 1 个百分点。同样，预计民主党将继续控制国会（预计他们将在国会获得一两个席位）和众议院，而事实正是如此。选举结果似乎

---

① 有些人认为，在美国总统大选之前，美联储实际上参与了防止美元暴跌的行动。

第 7 章　不确定状况下的思考：非结果主义推理和选择　　251

并不令人意外。至少从表面上看，这一事件具备了造成析取效应的所有条件：如果布什当选，市场将会下跌；如果杜卡基斯当选，市场将会下跌；但在知道两人中谁当选之前，市场不会做出任何改变。处于这样一个重大析取的节点，似乎阻止了华尔街认真对待选举的后果。虽然任何一位候选人当选总统都会让金融市场"担心它的走向"，但不确定的临时局势突显了"选举前要谨慎"的必要性。毕竟，我们怎么能在知道是谁在做之前就担心"他会从这里走到哪里"呢？

结论性意见

我们在包含不确定性的简单环境中观察到了违反确定性原则的决策和推理模式。我们认为，这些模式反映出了人们只是未能发现并应用这一原则，而不是缺乏对其规范性吸引力的认识。当我们要求被试在每种结果下表明他们的首选方案，然后在析取状态下做出决定时，大多数在每种结果下都选择了相同选项的被试在结果不确定时也选择了该选项（Tversky & Shafir，1992）。换句话说，当确定性原则的逻辑变得明显时，析取效应的频率显著降低了。与有关决策的其他规范性原则一样，确定性原则在其应用透明时通常会得到满足，而在应用不透明时有时会被违背（Tversky & Kahneman，1986）。

导致人们不愿意进行结果性思考的因素有很多。通过事件树进行思考需要人们暂时将其假设为真，而实际上它可能是假的。人们可能不愿意做出这样的假设，特别是当另一种可能性选择（树的另一分支）很容易得到时。显然人们很难将全部注意力集中到事件树的每个分支上（Slovic & Fischhoff，1977）。因此，人们可能不愿意接受各种假设性分支。此外，他们可能缺乏详细研究树形结构的动机，因为通常情况下，他们假定单独评估分支很难解决问题。我们通常倾向于通过筛选无关紧要的析取来表述问题：那些遗留下来的东西通常被认为涉及真正的冲突。

本章研究的析取情景相对简单，只涉及两种可能的结果。多种结果的析取更难以思考，因此更有可能引起非结果主义推理。对经济、社会或政治决策来说尤其如此，其中情况的严重性和复杂性可能掩盖了这样一个事实：所有可能性结果最终可能由于不同的原因导致类似的决定。

推理中的缺点通常可归因于人类作为信息处理者的数量限制。"困难问题"的典型特征是"所需的知识量"、"记忆负荷"或"搜索空间的大小"（Kotovsky，Hayes & Simon，1985；Kotovsky & Simon，1990）。这些限制在许多问题中起着关键作用。它们解释了为什么我们不记得扑克游戏中之前出过的所有牌，或者为什么我们在国际象棋游戏中可以提前规划的步数受到了严重限制。然而，这些限制不足以解释与思考有关的所有困难。与人们相对容易执行的许多复杂任务相比，本文研究的问题在计算上非常简单，它涉及两个明确定义状态的单个析取。目前的研究强调了逻辑复杂性与心理困难之间的差异。例如，与对人来说微不足道但对于人工智能来说极其困难的"框架问题"相比，通过析取进行思考的任务对人工智能（通常应用"树搜索"和"路径查找"算法）来说微不足道但对人来说却非常困难。由此导致的推理失败可能构成了自然智能和人工智能之间的根本区别（McCarthy & Hayes，1969；Hayes，1973）。

附录：在囚徒困境游戏中给予被试的指示

欢迎来到校际计算机游戏比赛。该游戏将在电脑上进行。在这个游戏中，你将看到自己和另一个玩家的情况。每种情况都需要你做出战略决策：与其他玩家合作或竞争。其他玩家也必须做出类似的决定。

每种情况都会有一个收益矩阵，该矩阵将根据你们是竞争还是合作来决定每个人的得分。矩阵如下所示：

	其他合作者		其他竞争者	
你合作	你	20	你	5
	其他玩家	20	其他玩家	25
你竞争	你	25	你	10
	其他玩家	5	其他玩家	10

根据这个矩阵，如果你们两个都选择合作，你们将获得较多的积分（每个人20分）。如果你选择合作而另一方选择竞争，另一方将获得25分，你只能获得5分。同样，如果你选择竞争而另一方选择合作，你将获得25分，对方只能获得5分。最后，如果你们都选择竞争，每人只能获得10分。

你将看到上面显示的众多类型的矩阵。在每种情况下，你都会被要求表明选择竞争还是合作。如上面的矩阵所示，如果你们两个选择合作，你经常会做得非常好，如果你们两个都选择竞争，你会表现得差一些；如果一个人选择竞争而对方选择合作，竞争的人往往会比对方表现得更好。

你将与当前使用电脑的其他学生一起参与游戏。对于每个新矩阵，你将与另一个不同的人匹配。因此，你永远不会与同一个人对战两次。

你已被任意分配到奖金组。随机奖励计划有时会告知你对方已经做出的选择。

因此，例如在呈现新矩阵时，可能会告诉你对方已选择竞争。你可以随意使用附加信息来帮助自己选择策略（你的策略不会被透露给与你一起玩的任何人）。

在游戏结束后，你积累的积分将转换为支付给你的实际金额（根据预先确定的算法）。积累的积分越多，你赚的钱就越多。

当然，不存在"正确"的选择。人们通常发现某些情况更有利于合作，而其他情况则更有利于竞争。矩阵差异性很大，其结果取决于你的选择及每个回合中不同玩家的选择。请仔细观察每个矩阵，并在每个特定情况下分别给出你的首选策略。此外，请务必注意奖励计划告知你的对方的选择情况。如果有任何疑问，请咨询负责人。否则，跳转到最后并开始。

参考文献

Axelrod, R. (1984). *The evolution of cooperation*. New York, NY: Basic Books.

Bacharach, M., & Hurley, S. (1991). Issues and advances in the foundations of decision theory. In M. Bacharach & S. Hurley (Eds.), *Foundations of decision theory: Issues and advances* (pp. 1–38). Oxford, England: Basil Blackwell.

Bar-Hillel, M., & Margalit, A. (1972). Newcomb's paradox revisited. *British Journal for the Philosophy of Science*, 23, 295–304.

Brams, S. J. (1975). Newcomb's Problem and Prisoner's Dilemma. *Journal of Conflict Resolution*, 19(4), 596–612.

Campbell, R., & Sowden, L. (Eds.). (1985). *Paradoxes of rationality and cooperation: Prisoner's Dilemma and Newcomb's Problem*. Vancouver, BC: University of British Columbia Press.

Cheng, P. W., & Holyoak, K. J. (1985). Pragmatic reasoning schemas. *Cognitive Psychology*, 17, 391–416.

Cheng, P. W., & Holyoak, K. J. (1989). On the natural selection of reasoning theories. *Cognition*, 33, 285–313.

Cosmides, L. (1989). The logic of social exchange: Has natural selection shaped how humans reason? *Cognition*, 31, 187–276.

Dawes, R. M., & Orbell, J. M. (1995). The potential benefit of optional play in a one-shot prisoner's dilemma game. In K. Arrow et al. (Eds.), *Barriers to conflict resolution* (pp. 62–85). New York, NY: Norton.

Eells, E. (1982). *Rational decision and causality*. Cambridge, England: Cambridge University Press.

Evans, J. St. B. T. (1984). Heuristic and analytic processes in reasoning. *British Journal of Psychology*, 75, 451–468.

Evans, J. St B. T. (1989). *Bias in human reasoning: Causes and consequences*. Hillsdale, NJ: Lawrence Erlbaum Associates.

Evans, J. St. B. T., & Lynch, J. S. (1973). Matching bias in the selection task. *British Journal of Psychology*, 64, 391–397.

Gardner, M. (1973). Free will revisited, with a mind-bending prediction paradox by William Newcomb. *Scientific American*, 229(1), 104–108.

Gardner, M. (1974). Reflections on Newcomb's problem: A prediction and free-will dilemma. *Scientific American*, 230(3), 102–109.

Gibbard, A., & Harper, W. L. (1978). Counterfactuals and two kinds of expected utility. In C. A. Hooker, J. J. Leach, & E. F. McClennen (Eds.), *Foundations and applications of decision theory* (Vol. 1, pp. 125–162). Dordrecht, the Netherlands: Reidel.

Gilhooly, K. J. (1988). *Thinking: Directed, undirected, and creative* (2nd ed.). San Diego, CA: Academic Press.

Greene, S. B., & Yolles, D. J. (1990). *Perceived determinacy of unknown outcomes*. Unpublished manuscript, Princeton University.

Griggs, R. A., & Cox, J. R. (1982). The elusive thematic-materials effect in Wason's selection task. *British Journal of Psychology*, 73, 407–420.

Hammond, P. (1988). Consequentialist foundations for expected utility. *Theory and Decision, 25*, 25–78.

Hayes, P. (1973). The frame problem and related problems in artificial intelligence. In A. Elithorn & D. Jones (Eds.), *Artificial and human thinking* (pp. 45–59). San Francisco, CA: Jossey-Bass.

Henslin, J. M. (1967). Craps and magic. *American Journal of Sociology, 73*, 316–330.

Hofstadter, D. R. (1983, June). Dilemmas for superrational thinkers, leading up to a luring lottery. *Scientific American*. Reprinted in Hofstadter, D. R. (1985). *Metamagical themas: Questing for the essence of mind and pattern*. New York, NY: Basic Books.

Hurley, S. L. (1989). *Natural reasons: Personality and polity*. New York, NY: Oxford University Press.

Hurley, S. L. (1991). Newcomb's Problem, Prisoner's Dilemma, and collective action. *Synthese, 86*, 173–196.

Johnson-Laird, P. N., Legrenzi, P., & Legrenzi, S. M. (1972). Reasoning and a sense of reality. *British Journal of Psychology, 63*, 395–400.

Johnson-Laird, P. N., & Wason, P. C. (1970). A theoretical analysis of insight into a reasoning task. *Cognitive Psychology, 1*, 134–148.

Kahneman, D., & Tversky, A. (1982). On the study of statistical intuitions. *Cognition, 11*, 123–141.

Kotovsky, K., Hayes, J. R., & Simon, H. A. (1985). Why are some problems hard? Evidence from Tower of Hanoi. *Cognitive Psychology, 17*, 284–294.

Kotovsky, K., & Simon, H. A. (1990). What makes some problems really hard: Explorations in the problem space of difficulty. *Cognitive Psychology, 22*, 143–183.

Kreps, D., & Wilson, R. (1982). Reputations and imperfect information. *Journal of Economic Theory, 27*, 253–279.

Langer, E. J. (1975). The illusion of control. *Journal of Personality and Social Psychology, 32*, 311–328.

Levi, I. (1991). Consequentialism and sequential choice. In M. Bacharach & S. Hurley (Eds.), *Foundations of decision theory: Issues and advances* (pp. 92–122). Oxford, England: Basil Blackwell.

Lewis, D. (1979). Prisoner's Dilemma is a Newcomb Problem. *Philosophy & Public*

Affairs, 8, 235–240.

Luce, R. D., & Raiffa, H. (1957). *Games and decisions*. New York, NY: Wiley.

Manktelow, K. I., & Evans, J. St. B. T. (1979). Facilitation of reasoning by realism: Effect or non-effect? *British Journal of Psychology, 70*, 477–488.

McCarthy, J., & Hayes, P. (1969). Some philosophical problems from the standpoint of Artificial Intelligence. In B. Meltzer & D. Michie (Eds.), *Machine intelligence* (pp. 463–502). New York, NY: American Elsevier.

Messe, L. A., & Sivacek, J. M. (1979). Predictions of others' responses in a mixed-motive game: Selfjustification or false consensus? *Journal of Personality and Social Psychology, 37*(4), 602–607.

Nozick, R. (1969). Newcomb's problem and two principles of choice. In N. Rescher (Ed.), *Essays in honor of Carl G. Hempel* (pp. 114–146). Dordrecht, the Netherlands: Reidel.

Osherson, D. N., & Markman, E. (1974–75). Language and the ability to evaluate contradictions and tautologies. *Cognition, 3*(3), 213–226.

Quattrone, G. A., & Tversky, A. (1984). Causal versus diagnostic contingencies: On self-deception and on the voter's illusion. *Journal of Personality and Social Psychology, 46*(2), 237–248.

Rapoport, A. (1988). Experiments with n-person social traps I: Prisoner's Dilemma, weak Prisoner's Dilemma, Volunteer's Dilemma, and Largest Number. *Journal of Conflict Resolution, 32*(3), 457–472.

Rapoport, A., & Chammah, A. (1965). *Prisoner's Dilemma*. Ann Arbor, MI: University of Michigan Press.

Rapoport, A., Guyer, M. J., & Gordon, D. G. (1976). *The 22 game*. Ann Arbor, MI: University of Michigan Press.

Rothbart, M., & Snyder, M. (1970). Confidence in the prediction and postdiction of an uncertain event. *Canadian Journal of Behavioural Science, 2*, 38–43.

Savage, L. J. (1954). *The foundations of statistics*. New York, NY: Wiley & Sons.

Slovic, P., & Fischhoff, B. (1977). On the psychology of experimental surprises. *Journal of Experimental Psychology: Human Perception and Performance, 3*, 544–551.

Sobel, J. H. (1991). Some versions of Newcomb's Problem are Prisoner's Dilemmas. *Synthese, 86*, 197–208.

Strickland, L. H., Lewicki, R. J., & Katz, A. M. (1966). Temporal orientation and perceived control as determinants of risk-taking. *Journal of Experimental Social Psychology*, *2*, 143–151.

Tversky, A., & Kahneman, D. (1983). Extensional versus intuitive reasoning: The conjunction fallacy in probability judgment. *Psychological Review*, *90*, 293–315.

Tversky, A., & Kahneman, D. (1986). Rational choice and the framing of decisions. *Journal of Business*, *59*(4, part 2), 251–278.

Tversky, A., & Shafir, E. (1992). The disjunction effect in choice under uncertainty. *Psychological Science*, *3*, 305–309.

Wason, P. C. (1966). Reasoning. In B. M. Foss (Ed.), *New horizons in psychology* (Vol. 1, pp. 135–151). Harmandsworth, England: Penguin.

Wason, P. C. (1969). Structural simplicity and psychological complexity: Some thoughts on a novel problem. *Bulletin of the British Psychological Society*, *22*, 281–284.

Wason, P. C. (1983). Realism and rationality in the selection task. In J. St B. T. Evans (Ed.), *Thinking and reasoning: Psychological approaches* (pp. 44–75). London, England: Routledge & Kegan Paul.

Wason, P. C., & Johnson-Laird, P. N. (1970). A conflict between selecting and evaluating information in an inferential task. *British Journal of Psychology*, *61*, 509–515.

第 8 章

无风险选择中的损失厌恶：参考依赖模型

阿莫斯·特沃斯基
丹尼尔·卡尼曼

标准的决策模型假定偏好不依赖于现有资产。这一假设大大简化了对个人选择的分析和对交易的预测：绘制无差异曲线时没有参考当前持有的股票，而且科斯定理认为除了交易成本，初始权利不影响最终分配。但真实的情况更为复杂。有大量证据表明，初始权利确实很重要，即使在没有交易成本或收益影响的情况下，货物之间的交换率也会因获得和放弃而大不相同。根据对价值的心理学分析，参考水平在决定偏好方面起着很大的作用。在本文中，我们回顾了这一命题的证据，并提出了通过引入参考状态来概括标准模型的理论。

目前对无风险选择的分析拓展了我们在不确定情况下选择的处理方法，其中风险前景的结果由一个具有 3 个基本特征的效用函数来评估（Kahneman & Tversky, 1979, 1984; Kahneman & Tversky,

1991）。第一个是参考点依赖：价值载体是相对于参考点定义的收益和损失。第二个是损失厌恶：函数在负数区间比在正数区间更陡；损失大于相应的收益。第三个是敏感度递减：收益和损失的边际价值随着规模的减小而减小。这些特征形成了一个不对称的 S 形效用函数，在参考点上方凹陷并在其下方凸出，如图 8-1 所示。

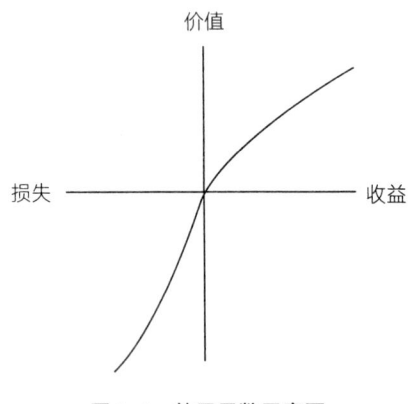

图 8-1　效用函数示意图

在这里，我们应用了参考点依赖、损失厌恶和对无风险选择分析的敏感度递减现象。为了推动这种分析，我们首先回顾一些选定的实验演示。

经验性证据

本节讨论的例子可参考图 8-2 进行分析。在每种情况下，我们都会考虑两个选项 x 和 y（它们在两个有价值的维度上有所不同），并说明它们之间的选择是如何受到评估它们的参考点的影响的。这些偏好逆转的常见原因是维度 1 和维度 2 上 x 和 y 之间的差异的相对权重随着这些属性的参考值的位置而变化。损失厌恶意味着当差异被评估为损失时，它对维度的影响通常大于将相同的差异评估为收益时的影响。敏感度递减意味着当两个选项远离相关维度的参考点时，差异的影响会减弱。这个简单的方案可用于组织大量的观察。虽然孤立的发现可能会有其他解释，但整个证据体系为损失厌恶现象提供了强有力的支持。

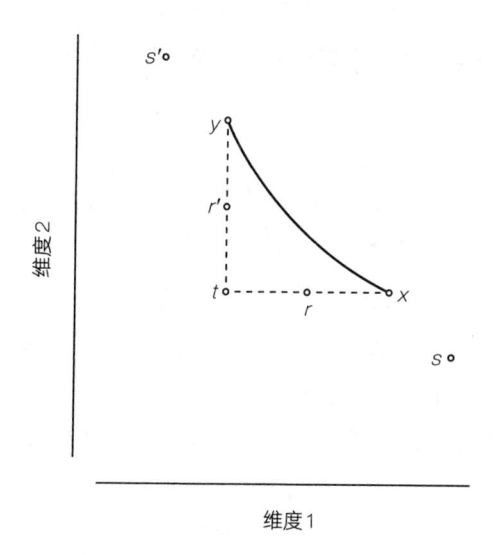

图 8-2　x 和 y 之间的选择具有多个参考点

即时禀赋。损失厌恶的直接后果是放弃有价值的商品带来的效用损失大于接受它带来的效用增益。塞勒将这种差异称为禀赋效应（endowment effect），因为当一种商品被纳入一个人的捐赠时，价值似乎会发生变化（Thaler, 1980）。卡尼曼等人在一系列实验中测试了禀赋效应，这些实验是在课堂环境中进行的（Kahneman, Knetsch & Thaler, 1990）。在其中一个实验中，学生们选好座位后，在 1/3 个座位前放置了印有图案的杯子（零售价约 5 美元）。所有参与者都收到了一份问卷。给予杯子接收者（卖家）的表格显示"你现在拥有这件物品；如果你觉得之后的出价可以接受，你可以选择卖掉它；对于之后每种可能的价格，你都可以决定自己希望（x）出售你的物品并接受此价格或（y）保留你的杯子并带回家"。被试为杯子确定的价格为 0.50 ～ 9.50 美元，以 50 美分递增或增减。一些未收到杯子的学生（"选择者"）会收到一份类似的调查问卷，告知他们可以选择收到一个杯子或一笔待确定的钱。该调查显示了他们更倾向于选择杯子，还是一笔 0.50 ～ 9.50 美元的钱。

选择者和卖家面临着完全相同的决策问题，但他们的参考状态不同。如图 8-2 所示，选择者的基准状态为 t，他们在两个主导 t 的选项之间进行正面选择：得到一个杯子或一笔现金。卖家从 y 评估相同的选项，他们必须在维持现状（留下杯子）或放弃杯子以换取金钱之间做出选择。因此，选择者认为它是一种收益，而卖家认为它是一种损失。损失厌恶意味着在两种情况下，杯子与货币的兑换率会有所不同。事实上，在一次实验中，杯子的中位数对卖家而言为 7.12 美元，对选择者而言为 3.12 美元；在另一次实验中这些数据分别为 7.00 美元和 3.50 美元。这些价值之间的差异反映了一种禀赋效应，这种效应显然是通过赋予个人对一种消费品的产权而在瞬间产生的。

禀赋效应的解释可以通过下面的思维实验来阐明：

> 想象一下，作为一个选择者，你更喜欢 4 美元而不是一个杯子。你知道大多数卖家更喜欢这个杯子而不是 6 美元，并相信如果自己有这个杯子，也会这么做。有了这些知识，你更有可能选择杯子而不是 5 美元吗？

如果确实是这样，大概是因为你改变了对拥有杯子带来的快乐的评估。如果你仍然更喜欢 4 美元而不是杯子，我们认为这是一种更有可能的反应，这表明你将禀赋的影响解释为一种对放弃杯子的厌恶情绪，而不是拥有它带来的意想不到的快乐。

现状偏好。在许多决策问题中，保持现状也是一种选择。正如对杯子例子中卖家问题的分析所示，损失厌恶引发了想要维持现状而不是其他选择的偏好。在图 8-2 中，在 t 的角度下对 x 和 y 不关心的决策者在 x 的角度下会倾向 x 多于 y，在 y 的角度下则会倾向 y 多于 x。W. 萨缪尔森（W. Samuelson）和理查德·泽克豪泽引入了"现状偏好"一词来描述参考位置的这种效应（Samuelson & Zeckhauser，1988）。

J. L. 尼奇（J. L. Knetsch）和 J. A. 辛登（J. A. Sinden）为现状偏好提供了令人信服的实验论证（Knetsch & Sinden，1984，1989）。在后一项研究中，两个本科班级的学生被要求回答一份简短的问卷。其中一个班级的学生会立即获得一个装饰好的杯子作为补偿；另一个班级的学生则会收到一大块瑞士巧克力。填写结束后，两个班级的学生都会看到另一样礼物，并且他们可以通过提交一张写有"交换"字样的卡片来选择交换自己收到的礼物。虽然交换行为的交易成本非常小，但大约 90% 的被试保留了他们收到的礼物。

尼奇和辛登记录了在大量决策中存在的现状偏好，包括工作、汽车颜色、金融投资和政策问题方面的假设性选择（Knetsch & Sinden，1988）。每个问题的替代版本都被呈现给不同的被试：每个选项被指定为其中一个版本的现状；一个（中立的）版本没有列出任何选项。为每个问题列出的选项数量是有系统性区别的。我们通过回归被试对中性

版本 $P(N)$ 中相同选项的选择比例，来对选择现状 $P(SQ)$ 或现状替代品 $P(ASQ)$ 的比例进行分析。下述公式很好地描述了分析结果：

$P(SQ) = 0.17 + 0.83P(N)$ 和 $P(ASQ) = 0.83P(N)$

$P(SQ)$ 和 $P(ASQ)$ 之间的差异（0.17）是该实验中的现状偏好的尺度。

尼奇和辛登也于 1988 年在哈佛员工医疗计划选择的实地研究中获得了现状偏好的证据。他们发现，尽管每年都有审查和改变决策的最低成本的机会，但通常情况下新员工比在该计划实行之前雇用的员工更有可能选择新的医疗计划。此外，现状的微小改变比大的变化更受青睐：从原本最受欢迎的蓝十字/蓝盾计划转来的入会者倾向于支持该计划的新版本而不是其他新的替代方案。尼奇和辛登还观察到，尽管回报率存在很大差异，但美国教师退休基金会的养老金储备分配往往每年都非常稳定。他们引用现状偏好作为品牌忠诚度和先锋企业优势的解释，并指出，忽视现状效应的理性模型"将得出过于激进的结论，夸大个人对不断变化的经济变量的反应，并预测出比观察到的更强的不稳定性"。

损失厌恶意味着现状偏好。然而，正如尼奇和辛登于 1988 年所指出的那样，即使在没有损失厌恶的情况下，也有一些因素会导致现状偏好，比如思考成本、交易成本和对先前选择的心理承诺。

改进与权衡。 考虑从参考点 r 和 r' 评估图 8-2 中的选项 x 和 y。当从 r 的角度评估时，选项 x 仅仅是维度 1 上的增益（改进），而 y 将维度 2 的增益与维度 1 的损失结合了起来。当从 r' 的角度评估相同的选项时，这些关系则相反。对损失厌恶的考虑表明，从 r 的角度而不是从 r' 的角度来看，x 更有可能为首选。

90 名本科生参加了一项旨在检验这一假设的研究。他们收到的书面指示说明会有一些随机选择的被试将收到礼品包。给一半被试（晚餐组）的礼物包括"一顿麦克阿瑟公园餐厅的免费晚餐和一份斯坦福月历"。给另一半被试（照片组）的礼物是"一张 8×10 的专业肖像照片和一份斯坦福月历"。所有被试都被告知，再次随机选出的一些获奖者将有机会用最初的礼物交换下列选项之一：

> x：麦克阿瑟公园餐厅的**两顿免费晚餐**。
> y：一张 8×10 的专业肖像照，加上两张 5×7 的冲印照，以及 3 张钱包大小的照片。

被试被要求表明他们是否倾向于：第一，保留原始礼物；第二，将其换成 x；第三，将其换成 y。如果人们不愿意放弃原来的礼物，那么正如损失厌恶所表明的那样，原始礼物是一顿晚餐（r）的被试比原始礼物是单张照片（r'）的被试更喜欢两顿晚餐（x）而不是多张照片（y）。结果证实了这一猜想。只有 10 名被试选择保留原始礼物。在剩余的被试中，81% 的晚餐组和 52% 的照片组选择了选项 x（$p<0.01$）。

优势和劣势。在下一个演示中，研究人员将小增益和小损耗的组合与大增益和大损耗的组合进行了比较。损失厌恶意味着，如果将两个选项之间的相同差异视为两个缺点（相对于参考状态）之间的差异，那么其权重将大于将其视为两个优点之间的差异。图 8-2 表明，比起从 s' 的角度看，从 s 的角度来看 x 更可能优于 y。因为维度 1 中的 x 和 y 之间的差异涉及相对于 s 的劣势和相对于 s' 的优势。类似的论证也适用于维度 2。在对这个猜想进行的检验中，被试回答了以下问题的两个版本之一。

想象一下，作为职业培训的一部分，你被分配到一份兼职工作。培训现在结束了，你必须找工作。你考虑了两种可能性。它们和你的培训工作在很多方面都很像，除了社交的数量和通勤的便利性方面。为了比较这两份工作和现在的工作，你制作了以下表格：

	社交联系	每日通勤时间
现在的工作	长时间独自一人	10 分钟
工作 x	与他人有限的接触	20 分钟
工作 y	适度社交	60 分钟

此问题的第二个版本包含相同的选项 x 和 y，但参考工作（s'）不同，其描述如下："非常愉快的社交互动和 80 分钟的每日通勤时间。"

在第一个版本中，两个选项在社交联系的维度上优于当前的参考工作，但在通勤时间方面都比当前的参考工作差。工作 x 和工作 y 中的不同程度的社交联系被评估为优势（收益），而通勤时间则被评估为劣势（损失）。这些关系在第二个版本中是相反的。损失厌恶意味着当两个选项之间给定的差异被评估为两个损失（劣势）之间的差异而不是两个收益（优势）之间的差异时，通常会产生更大的影响。这一猜想得到了证实：在版本 1 中 70% 的被试选择了工作 x，而在版本 2 中只有 33% 的被试选择了工作 x（$N = 106$，$p < 0.01$）。

参考依赖

为了解释由参考变换引起的偏好逆转，我们引入了一个原始概念，即反映给定参考状态的偏好关系。与标准理论一样，我们从选择集合 $X = \{x, y, z, \cdots\}$ 开始，并且为了简单起见，假设它与现实平面的正象限（包括其边界）同构。X 中的每个选项 $x = (x_1, x_2)$，$x_1, x_2 \geq 0$ 可以被解释为一个捆绑，它提供 x_1 单位的商品 1 和 x_2 单位的商品 2，或者是一种以两个价值维度上的水平为特征的活动。扩展到两个以上的维度是很简单的。

参考结构是一组索引偏好关系，其中 $x \geq_r y$ 从参考状态 r 的角度被解释为 x 弱优于 y。关系 $>_r$ 和 $=_r$ 分别对应于严格偏好和无差异偏好。在整篇文章中，我们假设每个 $\geq_r$，$r \in X$，满足经典理论的标准假设。具体来说，我们假设 $\geq_r$ 是完整的、传递性的和连续的；也就是说，$\{x: x \geq_r y\}$ 和 $\{x: y \geq_r x\}$ 对任何 y 都是接近的。此外，$x \geq_r y$ 和 $x \neq y$ 意味着 $x >_r y$，从这个意义上讲，每个偏好顺序是严格单调的。在这些假设下，每个 $\geq_r$ 可以由严格增加的连续效用函数 U_r 表示（Varian, 1984）。

由于标准理论没有关注参考状态的特殊作用，所以它隐含地假设了参考的独立性；也就是说，对于所有 $x, y, r, s \in X$，当且仅当 $x \geq_s y$ 时，$x \geq_r y$。然而，在前面的实验中，这种性质一直是被违背的。为了适应这些观察，在描述个人选择时，我们不用单一的偏好顺序，而是用一个家庭或一本索引的偏好顺序 $\{\geq_r: r \in X\}$。为方便起见，我们使用字母 r、s 来表示参考状态，用 x、y 表示选项，尽管它们都是 X 中的元素。

参考依赖性选择的研究提出了两个问题：什么是参考状态？以及它是如何影响偏好的？本分析集中在第二个问题。我们假设决策者在 X 中有一个明确的参考状态，并且针对它对选项之间选择的影响进行了调查。参考状态的起源和决定因素的问题不在本文的范围内。虽然参考状态通常与决策者的当前位置相对应，但它也可能受到志向、前景、规范和社会比较的影响（Easterlin，1974；van Praag，1971；van de Stadt, Kapteyn & van de Geer，1985）。

在本节中，我们首先根据偏好顺序 $\geq_r$, $r \in X$ 定义了损失厌恶和敏感度递减。接下来我们将介绍可分解参考函数的概念，并描述恒定损失厌恶的概念。最后，我们会讨论损失厌恶系数的一些经验估计。

损失厌恶

关于损失厌恶的基本直觉是损失（低于参考状态的结果）比相应的增益（高于参考状态的结果）的影响程度更大。参考标准的转移可以将收益转化为损失，反之亦然；它可以引起偏好的逆转。如下面的定义所示。

如果以下条件适用于 X 中的所有 x, y, r, s，那么参考结构满足损失厌恶。假设 $x_1 \geq r_1 > s_1 = y_1$, $y_2 > x_2$ 且 $r_2 = s_2$，如图 8-3 所示。那么 $x =_s y$ 意味着 $x >_r y$；如果下标 1 和 2 在整个过程中互换，那么同样成立（注意，关系 > 和 = 是指选项的数值分量；而 $>_r$ 和 $=_r$ 是指参考状态 r 中选项之间的偏好）。损失厌恶意味着当从 r 对 y 进行评估时，通过 y 的无差异曲线斜率比从 s 评估时更陡。换句话说，$U_r^*(y) > U_s^*(y)$，其中 $U_r^*(y)$ 是 U_r 在 y 处的边际替代率。

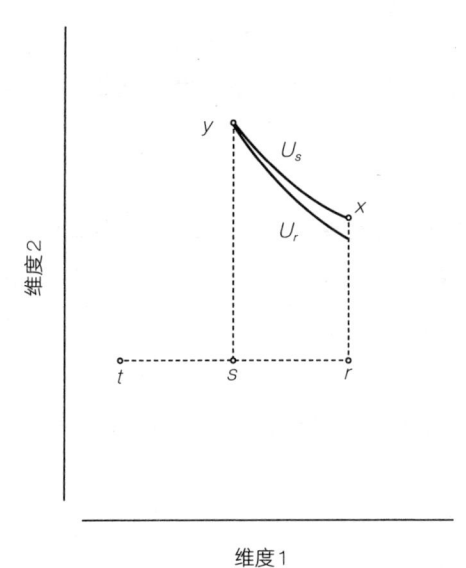

图 8-3 损失厌恶示意图

为了推动对损失厌恶进行定义，有必要根据相对于参考点 r 的优势和劣势对其进行重新表述。如果 $x_i > r_i$ 或 $x_i < r_i$，那么有序对 $[x_i, r_i]$，$i = 1$、2，分别被定义为优势或劣势。我们使用括号来区分有序对 $[x_i, r_i]$ 和二维选项 (x_1, x_2)。假设存在实值函数 v_1、v_2 使得 $Ur(x)$ 可以表示为 $U(v_1[x_1, r_1], v_2[x_2, r_2])$。

为了简化问题，假设 $x_1 = r_1$ 且 $x_2 > r_2$，如图 8-3 所示。因此，$x =_s y$ 意味着相对于参考状态 s，$[x_1, s_1]$ 和 $[x_2, s_2]$ 这两个优势的组合与优势 $[y_2, s_2]$ 和零间隔 $[y_1, y_1]$ 的组合有相同影响。类似地，$x >_r y$ 意味着优势 $[x_2, r_2]$ 和零间隔 $[x_1, x_1]$ 的组合比优势 $[y_2, r_2]$ 和劣势 $[y_1, r_1]$ 的组合影响更大。因此，当参考状态从 s 变为 r 时，劣势 $[y_1, r_1] = [s_1, r_1]$ 成为 y 的评估的一部分，并且优势 $[x_1, s_1] = [r_1, s_1]$ 会被从对

x 的评估中删除。但由于 $[s_1, r_1]$ 和 $[r_1, s_1]$ 仅仅是符号不同,因此损失厌恶意味着引入劣势比删除相应的优势影响更大。类似的论证适用于 $x_1 > r_1 > s_1$ 的情况。

目前的损失厌恶概念解释了前一节中描述的禀赋效应和现状偏好。考虑不同参考点对 x 和 y 之间偏好的影响(如图 8-2 所示)。根据损失厌恶,一个从 t 角度在 x 和 y 之间中立的决策者,从 x 角度来说更喜欢 x 而不是 y,从 y 角度来说更喜欢 y 而不是 x。也就是说,$x =_t y$ 意味着 $x >_x y$ 且 $y >_y x$。这解释了卖方和选择者对商品的不同估值,以及现状偏好的其他表现形式。

敏感度递减

回想一下,根据图 8-1 的效用函数,边际价值随着距参考点的距离的增加而减小。例如,年薪 60 000 美元和年薪 70 000 美元之间的差距在当前年薪为 50 000 美元时比在年薪为 40 000 美元时的影响更大。如果以下条件适用于 X 中的所有 x, y, s, t,那么参考结构满足敏感度递减(DS)。假设 $x_1 > y_1$,$y_2 > x_2$,$s_2 = t_2$,并且 $y_1 \geq s_1 \geq t_1$ 或 $t_1 \geq s_1 \geq x_1$(如图 8-3 所示)。那么 $y =_s x$ 意味着 $y \geq_t x$;如果下标 1 和 2 在整个过程中互换,那么同样成立。如果相同的假设意味着 $y =_t x$,那么满足恒定的敏感度。根据 DS,当参考点距离较远时,对给定维度上的差异的敏感度小于参考点距离较近时的敏感度。根据 DS,从 s 评估时,通过 x 的无差异曲线的斜率比从 t 评估时更陡,或者是 $U_s^*(x) > U_t^*(x)$。重要的是要区分目前有关参考状态影响的敏感度递减的概念和边际效用递减的标准假设。虽然这两个假设在概念上相似,但它们在逻辑上是相互独立的。特别是,敏感度递减并不意味着无差异曲线在参考点以下是凹的。

每个参考状态 r 将 X 划分为以 r 为原点的四个象限。只要 $x_i \geq r_i$，当且仅当 $y_i \geq r_i$，$i = 1$, 2，则一对选项 x 和 y 属于 r 的同一象限。每当 x 和 y 属于关于 r 和 s 的相同象限，以及 r 和 s 属于关于 x 和 y 的相同象限时，如果所有在 X 中的 x, y, r, s 都符合 $x \geq_r y$，当且仅当 $x \geq_s y$，那么参考结构满足符号相关性。这种情况意味着只有当参考变化将增益转化为损失或将损失转化为增益时，才会违反参考独立性。验证符号依赖性等同于恒定敏感度是很容易的。虽然符号依赖性通常不成立，但只要参考状态引起的曲率不是很明显，它就可以作为有用的近似值。

敏感度递减（或恒定）的假设允许我们将损失厌恶的含义扩展到在任一维度上与 x 或 y 不一致的参考状态。考虑图 8-4 中 x 和 y 之间的选择。请注意，r 由 x 支配而不是由 y 支配，而 s 由 y 支配而不是由 x 支配。令 t 是 r 和 s 的集合，也就是说，$t_i = \min(r_i, s_i)$，$i = 1$, 2。它从损失厌恶和敏感度递减中产生，如果 $x =_t y$，那么 $x >_r y$ 和 $y >_s x$。因此，比起从 s 评估，从 r 评估时 x 比 y 更可能被选择。我们之前的观察结果证实了这一主张，即当一件礼物在某一属性上得到适度改善时，比其在某一属性上得到较大改善和损失的组合更有吸引力。

考虑两个可交换的个体（即享乐主义双胞胎），他们每个人的职位都是 t，地位和工资都较低（如图 8-4 所示）。假设两者在职位 x（非常高的地位、中等工资）和职位 y（非常高的工资、中等地位）之间无差异。想象一下，现在两个人都换到了新的职位，这成为他们各自的参考点；一个人换到 r（高地位、低工资），另一个人换到 s（高工资、低地位）。损失厌恶和敏感度递减表明换到 r 的人现在更喜欢 x，而换到 s 的人现在更喜欢 y，因为工资或地位都是他们不愿意放弃的。

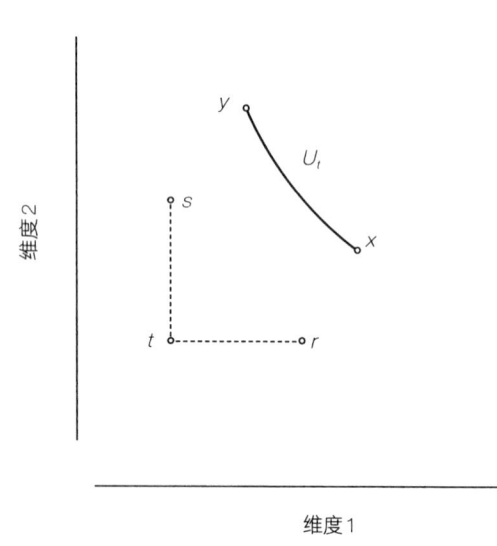

图 8-4　参考依赖偏好示意图

恒定损失厌恶

本节介绍了限制从不同参考点评估的偏好顺序之间的关系的附加假设。如果存在每个参数都增加的实值函数 U，那么参考结构 $(X, \geqslant_r)$，$r \in X$ 是可分解的，使得对于每个 $r \in X$，存在递增函数 R_i：$X_i \to$ 实数，$i = 1$，2，满足

$$U_r(x_1, x_2) = U(R_1(x_1), R_2(x_2))$$

函数 R_i 被称为与参考状态 r 相关联的参考函数。在该模型中，参考点的效应通过两个坐标轴的单独的单调变换来确定。可分解性具有可检验的特性。例如，假设 U_r 是可加的，也就是说，$U_r(x_1, x_2) = R_1(x_1) + R_2(x_2)$。因此，对于任何 $s \in X$，U_s 也是可加的，尽管各自的尺度可能不是线性相关的。

在本节中，我们将重点讨论可分解性的一个特殊情况，在这个案例中参考函数呈现为一种特别简单的形式。如果存在函数 $u_i: X_i \to$ 实数，常数 $\lambda_i > 0$，$i = 1, 2$ 和函数 U 使得 $U_r(x_1, x_2) = U(R_1(x_1), R_2(x_2))$，那么参考结构 $(X, \geqslant_r)$ 满足恒定损失厌恶。其中

$$R_i(x_i) = \begin{cases} u_i(x_i) - u_i(r_i) & \text{当 } x_i \geqslant r_i \text{ 时} \\ (u_i(x_i) - u_i(r_i))/\lambda_i & \text{当 } x_i \geqslant r_i \text{ 时} \end{cases}$$

因此，我们用两个常数 λ_1 和 λ_2 来描述参考位移引起的偏好顺序的变化，它们可以分别被解释为维度 1 和维度 2 上的损失厌恶系数。图 8-5 给出了恒定损失厌恶，其中 $\lambda_1 = 2$ 且 $\lambda_2 = 3$。为简单起见，我们选择了线性效用函数，但这并不是必需的。

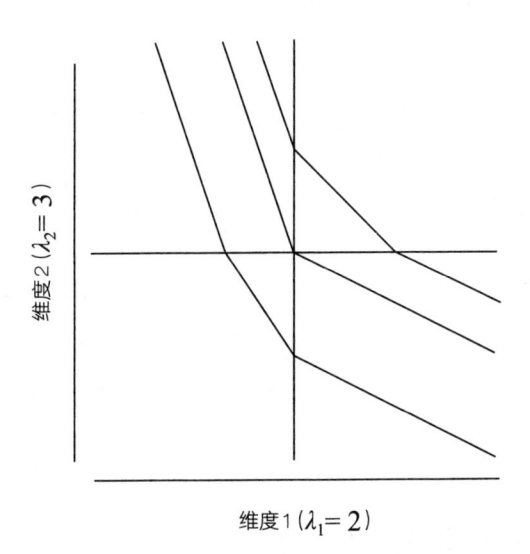

图 8-5　一组说明恒定损失厌恶的无差异曲线

虽然我们没有一个关于一般情况下恒定损失厌恶的公理性表征，但我们在下文中描述了 U 可加的特殊情况，这被称为可加性恒定损失厌恶。这种情况很重要，因为在许多情况下，可加性是一个很好的近似值。实际上，一些常用的效用函数（如柯布－效用道格拉斯函数或 CES）都是可加的。回想一下，如果坐标轴可以单调变换，使无差异曲线成为平行线，那么无差异曲线族就是可加的。以下的消除条件，也称为汤姆森条件，在目前的情况下是可加性的充分必要条件（Debreu, 1960; Krantz, Luce, Suppes & Tversky, 1971）。

对于所有的 x_1, y_1, $z_1 \in X_1$; x_2, y_2, $z_2 \in X_2$ 和 $r \in X$，当 $(x_1, z_2) \geq_r (z_1, y_2)$ 且 $(z_1, x_2) \geq_r (y_1, z_2)$ 时，则 $(x_1, x_2) \geq_r (y_1, y_2)$。

假设取消每个 $\geq_r$ 的值，我们获得了每个参考状态的可加性表示。为了将单独的加法表示为相互关联，我们引入了以下公理。考虑 X 中的 w, w', x, x', y, y', z, z' 属于 r 和 s 的相同象限，并且满足 $w_1 = w'_1$，$x_1 = x'_1$，$y_1 = y'_1$，$z_1 = z'_1$ 及 $x_2 = z_2$，$w_2 = y_2$，$x'_2 = z'_2$，$w'_2 = y'_2$；如图 8-6 所示。根据上述假设，如果 $w =_r x$，$y =_r z$ 且 $w' =_s x'$ 意味着 $y' =_s z'$，那么参考结构 $(X, \geq_r)$，$r \in X$ 满足参考关联（reference interlocking）。基本上，特沃斯基、萨塔特和斯洛维克在偏好逆转的处理中都引用了相同的条件（Tversky, Sattath & Slovic, 1988），彼得·韦克尔（Peter Wakker）、特沃斯基和卡尼曼在不确定状况下的决策分析中引用了相同的条件（Tversky & Kahneman, 1991; Wakker, 1989）。

为了理解参考关联的内容，请注意在存在可加性的情况下，无差异可以被解释为一维上的区间与第二维上的区间的匹配。例如，观察值 $w =_r x$ 表示在第一维上的区间 $[x_1, w_1]$ 与第二维上的区间 $[w_2, x_2]$ 匹配。

类似地，$y =_r z$ 表示 $[z_1, y_1]$ 与 $[y_2, z_2]$ 相匹配。但由于 $[w_2, x_2]$ 和 $[y_2, z_2]$ 在结构上是相同的（如图 8-6 所示），我们由此推断 $[x_1, w_1]$ 与 $[z_1, y_1]$ 相匹配。通过这种方式，我们可以将同一维度上的两个区间匹配为另一个维度上的一个区间。根据参考关联，如果两个维度区间被匹配为增益，那么它们也可以被匹配为损失。验证参考关联是否来自附加的恒定损失厌恶很容易。此外，以下定理表明，在存在抵消和符号依赖性的情况下，参考关联对于可加的恒定损失厌恶是必要且充分的。

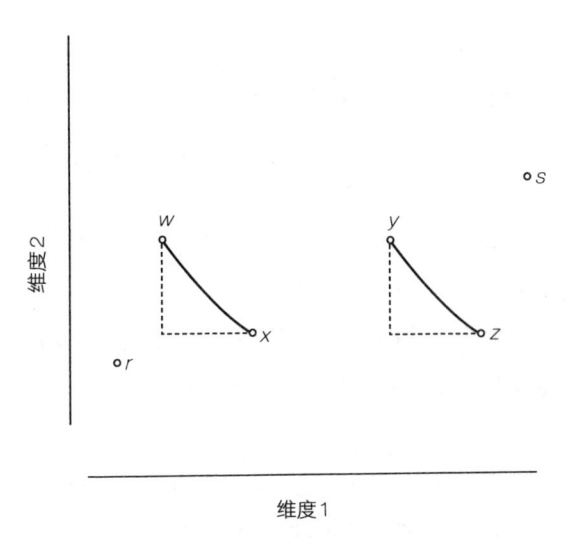

图 8-6 参考关联的示意图

定理：当且仅当参考结构 $(X \geqslant r)$，$r \in X$，满足消除性、符号依赖和参考关联时，它才满足可加的恒定损失厌恶。

该定理的证明见附录。损失厌恶系数的估计可以从上文中描述的实验中得出，实验的两组被试为同一消费品标出了货币价值：得到这一物品的卖家可以选择出售商品，而选择者可以选择接受这一物品或一笔钱（Kahneman，Knetsch & Thaler，1990）。在两次独立的重复实验中，卖家对杯子估价的中位数分别为 7.12 美元和 7.00 美元；选择者对杯子的估价为 3.12 美元和 3.50 美元。根据目前的分析，卖家和选择者的区别仅在于前者将杯子评估为损失，后者则将其评估为收益。如果货币价值在该范围内是线性的，那么在这些实验中杯子的损失厌恶系数略大于 2。

这种对损失厌恶系数的估计与基于风险决策的估计之间有一个有趣的趋同之处。这样的估计可以通过观察 G／L 的值来获得，该比率使得收益或损失的机会均等，刚好可以被接受。我们在几次实验中观察到的比率略高于 2∶1。例如，在一次有实际收益的赌博实验中，赢得 25 美元或输掉 10 美元的概率均等的赌局是勉强可接受的，其产生的比率为 2.5∶1。类似的值来自关于较大赌博的可接受性的假设选择，范围超过几百美元（Tversky & Kahneman，1990）。尽管对估计值的趋同的解释应谨慎，但这些研究结果表明，约为 2 的损失厌恶系数也许可以解释涉及货币结果和消费品的风险选择和无风险选择。

回想一下，损失厌恶系数可能会因维度而异（如图 8-5 所示）。我们推测，不同维度的损失厌恶系数反映了这些维度的重要性或显著性（Tversky，Sattath & Slovic，1988）。例如，损失厌恶似乎在安全方面比在金钱方面更明显，在收入方面比在休闲方面更明显（Viscusi，Magat & Huber，1987）。

损失厌恶的含义

损失厌恶是近年来一直在被讨论的一种现象的一个重要组成部

分：我们经常能观察到人们愿意接受的放弃他们拥有的商品的最小数量（WTA）和他们愿意支付的最大数量（WTP）之间的巨大差异。这种差异的其他潜在来源还包括收入效应、战略行为和交易的合法性。买卖差异最初出现在涉及公共产品的假设性问题中，但它也已经在实际交易中得到了证实（Cummings, Brookshire & Schulze, 1986; Heberlein & Bishop, 1985; Kahneman, Knetsch & Thaler, 1990; Loewenstein, 1988）。在试图通过市场经验法则消除它的实验中，它也存活了下来，尽管有所减少（Brookshire & Coursey, 1987; Coursey, Hovis & Schulze, 1987; Knetsch & Sinden, 1984, 1987）。卡尼曼、尼奇和塞勒的研究表明，所有者和潜在买家对消费品的不同估值会抑制贸易的进行（Kahneman, Knetsch & Thaler, 1990）。他们为一半的被试提供了消费品（如一个杯子）并为这种商品建立了一个市场体系。由于杯子是随机分配的，因此标准理论预测，一半的卖家应该将杯子卖给更重视它们的买家。持续观察发现，实际交易量约为预测量的一半。在控制实验中，被试用可兑换现金的代币进行交易，产生了近乎完美的效益，买方和卖方分配的价值之间没有差异。

交易涉及两个维度，而损失厌恶可能在其中一个维度上运行，也可能同时在两个维度上运行。因此，目前的分析表明，损失厌恶可能通过两种方式使 WTA 和 WTP 之间产生差距。声称愿意接受一个产品的 WTA 的人考虑放弃它；声称愿意购买的人考虑采用 WTP。如果该物品存在损失厌恶，所有者将不愿意出售。如果买家认为花在购买上的钱是一种损失，他们就不愿意购买。通过将买卖双方与选择者进行比较，可以估计出这两种效应的相对程度。选择者可以在商品和现金之间做出选择，因此不容易受到损失厌恶的影响。几次比较的结果表明，不愿意出售的程度远远大于不愿意购买的程度（Kahneman, Knetsch &

Thaler，1990）。这些市场中的买家似乎并不认为他们在交易中放弃的钱是一种损失。这些观察结果与消费者选择的标准理论是一致的，在该理论中，是否购买一件商品的决定被视为在该商品和其他可以购买的商品之间的选择。

在 5 美元与 5 美元的交易中当然不涉及损失厌恶，因为交易是根据净值来得以评估的。同样，在日常的商业交易中，不愿意出售的情况肯定是不存在的，在这些交易中，待售商品具有代币的性质。然而，目前的分析表明，相对于先前交易中建立的参考水平，收益和损失的不对称评估将影响买卖双方对利润值变化的反应（Kahneman, Knetsch & Thaler, 1986; Winer, 1986）。当变化是不利的（损失）时，人们对变化的反应会比变化是有利的时候更加强烈。D. S. 普特勒（D. S. Putler）对需求进行了分析，其中包含了价格上涨和下跌的不对称效应（Putler, 1988）。相对于之前一系列价格估算的参考价格，他通过估算鸡蛋零售价格上涨和下跌的弹性需求来检验该模型。价格上涨的弹性系数为 -1.10，价格下跌的弹性系数为 -0.45，这表明价格上涨对消费者决策的影响更大。该分析假设，替代品的可用性消除了人们对鸡蛋消费减少的厌恶。在咖啡市场的扫描面板数据中也观察到了类似的结果（Kalwani, Yim, Rinne & Sugita, 1990）。不愿接受损失也可能会影响卖方：一项针对股市的研究表明，价格上涨时的交易量往往高于价格下跌时的交易量（Shefrin & Statman, 1985）。

损失厌恶会使谈判复杂化。实验证据表明，当谈判者讨价还价的属性被定义为损失时，他们达成协议的可能性比被定义为收益时要小（Bazerman & Carroll, 1987）。如果人们对负域的边际变化更敏感，那么这个结果是可以预料的。此外，对一方做出的让步和另一方做出的让步的评价之间存在着一种天然的非对称性；后者通常被评估为收益，而前者被评估为损失。对让步的差异性评估显著减少了多议题谈判中的协议区域。

人们对价格或利润的有利或不利变化的反应存在明显的不对称现象，这一现象在一项研究中被注意到了，该研究对决定价格或工资的行为的公平判断规则进行了规范（Kahneman, Knetsch & Thaler, 1986）。特别是，大多数人拒绝接受是因为无法通过成本增加来证明明显不公平的价格上涨，以及无法通过破产威胁来证明工资削减。此外，经济公平的常用规范并不绝对要求公司与客户或其员工分享降低成本或增加利润的好处。与不区分损失和放弃收益的经济分析相反，公平的标准在将损失强加于他人的行为和不共享利益的行为（或不采取行动）之间做出了明显的区分。一项关于法院判决的研究记录了在处理损失和放弃收益方面的类似区别；例如，在疏忽的情况下，自付费用比未实现的利润更有可能获得补偿（Cohen & Knetsch, 1990）。

由于被视为不公平的行为往往受到抵制和惩罚，因此对公平的考虑被引用为工资粘性的解释之一，以及市场明显缓慢的其他案例之一（Kahneman, Knetsch & Thaler, 1986; Okun, 1981; Olmstead & Rhode, 1985）。例如，对损失和放弃收益的评价的不同，意味着对减薪和在可能增加工资时未能增加工资的反应也有相应的不同。以前的合同条款规定了集体和个人谈判的参考水平；在谈判的背景下，对损失的厌恶形式表现为对让步的厌恶。损失厌恶引起的僵化可能导致效率低下的劳动合同，这种合同无法对不断变化的经济环境和技术发展做出充分的反应。因此，新公司可以在不受之前协议影响的情况下与员工讨价还价，从而获得竞争优势。

损失厌恶是不合理的吗？这个问题引出了一些难以解决的规范性问题。对决策者赋予结果的价值提出质疑需要一个评估偏好的标准。结果的实际经验为我们提供了这样一个标准：在决策环境中赋予结果的价值可以被证明是对该结果经验质量的预测（Kahneman & Snell，1990）。根据这种预测立场，图 8-1 显示的效用函数（最初是用来解释风险选择的模式）可以被解释为对享乐体验的心理物理学的预测。效用函数恰当地反映了 3 个基本事实：有机体习惯于稳定状态，对变化的边际反应正在减弱，而痛苦比快乐更为紧迫。痛苦和快乐的非对称性是在选择中出现损失厌恶的最终理由。由于这种非对称性，一个寻求最大化结果的经验效用的决策者最好将更多的权重分配给消极的结果，而不是积极的结果。

本文第一部分的论证比较了相同的两个客观状态之间的选择，这是从不同的参考点出发进行评估的。参考水平对决策的影响只能通过这些参考水平对结果性经验的相应影响来证明。例如，如果能更敏锐地体验到任何改变的劣势而不是优势，那么支持现状的偏好就是合理的。但是，在决策环境中自然采用的一些参考水平与之后的结果性经验无关，这些参考水平对决策的影响通常是可疑的。例如，在评估具有长期影响的决策时，如果适应最终会引起参考的转变，那么对这些结果的初始反应可能相对不重要。另一个案例涉及委托代理关系：委托人可能不希望代理人的决定反映出代理人对损失的厌恶，因为代理人的参考水平与委托人的结果性经验无关。我们的结论是，关于损失厌恶或其他参考效应的规范性地位，没有一个普遍的答案，但有一种原则性的方法可用来检查这些效应在特定情况下的规范性地位。

附录

定理。当且仅当参考结构满足取消、符号依赖和参考关联时，参考结构 $(X, \geqslant_r)$，$r \in X$ 满足可加的恒定损失厌恶。

证明。证明必要性很简单。为了证明充分性，请注意在目前的假设下，取消意味着可加性（Debreu, 1960; Krantz et al., 1971）。因此，对于任何 $r \in X$，存在连续函数 $R_i: X_i \to$ 实数，它是唯一的一个正线性位移，使得 $R(x) = R_1(x_1) + R_2(x_2)$ 代表 $\geqslant_r$。也就是说，对于任何 $x, y \in X$，当且仅当 $R(x) \geqslant R(y)$ 时，$x \geqslant_r y$。接下来我们证明以下两个引理。

引理 1。设 A 是一组属于 r 和 s 的相同象限的选项。存在 $\lambda_i > 0$，使得对于 A 中的所有 x, y：

$$R_i(y_i) - R_i(x_i) = (S_i(y_i) - S_i(x_i))/\lambda_i, \quad i = 1, 2$$

证明。我们希望表明对于所有 $r, s, w, x, y, z \in X$

$$R_i(z_i) - R_i(y_i) = R_i(x_i) - R_i(w_i)$$

即

$$S_i(z_i) - S_i(y_i) = S_i(x_i) - S_i(w_i), \quad i = 1, 2$$

每当所讨论的 i 区间可以通过另一维度上的区间匹配时，该命题遵循连续性、可加性和参考关联。如果不能进行这种匹配,我们通过连续性将这些 i 区间划分为足够小的子区间,这些子区间可以通过另一维度上的区间进行匹配。因为 R_i 差异的相等意味着 S_i 差异的相等,所以引理 1 遵循连续性和可加性。

引理 2。假设 r, $s \in X$, $s_i < r_i$ 且 $s_2 = r_2$。设 S 代表 $\geqslant_s$,满足 $S_1(s_1) = 0$。如果保持符号依赖和参考关联,那么存在 $\lambda_1 > 0$,$\lambda_2 = 1$,使得 $R^*(x) = R_1^*(x_1) + R_2^*(x_2)$ 表示 $\geqslant_r$,其中

$$R_1^*(x_1) = \begin{cases} S_1(x_1) - S_1(r_1) & \text{当 } x_1 \geqslant r_1 \\ S_1(x_1) - S_1(r_1))/\lambda_1 & \text{当 } s_1 \leqslant x_1 \leqslant r_1 \\ S_1(x_1) - S_1(r)/\lambda_1 & \text{当 } x_1 \leqslant r_1 \end{cases}$$

及 $R_2^*(x_2) = S_2(x_2) - S_2(r_2)/\lambda_2$。如果指数 1 和指数 2 在整个过程中互换,那么同样成立。

证明。符号依赖性 $\geqslant_r$ 和 $\geqslant_s$ 对 $\{x \in X: x_1 \geqslant r_1, x_2 \geqslant r_2\}$ 和 $\{x \in X: x_1 \geqslant r_1, x_2 \leqslant x_2\}$ 中的所有元素对一致。为了证明 $\geqslant_r$ 和 $\geqslant_s$ 也在它们的集合上一致,假设 y 属于前者,z 属于后者。足以证明 $y =_r z$ 意味着 $y =_s z$。通过单调性和连续性,存在 w 使得 $y =_r w =_r z$ 且 $w_2 = r_2 = s_2$。由于 w 属于两组的交集,$y =_r w$ 意味着 $y =_s w$,且 $z =_r w$ 意味着 $z =_s w$,因此 $y =_s z$。

所以,我们可以选择相应的尺度,使得 $R_i = S_i$,$i = 1, 2$,在 $\{x \in X: x_1 \geqslant r_1\}$ 中。接下来,我们分析表明 $R^*(x) + S(r) = R(x)$。我们分别考虑了每个维度。对于 $i = 2$,$R_2^*(x_2) + S_2(r_2) = S_2(x_2)$。我们证明了

$S_2(x_2)=R_2(x_2)$。选择 $x_1 \geq r_1$。通过构造 $S(x) = R(x)$，因此 $S_2(x_2) =R_2(x_2)$。

对于 $i = 1$，如果 $x_1 \geq r_1$，通过构造我们得到 $R_1^*(x_1) + S_1(r_1) = S_1(x_1)$，和 $R_1(x_1) =S_1(x_1)$。因此，$R_1^*(x_1) + S_1(r_1) =S_1(x_1) = R_1(x_1)$。

对于 $s_1 < x_1 < r_1$，我们希望证明存在 λ_1，使得

$$R_1(x_1)=S_1(x_1)+(S_1(x_1)- S_1(r_1))/\lambda_1$$

或者

$$R_1(x_1)- R_1(r_1)=(S_1(x_1)- S_1(r_1))/\lambda_1$$

这些由引理 1 推断得出。

对于 $x_1 \leq s_1$，$\geq_r$ 和 $\geq_s$ 一致，通过符号依赖可得 $R_1=\alpha S_1+\beta$，$\alpha > 0$。因为 $R_2 = S_2$，$\alpha = 1$，并且因为 $S_1(s_1)= 0$，$\beta = R_1(s_1)$，因此 $R_1(x_1)= S_1(x_1)+ R_1(s_1)$。所以

$$R_1(x_1)- R_1^*(x_1)= S_1(x_1)+R_1(s_1)-(S_1(x_1)-S_1(r_1)/\lambda_1)$$

$$= R_1(s_1)+S_1(r_1)/\lambda_1$$

这足以证明该表达式等于 $S_1(r_1)$。考虑 $s_1 < x_1 < r_1$ 的情况，通过 s_1 的连续性可得

$$R_1(s_1)-R_1(r_1)=(S_1(s_1)-S_1(r_1))/\lambda_1$$

因此

$$R_1(s_1)+S_1(r_1)/\lambda_1=R_1(r_1)=S_1(r_1)$$

至此我们就完成了引理 2 的证明。

接下来，我们证明 λ_i（$i = 1, 2$）与 r 无关。选择 $r, s, t \in X$ 使得 $r_2= s_2 = t_2$ 和 $s_1 < r_1 < t_1$。根据之前的定理可知存在 R^* 和 T^*，其由 S 定义，常数分别为 $\lambda^{(r)}$ 和 $\lambda^{(t)}$。因为 $\geqslant_r$ 和 $\geqslant_t$ 在 $\{x \in X: x_1 \leqslant r_1\}$ 上一致，所以根据符号依赖性，$\lambda^{(r)}= \lambda^{(t)}$。当指数 1 和指数 2 互换且 $r_1 < s_1$ 时，同样适用。

为了证明一般情况下的充分性，考虑 $r, s \in X$，其中 $r_1 > s_1$，$r_2 \leqslant s_2$，$t =(r_1, s_2)$。通过应用两次先前的（一维）结构，一次用于 (s, t)，另一次用于 (t, r)，我们得到了预期的结果。

致谢

感谢肯尼斯·阿罗（Kenneth Arrow）、彼得·戴蒙德（Peter Diamond）、戴维·克兰茨、马修·拉宾（Matthew Rabin）和理查德·泽克豪泽的评论。我们要特别感谢什穆埃尔·萨塔特和彼得·韦克尔（Peter Wakker）提出的有益建议。

参考文献

Bazerman, M., & Carroll, J. S. (1987). Negotiator cognition. In B. Staw & L. L. Cummings (Eds.), *Research in organizational behavior* (Vol. 9, pp. 247–288). Greenwich, CT: JAI Press.

Brookshire, D. S., & Coursey, D. L. (1987). Measuring the value of a public good: An empirical of elicitation procedures. *American Economic Review, 77*, 554–566.

Cohen, D., & Knetsch, J. L. (1990). Judicial choice and disparities between measures of economic values. Working paper. Burnaby, BC: Simon Fraser University.

Coursey, D. L., Hovis, J. L., & Schulze, W. D. (1987). The disparity between willingness to accept and willingness to pay measures of value. *Quarterly Journal of Economics, 102*, 679–690.

Cummings, R. G., Brookshire, D. S., & Schulze, W. D. (Eds.). (1986). *Valuing environmental goods*. Totowa, NJ: Rowman and Allanheld.

Debreu, G. (1960). Topological methods in cardinal utility theory. In K. J. Arrow, S. Karlin, & P. Suppes (Eds.), *Mathematical methods in the social sciences* (pp. 16–26). Stanford, CA: Stanford University Press.

Easterlin, R. A. (1974). Does economic growth improve the human lot? Some empirical evidence. In P. A. David & M. W. Reder (Eds.), *Nations and households in economic growth* (pp. 89–125). New York, NY: Academic Press.

Heberlein, T. A., & Bishop, R. C. (1985). Assessing the validity of contingent valuation: Three field experiments. Paper presented at the International Conference on Man's Role in Changing the Global Environment, Venice, Italy.

Kahneman, D., Knetsch, J. L., & Thaler, R. (1986). Fairness as a constraint on profit seeking: Entitlements in the market. *American Economic Review, 76*, 728–741.

Kahneman, D., Knetsch, J. L., & Thaler, R. (1990). Experimental tests of the endowment effect and the Coase theorem. *Journal of Political Economy, 98*, 1325–1348.

Kahneman, D., & Snell, J. (1990). Predicting utility. In R. Hogarth (Ed.), *Insights in decision making* (pp. 295–310). Chicago, IL: University of Chicago Press.

Kahneman, D., & Tversky, A. (1979). Prospect theory: An analysis of decision under risk. *Econometrica, 47*, 263–291.

Kahneman, D., & Tversky, A. (1984). Choices, values and frames. *American Psychologist, 39*, 341–350.

Kalwani, M. U., Yim, C. K., Rinne, H. J., & Sugita, Y. (1990). A price expectations model of customer brand choice. *JMR, Journal of Marketing Research*, *27*, 251–262.

Knetsch, J. L. (1989). The endowment effect and evidence of nonreversible indifference curves. *American Economic Review*, *79*, 1277–1284.

Knetsch, J. L., & Sinden, J. A. (1984). Willingness to pay and compensation demanded: Experimental evidence of an unexpected disparity in measures of value. *Quarterly Journal of Economics*, *99*, 507–521.

Knetsch, J. L., & Sinden, J. A. (1987). The persistence of evaluation disparities. *Quarterly Journal of Economics*, *102*, 691–695.

Krantz, D. H., Luce, R. D., Suppes, P., & Tversky, A. (1971). *Foundations of measurement* (Vol. I). New York, NY: Academic Press.

Loewenstein, G. (1988). Frames of mind in intertemporal choice. *Management Science*, *34*, 200–214.

Okun, A. (1981). *Prices and quantities: A macroeconomic analysis*. Washington, DC: The Brookings Institution.

Olmstead, A. L., & Rhode, P. (1985). Rationing without government: the West Coast gas famine of 1920. *American Economic Review*, *75*, 1044–1055.

Putler, D. S. (1988). Reference price effects and consumer behavior. Unpublished manuscript. Economic Research Service, U.S. Department of Agriculture, Washington, DC.

Samuelson, W., & Zeckhauser, R. (1988). Status quo bias in decision making. *Journal of Risk and Uncertainty*, *1*, 7–59.

Shefrin, H., & Statman, M. (1985). The disposition to sell winners too early and ride losers too long: Theory and evidence. *Journal of Finance*, *40*, 777–790.

Thaler, R. (1980). Toward a positive theory of consumer choice. *Journal of Economic Behavior & Organization*, *1*, 39–60.

Tversky, A., Sattath, S., & Slovic, P. (1988). Contingent weighting in judgment and choice. *Psychological Review*, *95*, 371–384.

Tversky, A., & Kahneman, D. (1991). Advances in prospect theory: Cumulative representation of uncertainty. Unpublished manuscript, Stanford University, Stanford, CA.

van de Stadt, H., Kapteyn, A., & van de Geer, S. (1985). The relativity of utility: Evidence from panel data. *Review of Economics and Statistics*, *67*, 179–187.

van Praag, B. M. S. (1971). The individual welfare function of income in Belgium: An empirical investigation. *European Economic Review, 20,* 337–369.

Varian, H. R. (1984). *Microeconomic Analysis.* New York, NY: Norton.

Viscusi, W. K., Magat, W. A., & Huber, J. (1987). An investigation of the rationality of consumer valuations of multiple health risks. *Rand Journal of Economics, 18,* 465–479.

Wakker, P. P. (1989). *Additive representations of preferences: A new foundation of decision analysis.* Dordrecht, the Netherlands: Kluwer Academic Publishers.

Winer, R. S. (1986). A reference price model of brand choice for frequently purchased products. *Journal of Consumer Research, 13,* 250–256.

第9章

偏好与信念：不确定条件下选择的模糊性与竞争力

奇普·希思
阿莫斯·特沃斯基

我们在现实生活中遇到的不确定性并不容易被量化。我们可能会觉得自己最喜欢的足球队有很好的机会赢得冠军赛、黄金的价格可能会上涨、现任市长不太可能会连任，但通常不愿意为这些事件分配数值概率。然而，为了促进沟通并加强对选择的分析，我们通常需要对不确定性进行量化。量化不确定性最常见的方法是用概率来表示信念。例如，当我们说不确定性事件的概率是 30% 时，我们认为这个事件与从含有 30 个红球和 70 个绿球的盒子中拿出一个红球的可能性一样。衡量主观概率的另一种方法是通过期望效用理论推断偏好的信念程度。这种方法由弗兰克·拉姆齐（Frank Ramsey）开创（Ramsey，1931），并由伦纳德·萨维齐（Savage，1954）及 F. J. 安斯科姆（F. J. Anscombe）和 R. J. 奥曼（R. J. Aumann）进一步发展（Anscombe & Aumann，1963），它是从投注之间的偏好中得出主观概率的。具体而言，如果决策者认为在不确定性事件 E 发生的情况下收到 x 美元（否则没有钱）的情景和"从一个装有红球的比例为 p 的盒子中抽到红球则收到 x 美元"的情景之间并无差异，那么我们可以认为不确定性事件 E 的主观概率为 p。

用于衡量信念的拉姆齐方案及其所依据的理论受到了丹尼尔·埃尔斯伯格的挑战，他构建了一个令人信服的演示，被称为模糊效应，尽管"含糊"一词可能更合适（Daniel Ellsberg，1961；Fellner，1961）。这种效应最简单的演示涉及 2 个盒子：一个盒子中有 50 个红球和 50 个绿球；而另一个盒子中红球和绿球的总数也为 100，但比例不详。你从盒子里随便拿出一个球并猜测它的颜色。如果你的猜测是正确的，就会赢得 20 美元，否则什么也得不到。你愿意在哪个盒子上投注？埃尔斯伯格认为，即使人们没有颜色偏好，也更愿意在比例相同的盒子上投注而不是在未知比例的盒子上投注，因此在任何一个盒子中投注红色或绿色都无关紧要。这种偏好模式在之后的许多实验中得到了证实，它违反了主观概率的可加性，因为它暗示红色和绿色的概率总和在比例相同的盒子中比在比例未知的盒子中更高。

埃尔斯伯格的研究引起了人们的极大兴趣，原因有两个。首先，它为机会博弈背景下的（主观）前景效用理论提供了一个有益的反例。其次，它提出了一个普遍的假设，即人们倾向于选择明确而非模糊的事件，至少对于中等概率和大概率事件是这样。埃尔斯伯格认为，对于小概率事件，人们可能更喜欢选择含糊不清的情况。这些观察结果为期望效用理论和其他风险选择模型提出了一个很严肃的问题，因为除了机会博弈之外，现实世界中的大多数决策都依赖于不确定性事件，而这些事件的概率是无法被精确评估的。如果人们的选择不仅取决于不确定的程度，还取决于评估的精确度，那么风险选择的标准模型的适用性就会受到严重限制。实际上，一些作者通过引用非可加性的信念尺度（Fishburn，1988；Schmeidler，1989）或二阶概率分布（Gärdenfors & Sahlin，1982；Skyrm，1980）来扩展标准理论，以便纳入模糊效应的影响。这些模型的规范性地位是一个被激烈讨论的话题。一些作者，尤其是埃尔斯伯格认为，在规范的基础上，模糊厌恶是合理的（Ellsberg，1963），尽管雷法已经证明它会导致不连贯（Raiffa，1961）。

埃尔斯伯格的例子，以及随后大多数有关模糊性或含糊性反应的实验研究都局限于随机过程，如从盒子中抽出一个球，或者给决策者提供概率估计的问题。然而，模糊性的潜在重要性源于其与现实世界中证据评估的相关性。模糊厌恶是否局限于机会博弈和陈述概率，或者它是否也适用于判断概率？我们在文献中没有找到这个问题的答案，但有证据表明人们对模糊厌恶的普遍性产生了一些疑问。

例如，D. V. 布德斯库（D. V. Budescu）、史蒂文·温伯格（Steven Weinberg）和 T. 瓦尔斯滕（T. Wallsten）比较了被试给出的投注的现金等价物，其概率分别用数字、图形或口头形式表示（Budescu, Weinberg & Wallsten，1988）。在图形形式中，概率表示为一个圆的阴影区域。在口头形式中，概率通过诸如"非常可能"或"非常不可能"的表达方式来描述。因为语言和图形形式比数字形式更模糊，所以模糊厌恶意味着对数字形式的偏好。这一预测未得到证实。在所有的3种表示形式中，被试赋予投注的价格大致相同。在不同的实验范例中，J. 科恩（J. Cohen）和 M. 汉塞尔（M. Hansel）以及 W. 豪厄尔（W. Howell）研究了被试在涉及技能和机会成分的复合投注之间的选择（Howell，1971；Cohen & Hansel，1959）。例如，在后一个实验中，被试必须用飞镖击中目标（其中被试的命中率为75%）以及旋转轮盘，使其落在一个有标记的区域里，该区域占整个区域的40%。成功包括了75%的技能成分和40%的机会成分，总获胜概率为0.75×0.4 = 0.3。豪厄尔改变了投注的技能和机会成分，保持了总获胜率不变。因为被试已知机会水平但不知道技能水平，所以模糊厌恶意味着被试会尽可能多地将不确定性转移到投注的机会成分上。相比之下，87%的选择意味着被试对技能的偏好超过了对机会的偏好。科恩和汉塞尔得出了基本相同的结果（Cohen & Hansel, 1959）。

能力假说

前面的观察结果表明，在机会设置中观察到的对模糊性的厌恶（涉及偶然不确定性）并不容易扩展到判断问题中（涉及主观不确定性）。在本文中，我们研究了不确定性偏好的替代解释，即能力假说，它适用于机会和证据问题。我们认为投注不确定性事件的意愿不仅取决于该事件的可能性的估计和该估计的精确度，还取决于一个人的相关背景常识或理解力。更具体地说，我们提出设判断概率为常数，人们更愿意在他们认为自己很了解或胜任的情境中投注，而不是在他们感到不了解或不知情的情境中投注。假定我们在特定情境下的能力感是由我们已经知道的信息与所能知道的信息的对比来决定的。[①] 因此，常识、熟悉度和经验可以增强能力感。注意，当决策者无法获得相关信息，特别是当其他人可以获得这些相关信息时，他们的能力感会降低。

对于能力假说，存在着认知和动机两种解释。人们可能从终身经验

---

① 我们使用的"能力"这一术语，广义上包括技能、知识或理解力。

中意识到，自己在理解的情况下通常比在知识较少的情况下做得更好。这种期望可能会延续到在熟悉环境中获胜的机会不再高于陌生环境的情况中。也许能力假说的主要原因是动机而不是认知。我们认为，除了金钱收益之外，每次投注的结果还包括与结果相关的信用或责任。满足或尴尬的心理收益可能来自自我评价或他人评价。在任何一种情况下，我们认为与结果相关的荣誉和责任取决于成功和失败的原因。在机会领域，成功与失败主要可归因于运气。当一个人进行投注或判断时，情况就不同了。如果决策者对手头的问题理解有限，那么失败将归因于不了解，而成功很可能归因于偶然。相反，如果决策者是"专家"，那么成功可归因于知识，而失败有时可归因于偶然。

我们不想否认，在专家应该知道所有事实的情况下，他们的失败可能比新手更尴尬。然而，在需要有根据的猜测的情况下，专家有时没有新手那么脆弱，因为他们可以更好地证明自己的投注，即使他们没有获胜。例如，在投注足球比赛的冠军时，自认为是专家的人可以因为正确的预测而获得赞誉，将不正确的预测视为发挥不稳定。此外，对足球知之甚少的人不会因为正确的预测获得太多的赞誉（因为他们是在猜测），而会因预测不正确而受到指责（因为他们不了解）。

因此，当人们成功时，能力或专业知识会帮助他们获得荣誉，当他们失败时，有时也会为他们提供保护，使其免受指责。此外，不了解或无能不仅使人们无法获得成功的信誉，而且会在失败的情况下使其受到指责。因此，我们认为信誉和指责的平衡在一个人进行专业领域的投注中最有利，对偶然事件投注次之，在了解有限的领域投注最不利。本文从知识或能力所导致的表扬和批评的非对称性出发，对能力假说进行了解释。

前面的分析适用于埃尔斯伯格的例子。我们认为，人们不喜欢在未知的盒子上投注，因为盒子中红球和绿球的比例信息原则上是可知的但是他们却并不知道。这些数据的存在使人们感觉自己知识不足、能力较弱，并减少了相应赌注的吸引力。D. 弗里希（D. Frisch）和 J. 巴伦（J. Baron）对埃尔斯伯格的例子给出了密切相关的解释（Frisch & Baron，1988）。能力假说也与 S. 柯利（S. Curley）、J. F. 耶茨（J. F. Yates）和 R. 艾布拉姆斯（R. Abrams）的发现一致，即对之后会被展示给其他人的未知盒子中的内容的预测增强了被试对模糊性的厌恶（Curley, Yates & Abrams, 1986）。

本质上相同的分析也适用于对未来而非过去进行投注的偏好。M. 罗思博特（M. Rothbart）和 N. 斯奈德（N. Snyder）要求被试掷骰子，在骰子滚动之前或之后（结果揭示之前）进行投注（Rothbart & Snyder, 1970）。在掷骰子前预测结果的被试比在掷骰子后预测结果的被试（"后测"）对自己的猜测更有信心。前一组也比后一组投入了更多的钱。作者将这种现象归结为神奇式思考或控制错觉，即相信人们可以在骰子滚动之前而不是之后对结果进行一些控制。然而，即使控制错觉没有为我们提供合理的解释，也会在实验中观察到对未来而不是过去事件投注的偏好，如以下问题所示，其中被试在两个投注之间进行选择：

> 1. 股票是从《华尔街日报》上随机挑选的。请猜测明天是上涨还是下跌。如果猜对了，会赢得 5 美元。
> 2. 股票是从《华尔街日报》上随机挑选的。请猜测它昨天是涨了还是跌了。你不能看报纸。如果猜对了，会赢得 5 美元。

67% 的被试（$N = 184$）倾向于在明天的收盘价上下注。在随机抽取的被试中，只有10%的被试真的投注了自己的选择。因为过去与未来不同，它在原则上是可知的，但他们并不知道，所以被试更喜欢在不了解程度相对更低的未来上投注。同样，W. 布伦（W. Brun）和K. 泰甘（K. Teigan）观察到被试更喜欢在事件发生之前而不是之后猜测掷骰子的结果、孩子的性别或足球比赛的结果（Brun & Teigan, 1990）。大多数被试发现在事件发生之前猜测"如果正确会更令人满意""如果错了也没那么不舒服"。在预测中，只有未来可以证明你错了；在后测中，你现在可能就是错的。同样的论证适用于埃尔斯伯格的问题。在球的比例相同的盒子中，只有在取球之后猜测才会出错。此外，在球的比例未知的盒子中，如果结果证明盒子中的大多数球都是相反的颜色，那么在取球之前，猜测就可能被证明是错误的。值得注意的是，投注于未来而不是过去事件的偏好无法用模糊性来解释，因为在这些问题中，未来与过去一样都是模棱两可的。

简单的随机事件，例如从具有已知构成的盒子中取球，不会产生模糊；获胜的机会众所周知。如果等概率事件之间的投注偏好是由模糊性决定的，那么人们应该倾向于投注机会，而不是自己的模糊判断（至少对于中等和高概率事件是这样）。相比之下，上面描述的归因分析意味着当人们感觉已很了解并且能够胜任时，会更倾向于投注自己的判断，而不是其他相匹配的随机事件。人们更喜欢投注于他们的技能而不是机会，这一发现证实了这一预测。这与J. 马奇（J. March）和Z. 沙皮拉（Z. Shapira）的观察结果一致，许多高层管理人员一直在高度不确定的商业主张上投注，而拒绝将商业决策与机会的博弈进行类比（March & Shapira, 1987）。

我们认为，目前的归因分析可以解释关于不确定性偏好的现有证据，无论它们是否涉及模糊性。这包括：第一，在埃尔斯伯格问题中投注已知而非未知盒子的偏好；第二，投注未来而不是过去事件的偏好；第三，投注技能而非机会的偏好。此外，能力假说意味着选择－判断差异，也就是说即使 B 被判断为至少与 A 的可能性一样，也倾向于在 A 而不是 B 上投注。在下面的一系列实验中，我们检验了能力假说，研究了选择－判断差异。在实验 1 中，我们为人们提供了两种选择，即是对常识项目的判断概率投注，还是在相匹配的随机抽奖上投注。在实验 2 和实验 3 中，我们通过研究现实中的事件并引发对知识的独立评估来扩展检验。在实验 4 中，我们根据他们的专业领域对被试进行了分类，并比较了他们在专业领域、非专业领域和随机事件上投注的意愿。最后，在实验 5 中，我们在不涉及概率判断的定价任务中对能力假说进行了检验。本文的最后一部分讨论了信念与偏好之间的关系。

实验 1：投注知识

被试回答了取自两个不同领域的 30 个知识性问题，如历史、地理或体育。针对每个问题设有 4 个备选答案，被试首先选择一个答案，然后根据 25%（纯猜测）到 100%（绝对肯定）的等级评定自己对该答案的自信程度。研究人员向被试详细说明了量表的使用方法和校准的概念。被试在使用该量表时接受了相关指导，因此 60% 的信心将对应于 60% 的命中率。他们还被告知，这些评级是赚钱游戏的基础，且不自信和过度自信都会降低收入。

在回答问题并评估信心之后，被试有机会在自己的答案和抽奖中进行选择，抽奖获胜的概率与他们表示出的自信程度相等。例如，对于 75% 的信心等级，被试可以选择对自己的答案的正确率投注，或对

75% 的抽奖进行投注，即从装有 100 个带编号的筹码的袋子里拿出一个编号范围在 1～75 的筹码。对于一半的问题，抽奖直接等同于信心等级。对于另一半的问题，被试可以在答案的补充（对"选择的答案以外的答案是正确的"这一命题投注）或信心等级的补充中进行选择。因此，如果被试选择答案 A 的信心为 65%，那么被试可以选择投注剩下的答案 B、C 或 D 中的一个的正确性，或者投注 100%-65%= 35% 的抽奖。

两组被试参与了该实验。第一组（$N = 29$）包括心理学学生，他们获得了参与课程的学分。第二组是（$N = 26$）从入门经济学课程中招募的，并且他们参与实验可以获得现金收益。为了确定被试的收益，研究人员随机选择了 10 个问题，并且要求被试对他们之前的选择进行投注。如果被试选择投注自己的答案，若答案正确，他们可以得到 1.50 美元。如果被试选择在随机抽奖上投注，他们可以从袋子中抽出筹码，如果筹码上的数字落在恰当的范围内，他们可以得到 1.50 美元。该实验的平均收入约为 8.50 美元。

有偿的被试在选择答案和评估信心方面比无偿的被试花费了更多时间，因此前者的准确率稍高一些。两组都表现出了过度自信：有偿的被试回答对了 47% 的问题，他们的平均信心为 60%。无偿的被试回答对了 43% 的问题，他们的平均信心为 53%。我们首先描述简单抽奖的结果，补充（析取）抽奖将在后面讨论。

通过绘制有利于判断投注而非抽奖的选择（C）的百分比作为判断概率（P）的函数来对结果进行总结。在讨论实际数据之前，检查由 5 个备选假设所隐含的几个对比预测是有意义的，如图 9-1 所示。

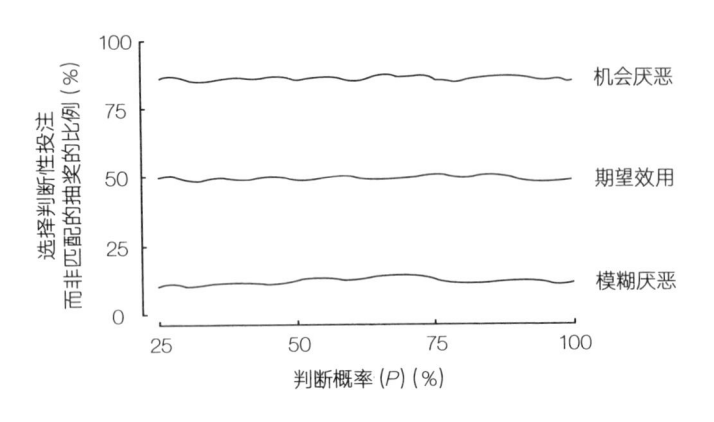

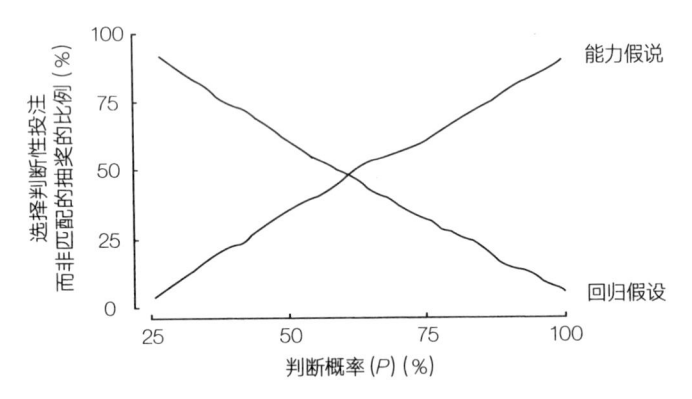

图 9-1 对不确定性偏好实验结果的 5 种不同预测

图 9-1 的上半部分展示了 3 个假设的预测，其中 C 独立于 P。根据期望效用理论，决策者在投注他们的判断或投注随机抽奖之间无差异；因此 C 应始终等于 50%。模糊厌恶意味着人们会倾向于在一个概率很明确的随机事件上投注，而不是在总是很模糊的判断概率上投注；因此 C 应该每次都低于 50%。与此相对的假设，被称为机会厌恶，预测人们会倾向于投注他们的判断而不是与之相匹配的随机抽奖。因此，对于所有 P，C 应超过 50%。与上半部分显示的平均的预测相比，下

半部分中的两个假设意味着 C 取决于 P。回归假设表明，控制选择的决策权重相对于所述的概率是递减的。因此，C 对于小概率相对较高而对于大概率则相对较低。这一预测也来自 H. 艾因霍恩（H. Einhorn）和罗宾·贺加斯（Robin Hogarth）提出的理论，他们提出了一个基于心理模拟、调整和锚定的特定过程模型（Einhorn & Hogarth, 1985）。然而，该模型的预测与回归假设一致。

最后，能力假说意味着当人们感到对某件事很了解时会倾向于在自己的判断上投注，而当他们感到不了解时则倾向于在随机抽奖上投注。因为较高的概率通常需要更多的知识，所以 C 将是 P 的递增函数，除非 100% 的随机抽奖是确定的。

实验结果如表 9-1 和图 9-2 所示。对于 P 的 3 个不同范围，表 9-1 显示了在自己的答案上投注而不是在匹配的抽奖上投注的有偿和无偿被试的百分比。回想一下，每个问题都有 4 个可能的答案，因此最低信心为 25%。图 9-2 显示了支持投注自己的判断而不是抽奖的选项 C 的总体百分比是判断概率 P 的函数。[1] 该图表示当 P 为低值或中等值（低于 65%）时，被试选择抽奖；当 P 很高时，他们会选择自己的答案。有偿和无偿被试的结果模式相同，但后者的效果略强。这些结果证实了能力假说的预测，并排除了 4 个备选解释，特别是二阶概率模型隐含的模糊厌恶假设，以及艾因霍恩和贺加斯模型所暗示的回归假设（Gärdenfors & Sahlin, 1982; Einhorn & Hogarth, 1985）。

---

[1] 在本次及之后的所有图中，我们绘制了 C 在 P 上的保序回归，即用最小二乘法做最佳拟合单调函数（Barlow et al, 1972）。

为了获得能力假说的统计检验，我们分别针对每名被试计算了选择（判断赌注与抽奖）和判断概率（中位数以上与中位数以下）之间的二元相关系数（φ）。判断中位数为 0.65。72% 的被试得到的是正系数，平均值为 0.30，（$t(54)= 4.3, p <0.01$）。为了研究观察到的模式的稳健性，我们重新进行了一次实验，并对实验进行了较大程度的更改。我们没有建立概率与被试所述值相匹配的随机抽奖，而是建立了获胜的概率比被试的判断概率高出 6% 或低 6% 的抽奖。对于非常了解的问题（$P \geq 75\%$），大多数被试的回答（70%）都支持对自己的判断投注而不是抽奖，即使抽奖有更高的获胜概率（6%）。类似地，对于低信心问题（$P \geq 50\%$），即使前者提供较低的获胜概率（6%），大多数被试（52%）也都支持投注抽奖而不是自己的判断。

表 9-1 优先考虑在判断上投注而不是在低、中、高抽奖上投注的有偿被试和无偿被试百分比

	$25 \leq P \leq 50$	$50 < P < 75$	$75 \leq P \leq 100$ (%)
有偿	29	42	55
	(278)	(174)	(168)
无偿	22	43	69
	(394)	(188)	(140)

注：括号中是观察到的数量。

图 9-3 显示了实验 1 中数据的校准曲线（标定曲线）。从图中可以看出，从整体上看，人们对低概率的判断是合理的，但对高概率的判断则表现出明显的过度自信。因此，在精算的基础上，倾向于投注自己的判断而不是高概率的抽奖是不合理的。

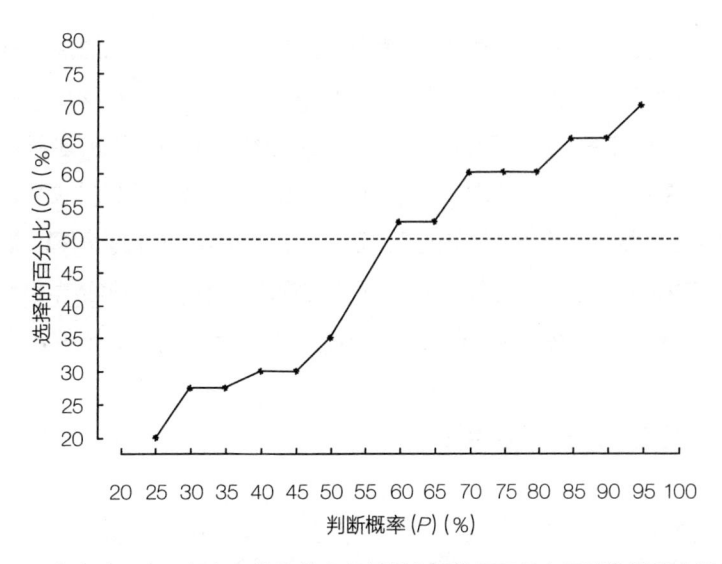

图 9-2 在实验 1 中，倾向于优先考虑在判断上投注而不是在匹配的抽奖上投注的选择的百分比（C）是判断概率（P）的函数

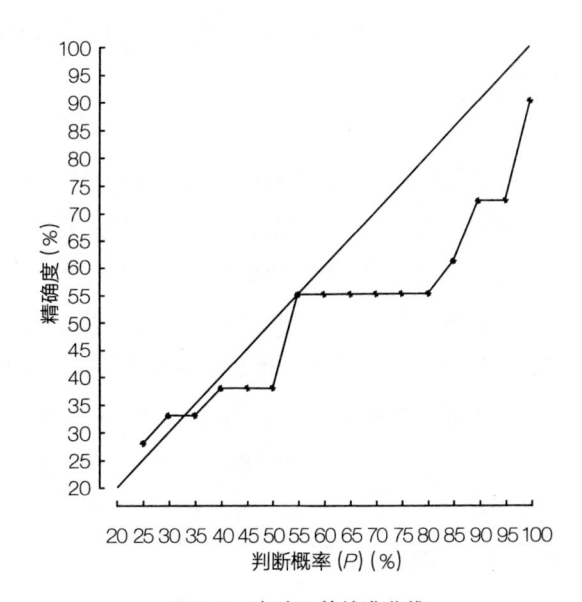

图 9-3 实验 1 的校准曲线

第 9 章 偏好与信念：不确定条件下选择的模糊性与竞争力

对互补投注的分析得到了一种截然不同的模式，在这种投注中，被试被要求对他们选择的答案是错误的进行投注。在所有被试中，40.5%的人支持对判断投注，这表明他们对随机抽奖有统计学意义上的显著偏好[$t(54)=3.8, p<0.01$]。此外，我们发现 C 和 P 之间没有系统性关系，这与图 9-2 中显示的单调关系形成了鲜明对比。根据我们的归因解释，这一结果表明人们更愿意投注自己的信念而不是相反。然而，这些数据也可以通过以下假设来解释，即人们更愿意投注于简单假设，而不是析取假设。

实验 2：足球和政治

我们的下一个实验与上一个实验有 3 个方面的不同之处。首先，它关注的是对现实中的未来事件的预测，而不是对一般知识的评估。其次，它处理的是二元事件，这使得最低信心水平为 0.5，而不是上一个实验中的 0.25。最后，除了概率判断外，被试还评估了他们在每个预测中的知识水平。

一组 20 名学生对连续 5 周每周 14 场的足球比赛的结果进行了预测。对于每场比赛，被试选择他们认为将赢得比赛的队伍，并评估他们所选队伍获胜的概率。被试还以 5 分制评估自己在每场比赛方面的知识水平。在评级之后，被试被问及他们是愿意在自己选择的球队上投注还是在相匹配的随机抽奖上投注。图 9-4 中显示的结果证实了先前的发现。对于高知识水平和低知识水平项（由知识评定量表中的中位数来分别定义），C 是 P 的递增函数。此外，对于任何 $P>0.5$，高知识水平项的 C 都高于低知识水平项的 C。只有 5% 的被试在 C 和 P 之间产生负相关，平均系数为 0.33 [$t(77)=8.7, p<0.01$]。

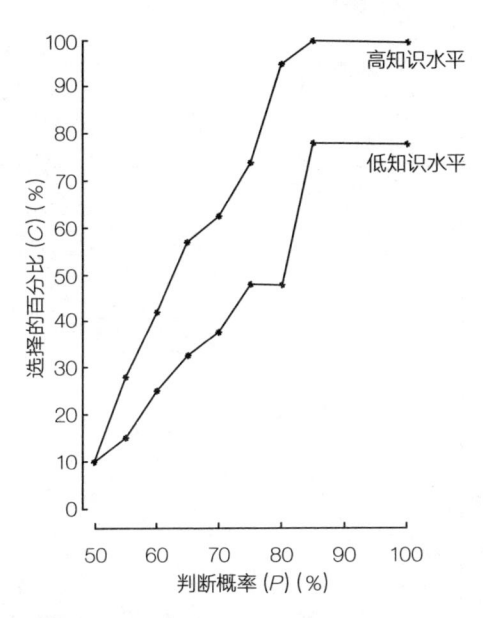

图 9-4　对于足球预测任务中的高知识水平项和低知识水平项（实验 2）倾向于对判断进行投注而不是对匹配的抽奖进行投注选择的百分比（C），是判断概率（P）的函数

我们接下来在 1988 年 8 月于新奥尔良举行的共和党全国代表大会上提出了能力假说。被试是大会的志愿工作者。他们收到了一份一页长的调查问卷，其中包含指导性说明和答卷。我们选出了 13 个州代表不同地理区域的横截面，包括在选举中最重要的州。被试（$N = 100$）由 0（布什肯定会输）到 100（布什肯定会赢）来评估布什在 1988 年 11 月的选举中拿下这 13 个州的概率。就像在足球实验中一样，参与者用 5 分制给自己对每个州的了解程度进行打分，并指出是愿意投注自己的预测还是投注随机抽奖。结果如图 9-5 所示，两种知识水平的 C 均随 P 增加，且在 P 水平上，高知识项的 C 高于低知识项。当被问及家乡时，70% 的参与者选择了对判断进行投注而不是对抽奖进行投注。只有 5% 的被试在 C 和 P 之间产生负相关，平均 φ 系数为 0.42 [$t(99)=$

13.4，$p<0.01$〕。

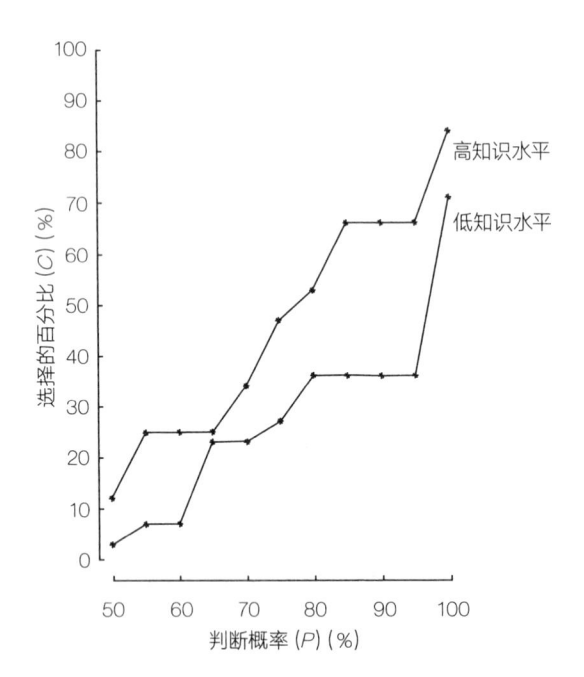

图 9-5 对于实验 2 中的高知识水平项和低知识水平项（选举数据），倾向于对判断而不是匹配的抽奖投注的被试百分比（C）是判断概率（P）的函数

图 9-4 和图 9-5 中显示的结果支持预测真实事件的能力假说：在两个任务中，C 随 P 的增加而增加，如实验 1 所示。然而，在该研究中，概率和知识水平完全相关；因此，选择－判断差异可归因于判断任务中概率尺度的失真。该解释不适用于本实验的结果，因为本实验的结果显示了被评估的知识水平的独立影响。从图 9-4 和图 9-5 中可以看出，对于所有级别的判断概率，被试在高知识水平项中比在低知识水平项中更倾向于投注判断而不是随机抽奖。值得注意的是，在两个数据集中，投注判断的策略不如投注机会的策略成功。前者的命中率分别为 64%

和 78%，而后者的命中率分别为 73% 和 80%。因此，我们观察到的投注选择判断的倾向不会产生更好的表现。

实验 3：远射

前面的实验表明，人们往往更喜欢投注自己的判断而不是匹配的随机事件，即使前者比后者更加模棱两可。图 9-2、图 9-4 和图 9-5 显示的这种效应是在概率量表的高端观察到的。这些数据也许可以用一个简单的假设来解释，即当获胜概率超过 0.5 时，人们更喜欢对判断投注，而当获胜概率低于 0.5 时，人们更喜欢随机抽奖。为了验证这一假设，我们采用了获胜概率较低的高知识水平项，因此被试的最佳猜测不太可能成立。在这种情况下，上述假设意味着对随机抽奖的偏好，而能力假说意味着对判断投注的偏好。这些预测在以下实验中进行检验。

由 108 名学生组成的被试被要求回答 12 个关于未来事件的开放式问题，如哪部电影将赢得今年的奥斯卡最佳影片奖？哪支球队将赢得下一届超级碗？下个季度你哪一科的成绩最好？他们被要求回答每个问题，并估计自己预测正确的可能性，同时还要指出自己在相关领域的知识是高水平还是低水平。开放式问题的使用消除了在先前实验中使用二分预测所设定的 50% 的下限。在被试完成这些任务后，他们被要求分别针对每个问题考虑是愿意投注于自己的预测还是相匹配的随机抽奖。

被试平均回答了 12 个问题中的 10 个。表 9-2 给出了在高知识含量和低知识含量项目中，以及在判断概率低于或高于 0.5 的情况下，相对于随机抽奖，支持判断投注的被试的百分比（C）。每个单元格中的回答数量在括号中给出。结果表明，对于高知识含量项目，无论 P 是高于还是低于 50%（两种情况下 $p < 0.01$），判断投注都优于随机抽奖，这与能力假说相一致。实际上，$P < 0.5$ 时低知识和高知识水平项目之间的差异大于 $P \geqslant 0.5$ 的时候。显然，即使预测不太可能正确，人们也更愿意投注自己对高知识水平项目的预测。

表 9-2 倾向于选择对判断投注而不是对高知识水平和低知识水平，以及对判断概率低于或高于 0.5 的匹配抽奖进行投注的被试百分比（C）

知识评级	判断概率	
	$P < 0.5$	$P \geqslant 0.5$
低	36 (593)	58 (128)
高	61 (151)	69 (276)

注：括号中给出的是回答数量。

实验 4：专家预测

在前面的实验中，我们使用被试对特定项目的评级来定义高知识水平和仅仅知道的知识水平。在这个实验中，我们根据专业知识对被试进行分类来控制知识或能力。为此，我们邀请 110 名学习心理学课程的学生，以 9 分制评估他们对政治和足球的了解状况。在两个领域中的知识水平的评分在中点两侧的所有被试都被要求参加实验。有 25 名被试符合这一标准，除了其中两名之外，所有人都同意参加。他们包括 12 名政治"专家"和 11 名足球"专家"，这是根据他们擅长的领域来定义的。为了使被试给出认真的答复，我们向他们提供了详细的说明，包括校准的讨论，并且我们采用了布列尔评分规则，旨在激励被试给出他们的最佳预测（Lichtenstein et al., 1982）。被试的平均收入约为10美元。

实验包括两个阶段。在第一阶段中，每名被试对40个未来事件（20个政治事件和20个足球比赛）进行了预测。所有的事件均在第一阶段起5周内得到了确切的结果。这些政治事件是关于1988年总统选举中各州的获胜者的。20场足球比赛包括10场职业比赛和10场校际比赛。对于每场比赛（政治或足球），被试通过圈选其中一个参赛者的名字来选择获胜者，然后评估自己的预测将成为现实的概率（从50%到100%）。

根据第一阶段的结果，我们为每个参与者构建了20个投注"三元组"。每个三元组包括3个匹配的投注，投注者的获胜概率相同，它们由以下3项产生：第一，机会设置；第二，被试在其擅长的领域中的预测；第三，被试在其不擅长的领域中的预测。显然，有些事件不只出现在一个三元组中。在第二阶段中，被试对20个投注三元组进行排序。在实验1中，我们参照一个装有100个编号筹码的盒子来定义机会投注。被试被告知他们实际上会在每个三元组中做出选择。为了鼓励他们认真排序，我们告知被试他们在投注游戏中的表现将由第一选择的80%和第二选择的20%联合决定。

数据汇总如表9-3和图9-6所示，其中绘制了3种类型投注对判断概率的吸引力（平均排名顺序）。结果表明人们明显倾向于在擅长的领域进行投注。在所有三元组中，擅长领域的平均等级为1.64，随机抽奖的平均等级为2.12，不擅长领域的平均等级为2.23。通过威尔科克森秩和检验，等级之间的差异性非常显著（$p <0.001$）。根据能力假说，在能力范围内人们更愿意投注自己的判断，但在他们没有充分知情

的领域里更愿意投注随机事件。正如预期的那样，抽奖比100%的高知识水平的投注更受欢迎。这种结果模式与基于模糊性或二阶概率的解释不一致，因为高知识水平和低知识水平的投注都是基于模糊的判断概率，而随机抽奖有明确的概率。模糊厌恶可以解释为什么低知识水平的投注不如高知识水平的投注或机会投注有吸引力，但它无法解释这个实验的主要发现，即模糊的高知识水平投注比清晰的机会投注更受欢迎。

表 9-3 专家研究的排序数据

投注类型	排名			
	第一	第二	第三	平均排名
高知识水平	192	85	68	1.64
机会	74	155	116	2.12
低知识水平	79	105	161	2.23

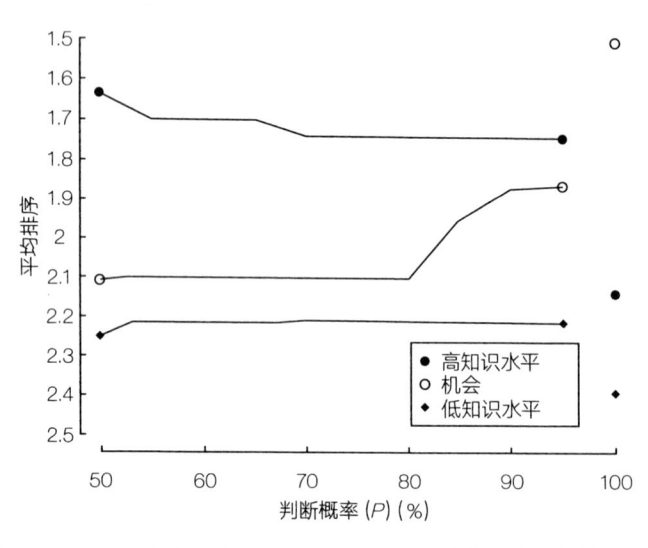

图 9-6 实验 4 中作为 P 函数的高知识水平、低知识水平和机会投注的排序数据

图 9-6 与前几幅图的一个显著区别是，偏好在本质上是独立于 P 的。显然，在这种情况下，通过类别间的对比，充分体现了能力效应；因此，判断概率所暗示的附加知识对投注的选择几乎没有影响。

图 9-7 显示了实验 4 的平均校准曲线，分别针对高知识水平和低知识水平类别。由这些图表可知，判断通常都表现出过度自信：被试的信心超过了他们的命中率。此外，过度自信在高知识水平类别中比在低知识水平类别中更为明显。因此，投注的顺序并不反映判断的准确性。总结所有的三元组，投注随机抽奖的概率为 69%，投注新手类别的概率为 64%，投注专家类别的概率仅为 60%。通过投注专家类别，被试实际上会损失 15% 的预期收益。

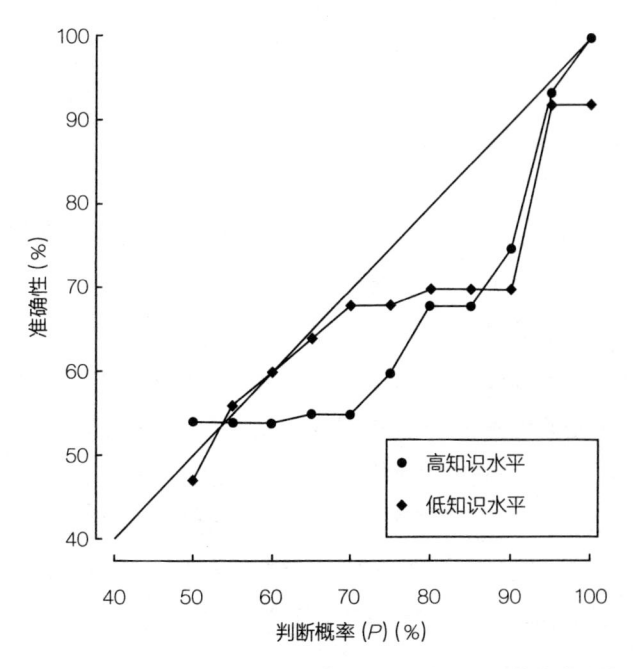

图 9-7 实验 4 中高知识水平类别和低知识水平类别的校准曲线

第 9 章　偏好与信念：不确定条件下选择的模糊性与竞争力

对知识而非机会的偏好不仅体现在分类事件的概率判断（胜利、损失）上，也体现在数值变量的概率分布上。被试（$N = 93$）有机会为各种数据设置80%的置信区间（如斯坦福大学入学新生的平均SAT分数；圣弗朗西斯科到洛杉矶的行驶距离）。在设置置信区间后，被试被要求在以下两项中进行选择：一是其置信区间中含有真实值；二是有80%胜率的抽奖。在大多数情况下，被试更倾向于投注置信区间，尽管这种策略仅在69%的情况下得到了回报，因为他们设定的置信区间通常过于狭窄。同样，被试支付了近15%的溢价来投注自己的判断。

实验5：补充投注

前面的实验依赖于概率判断与随机抽奖和判断投注相匹配。为了控制判断过程中可能存在的偏差，我们对能力假说进行的最后检验是基于一个不涉及概率判断的定价任务。在该实验中我们还要求被试对为投注高知识水平项目而支付的额外费用进行了估计。

由68名学生组成的受试组被要求在12次投注中都要说明其现金等价物（预订价格）。他们被告知选择一对投注目标，一些随机选择的学生将对他们所说的更高额度的现金等价物进行投注（Tversky, Slovic & Kahneman, 1990）。如果给定的命题是真的，那么这个实验中的所有投注都会有15美元的奖金，否则将什么也没有。我们针对不同的被试给出了互补命题。例如，如果纽约和圣弗朗西斯科之间的空中距离超过2 500英里，那么有一半的被试被要求支付15美元的投注定价。如果纽约和圣弗朗西斯科之间的空中距离小于2 500英里，那么另一半的被试被要求为支付15美元的补充投注进行定价。

为了研究不确定性偏好，我们将高知识水平命题和低知识水平命题配对。例如，我们假设被试更了解纽约和圣弗朗西斯科之间的空中距离，而不是东京和曼谷之间的空中距离。我们还假设被试（斯坦福大学的学生）更了解在斯坦福大学而不是拉斯维加斯内华达大学接受校内住宿的本科生的百分比。与之前一样，我们将这些命题分别称为高知识水平项目和低知识水平项目。注意，不确定数量的所述值的选择（如空中距离和学生的百分比）控制了被试对所讨论命题的效度的信心，而与他拥有的与该主题相关的常识无关。我们构建了 12 对互补命题，并且每名被试评估由每对定义的 4 个投注中的一个。例如，在空中距离问题中，4 个命题是 $d(SF, NY) > 2\,500$，$d(SF, NY) < 2\,500$，$d(Be, Ba) > 3\,000$，$d(Be, Ba) < 3\,000$，其中 $d(SF, NY)$ 和 $d(Be, Ba)$ 分别表示圣弗朗西斯科和纽约之间及东京和曼谷之间的空中距离。

请注意，根据预期值，每对互补投注的平均现金等价物应为 7.50 美元。对所有 12 对互补投注进行总结得出，被试平均为高知识水平投注支付了 7.12 美元，对低知识水平投注仅支付了 5.96 美元（$p < 0.01$）。因此，人们实际上支付了近 20% 的能力溢价，以便对更熟悉的命题进行投注。此外，在 12 个问题中，有 11 个问题的（互补的）高知识水平投注的平均价格高于低知识水平投注的平均价格。相比之下，投掷硬币赢 15 美元的平均现金等价物为 7 美元。与我们之前的研究结果一致，随机抽奖的价值高于低知识水平投注，但不高于高知识水平投注。

接下来，我们将用期望效用理论来检验能力假说。设 H 和 $\overline{H}$ 表示两个互补的高知识水平的命题，并设 L 和 $\overline{L}$ 表示相应的低知识水平命题。假设一个决策者对投注 H 的偏好大于 L，对投注 $\overline{H}$ 的偏好大于 $\overline{L}$。这种模式与期望效用理论不一致，因为它暗示了 $P(H) > P(L)$ 且 $P(\overline{H}) > P(\overline{L})$，与可加性假设 $P(H) + P(\overline{H}) = P(L) + P(\overline{L}) = 1$ 相反。此外，如果高知识水平的投注比低知识水平的投注更受欢迎，那么可能出现这种模式。因为 4 个命题（H, $\overline{H}$, L, $\overline{L}$）由 4 个不同的受试组进行评估，我们采用了被试之间的可加性测试。设 $M(H_i)$ 为高知识水平命题 H_i 的中位数价格。当 $M(H_i) > M(L_i)$ 且 $M(\overline{H_i}) \geqslant M(\overline{L_i})$ 时，对问题 i 的反应违反了能力假说所暗示的可加性。

被试在 12 对问题中的 5 对中表现出了对高知识水平投注的偏好，并且没有一对表现出相反的模式。例如，对"斯坦福大学 85% 以上的本科生选择了校内住宿"这一命题投注的中位数为 7.50 美元，而对互补命题下注的现金等价物中位数为 10 美元。相比之下，投注"超过 70% 的拉斯维加斯内华达大学本科生选择校内住宿"这一命题的现金等价物中位数为 3 美元，互补命题投注的中位数为 7 美元。因此，大多数被试愿意支付更多金额来投注高知识水平项目的任意一方，而不是低知识水平项目的任何一方。

基于中位数的前述分析可以扩展如下。对于每对命题 (H_i, L_i)，我们计算了 H_i 的现金等价物超过了 L_i 的现金等价物的相对比例，用 $P(H_i > L_i)$ 表示。我们还计算了互补命题的 $P(\overline{H_i} > \overline{L_i})$。所有关系都被排除在外。根据期望效用理论

$$P(H_i > L_i) + P(\overline{H_i} > \overline{L_i}) = P(L_i > H_i) + P(\overline{L_i} > \overline{H_i}) = 1$$

因为概率的可加性意味着对于支持 H_i 而不是 L_i 的每一个比较，都

应该有另一个支持 $\bar{L}_i$ 而不是 $\bar{H}_i$ 的比较。此外，如果人们更喜欢高知识水平的赌注，正如能力假说所暗示的那样，我们期望

$$P(H_i > L_i) + P(\bar{H}_i > \bar{L}_i) > P(L_i > H_i) + P(\bar{L}_i > \bar{H}_i)$$

在 12 对互补命题中，10 对满足了上述不等式，1 对满足相反的不等式，1 对为等式，这表明在能力假说所暗示的方向上显著违反了可加性（通过符号检验，$p<0.01$）。这些发现证实了检验中的能力假说，该检验不依赖于概率判断或者判断投注与匹配抽奖的比较。因此，目前的结果不能归因于在判断过程中或在高知识水平项目和低知识水平项目的匹配中存在的偏好。

讨论

本文中提到的实验在概率判断和投注选择之间建立了一致且普遍存在的差异性。实验 1 表明，对知识而不是随机抽奖投注的偏好随着判断信心的增加而增加。实验 2 和实验 3 在真实世界的未来事件中同样得到了这一结论，并证明了知识效应与判断概率无关。在实验 4 中，我们将被试分到擅长和不擅长的领域，并证明了人们喜欢投注自己擅长的领域且不喜欢投注自己不擅长的领域；机会投注介于两者之间。这种模式不能通过模糊性或二阶概率来解释，因为机会是明确的，而判断概率是模糊的。最后，实验 5 证实了在不依赖概率匹配的定价任务中对能力假说的预测，并且证明了人们会为投注高知识水平项目支付近 20% 的溢价。

这些观察结果与我们的归因解释一致，该解释认为知识导致了表扬

和批评的内在平衡的非对称性。我们认为，有能力让人们在正确的时候获得赞扬，而缺乏能力则让人们在错误的时候受到指责。因此，人们更喜欢在高知识水平上投注而不是匹配的抽奖，并且他们更喜欢在匹配的抽奖而不是在低知识水平上投注。这个说明解释了文献中提到的其他不确定性偏好的例子，特别是在机会设置中偏好清晰的概率而不是模糊的概率（Ellsberg，1961），偏好对未来的事件投注而不是对过去的事件投注（Rothbart & Snyder，1970; Brun & Teigen，1989），偏好对技能投注而不是对随机事件投注（Cohen & Hansel，1959; Howell，1971），以及在知识渊博的人面前表现出更强烈的模糊厌恶情绪（Curley，Yates & Abrams，1986）。一个强有力的发现是，在能力范围内，人们更喜欢为自己（模糊）的信念投注而不是为相匹配的偶然事件投注，这表明知识或能力的影响超过了模糊的影响。

在实验 1 至实验 4 中，我们使用概率判断来建立信念，通过选择数据以建立偏好。此外，我们将选择-判断差异解释为偏好效应。相反，可以认为选择-判断差异可归因于判断偏差，即低估高知识水平项目的概率且高估低知识水平项目的概率。但是，现有证据并不支持这种解释。首先，它意味着人们对高知识水平项目不像对低知识水平项目那样过度自信，这与事实相反（如图 9-7 所示）。其次，概率判断不能被认为是无关紧要的，因为在存在评分规则的情况下，如实验 4 中使用的评分规则，这些判断代表着另一种形式的投注。最后，判断偏差无法解释实验 5 的结果。实验 5 显示，在不涉及概率判断的定价任务中，人们倾向于投注高知识水平项目。

偏好和信念之间的区别是贝叶斯决策理论的核心。对该理论的标准解释假定：第一，个体表达的信念（即概率判断）与可加的概率尺度一致；第二，个体的偏好与期望原则一致，因此从选择中得出了（主观）概率尺度；第三，从判断和选择中获得的主观概率的两个尺度是一致的。请注意，前两点在逻辑上是独立的。例如，阿莱的反例违反了第二点但没有违反第一点。实际上，许多作者引入了源于偏好的非可加性决策权重，以适应观察到的违反期望原则的情况（Kahneman & Tversky，1979）。不过这些决策权重无须反映决策者的信念。一个人可能会认为从一副洗好的牌中抽出黑桃 A 的可能性是 1/52，但是在对这个事件进行投注时人们可能会赋予它更高的权重。同样，埃尔斯伯格的例子并不能证明人们认为明确事件比相应的模糊事件更有可能发生；它只表明了人们更愿意在明确的事件上投注。遗憾的是，"主观概率"一词在文献中被用来描述来自偏好的决策权重及信念的直接表达。在贝叶斯理论的标准解释下，这两个概念是一致的。然而，当我们超越这一理论时，对两者进行区分是至关重要的。

控制模糊性

信念和偏好之间的区别对模糊效应的解释尤为重要。一些作者得出的结论是，当获胜的概率很小或失败的概率很高时，人们宁愿它是模糊不清的（Curley & Yates，1989；Einhorn & Hogarth，1985；Hogarth & Kunreuther，1989）。然而，这种解释可能会受到挑战，你很快就会看到，数据可能反映的是信念的差异，而非不确定性偏好。在本节中，我们研究了用于控制模糊性的实验程序，并认为它们往往将模糊性与感知概率混淆了。

也许控制模糊性最简单的程序是改变决策者对给定的概率估计的信心。贺加斯和他的合作者使用了这个程序的两个版本。艾因霍恩和贺加斯基于"独立观察者的判断",向被试展示了概率估计,并改变了与该估计相关的信心(Einhorn & Hogarth,1985)。贺加斯和 H. 昆鲁斯(H. Kunreuther)赋予了被试对给定事件"概率的最佳估计",并通过改变与该估计相关的信心来控制模糊性(Hogarth & Kunreuther,1989)。但是,如果我们希望将人们对这类事件的投注意愿解释为模糊寻求或模糊厌恶,就必须首先验证控制模糊性不会影响被试对事件的感知概率。

为了对这个问题进行研究,我们首先复制了贺加斯和昆鲁斯所做的模糊性控制(Hogarth & Kunreuther,1989)。我们组织了一组被试($N = 62$),称其为高信心组,并向他们提供了以下信息:

想象一下,你是一家大型保险公司的部门负责人。一家小公司的老板来找你,要求为一笔10万美元的损失投保,这笔损失可能是由于客户对一件有缺陷的产品的索赔而造成的。你已经考虑过制造过程、所用机器的可靠性及业务记录中包含的证据。在考虑了现有的证据之后,你对出现残次品的可能性的最佳估计值是0.01。在这种情况下,你对这个估算的准确性充满了信心。当然,随着对情况进行更深入的思考或收到了其他信息,你会更新自己的估计。

第二组被试($N = 64$)为低信心组。他们收到了相同的信息,只是"你对这个估算的准确性充满信心"被替换为"你认为这个估算的准确性有很大的不确定性"。

然后所有被试被问到:

你认为新的估计是（单选）：

高于 0.01_____

低于 0.01_____

正好是 0.01_____

这两个受试组还被要求评估另一个案例，其中所述的损失概率为 0.90。如果所述值（0.01 或 0.90）被解释为相应二阶概率分布的均值，那么被试对更新后的估计的期望应与当前"最佳估计"一致。此外，如果控制信心影响了模糊性而没有影响感知概率，那么高信心组和低信心组的反应之间应该没有差异。表 9-4 中"你给出的概率"标题下的数据明显与这些假设不一致。低信心条件下的答案分布比高信心条件下的分布偏差更大。此外，概率为 0.01 时，偏度为正，而概率为 0.90 时，偏度为负。告知被试他们的最佳估计"有相当大的不确定性"会引发逆转：第一个问题的预期损失概率高于 0.01，第二个问题低于 0.90。信心（高 - 低）和方向（高于 - 低于）之间的相互作用在统计学上是显著的（$p < 0.01$）。

我们还重复了艾因霍恩和贺加斯所用的方法，其中被试被告知"独立观察者已经表明有残次品的概率是 0.01"（Einhorn & Hogarth，1985）。高信心组中的被试（$N = 52$）被告知"你可能会对估计值感到自信"，而低信心组的被试（$N = 52$）被告知"你可能会认为估计值有相当大的不确定性"。然后两组被试都被问到他们对遭受损失概率的最佳猜测是 0.01、低于 0.01，还是恰好是 0.01。两组被试还评估了另一个损失概率为 0.90 的案例。表 9-4 中"他人的估计"标题下的结果，揭示了上面观察到的模式。在高信心条件下，答案的分布非常对称；但在低信心条件下，分布在 0.01 时呈现正偏态，在 0.90 时呈现负偏态。同样，信心（高 - 低）和方向（高于 - 低于）之间的相互作用在统计学上是显著的（$p < 0.01$）。

表 9-4 在高信心和低信心指令下对 0.01 和 0.90 的所述概率的主观评估

给定值	答案	你给出的概率 高信心	你给出的概率 低信心	他人的估计 低信心	他人的估计 低信心
0.01	高于 0.01	45	75	46	80
	恰好是 0.01	34	11	15	6
	低于 0.01	21	14	39	14
0.90	高于 0.01	29	28	42	26
	恰好是 0.01	42	14	23	12
	低于 0.01	29	58	35	62

注：表中数据是选择 3 个响应中的每个响应的被试百分比。

这些结果表明，控制信心不仅影响了所讨论事件的模糊性，还影响了其感知概率：它们增加了极不可能事件的感知概率，并降低了可能事件的感知概率。这种类型的逆转根本不合理，甚至可以通过适当的先验分布加以合理化。由于概率的转变，当损失概率高（0.90）时，投注于更模糊的估计应该更有吸引力，而当损失概率低（0.01）时，投注于更模糊的估计应该就不再有吸引力了。当损失概率很高（0.90）时，对模糊估计的投注应该更具吸引力，而当损失概率较低（0.01）时，则不那么有吸引力。这正是艾因霍恩和贺加斯及贺加斯和昆鲁斯所观察到的偏好模式，但它并不需要模糊寻求或模糊厌恶，因为不仅在模糊性方面，事件的感知概率也不同（Einhorn & Hogarth, 1985; Hogarth & Kunreuther, 1989）。

表 9-4 的结果及贺加斯和他的合作者的发现可以通过以下假设来解释：被试将所述概率值解释为二阶概率分布的中位数（或模式）。如果与极端概率相关的二阶分布偏向于 0.5，那么平均值不如中位数极端，并且当模糊度高时，它们之间的差异大于模糊性低时的差异。因此，控制贝叶斯模型中的选择的二阶概率分布的均值在低信心下比在高信心下更具有回归性（即更接近 0.5）。

即使当模糊性被机会过程的信息控制时，也可能会出现模糊性和信念程度的混淆。与埃尔斯伯格对 50/50 盒子与未知盒子的比较不同，其中对称性排除了一个方向或另一个方向上的偏差，不对称问题中类似的控制模糊性的操作可能产生逆转，如帕雷尔（Parayre）和卡尼曼未发表的研究所示。[①]

这些研究人员比较了一个明确的事件（由盒子里红球比例决定）和一个模糊的事件（由指定颜色的球所占的比例范围决定）。对于一个模糊事件 [0.8, 1]，被试被告知红球的比例为 0.8～1，而明确的事件则为 0.9。表 9-5 列出了低、中、高 3 个概率水平的选择和判断数据。与先前的工作一致，选择数据显示，当获胜概率较低且失败概率较高时，被试倾向于在模糊事件上投注，并且在其他所有情况下他们都倾向于投注明确事件。帕雷尔和卡尼曼实验的新特征是使用基于长度判断的感知评定量表，它提供了对概率的非数值评估。通过应用这个量表，研究人员发现判断概率是递减的。也就是说，模糊的低概率事件 [0, 0.10] 被认为与明确事件相比更可能为 0.05，且模糊的高概率事件 [0.8, 1] 被认为与明确事件相比更不可能为 0.9。对于中等概率，模糊事件 [0, 1]

---

① 感谢帕雷尔和卡尼曼为我们提供了这些数据。

与明确事件之间的判断没有显著差异，为 0.5。这些结果与表 9-4 的数据一致，这表明对模糊事件的偏好（在低端观察到是正投注而在高端观察到是负投注）可以反映出对感知概率上的倒退性转变，而不是对模糊的偏好。

表 9-5　在判断和选择中偏好明确事件和模糊事件的被试百分比

概率（赢/输）		判断 N = 72	选择 赢 100 美元 N = 58	选择 输 100 美元 N = 58
低	0.05	28	12	66
	[0, 0.10]	47	74	22
中	0.5	38	60	60
	[0, 1]	22	26	21
高	0.9	50	50	22
	[0.8, 1]	21	34	47

注：每种条件下两个值的总和小于 100%，其余的反应等同。在选择任务中，低概率为 0.075 和 [0, 0.15]。N 表示样本大小。

结束语

关于能力效应、偏好与信念之间关系的研究结果对假设偏好和信念的独立的选择模型的标准解释提出了挑战。结果也与后贝叶斯模型不一致，后贝叶斯模型应用二阶信念来解释模糊性或一部分知识的影响。此外，我们的研究结果对用偏好来定义信念的基本观点提出了质疑。如果对不确定性事件投注的意愿取决于该事件的感知概率和对该估计的信心，那么从投注之间的偏好中得出潜在的信念（如果有可能的话）是非常困难的。

除了挑战现有模型外，能力假说可能有助于解释不确定性决策的一些令人困惑的方面。这可能会让我们看到这样一个观察结果：许多决策者并未将其能力范围内可计算的风险视为赌博（March & Shapira, 1987）。这也可能有助于解释为什么投资者有时愿意放弃多元化的优势，而把注意力集中在他们可能熟悉的少数几家公司上（Blume, Crockett & Friend, 1974）。能力假说对整个决策的影响还有待探索。

致谢

我们从与马克斯·巴泽曼、丹尼尔·埃尔斯伯格、理查德·冈萨雷斯（Richard Gonzales）、罗宾·贺加斯、琳达·金泽尔（Linda Ginzel）、丹尼尔·卡尼曼和埃尔德·沙菲尔的讨论中受益匪浅。

参考文献

Anscombe, F. J., & Aumann, R. J. (1963). A definition of subjective probability. *Annals of Mathematical Statistics*, *34*, 199–205.

Barlow, R. E., et al. (1972). *Statistical inference under order restrictions: The theory and application of isotonic regression*. New York, NY: John Wiley.

Blume, M. E., Crockett, J., & Friend, I. (1974). Stock ownership in the United States: Characteristics and trends. *Survey of Current Business*, *54*, 16–40.

Brun, W., & Teigen, K. (1990). Prediction and postdiction preferences in guessing. *Journal of Behavioral Decision Making*, *3*, 17–28.

Budescu, D., Weinberg, S., & Wallsten, T. (1988). Decisions based on numerically and verbally expressed uncertainties. *Journal of Experimental Psychology: Human Perception and Performance*, *14*(2), 281–294.

Cohen, J., & Hansel, M. (1959). Preferences for different combinations of chance and skill in gambling. *Nature*, *183*, 841–843.

Curley, S., & Yates, J. F. (1989). An empirical evaluation of descriptive models of ambiguity reactions in choice situations. *Journal of Mathematical Psychology, 33,* 397–427.

Curley, S., Yates, J. F., & Abrams, R. (1986). Psychological sources of ambiguity avoidance. *Organizational Behavior and Human Decision Processes, 38,* 230–256.

Einhorn, H., & Hogarth, R. (1985). Ambiguity and uncertainty in probabilistic inference. *Psychological Review, 93,* 433–461.

Ellsberg, D. (1961). Risk, ambiguity, and the savage axioms. *Quarterly Journal of Economics, 75,* 643–669.

Ellsberg, D. (1963). Risk, ambiguity, and the savage axioms: Reply. *Quarterly Journal of Economics, 77,* 336–342.

Fellner, W. (1961). Distortion of subjective probabilities as a reaction to uncertainty. *Quarterly Journal of Economics, 75,* 670–689.

Fishburn, P. (1988). *Nonlinear preference and utility theory.* Baltimore, MD: Johns Hopkins University Press.

Frisch, D., & Baron, J. (1988). Ambiguity and rationality. *Journal of Behavioral Decision Making, 1,* 149–157.

Gärdenfors, P., & Sahlin, N.-E. (1982). Unreliable probabilities, risk taking, and decision making. *Synthese, 53*(3), 361–386.

Hogarth, R., & Kunreuther, H. (1988). *Pricing insurance and warranties: Ambiguity and correlated risks.* Unpublished manuscript, University of Chicago and University of Pennsylvania.

Hogarth, R., & Kunreuther, H. (1989). Risk, ambiguity, and insurance. *Journal of Risk and Uncertainty, 2,* 5–35.

Howell, W. (1971). Uncertainty from internal and external sources: A clear case of overconfidence. *Journal of Experimental Psychology, 89*(2), 240–243.

Kahneman, D., & Tversky, A. (1979). Prospect theory: An analysis of decision under risk. *Econometrica, 47,* 263–291.

Lichtenstein, S., Fischhoff, B., & Phillips, L. (1982). Calibration of probabilities: The state of the art to 1980. In D. Kahneman, P. Slovic, & A. Tversky (Eds.), *Judgment under uncertainty: Heuristics and biases* (pp. 306–334). New York, NY: Cambridge University Press.

March, J., & Shapira, Z. (1987). Managerial perspectives on risk and risk taking.

Management Science, *33*(11), 1404–1418.

Raiffa, H. (1961). Risk, ambiguity, and the savage axioms: Comment. *Quarterly Journal of Economics*, *75*, 690–694.

Ramsey, F. (1931). Truth and probability. In F. P. Ramsey (Ed.), *The foundations of mathematics and other logical essays* (pp. 156–198). New York, NY: Harcourt, Brace and Co.

Rothbart, M., & Snyder, M. (1970). Confidence in the prediction and postdiction of an uncertain outcome. *Canadian Journal of Behavioural Science*, *2*(1), 38–43.

Savage, L. (1954). *The foundations of statistics*. New York, NY: Wiley.

Schmeidler, D. (1989). Subjective probability and expected utility without additivity. *Econometrica*, *57*(3), 571–587.

Skyrm, B. (1980). Higher order degrees of belief. In D. H. Mellor (Ed.), *Prospects for pragmatism: Essays in memory of F. P. Ramsey* (pp. 109–137). Cambridge, England: Cambridge University Press.

Tversky, A., Slovic, P., & Kahneman, D. (1990). The causes of preference reversal. *American Economic Review*, *80*, 204–217.

The Essential
Tversky

第 10 章

对小数定律的信念

阿莫斯·特沃斯基
丹尼尔·卡尼曼

"假设你在一个由 20 个人组成的受试组中进行了一项实验并得到了一个显著性结果,证实了你的理论（$z = 2.23$, $p < 0.05$,双侧检验）。你现在需要再对另外一组的 10 名被试进行实验。那么通过单侧检验,这个小组的结果为显著性结果的概率是多少?"

如果你觉得概率大约是 0.85,你可能会很开心地知道自己属于多数派。事实上,这是两个被试小组答案的中位数,他们很友好地填写了在数学心理学小组和美国心理学会会议上分发的调查问卷。

此外,如果你觉得概率大约为 0.48,那么你属于少数派。我们的 84 名被试中只有 9 名的答案介于 0.40 和 0.60 之间。然而,0.48 恰好是比 0.85 更合理的估计。[1]

显然，大多数心理学家都夸大了成功复制已获得的发现可能性的信念。这种信念的来源及其对科学探究的影响是本章的主要内容。我们的论点是人们对随机抽样有很强的直觉；这些直觉从根本上说是错误的；这些直觉是无经验的被试和训练有素的科学家所共有的，并且在科学探究过程中它们的应用导致了不好的后果。

我们认为，人们觉得从群体中随机抽取的样本具有高代表性，即在所有基本特征上与总体相似。因此，他们期望由一个特定的总体中抽取的任意两个样本比抽样理论预测的更相似、更接近总体，至少对于小样本来说是这样。

将样本视为代表的倾向在各种各样的情况中都很明显。当被试被要求随机抛出一枚均匀的硬币时，他们所得到的结果是，在任何一个短时段中正面出现的比例都比机会法则预测的结果更接近 0.50（Tune，1964）。因此，响应序列的每个部分都高度代表着硬币的"公平性"。

---

[1] 所需的估计可以用几种方式解释。一种可能的方法是遵循常见的研究实践，即用一项研究中获得的值来定义一个零假设的合理替代方案。然后，问题中要求的概率可以被解释为第二次测试的效度（即在第二组样本中获得显著性结果的概率）相对于第一个样本的结果所定义的备选假设。在方差已知的均值检验的特殊情况下，我们可以根据总体均值等于第一个样本均值的假设来计算检验的效度。由于第二组样本量是第一组样本量的一半，因此获得 $z \geq 1.645$ 的计算概率仅为 0.473。从理论上讲，更合理的方法是在贝叶斯框架内解释期望概率，并根据适当选择的先验分布来计算它。假设先验均匀，则前景的后验概率为 0.478。显然，如果先验分布有利于零假设，通常情况下，后验概率很可能会更小。

当被试连续预测随机生成序列的事件时，研究人员也观察到了类似的结果，如概率学习实验（Estes，1964）或其他连续的机会游戏。被试的行为就像随机序列的每个部分必须反映真实比例那样：如果序列偏离了总体比例，那么预期会出现另一个方向的矫正偏差。这种现象被称为赌徒谬误。

赌徒谬误的核心是对机会定律的公平性的误解。赌徒认为硬币的公平性使他有权利期望一个方向的任何偏差很快就会被另一个方向的相应偏差所抵消。然而，即使是最公平的掷硬币游戏，由于记忆和道德感的限制，也无法如赌徒所期望的那样公平。这种谬误并不是赌徒独有的。请思考以下例子：

已知一座城市八年级学生的平均智商为100。你选取了50个学生为随机样本来研究教育成果。第一个接受检验的学生的智商为150。你认为整个样本的平均智商是多少？

正确答案是101。令人惊讶的是，大多数人认为样本的预期智商仍为100。只有相信随机过程是可以自我矫正的，才能证明这种期望是合理的。诸如"错误相互抵消"之类的习语反映了积极的自我矫正过程。自然界中一些熟悉的过程遵循着这样的规律；偏离平衡会产生恢复平衡的力。相比之下，机会定律并不是这样的：随着取样的进行，偏差不会消失，只是被稀释了。

到目前为止，我们已经尝试着描述了关于机会的两个相关直觉。我们提出了一个代表性假设，根据这个假设，人们认为样本彼此间非常相似，而且样本与抽取样本的总体非常相似。我们还认为人们相信抽样是一个自我矫正的过程。这两种信念导致了同样的结果。两者都产生了对样本特征的预期，这些预期的可变性小于真实可变性，至少对于小样本来说是这样。

大数定律确保了非常大的样本确实能很好地代表其所在的总体。此外，如果自我矫正倾向在起作用，那么小样本也应该具有高代表性，且彼此相似。人们对随机抽样的直觉似乎符合小数定律，它断言大数定律也适用于小数。

假设有一位科学家，他的生活遵循着小数定律。他的信念将如何影响其科学工作？假设我们的科学家所研究的现象的大小相对于不受控制的可变性较小，也就是说，他从自然界接收到的信息的信噪比较低。这位科学家可能是气象学家、药理学家，也可能是心理学家。

如果科学家相信小数定律，那么他就会对基于小样本得出的结论的效度过度自信。举例来说，假设他正在研究两个婴儿更喜欢玩哪个玩具。在研究的前 5 个婴儿中，有 4 个表现出对同一玩具的偏好。许多心理学家在这一点上会有一些信念，认为无偏好的零假设是错误的。幸好，这种信念并不是期刊出版的充分条件，尽管对一本书来说可能是这样。通过快速计算，我们的心理学家会发现，在零假设下得到一个极端结果的概率高达 3/8。

诚然，统计假设检验在科学推理中的应用存在着巨大的困难。然而，显著性水平（或似然比，贝叶斯估计可能更好）的计算迫使科学家根据抽样方差的有效估计而不是根据自己的主观偏差估计来评估所获得的效果。因此，统计检验可以通过监管许多其想要遵守小数定律的成员，来阻止科学界过于仓促地拒绝零假设（I 型错误）。此外，对于未能确认有效研究假设（II 型错误）的风险，却没有类似的保障措施。

想象一位研究成就需求与成绩之间的相关性的心理学家。在决定样本量时，他可能会做出如下推断："我期望什么样的相关性？$r = 0.35$。我需要 N 是多少才能使结果具有显著性？（查看表格）$N = 33$。很好，这是我的样本量。"这个推理的唯一缺陷是我们的心理学家已经忘记了抽样变异的存在，这可能是因为他认为任何样本都必须高度代表其总体。但是，如果他对总体相关性的猜测是正确的，那么样本中的相关性可能低于或高于 0.35。因此，对于 $N = 33$，获得显著性结果（即检验功效）的概率大约是 0.50。

在对统计能力的详细研究中，科恩对大、中、小效应给出了合理的定义，并为各种统计检验的效度估计提供了一套广泛的计算辅助工具（Cohen, 1962, 1969）。例如，根据建议的定义，在针对两种方法之间的差异的标准检验中，0.25σ 的差异很小，0.50σ 的差异中等，1σ 的差异很大。文书工作人员和半熟练工人之间的平均智商差异是中等效应。在一项设计巧妙的科研实践中，科恩回顾了在《变态和社会心理学杂志》(*Journal of Abnormal and Social Phychology*) 一卷中发表的所有统计分析，并计算了检测 3 种效应大小的可能性（Cohen, 1962）。小效应检测的平均效度为 0.18，中等效应检测的平均效度为 0.48，大效应检测的平均效度为 0.83。如果心理学家通常期望中等效应并像上述例子中一样选择样本大小，他们的研究效度确实应该约为 0.50。

科恩的分析表明，许多心理学研究的统计效度低得离谱。这是一种弄巧成拙的做法：它使得科学家们受挫，研究效率低下。研究人员如果检验了一个有效的假设，但没有得到显著性结果，他们就会认为大自然是不可信的，甚至是充满敌意的。此外，正如 J. E. 奥弗奥尔（J. E. Overall）所表明的那样，缺乏统计效度的研究的盛行不仅是种浪费而且实际上是有害的：它导致在已发表的结果中存在着大量的无效的拒绝零假设的结果（Overall，1969）。

由于对统计效度的考虑在设计重复研究中特别重要，所以我们在调查问卷中探讨了关于重复的态度。

> 假设你的一位博士生完成了针对 40 只动物的艰难且耗时的实验。他对大量变量进行了评分和分析。他的结果通常是不确定的，但前后比较得到了一个显著性结果，$t = 2.70$，这是令人惊讶的，且可能具有重要的理论意义。
>
> 考虑到结果的重要性、其惊人的价值及该学生所进行的数据分析，你是否会建议他在发表之前重复该研究？如果你建议重复，会建议他在重复实验中测试多少只动物？

我们向一些心理学家提出了这些问题，大多数人给出的答案倾向于重复：75 名被试中有 66 人建议重复，这可能是因为他们怀疑这个唯一的显著性结果是偶然出现的。中间意见是建议该博士生在重复研究中测试 20 只动物。这是因为他们认为这一建议可能带来的结果具有启发意义。如果第二个样本中的均值和方差实际上与第一个样本中的相同，那么得到的 t 值将是 1.88。根据本章开头脚注中的推理，学生在重复实验中获得显著结果的机会仅略高于 1/2（$p = 0.05$，单侧检验）。由于预计 20 个重复实验的样本对于被试来说似乎是合理的，我们添加了以下问题：

假设你的学生实际上已经用另外20只动物重复了首次研究，并且在同一方向上获得了非显著性结果，$t = 1.24$。你现在的建议是什么？请从下列选项中选择一个（括号中的数字指的是选择每个选项的被试人数）：

A. 他应汇总结果并将其结论作为事实发表（0）

B. 他应将结果作为暂定结果来发表（26）

C. 他应该对另一组动物进行实验（中位数是20）（21）

D. 他应该尝试找出两组之间差异性的成因（30）

值得注意的是，无论人们对最初的发现是否有信心，它的可信度肯定会因为重复而得到提高。不仅两个样本的实验效果方向相同，而且重复效果的大小完全是初始研究的2/3。鉴于我们的被试给出了建议的样本量（20），重复研究应该会与人们期望的一样成功。然而，选择结果的分布显示，在进行推荐的重复研究后，被试对学生的发现仍持怀疑态度。这种不好的状况是统计效度不足的典型后果。

与某些方面合理的回答B和C相比，最普遍的回答D是站不住脚的。我们怀疑，如果被试意识到这两项研究之间的差异甚至不具有显著性，是否会得到相同的答案（如果两个样本的方差相等，t为0.53）。在没有统计检验的情况下，我们的被试遵循了代表性假设：由于两个样本之间的差异大于他们的预期，因此他们认为应该得到相应的解释。然而，尝试"找出两组之间差异性的成因"很可能是在解释噪声。

总的来说，我们的被试对重复进行了相当严格的评估。这遵循了代表性假设：如果我们期望所有样本彼此间非常相似，那么几乎所有的有效假设的复制版都应该具有统计学上的显著性。成功复制的苛刻标准体现在对下列问题的回答中：

> 一名研究人员公布了你认为难以置信的结果。他的实验样本为 15，并公布了一个显著值，$t = 2.46$。另一名研究人员试图复制他的步骤，被试数量相同但得到的 t 值并不显著。两组数据的方向相同。
>
> 你正在审阅相关文献。被你描述为复制失败的第二组数据中 t 的最大值是多少？

我们的大多数受访者认为 $t = 1.70$ 是无法复制的。如果将这两个研究的数据（$t = 2.46$ 和 $t = 1.70$）合并，那么合并后的数据的 t 值约为 3.00（假设方差相等）。因此，我们面临着一种似是而非的情况，在这种情况下，同样的数据如果被视为原始研究的一部分，会增加我们对这一发现的信心，但如果被视为一项独立研究，就会动摇我们的信心。这种双重标准尤其令人不安，由于存在许多原因，重复实验通常被认为是独立的研究，而且通常会通过列出确认和否定报告来评估假设。

与普遍的看法相反，当重复实验的样本通常大于原始样本时，重复实验可以进行。对已获得的发现进行复制的决定，通常反映出人们对该发现的极大喜爱，以及希望看到它被持怀疑态度的群体所接受的态度。由于该群体不合理地要求复制具有独立的显著性，或者至少近似具有显著性，因此必须使用大样本进行重复实验。为了进行说明，假设之前讨论过的那位不幸的博士生的初始结果具有效度（$t = 2.70$，$N = 40$），并且如果他愿意接受 t 低于 1.70 的风险（只有 0.10），那么他应该在重复研究中使用大约 50 只动物作为样本。如果初始结果较弱（$t = 2.20$，$N = 40$），获得相同效度所需的重复实验的样本量应上升为约 75 只。

到目前为止我们所讨论的效应不仅限于关于均值和方差的假设，被试针对以下问题的回答证明了这一点：

> 你进行了一项相关研究，是对 100 名被试进行 20 个变量的评分。190 个相关系数中有 27 个在 0.05 水平上显著；其中 9 个的显著性超出 0.01 水平。显著相关系数的平均绝对水平为 0.31，从理论上讲，这一结果的模式非常合理。在这项研究的精确复制中，在 $N = 40$ 时，你预计 27 个显著相关性中有多少会再次显著？

当 $N = 40$ 时，0.05 水平上的显著性需要约 0.31 的相关性。这是原始研究中显著相关的平均值。因此，只有大约一半的原始显著相关（即 13 或 14）在 $N = 40$ 时仍然是显著的。此外，当然复制过程中的相关性必然与原始研究中的不同。因此，通过回归效应，原始显著系数最有可能降低。因此，与原始的 27 相比，8 到 10 个重复实验的显著相关可能是一个人预期的慷慨估计。我们的受访者的估计值中位数为 18。这比从 100 名被试中随机抽取 40 名被试重新计算相关性时发现的重复实验显著相关数还要多！显然，人们期望的不仅仅是复制样本中的原始统计数据；他们希望复制结果的显著性，且不用考虑样本量。这种预期需要对代表性假设进行扩展；即使是小数定律也无法产生这样的结果。

虽然在实践中备受遣责，但人们总是期望抽样数据结果在总体中都是可复制的，进而相信这是普适性的原理。计算出 3 个焦虑指数和 3 个依赖指数之间所有的相关关系的研究者通常会非常自信地报告和解释所得到的单一显著相关性。他对这一不可靠的发现充满了信心，这是因为他相信所得到的相关矩阵具有高代表性，并且易于复制。

在回顾中，我们已经看到支持小数定律的人以下述方法进行科学实践：

- 他在小样本上研究假设的博弈，却没有意识到不利的可能性很高。他过高地估计了效度。
- 他对早期趋势（如前几名被试的数据）和观察模式的稳定性（如重要结果的数量和一致性）过度自信。他高估了显著性。
- 在评估自己或他人的重复实验时，他对显著性结果的可复制性有着不合理的高度期待。他低估了置信区间的宽度。
- 他很少将结果与期望的偏差归因于抽样变异性，因为他找到了任意差异的因果"解释"。他几乎没有机会发现行动中的抽样变异。因此，他对小数定律的信念将永远不会改变。

我们的问卷调查得到了相当多的证据，证明了相信小数定律是普遍存在的。[1] 我们的典型受访者就是小数定律的拥护者，不管他属于哪个群体。在数学心理学会议和美国心理学协会大会的一般会议上，观众的反应中位数实际上没有差别，尽管我们没有说明这两种样本的代表性。显然，熟悉形式逻辑和概率论并不能消除错误的直觉。那么，我们能做些什么呢？对小数定律的信奉能否被废除，或者至少能得到有效控制？

研究经验不太可能有很大帮助，因为抽样变异太容易得到"解释"了。矫正经验既不能为我们提供动机也不提供虚假解释的机会。因此，

---

[1] W. 爱德华兹认为人们无法从概率数据中提取足够的信息或确定性；他认为这种失败是保守主义的（W. Edwards, 1968）。我们的受访者很难说是保守派。相反，根据代表性假设，他们倾向于从数据中提取更多的确定性，而不是数据实际上包含的确定性。

统计学课程中的学生可以从群体中抽取给定大小的重复实验的样本，并且从个人观察中了解样本量对抽样变异性的影响。然而，我们还不确定是否可以通过这种方式矫正期望，因为相关的偏见，比如赌徒谬论，在很多相互矛盾的证据面前仍然存在。

即使偏见无法消除，学生也能学会认识到它的存在，并采取必要的预防措施。由于统计学的教学并不缺乏告诫，对有偏见的统计直觉的警告可能也不能被视为不合时宜。明显的预防措施是计算。相信小数定律的人对于显著性水平、效度和置信区间有着不正确的直觉。显著性水平通常会被计算和报告，但效度和置信限度不会。也许它们也应该如此。

相对于一些合理的假设，例如科恩的小、大、中等效应，明确的效度计算在任何研究之前都必须进行（Cohen, 1962, 1969）。这样的计算通常会让人认识到，除非将样本量乘以4，否则研究根本没有意义。我们不相信一个严谨的研究人员会在知情的情况下接受0.50的风险，即无法证实一个有效的研究假设。此外，效度的计算对解释无法拒绝零假设的负面结果非常重要。由于读者对效度的直觉估计很可能是错误的，因此公布计算值似乎并不是在浪费读者的时间和期刊版面。

在早期心理学文献中，普遍采用的报告方法是样本均值为 $M \pm PE$，其中 PE 为可能误差（即均值附近50%的置信区间）。这个惯例后来被抛弃了，取而代之的是假设检验公式。然而，置信区间实际上为我们提供一个有用的抽样变异指数，而人们往往会低估这种变异性。强调显著性水平往往会模糊效应的大小与其统计显著性之间的根本区别。不管样本量是多少，一项研究中效应的大小是对重复实验中效应大小的合理估计。相反，重复实验中估计的显著性水平主要取决于样本量。如果可

第 10 章　对小数定律的信念　　337

以明确大小和显著性之间的区别,并且将观察到的效应的计算大小作为一个需要发表的常规性指标,则可以矫正关于显著性水平的可复制性的不切实际的前景。从这个角度来看,至少接受假设检验模型对心理学来说,并不完全是一件好事。

真正相信小数定律的人承认他的许多行为都违背了善意的统计推断的逻辑。代表性假设描述了认知或感知偏见,这种偏见与动机因素无关。因此,虽然仓促拒绝零假设令人满意,但拒绝一个含有希望的假设则令人恼火,而真正相信的人会同时受到这两种情况的影响。他的直觉期望取决于对世界的一贯误解,而不是机会主义的一厢情愿的想法。鉴于一些社会评论的影响,他可能愿意以适当的怀疑态度来看待自己的统计直觉,并在可能的情况下用计算来取代印象形成。

参考文献

Cohen, J. (1962). The statistical power of abnormal-social psychological research. *Journal of Abnormal and Social Psychology*, 65, 145–153.

Cohen, J. (1969). *Statistical power analysis in the behavioral sciences*. New York, NY: Academic Press.

Edwards, W. (1968). Conservatism in human information processing. In B. Kleinmuntz (Ed.), *Formal representation of human judgment* (pp. 17–52). New York, NY: Wiley.

Estes, W. K. (1964). Probability learning. In A. W. Melton (Ed.), *Categories of human learning* (pp. 89–128). New York, NY: Academic Press.

Overall, J. E. (1969). Classical statistical hypothesis testing within the context of Bayesian theory. *Psychological Bulletin*, 71, 285–292.

Tune, G. S. (1964). Response preferences: A review of some relevant literature. *Psychological Bulletin*, 61, 286–302.

第 11 章

证据的权重与自信程度的决定因素

戴尔·格里芬
阿莫斯·特沃斯基

　　证据的权重和信念的形成是人类思想的基本要素。哲学家和统计学家从规范的角度解决了如何评估证据和信心的问题；心理学家和决策研究人员也对其进行了实验研究。这些研究的一个主要发现是，事实证明人们对自己的判断往往过度自信了。过度自信不仅限于非专业判断或实验室实验中。众所周知的观察结果表明，超过 2/3 的小企业会在 4 年内失败（Dun & Bradstreet, 1967），这表明许多企业家高估了自己成功的概率（Cooper, Woo & Dunkelberg, 1988）。除了一些明显的例外，如接受即时且频繁的反馈并对降水进行实际预测的天气预报员（Murphy & Winkler, 1977）、医生（Lusted, 1977）、临床心理学家（Oskamp, 1965）、律师（Wagenaar & Keren, 1986）、谈判家（Neale & Bazerman, 1990）、工程师（Kidd, 1970）以及安全分析师（Staël von Holstein, 1972）的判断都存在过度自信的现象。正如一位评论家所描述的那样，专家预测"经常是错误的但很少有人怀疑"。

过度自信很常见，但并不普遍。校准研究发现，在一些非常简单的项目中过度自信被消除了，并经常观察到不自信的情况（Lichtenstein, Fischhoff & Phillips, 1982）。此外，序列更新的研究表明后验概率估计通常表现为保守或不自信（Edwards, 1968）。在本文中，我们研究了证据的权重，并提出了一个可用来解释文献中观察到的过度自信和不自信模式的说明[①]。

信心的决定因素

针对给定假设的信心或信任程度的评估通常需要对不同类型的证据进行整合。在许多问题中，有可能需要区分证据的强度或极端程度，以及其权重或预测的效度。当评估由以前的老师写的研究生推荐信时，我们可能希望考虑证据的两个不同方面：第一，这封信有多积极或热情？第二，作者的可信度和知识水平如何？第一个问题指的是证据的强度或极端程度，而第二个问题指的是证据的权重或可信度。同样，假设我们希望评估"硬币偏向于正面而不是反面"这个假设的证据。在这种情况下，样本中正面的比例反映了所述假设的证据强度，样本量反映了这些数据的可信度。证据强度与其权重之间的区别和效果大小（如两种均值之间的差异）与其可靠性（如差异的标准误差）之间的区别密切相关。虽然并不总是能够将证据的影响分解为强度和权重各自的贡献，但是在许多情况下，它们可以独立地变化。强或弱的建议可能来自

[①] 如果一个人过高地估计了他的偏好假设的概率，就会表现出过度自信。适当的概率估计可以凭经验确定（如通过人的命中率）或从适当的模型导出。

可靠或不可靠的来源，并且可以在小样本或大样本中观察到相同的正面比例。

统计理论和机会演算为强度和权重的结合制定了规则。例如，概率论规定了样本比例和样本大小应如何组合以确定后验概率。大量的关于在不确定状况下进行判断的实验文献表明，人们没有根据概率和统计规则将强度和权重结合起来。相反，直觉判断会受到现有证据能代表所述假设的程度的过度影响（Dawes，1988；Kahneman，Slovic & Tversky，1982；Nisbett & Ross，1980）。如果人们单独依赖代表性而不考虑控制预测效度的其他因素，他们的判断（如被采访的人将成为一名成功的管理者）将仅取决于他们的印象的强度（如问题中的人与成功管理者的相似程度）。然而，在许多情况下，人们似乎并没有完全忽视这些因素。相反，我们认为人们会关注自己感知到的证据的强度，然后根据其权重做出一些调整。

在评估推荐信时，我们认为人们应该首先关注推荐信的真诚度，然后再考虑作者的知识有限性。类似地，当判断硬币是偏向正面还是偏向反面时，人们会关注样本中正面的比例，然后根据投掷次数调整其判断。由于这种调整通常是不充分的，与恰当的统计模型相比，证据的强度倾向于支配其权重（Slovic & Lichtenstein，1971；Tversky & Kahneman，1974）。此外，人们倾向于关注证据的强度会导致他们没有充分利用控制预测性效度的其他变量，如基础率和可辨性。这种处理结合了完全基于印象强度的代表性判断，以及考虑到了证据权重的锚定和调整过程，尽管不够充分。夸特隆研究了锚定在印象形成中的作用（Quattrone，1982）。

这一假设暗示了一种独特的过度自信和不自信模式。如果人们对极端证据的变化高度敏感，而对其可信度或预测性效度的变化不够敏感，那么当强度高且权重低时，判断将表现出过度自信，并且当权重高和强度低时他们将不自信。如下所述，该假设有助于组织和总结大量关于不确定性判断的实验证据。

思考一下根据推荐信预测研究生申请成功的可能性的例子。如果人们主要关注推荐信的真诚度而不充分考虑作者的可信度或预测者和标准之间的相关性，当遇到基于偶然接触的炽热信件时，就会过度自信；当他们遇到适度积极但知识渊博的信件时，就会不自信。同样，如果人们对硬币偏差的判断主要取决于样本中正面和反面的比例而不充分考虑样本量，那么当他们在小样本中观察到极端比例时就会过度自信，而当他们在大样本中观察到适度的比例时就会不自信。

在本文中，我们检验了当强度高且权重低时过度自信，并且当权重高且强度低时不自信的假设。前 3 个实验关注统计假设的评估，其中证据强度由样本比例决定。在本章的第二部分，我们将这一假设扩展到了更复杂的证据问题中，并研究了其对信心判断的影响。

评估统计假设

研究 1：样本量

我们首先研究样本比例（强度）和样本量（权重）在涉及后验概率评估的实验任务中的相对影响。我们对 35 名学生进行了如下指导：

假设你在旋转一枚硬币,并记录硬币正面朝上和反面朝上的出现次数。与抛掷(平均而言)产生相同数量的正面和反面不同,由于硬币边缘有轻微瑕疵(以及质量的不均匀分布),旋转硬币会导致偏向于一侧或另一侧。现在假设你知道这个偏差是 3/5,即 5 次中有 3 次会落在一侧,但你不知道这种偏差是偏向正面还是偏向反面。

然后我们向被试提供不同的证据样本,样本量不同(3～33),正面的数量也不同(2～19)。所有样本大多数都是正面,并且我们要求被试估计偏差偏向正面(H)而不是反面(T)的概率(0.5～1)。被试收到了表 11-1 所示的样本比例和样本量的所有 12 种组合。那些给出了最接近正确值的判断的人,会获得 20 美元奖金。

表 11-1 研究 1 的刺激物和反馈数据

正面的数量 (h)	反面的数量 (t)	样本量 (n)	后验概率 $P(H \mid D)$	信心中位数 (%)
2	1	3	0.60	63.0
3	0	3	0.77	85.0
3	2	5	0.60	60.0
4	1	5	0.77	80.0
5	0	5	0.88	92.5
5	4	9	0.60	55.0
6	3	9	0.77	66.9
7	2	9	0.88	77.0
9	8	17	0.60	54.5
10	7	17	0.77	59.5
11	6	17	0.88	64.5
19	14	33	0.88	60.0

表 11-1 还显示，对于每个数据样本（D），根据贝叶斯规则计算假设 H 的后验概率（偏向正面的概率为 3：2）。假设先验概率相等，根据贝叶斯规则可得

$$\log\left(\frac{P(H|D)}{P(T|D)}\right) = n\left(\frac{h-t}{n}\right)\log\left(\frac{0.6}{0.4}\right)$$

其中 h 和 t 分别代表正面和反面的数量，$n = h + t$ 为样本量。右边的第一项 n 代表证据的权重。第二项是样本中正面和反面的比例之间的差异，代表支持 H 反对 T 的证据强度。第三项在本研究中保持不变，表示的是两个假设的可辨性，对应符号检验理论中的 d'。在对数坐标中绘制强度和权重的等支撑线，得到一系列斜率为 -1 的平行直线，如图 11-1 中的虚线所示。为了便于解释，我们将强度维度定义为 h/n，与 $(h-t)/n$ 线性相关。每一条线连接所有为假设 H 提供相同支持的数据集。例如，样本量为 9（6 个正面和 3 个反面）和样本量为 17（10 个正面和 7 个反面）的两个样本，在 H 和 T 上产生了相同的后验概率（0.77）。因此，两个点 (9, 6/9) 和 (17, 15/17) 都在上方的线上。类似地，下方的线连接的数据集产生的后验概率为 0.60，偏向于 H（如表 11-1 所示）。

为了将观察到的判断与贝叶斯规则进行比较，我们首先将每个概率判断转换为对数概率，然后针对每名被试和中位数，分别将每名被试的这些值的对数与强度的对数 $(h-t)/n$，以及权重 n 的对数进行回归。回归结果与数据非常吻合：中位数的相关系数为 0.95，中位被试的相关系数为 0.82。根据贝叶斯规则，该指标中的强度和权重的回归权重相等（如图 11-1 所示）。相比之下，35 名被试中有 30 名的强度回归系数大于权重回归系数（符号检验，$p <0.001$）。在被试中，这些系数的

中位数比率为 2.2∶1，有利于增加强度。[①] 对于中位数数据，观察到的强度的回归权重（0.81）几乎是权重的 3 倍（0.31）。

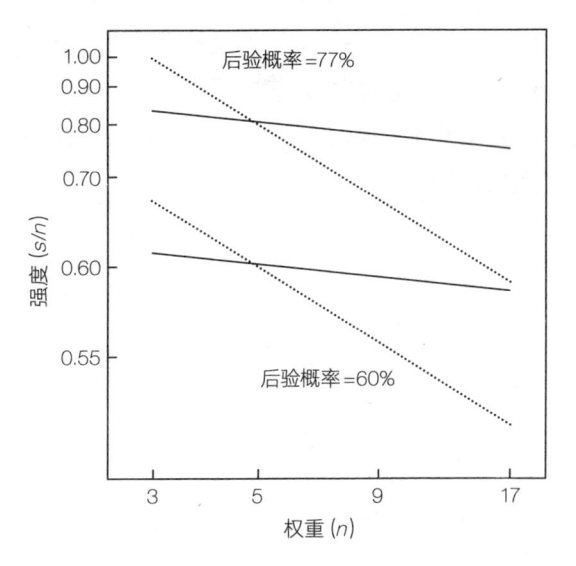

图 11-1　强度和样本量的等支撑线

回归分析得到的等支撑线为实线（如图 11-1 所示）。两组线条的对比高度揭示了两个值得注意的观察结果。首先，直觉线条比贝叶斯线条浅得多，这表明证据强度支配了它的权重。其次，对于给定的支持水平（如 60% 或 77%），贝叶斯线与直觉线交叉表明强度高且权重低时会过度自信，以及强度低且权重高时会不自信。如后面所述，交叉点主

---

① 为了探讨强度和权重之间的相关性的影响，我们用另一组刺激物进行重复实验，被选择的刺激物在两个独立变量之间具有较小的相关性（与 $r = -0.64$ 相比，$r = -0.27$）。这组刺激物的结果与文中公布的结果非常相似，即中位数据的回归权重产生了有利于强度的接近 2∶1 的比率。

要由竞争假设（d'）的可区辨性决定。

图 11-2 显示了作为两个不同样本量的（贝叶斯）后验概率的函数的给定证据样的中位自信程度。最佳拟合线是用对数概率尺度计算的。如果被试相信贝叶斯，那么实线将与虚线重合。相反，基于小样本（$N = 5$）的直觉判断表现出过度自信，而基于较大样本（$N = 17$）的判断则表现出不自信。

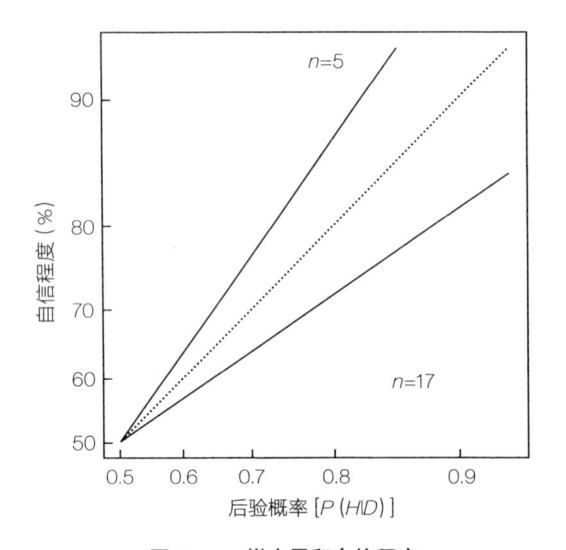

图 11-2　样本量和自信程度

表 11-1 中描述的结果与之前证实的直觉判断是非规范性的结果基本一致（Kahneman, Slovic & Tversky, 1982; von Winterfeldt & Edwards, 1986）。此外，它们有助于调和明显不一致的发现。爱德华兹和他的同事（Edwards, 1968）使用了顺序更新范式，认为人们是保守的，因为他们没有从样本数据中提取足够的信息。此外，特沃斯基和卡尼曼研

究了样本量在研究人员对其结果的可复制性的信心中的作用，得出的结论是，人们（即使是那些受过统计训练的人）也会根据小样本做出激进的推断（Tversky & Kahneman，1971）。图 11-1 和图 11-2 表明了以样本比例而非样本量为主导的实验是如何产生两种结果的。在爱德华兹进行的一些升级实验中，研究人员向被试提供了中等强度的大量数据样本。这就是我们预期的不自信或保守主义的背景。此外，特沃斯基和卡尼曼研究的情况涉及基于相当小的样本的中等强度效应。在这种背景下，过度自信很可能会占上风。因此，保守和过度自信都可以通过证据权重的共同偏差产生，即强度重于权重。

如上文所述，关注证据强度的倾向使得人们忽视或降低了其他变量的权重，例如所讨论的假设的先验概率或竞争假设的可辨性。以下两项研究证实了这些影响。本节中的 3 项研究都采用了被试内设计，其中证据的强度和缓解变量（如样本量）在被试中各不相同。在这个过程中我们可能低估了强度的主导作用，因为人们倾向于对研究中的任意控制变量做出反应，无论这样做是否符合规范（Fischhoff & Bar-Hillel，1984）。实际上，在被试间的比较中，对样本量和基础率信息的忽略最为明显（Kahneman & Tversky，1972）。

研究 2：基础率

大量研究表明，在存在特定证据的情况下，人们往往会忽视背景数据，如基础率（Kahneman, Slovic & Tversky，1982；Bar-Hillel，1983）。这种疏忽可能导致不自信或过度自信。我们让 40 名学生想象他们有 3 种不同的外币，每种硬币的已知偏差是 3：2。如研究 1 中那样，被试不知道每枚硬币偏向正面（H）还是偏向反面（T）。被试的两个假设（H 和 T）的先验概率是不同的。对于一半的被试，第一种类型硬币 H 的概率为 0.50，第二种类型硬币 H 的概率为 0.67，第三种类型硬币 H 的概率为 0.90。对于另一半被试，这 3 种类型的硬币的 H 的先验概率为 0.50、0.33 和 0.10。研究人员向被试呈现了一个样本量为 10 的样本，其中包括 5～9 个正面。然后要求他们给出自己对正在考虑的硬币偏向正面的信心（%）。同样，给出的判断最接近正确值的人可获得 20 美元奖金。表 11-2 总结了样本数据，每个样本的后验概率及被试信心判断的中位数。很明显，我们的被试高估了证据的强度，而低估了先验概率。

表 11-2　研究 2 的刺激物和反馈数据

每掷 10 次硬币正面朝上的次数	先验概率（基础率）	后验概率 $P(H \mid D)$	自信程度中位数 (%)
5	9∶1	0.90	60.0
6	9∶1	0.95	70.0
7	9∶1	0.98	85.0
8	9∶1	0.99	92.5
9	9∶1	0.996	98.5
5	2∶1	0.67	55.0
6	2∶1	0.82	65.0
7	2∶1	0.91	71.0
8	2∶1	0.96	82.5
9	2∶1	0.98	90.0
5	1∶1	0.50	50.0
6	1∶1	0.69	60.0
7	1∶1	0.84	70.0
8	1∶1	0.92	80.0

续表

每掷10次硬币正面朝上的次数	先验概率（基础率）	后验概率 $P(H\mid D)$	自信程度中位数 (%)
9	1∶1	0.96	90.0
5	1∶2	0.33	33.0
6	1∶2	0.53	50.0
7	1∶2	0.72	57.0
8	1∶2	0.85	77.0
9	1∶2	0.93	90.0
5	1∶9	0.10	22.5
6	1∶9	0.20	45.0
7	1∶9	0.36	60.0
8	1∶9	0.55	80.0
9	1∶9	0.74	85.0

图11-3显示的是（贝叶斯）后验概率函数 H 对高先验概率（0.90）和低先验概率（0.10）的自信程度中位数的判断。该图还显示了每种情况的最佳拟合线。从图中我们可以明显看出，被试在低基础率的条件下过度自信，在高基础率的条件下不自信。

这些结果与D. M. 格雷瑟（D. M. Grether）关于代表性启发式在后验概率判断中的作用的研究结果一致（Grether，1980，1990）。本研究的先验概率和数据均以数值的形式呈现，与本研究不同的是，格雷瑟的程序涉及从摇奖机中随机抽取有编号的球。他发现正如代表性所暗示的那样，被试高估了相对于先验概率的似然比，并且金钱激励的减少并没有消除忽视基础率的现象。格雷瑟的研究结果与C. 卡默勒（C. Camerer）在其对市场交易的广泛研究中发现的结果一样，但与 G. 吉格瑞泽（G. Gigerenzer）、W. 赫尔（W. Hell）和 H. 布兰克（H. Blank）的主张相矛盾，即明确的随机抽样消除了忽略基础率的现象（Camerer, 1990; Gigerenzer, Hell & Blank, 1988）。戴尔·格里芬发表了单独使用明确的随机抽样不会降低忽略基础率的现象的证据（Griffin, 1991）。

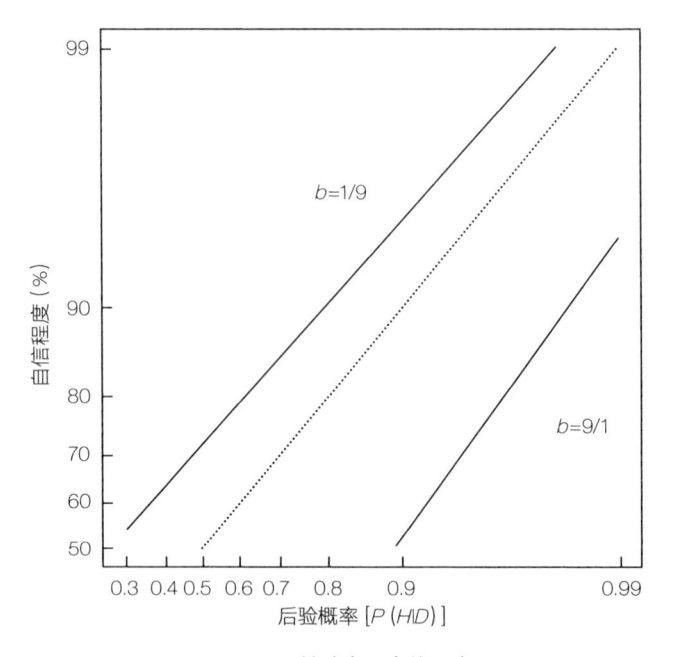

图 11-3　基础率和自信程度

我们的分析表明，当基础率较低时人们容易过度自信，而当基础率较高时，则会不自信。D. 邓宁（D. Dunning）、格里芬、J. 米洛伊科维奇（J. Milojkovic）和 L. 罗斯（L. Ross）在社会预测研究中观察到了这种模式（Dunning, Griffin, Milojkovic & Ross, 1990）。在他们的研究中，每名被试在对目标人物的偏好和行为做出预测之前采访了目标人物，采访内容为："如果可以免费订阅，他会选择哪本杂志，《花花公子》(Playboy)还是《纽约书评》(The New York Review of Books)？"研究人员向每名被试提供了基于经验得出的关于问题的回答的预测基础率；如68%的受访者更喜欢《花花公子》。为了研究经验基础率的影响，邓宁等人分别分析了与基础率一致的预测（即"高"准率预测）和与基础率相反的预测（即"低"基础率预测）。当基础率较低（自信程度＝72%，准确度＝49%）时，过度自信的情况比基础率较高时（自信程度＝79%，准确度＝75%）明显得多。此外，对于基础率超过75%的项目，被试的预测实际上是不自信的。这正是这一假设所暗含的模式，即被试根据对目标人物的印象来评估其更喜欢《花花公子》而不是《纽约书评》的概率，很少或根本没有考虑经验基础率，即这两本杂志在目标人群中的相对受欢迎程度。

研究3：可辨性

当我们考虑两个假设中哪个是正确的这一问题时，自信程度应取决于数据在多大程度上更符合一个假设。然而，人们似乎只关注给定假设的证据强度，而忽视了同样的证据与另一个假设的匹配程度。巴纳姆效应（Barnum effect）就是一个很好的例子。构建一个令许多人印象深刻的人格素描来非常准确地描述个人特征很容易，因为人们会通过与个性相符的程度来评估描述，而不关心它是否也适用于其他人（Forer，1949）。为了在机会设置中探究这种效应，我们向50名学生提供了与两种外国硬币相关的证据。在每种类型的硬币中，证据强度（样本比例）从7/12的正面到10/12的正面不等。这两种硬币的特征不同。被试被要求：

假设你在旋转一枚名为昆塔（quinta）的外国硬币。假设一半昆塔（X型）对正面有0.6的偏好（也就是说，X-昆塔在旋转时正面朝上的概率为60%）和一半的昆塔（Y型）对反面有0.75的偏好（也就是说，Y-昆塔在旋转时反面朝上的概率为75%）。你的任务是确定这是X-昆塔还是Y-昆塔。

然后他们收到了表11-3中所示的证据样本。在给出每个样本是来自X-昆塔或Y-昆塔的信心后，被试被要求对A-libnars（对正面有0.6的偏好）和B-libnars（正面出现的概率为0.5）做出同样的判断。硬币的呈现顺序是平衡的。

表11-3 研究3的刺激物和反馈数据

正面数量（12个中）	析取假设 (d')	后验概率 $P(H\|D)$	自信程度中位数 (%)
7	0.6 vs 0.5	0.54	55.0
8	0.6 vs 0.5	0.64	66.0
9	0.6 vs 0.5	0.72	75.0
10	0.6 vs 0.5	0.80	85.0
7	0.6 vs 0.25	0.95	65.0
8	0.6 vs 0.25	0.99	70.0
9	0.6 vs 0.25	0.998	80.0
10	0.6 vs 0.25	0.999	90.0

样本数据的结果如表11-3所示，其中包括每个样本的后验概率和被试自信程度判断的中位数。将自信程度判断与贝叶斯后验概率进行的比较表明，我们的被试主要关注数据与偏好假设的匹配程度，而没有充分考虑数据与备选假设的匹配程度（Fischhoff & Beyth-Marom,

1983）。被试对贝叶斯后验概率的中位数的自信程度判断如图 11-4 所示，可用于比较高、低可辨性。当假设之间的可辨性较低时（当硬币的偏好为 0.6 或 0.5 时），被试略显过度自信。当假设之间的可辨性较高时（当偏好为 0.6 或 0.25 时），被试非常不自信。

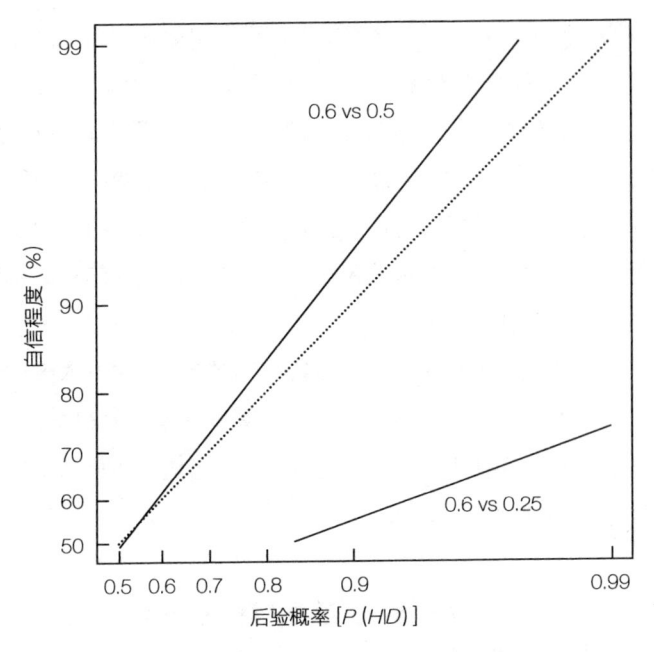

图 11-4 可辨性和自信程度

在早期关于后验概率判断的文献中，大多数实验研究了高度可辨性的对称假设（如 3：2 对 2：3）并且发现了一致的不自信（Peterson, Schneider & Miller, 1965）。然而，与我们的假设相一致的是，在对低可辨性假设的研究中发现了过度自信。例如，C. R. 彼得森（C. R. Peterson）和 A. J. 米勒（A. J. Miller）发现，当各自的比率分别为 3：2 和 3：4 时，在后验概率判断中存在过度自信，L. D. 菲利普斯

（L. D. Phillips）和爱德华兹在比率为 11∶9 和 9∶11 时观察到了不自信现象（Peterson & Miller，1965；Phillips & Edwards，1966）。

对知识的信心

上文表明，人们对证据的强度比对其权重更敏感。因此，当强度高且权重低时，人们会过度自信，而当强度低且权重高时，人们会不自信。我们认为，这个结论不仅适用于随机过程（如硬币旋转）的判断，还适用于对不确定性事件的判断，如谁将在即将到来的选举中获胜，或某本书是否会进入畅销书排行榜。当人们评估此类事件的可能性时，我们认为他们评估的是自己对候选人或书籍的印象。这些印象可能基于随机观察或对选民和读者偏好的广泛了解。与机会设置类似，可以将印象的极端性与样本比例进行比较，而印象的可信度可以与样本量或者竞争假设的可辨性相对应。如果人们只关注印象的强度而对权重认识不足，那么在机会过程的评估中观察到的过度自信和不自信的模式也应该存在于非统计证据的评估中。

在本节中，我们将这一假设扩展到了复杂的证据问题上。在这些问题中，强度和权重无法轻易被定义。我们首先比较了自己和他人的预测。之后，我们论述了目前的叙述是如何产生"难度效应"的。最后，我们探讨了常识问题中自信程度的决定因素，并将自信程度差异与效度错觉联系了起来。

研究 4：自我与他人

在这项研究中，我们要求人们预测自己的行为（对此他们可能了解很多），以及他人的行为（他们对此知之甚少）。如果人们的自信程度主要取决于自己的印象强度而没有充分考虑其权重，那么我们预计对他人的预测比对自我的预测过度自信的情况会更加严重。

在一项涉及风险的任务中，14对彼此不认识的同性学生被要求对彼此的行为进行预测。研究人员让他们先进行5分钟的面谈，然后坐在各自的电脑前，在这个名为"公司丛林"的囚徒困境游戏中预测自己和同伴的行为。在每次实验中，被试都可以选择将他们的公司与同伴的公司"合并"（即合作），或"接管"其同伴的公司（即竞争）。如果一方试图合并，另一方试图接管，那么合作并购就会遭受严重损失，而企业掠夺者则会获得可观的收益。但是，如果两个人都试图在同一个实验中接管，那么他们都会遭受损失。本次实验中有20个收益矩阵，其中有一些旨在鼓励合作，另一些则旨在鼓励竞争。

被试被要求预测自己在10个收益矩阵中的行为，以及预测他们采访的人在另外10个收益矩阵中的行为。这两个任务的顺序是平衡的，每个收益矩阵在每个任务中出现的次数相同。除了预测每个矩阵的合作或竞争外，被试还要表明他们对每个预测的自信程度（50% ~ 100%）。在完成预测任务后不久，被试与对手进行了20次实验但不进行反馈，并根据20次实验的结果获得报酬。

该分析基于完成整个任务的25名被试。总体而言，被试对自我的预测（$M = 84\%$）和对他人的预测（$M = 83\%$）几乎同样有信心，但他们对自己的行为的预测（$M = 81\%$）比对他人的行为的预测（$M = 68\%$）更准确。因此，人们对他人的预测表现出了很强的过度自信，但在预测自己时却相对更为精准（如图11-5所示）。

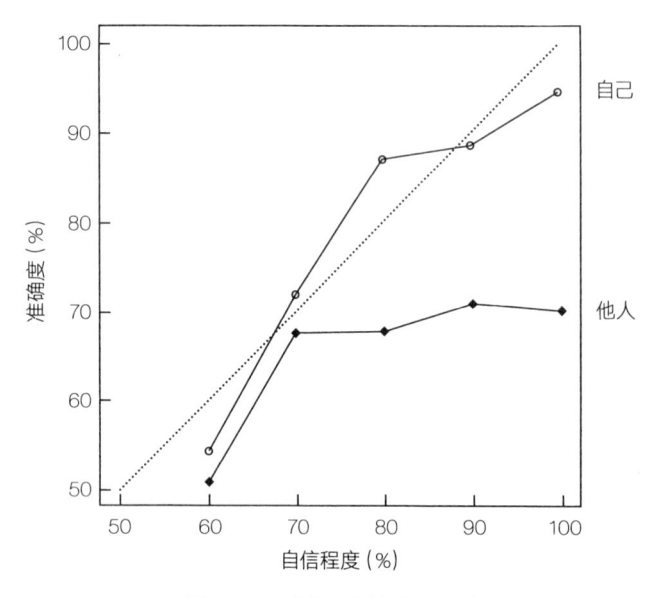

图 11-5　对自己和他人的预测

在某些情况下，如果证据强度不极端，那么人们在对自己的行为进行预测时可能会不自信。例如，在选择工作的情况中，如果一个人有充分的理由去接受工作 A 并且也有充分的理由接受工作 B，那么可能会存在不自信，但是他没有意识到，即使工作 A 只比工作 B 有一点小优势，通常也会导致其选择工作 A。如果选择 A 而不是 B 的信心反映了两个工作的论证的平衡，那么 2 比 1 的平衡将产生大约 2/3 的信心，虽然选择 A 而不是 B 的概率可能更高（Koriat, Lichtenstein & Fischhoff, 1980）。在过去几年中，我们谨慎地与面临工作机会选择的同事接洽，并让他们估计自己选择一份工作而不是另一份的概率。对预测结果的平均自信程度为 66%，但 24 名受访者中只有 1 人选择了他最初给出较低概率的选择，总体准确率为 96%。值得注意的是，在某些情况下，人们甚至在预测自己的行为时也表现出了过度自信（Vallone，

Griffin, Lin & Ross, 1990)。因此，关键变量不是预测的目标（自己或他人），而是现有证据的强度和权重之间的关系。

对他人行为的预测充满信心，而对自己行为的预测却缺乏信心，这一倾向对决策分析具有耐人寻味的意义。决策分析师通常会区分受决策者控制的决策变量和不受决策者控制的状态变量。通过确定决策变量的值（即决定你想要什么的值）并将概率分配给状态变量（如他人的行为）来进行分析。一些决策分析师已经指出，他们的客户通常希望走相反的道路：在确定情况下，确定或预测他人的行为并为自己的选择分配概率。毕竟，他人的行为应该是可以根据他们的特点、需求和兴趣信息来预测的，而我们自己的行为是高度灵活的，且取决于不断变化的环境（Jones & Nisbett, 1972）。

难度效应

前面的分析表明，人们评估自己对两个相互竞争的假设中的一个的信心是基于他们对支持和反对这个假设的论据的平衡，而没有充分考虑数据的质量。当人们基于有限的知识而形成强烈的印象时，这种判断模式会导致过度自信；而当人们基于大量的数据形成适度的印象时，这种判断模式会导致不自信。

由于研究 1 至研究 3 中的强度和权重不能通过实验来控制，因此将该分析应用于常识问题是很复杂的。然而，与随机设置相似，我们假设对给定知识问题参数的平衡可以用样本中红球和白球的比例来表示。问题的难度可以通过两个假设的可辨性来表示，即在两个竞争假设中获得红球的概率之间的差异。当然，差异越大，任务越容易，即基于任意给定样本的更可能假设的后验概率越高。假设信心来自参数的平衡，即样本中红球的比例。这个模型预测的结果模式是什么？

3对假设的预测结果（样本量为10，如图11-6所示）定义了3个级别的任务难度：一项"容易"的任务，即在竞争性假设下获得红球的概率分别为0.50和0.40；一项"困难"的任务，概率为0.50和0.45；以及一个"不可能完成"的任务，即在两个假设下抽出红球的概率为0.5。我们为示例选择了非对称假设，以允许在校准数据中存在经常会观察到的初始偏差。

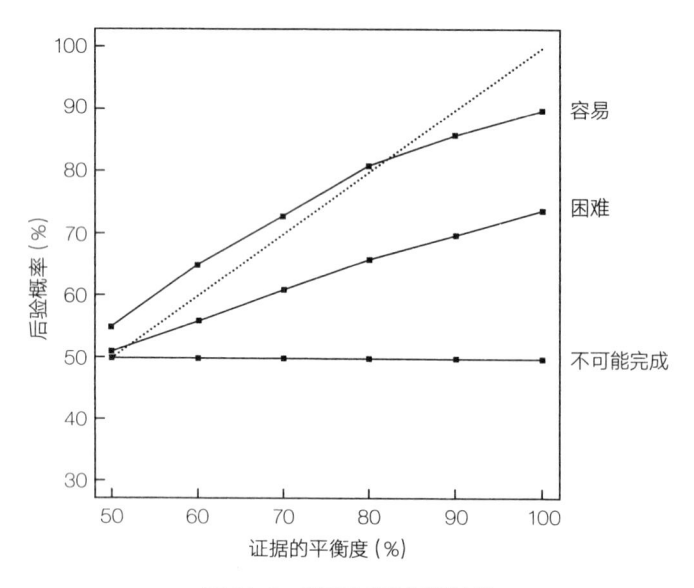

图 11-6 项目难度的预测校准

将该模型的预测结果与利希滕斯坦和巴鲁赫·菲施霍夫（Baruch Fischhoff）针对任务难度效应的研究结果进行比较是具有指导意义的

(Lichtenstein & Fischhoff，1977；如图 11-7 所示）。他们的"简单"项目（准确率 = 85%）在大部分的置信范围内产生了不自信，而"困难"项目（准确度 = 61%）在大部分的置信范围内产生了过度自信，以及"不可能"项目（区分欧洲人和美国人的笔迹，准确率 = 51%）在整个范围内显示出了明显的过度自信。

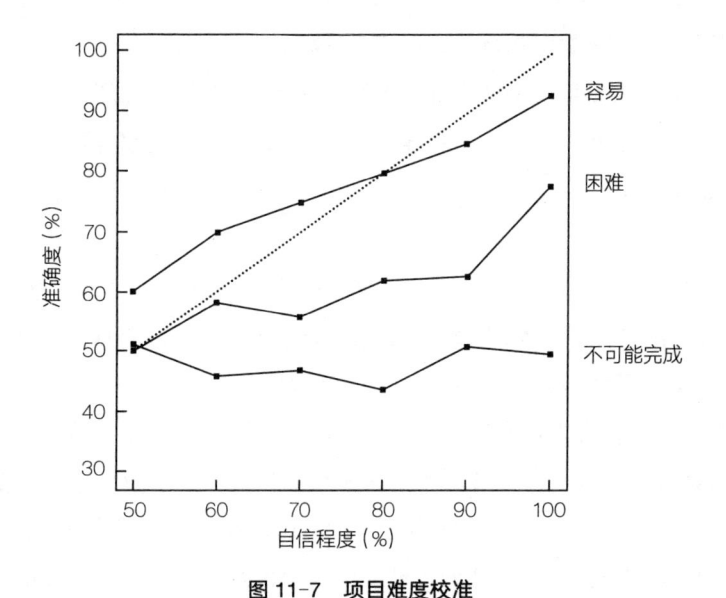

图 11-7 项目难度校准

对比图 11-6 和图 11-7 可以发现，我们的简单机会模型再现了利希滕斯坦和菲施霍夫观察到的结果模式：人们对非常简单的项目有轻微的不自信，对困难的项目有持续的过度自信，对"不可能"的项目有明显的过度自信（Lichtenstein & Fischhoff，1977）。这种模式源于这样一个假设，即对判断的自信程度是由竞争性假设的论据平衡所控制的。因此，这一说法可以解释所观察到的任务难度与过度自信之间的关系（Ferrell & McGoey，1980）。

难度效应是校准文献中最一致的发现之一（Lichtenstein & Fischhoff, 1977; Lichtenstein, Fischhoff & Phillips, 1982; Yates, 1990）。它不仅存在于常识问题中，也存在于临床诊断（Oskamp, 1962）、未来事件的预测（Fischhoff & MacGregor, 1982; Wright & Wisudha, 1982）和文字识别（Keren, 1988）中。此外，难度效应可能有助于以不同方式解释其他发现。例如，G. 克伦（G. Keren）的研究表明，世界级桥牌玩家的预测很准确，而业余玩家则过度自信（Keren, 1987）。克伦将这一发现解释为业余玩家的乐观偏好。此外，在预测桥牌结果方面，专业人士比业余爱好者更准确，而难度的差异可能是导致过度自信的原因之一。

难度效应也可以解释吉格瑞泽、U. 霍夫雷奇（U. Hoffrage）和 H. 克莱因博尔汀（H. Kleinbolting）研究的主要发现（Gigerenzer, Hoffrage, Kleinbolting, 1991）。在这项研究中，一组被试看到了成对的城市，研究人员要求他们选出人口较多的城市，并说明自己对每个答案的自信程度。这些城市是从所有德国西部的大城市名单中随机选择的。第二组被试被要求回答一些常识问题，如拉链是在1920年之前还是之后发明的？他们还被要求选择正确的答案，并评估自己对答案的自信程度。被试对城市人口的判断相当准确，但对常识问题的回答显示出了过度自信。然而，这两项任务的难度并不相同：城市人口判断的平均准确率为72%，常识问题判断的平均准确率仅为53%。因此，根据利希滕斯坦和菲施霍夫的记录，在后者中存在过度自信而在前者中不存在，可能完全是受到了难度的影响（Lichtenstein & Fischhoff, 1977）。事实上，当吉格瑞泽等人选择了一组难度可与常识问题匹配的城市问题时，被试在这两个领域中产生了同种程度的过度自信（Gigerenzer et al., 1991）。作者没有承认他们的研究混淆了项目生成（代表性与选择性）和任务难度（容易与困难）因素。相反，他们把自己的数据解释为对他们提出的理论的支撑证据，即对个人判断的过度自信是项目选择的结果，而当项目是从一些自然环境中随机抽样得到的时，这种自信就会消失。该预测在以下研究中得到了检验。

研究5：关于效度的错觉

在这个实验中，研究对象比较了1990年《世界年鉴》（*World Almanac*）中报告的美国各州的几个属性。为了保证抽样具有代表性，我们从所有可能的州中随机抽取了30对美国的州。研究人员向被试展示了成对的州（如亚拉巴马州、俄勒冈州），要求他们选择某一特定属性得分较高的州，并评估自己的答案正确的概率。根据吉格瑞泽等人的说法，这些判断中应该不存在过度自信，因为这些被选州是从自然参考类别中随机选择的（Gigerenzer et al., 1991）。相反，我们的研究表明，过度自信的程度取决于证据的强度和权重之间的关系。更具体地说，当证据权重低且证据强度高时，过度自信最为明显。这可能出现在人们可以很容易形成强烈印象的领域，即使这些印象具有较低的预测性效度。例如，面试官可以形成对未来研究生的心理素质的强烈印象，即使这些印象不能用于预测候选人的表现（Dawes, 1979）。

自然刺激物的使用可以排除强度和权重的直接操控。相应地，我们使用了3个属性，这些属性在被试可能形成的印象强度和可能具有的知识量方面有所不同。这3个属性分别是每个州的人数（人口）、高中毕业率（教育），以及每个州最后两次总统选举之间的投票率差异（投票）。我们假设这3个属性会产生不同的自信程度和准确度。首先，我们预计人们对人口的了解比对教育或投票的了解更多。其次，我们预计对教育预测的自信程度大于对投票预测的自信程度，因为人们对各州的形象或刻板印象与前者的联系比后者更紧密。例如，如果一个州有更多的名牌大学，或者与更多的文化活动有关，人们可能会认为这个州的人比另一个州的人受教育程度更高。然而，由于这些线索与高中毕业率之间的相关性非常低，所以我们预计对教育问题的过度自信会比人口或投票问题更严重。因此，我们预测：被试对人口问题的预测的准确度和自信程度都高，对投票问题的预测的准确度和自信程度都低，对教育问题的预测准确度低但自信程度高。

为了检验这些假设，我们组织了 298 名被试各自评估成对州中一半的州（15 个）的一个属性。在被试给出自己对 15 个问题的自信程度之后，他们被要求估计 15 个问题中有多少个回答是正确的。我们提醒被试：仅凭偶然性预估正确答案的值为 7.5。

被试对 3 个属性中的每个属性的答案是正确的自信程度、准确度和估计频率的平均判断如表 11-4 所示，他们对所有 3 个属性的自信程度判断都表现出了显著的过度自信（$p < 0.01$），这与"如果从自然环境中随机抽取一组常识性任务，过度自信将为零"的说法相矛盾（Gigerenzer et al., 1991）。显然，过度自信的原因远不止带有偏好的选择。

表 11-4 研究 6 中的自信程度和准确度数据

	人口 $N = 93$	投票 $N = 77$	教育 $N = 118$
自信程度	74.7	59.7	65.6
准确度	68.2	51.2	49.8
自信程度 - 准确度的差异	6.5	8.5	15.8
频率	51.3	36.1	41.2

我们在实验中观察到的自信程度和准确度模式与先前的假设一致，如图11-8所示。图中显示了3个属性的平均准确度及所有被试和项目的平均自信程度。在人口属性中，人们表现出相当高的准确度和适度的过度自信。对于投票属性来说，准确度是偶然的，但过度自信也是适度的。对于教育属性来说，准确度也是偶然的，但过度自信很严重。

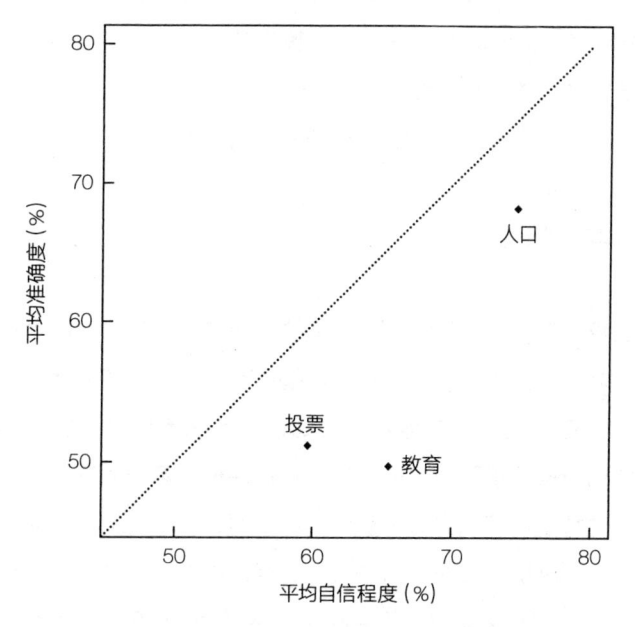

图11-8　3个属性的自信程度和准确度

目前的结果表明，过度自信无法通过难度效应得以充分解释。尽管准确度的差异很大（68.2对51.2，$p<0.001$），但在人口和投票问题中产生了类似的过度自信的水平（6.5对8.5，$t<1$，p不显著）。此外，教育判断中的过度自信远远超过投票判断（15.8对8.5，$p<0.01$），尽管他们的准确度几乎相同（49.8对51.2，$t<1$，p不显著）。

这种分析可以揭示过度自信与专业知识之间的关系。当可预测性非常高时，专家通常比非专业人员更准确。对比赛赔率的制订者（Griffin, 1949; Hausch, Ziemba & Rubinstein, 1981; McGlothlin, 1956）和专业桥牌玩家（Keren, 1987）的研究与这一结论是一致的。然而，当可预测性非常低时，专家可能比新手更容易过度自信。如果无法通过现有数据预测精神病患者、俄罗斯经济或股票市场的未来状态，那么拥有丰富的系统模型的专家比那些对其了解非常有限的非专业人士更容易表现出对这些系统的过度自信。针对临床心理学家（Oskamp, 1965）和股票市场分析师（Yates, 1990）的研究结果与该假设一致。

频率与自信程度

现在我们来看看人们对个人答案效度的自信程度与他们对总体命中率的估计之间的关系。例如，体育广播员可以被要求评估他对每场比赛的预测的自信程度，以及他希望正确预测的比赛数量。根据目前的说法，这些判断预计是不一致的，因为它们是根据不同的证据做出的。我们认为，对特定情况的自信程度的判断主要取决于支持和反对特定假设的论据之间的平衡，如两个对立团队的相对强弱。此外，对正确预测的频率进行估计可能要基于对任务难度、判断者的知识或在类似问题中的经验的一般评估。因此，在自信程度的平均判断中观察到的过度自信不一定适用于对预期准确度的整体判断。实际上，表 11-4 显示，估计的频率基本上低于正确预测的实际频率。事实上，后一种估计低于 3 种属性中的两种。[1] 其他研究者也观察到了类似的结果（Gigerenzer

---

[1] 对于这个令人费解的观察结果，有一个可能的解释是，被试公布了他们确切知道的项目数量，而无须矫正猜测。

et al., 1991; May, 1986; Sniezek & Switzer, 1989)。显然, 即使知道自己的总体命中率不是很高, 人们也可以对特定答案的效度保持高度自信。[1] 这种现象被称为"效度错觉": 人们经常根据不可靠的数据（如个人访谈或投射测验）来对个案做出有信心的预测, 即使他们知道这些数据的预测性效度较低（Kahneman & Tversky, 1973; Dawes, Faust & Meehl, 1989）。

频率估计与自信程度判断之间的差异是一个有趣的发现, 但它并没有削弱人们在个别项目中过度自信的显著性。后一种现象很重要, 因为人们的决定通常是基于他们对个别事件评估的信心, 而不是对总体命中率的估计。例如, 对新生企业家进行的广泛调查显示, 平均而言, 企业家对其特定的新企业的成功非常乐观（即过度自信）, 即使他们很清楚这类企业失败的一般规律（Cooper, Woo & Dunkelberg, 1988）。我们认为, 进行新投资的决定主要是基于对个别事件的信念, 而不是基于整体的基础率。倾向于选择个人观点或"内部"观点, 而不是具有统计学意义的或"外部"观点, 这是直觉判断与规范理论的主要背离之一（Kahneman & Lovallo, 1991; Kahneman & Tversky, 1982）。

还要注意人们在频率任务上的表现还有很多不足之处。平均而言, 频率判断中的低估程度与个体概率判断的过度自信程度相当（表 11-4）。此外, 对于所有 3 个属性, 被试的估计频率和实际频率之间的相关性可忽略不计（人口为 +0.10, 投票为 -0.10, 教育为 +0.15）。这些观察结果不支持人们能正确估计其命中率的观点, 并且自信程度 - 频率的

---

[1] 这是矛盾性陈述的统计版本, 即"我相信我的所有信念, 但我也相信我的一些信念是错误的"。

差异仅仅是他们无法评估独特事件概率的表现。关于过度自信的研究一直受到一些作者的批评，因为它将一个频率标准（正确预测的比率）应用于非常见或主观的概率概念。然而，这个反对意见忽略了贝叶斯模式有可能会被校准的事实，因此，主观概率理论允许人们对自信程度和准确度进行比较（Dawid，1982）。

结束语

前面的研究表明，在校准实验中观察到的过度自信并不是项目选择的产物，也不是测试难度的副产品。此外，过度自信并不局限于对离散事件的预测，它也经常出现在不确定数量的评估中（Alpert & Raiffa，1982）。

过度自信对处理人际事务非常重要。虽然过度自信并不普遍，但它很流行，往往是大规模的，且很难消除（Fischhoff，1982）。这一现象之所以重要，不仅因为它证明了直觉判断与机会定律之间的差异，而且主要是因为自信程度会控制行动（Heath & Tversky，1991）。有人认为，过度自信像乐观主义一样是适应性的，因为它使人们感觉良好，并促使他们去做一些原本不会做的事情（Taylor & Brown，1988）。然而，这些益处可能是以高代价换来的。在为患者做出诊断时，过度自信可能导致不恰当的医疗措施，对实验结果的过度自信可能导致糟糕的法律建议，对预期利润的过度自信可能导致失败的金融投资。可以说，如果人们对自己成功的机会有一个更现实的评估，他们参与军事、法律和其他代价高昂的战斗的意愿就会降低。我们对过度自信的益处是否大于代价表示怀疑。

致谢

感谢罗宾·道斯、巴鲁赫·菲施霍夫和丹尼尔·卡尼曼的帮助。

参考文献

Alpert, M., & Raiffa, H. (1982). A progress report on the training of probability assessors. In D. Kahneman, P. Slovic, & A. Tversky (Eds.), *Judgment under uncertainty: Heuristics and biases* (pp. 294–305). Cam- bridge, England: Cambridge University Press.

Bar-Hillel, M. (1983). The base rate fallacy controversy. In R. W. Scholz (Ed.), *Decision making under uncertainty* (pp. 39–61). Amsterdam, the Netherlands: North-Holland.

Camerer, C. (1990). Do markets correct biases in probability judgment? Evidence from market experiments. In L. Green & J. H. Kagel (Eds.), *Advances in behavioral economics* (Vol. 2, pp. 126–172). Santa Barbara, CA: Praeger.

Cooper, A. C., Woo, C. Y., & Dunkelberg, W. C. (1988). Entrepreneurs' perceived chances for success. *Journal of Business Venturing*, *3*, 97–108.

Dawes, R. M. (1979). The robust beauty of improper linear models in decision making. *American Psychologist*, *34*, 571–582.

Dawes, R. M. (1988). *Rational choice in an uncertain world*. New York, NY: Harcourt Brace Jovanovich.

Dawes, R. M., Faust, D., & Meehl, P. E. (1989). Clinical versus actuarial judgment. *Science*, *243*, 1668–1674.

Dawid, A. P. (1982). The well-calibrated Bayesian. *Journal of the American Statistical Association*, *77*, 605–613.

Dun & Bradstreet. (1967). *Patterns of success in managing a business*. New York, NY: Dun & Bradstreet.

Dunning, D., Griffin, D. W., Milojkovic, J., & Ross, L. (1990). The overconfidence effect in social prediction. *Journal of Personality and Social Psychology*, *58*, 568–581.

Edwards, W. (1968). Conservatism in human information processing. In B.

Kleinmuntz (Ed.), *Formal representation of human judgment* (pp. 17–52). New York, NY: Wiley.

Ferrell, W. R., & McGoey, P. J. (1980). A model of calibration for subjective probabilities. *Organizational Behavior and Human Performance, 26*, 32–53.

Fischhoff, B. (1982). Debiasing. In D. Kahneman, P. Slovic, & A. Tversky (Eds.), *Judgment under uncertainty: Heuristics and biases* (pp. 422–444). New York, NY: Cambridge University Press.

Fischhoff, B., & Bar-Hillel, M. (1984). Focusing techniques: A shortcut to improving probability judgments? *Organizational Behavior and Human Performance, 34*, 175–194.

Fischhoff, B., & Beyth-Marom, R. (1983). Hypothesis evaluation from a Bayesian perspective. *Psychological Review, 90*, 239–260.

Fischhoff, B., & MacGregor, D. (1982). Subjective confidence in forecasts. *Journal of Forecasting, 1*, 155–172.

Forer, B. (1949). The fallacy of personal validation: A classroom demonstration of gullibility. *Journal of Abnormal and Social Psychology, 44*, 118–123.

Gigerenzer, G., Hell, W., & Blank, H. (1988). Presentation and content: The use of base rates as a continuous variable. *Journal of Experimental Psychology: Human Perception and Performance, 14*, 513–525.

Gigerenzer, G., Hoffrage, U., & Kleinbolting, H. (1991). Probabilistic mental models: A Brunswikian theory of confidence. *Psychological Review, 98*, 506–528.

Grether, D. M. (1980). Bayes' rule as a descriptive model: The representativeness heuristic. *Quarterly Journal of Economics, 95*, 537–557.

Grether, D. M. (1990). *Testing Bayes' rule and the representativeness heuristic: Some experimental evidence* (Social Science Working Paper 724). Pasadena, CA: Division of the Humanities and Social Sciences, California Institute of Technology.

Griffin, D. W. (1991). *On the use and neglect of base rates*. Unpublished manuscript, Department of Psychology, University of Waterloo.

Griffith, R. M. (1949). Odds adjustments by American horse-race bettors. *American Journal of Psychology, 62*, 290–294.

Hausch, D. B., Ziemba, W. T., & Rubinstein, M. (1981). Efficiency of the market for racetrack betting. *Management Science, 27*, 1435–1452.

Heath, F., & Tversky, A. (1991). Preference and belief: Ambiguity and competence in choice under uncertainty. *Journal of Risk and Uncertainty, 4*, 5–28.

Jones, E. E., & Nisbett, R. E. (1972). *The actor and the observer: Divergent perceptions of the causes of behavior*. Morristown, NJ: General Learning Press.

Kahneman, D., & Lovallo, D. (1994). Timid decisions and bold forecasting: A cognitive perspective on risk taking. In R. Rumelt, P. Schendel, & D. Teece (Eds.), *Fundamental issues in strategy* (pp. 71–96). Cambridge, MA: Harvard Business School Press.

Kahneman, D., Slovic, P., & Tversky, A. (1982). *Judgment under uncertainty: Heuristics and biases*. Cambridge, England: Cambridge University Press.

Kahneman, D., & Tversky, A. (1972). Subjective probability: A judgment of representativeness. *Cognitive Psychology, 3*, 430–454.

Kahneman, D., & Tversky, A. (1973). On the psychology of prediction. *Psychological Review, 80*, 237–251.

Kahneman, D., & Tversky, A. (1982). Intuitive prediction: Biases and corrective procedures. In D. Kahneman, P. Slovic, & A. Tversky (Eds.), *Judgment under uncertainty: Heuristics and biases* (pp. 414–421). Cambridge, England: Cambridge University Press.

Keren, G. (1987). Facing uncertainty in the game of bridge: A calibration study. *Organizational Behavior and Human Decision Processes, 39*, 98–114.

Keren, G. (1988). On the ability of monitoring non-veridical perceptions and uncertain knowledge: Some calibration studies. *Acta Psychologica, 67*, 95–119.

Kidd, J. B. (1970). The utilization of subjective probabilities in production planning. *Acta Psychologica, 34*, 338–347.

Koriat, A., Lichtenstein, S., & Fischhoff, B. (1980). Reasons for confidence. *Journal of Experimental Psychology. Human Learning and Memory, 6*, 107–118.

Lichtenstein, S., & Fischhoff, B. (1977). Do those who know more also know more about how much they know? The calibration of probability judgments. *Organizational Behavior and Human Performance, 20*, 159–183.

Lichtenstein, S., Fischhoff, B., & Phillips, L. D. (1982). Calibration of probabilities: The state of the art to 1980. In D. Kahneman, P. Slovic, & A. Tversky (Eds.), *Judgment under uncertainty: Heuristics and biases* (pp. 306–334). Cambridge, England: Cambridge University Press.

Lusted, L. B. (1977). *A study of the efficacy of diagnostic radiologic procedures: Final report on diagnostic efficacy*. Chicago, IL: Efficacy Study Committee of the American College of Radiology.

May, R. S. (1986). Inferences, subjective probability and frequency of correct answers: A cognitive approach to the overconfidence phenomenon. In B. Brehmer, H. Jungermann, P. Lourens, & G. Sevo'n (Eds.), *New directions in research on decision making* (pp. 175–189). Amsterdam, the Netherlands: North-Holland.

McGlothlin, W. H. (1956). Stability of choices among uncertain alternatives. *American Journal of Psychology, 69*, 604–615.

Murphy, A. H., & Winkler, R. L. (1977). Can weather forecasters formulate reliable probability forecasts of precipitation and temperature? *National Weather Digest, 2*, 2–9.

Neale, M. A., & Bazerman, M. H. (1990, forthcoming). *Cognition and rationality in negotiation*. New York, NY: The Free Press.

Nisbett, R. E., & Ross, L. (1980). *Human inference: Strategies and shortcomings of human judgment*. Englewood Cliffs, NJ: Prentice-Hall.

Oskamp, S. (1962). The relationship of clinical experience and training methods to several criteria of clinical prediction. *Psychological Monographs, 76*(28), 1–28.

Oskamp, S. (1965). Overconfidence in case-study judgments. *Journal of Consulting Psychology, 29*, 261–265.

Peterson, C. R., & Miller, A. J. (1965). Sensitivity of subjective probability revision. *Journal of Experimental Psychology, 70*, 117–121.

Peterson, C. R., Schneider, R. J., & Miller, A. J. (1965). Sample size and the revision of subjective probabilities. *Journal of Experimental Psychology, 69*, 522–527.

Phillips, L. D., & Edwards, W. (1966). Conservatism in a simple probability inference task. *Journal of Experimental Psychology, 72*, 346–354.

Quattrone, G. A. (1982). Overattribution and unit formation: When behavior engulfs the person. *Journal of Personality and Social Psychology, 42*, 593–607.

Slovic, P., & Lichtenstein, S. (1971). Comparison of Bayesian and regression approaches to the study of information processing in judgment. *Organizational Behavior and Human Performance, 6*, 649–744.

Sniezek, J. A., & Switzer, F. S. (1989). *The over-undercontidence paradox: High Pi's but poor unlucky me*. Paper presented at the Judgment and Decision Making Society annual meeting in Atlanta, Georgia.

Staël von Holstein, C.-A. S. (1972). Probabilistic forecasting: An experiment related to the stock market. *Organizational Behavior and Human Performance, 8*, 139–158.

Taylor, S. E., & Brown, J. D. (1988). Illusion and well-being: A social psychological perspective on mental health. *Psychological Bulletin*, *103*, 193–210.

Tversky, A., & Kahneman, D. (1971). The belief in the law of small numbers. *Psychological Bulletin*, *76*, 105–110.

Tversky, A., & Kahneman, D. (1974). Judgment under uncertainty: Heuristics and biases. *Science*, *185*, 1124–1131.

Vallone, R. P., Griffin, D. W., Lin, S., & Ross, L. (1990). The overconfident prediction of future actions and outcomes by self and others. *Journal of Personality and Social Psychology*, *58*, 582–592.

von Winterfeldt, D., & Edwards, W. (1986). *Decision analysis and behavioral research*. New York, NY: Cambridge University Press.

Wagenaar, W. A., & Keren, G. (1986). Does the expert know? The reliability of predictions and confidence ratings of experts. In E. Hollnagel, G. Maneini, & D. Woods (Eds.), *Intelligent decision support in process environments* (pp. 87–107). Berlin: Springer.

Wright, G., & Wisudha, A. (1982). Distribution of probability assessments for almanac and future event questions. *Scandinavian Journal of Psychology*, *23*, 219–224.

Yates, J. F. (1990). *Judgment and decision making*. Englewood Cliffs, NJ: Prentice-Hall.

The Essential
Tversky

第 12 章

模糊厌恶和相对无知

克雷格·R. 福克斯
阿莫斯·特沃斯基

引言

现代决策理论的一个基本问题是对无知或模糊情况下的决策进行分析，在这种情况下，潜在结果的概率既不是预先指定的，也不能根据现有的证据轻易地进行评估。弗兰克·奈特（Frank H. Knight）解决了这个问题，他对可测量的不确定性和不可测量的不确定性进行了区分，前者可以用精确的概率表示，而后者则不能（Knight，1921）。此外，他还认为企业家应该因承担不可衡量的不确定性得到补偿，而不是因为风险。同时，经济学家约翰·梅纳德·凯恩斯区分了概率和证据的权重，前者代表支持某一特定命题的证据的平衡，而后者代表支持该平衡的证据的数量（Keynes，1921）。他接着问道：" 如果两种概率在程度上是相等的，那么我们在选择行动方针时，是否应该选择基于更广泛的知识的概率呢？"明确的概率和模糊的概率之间的区别已经被主观主义学派的支持者所否定。虽然萨维奇承认主观概率通常是模糊的，但他认为模糊在理性选择理论中没有作用（Savage，1954）。

19世纪60年代初在该期刊上发表的一系列论文和评论重新引起了人们对无知决策问题的兴趣。埃尔斯伯格在其撰写的最有影响力的一篇论文中提出了一些引人注目的观点，即人们更喜欢为已知的而不是未知的事物投注（Ellsberg，1961；Fellner，1961）。埃尔斯伯格提出了最简单的被称为"双色"问题的例子，它用到了两个罐子，每个罐子中都有红球和黑球。1号罐子中有50个红球和50个黑球，而2号罐子中含有100个未知比例的红球和黑球。假设从一个罐子中随机抽出一个球，根据结果，人们有可能获得100美元或什么也得不到。对于任何一个罐子，大多数人似乎对投注于红球或黑球没有特别关注，但他们更愿意投注红黑球比例相同的罐子，而不是投注红黑球比例未知的罐子。这种偏好模式与期望效用理论不一致，因为它表明黑球和红球的主观概率在比例相同的罐子中，比在比例未知的罐子中更大，因此不能对两个罐子求和。

大约40年前凯恩斯就讨论过同样的问题："在第一种情况下，我们知道罐子内包含相同比例的黑白球；在第二种情况下，每种颜色球的比例是未知的，并且里面的球可能是白色的也可能是黑色的。显然，在任何一种情况下拿出白球的概率是1/2，但是参数的权重在第一种情况中更大（Keynes，1921）。"埃尔斯伯格在奈特和凯恩斯的影响下提出，人们在不确定的情况下采取行动的意愿不仅取决于事件的感知概率，还取决于其模糊性。埃尔斯伯格将模糊性描述为"一种取决于信息的数量、类型和'一致性'的特征，并在估计相对概率时产生了一定程度的

'置信度'"（Ellsberg，1961）。

使用埃尔斯伯格初始问题的几个变体的许多实验已经证实，相对于在模糊性上投注，人们更倾向于在确定性上投注（Camerer & Weber, 1992）。如上所述，这些观察结果为期望效用理论的描述效度提供了证据。此外，尽管雷法认为在通过抛硬币来决定是猜红色还是猜黑色的问题中，模糊性可以降低风险，但许多作者仍试图从规范的角度为风险偏好辩护（Raiffa，1961）。

模糊厌恶引起了人们的广泛关注，因为除了显著的机会游戏外，决策者通常不知道潜在结果的准确概率。关于创业、上法庭或接受治疗的决定，通常是在对这些行动成功的机会缺乏明确认识的情况下做出的。那么在埃尔斯伯格实验中观察到的模糊厌恶是否适用于这样的决策？换句话说，相对于模糊的概率，人们更喜欢清晰的概率这一点是只局限于机会领域，还是可以扩展到基于世界知识的不确定信念？

为了回答这个问题，希思和特沃斯基进行了一系列实验，比较了人们对于投注模糊性的意愿与对于投注明确的随机事件的意愿（Heath & Tversky，1991）。与模糊厌恶相反，他们发现人们更倾向于在感到自己特别有能力或知识渊博的情况下对模糊性信念进行投注，尽管他们更愿意在确定时投注。在一项研究中，被试被要求根据3种不确定性来源进行投注选择：1988年各州的总统选举结果、各项职业足球比赛的结果及来自已知成分的罐子的随机抽签结果。因富有政治知识和缺乏足球知识而被预选的被试更倾向于投注政治事件，而不是他们认为可能性相同的随机事件。同时，这些被试又更倾向于投注随机事件，而不是他们认为可能性相同的体育赛事。类似地，因富有足球知识和缺乏政治知识而被预选的被试表现出了相反的模式，他们喜欢足球胜过政治事件和随机事件。另一个与希思和特沃斯基的能力假说一致但与模糊厌恶不一致的发现是，人们倾向于投注他们的身体技能（如投掷飞镖）而不是相对应的随机事件，尽管事实上对于技能而言成功的概率是模糊的，而对于随机事件而言是清晰的（Cohen & Hansel, 1959; Howell, 1971）。

如果模糊厌恶是由无知的感觉驱使的，那么正如前面讨论的那样，问题的关键在于这种心态是在什么条件下产生的。我们认为，当人们将对于一个事件的有限知识与对于另一个事件的丰富知识进行对比，或者将自己与知识渊博的人进行比较时，人们的自信心就会受到损害。此外，我们认为知识状态之间的这种对比是模糊厌恶的主要来源。当单独评估不确定性事件时，人们试图评估其概率，因为在一个好的贝叶斯公式中，人们相对很少关注二阶特征，如模糊性或证据权重。然而，当人们比较具有不同知识水平的两个事件时，对比度使得较不熟悉的投注不那么有吸引力而使得更熟悉的投注更具吸引力。这种被称为比较性无知假设的主要含义是当被试综合评估清晰和模糊的预期时会出现模糊厌恶，但当他们单独地评估每个预期时，模糊厌恶将大大减少或消失。

对实验文献的回顾，让我们发现了一个值得注意的事实：几乎所有对模糊厌恶的检验都采用了被试内设计，其中被试比较了明确的和模糊的投注，而不是不同被试评估每次投注的被试间设计。因此，该文献没有回答在对清晰和模糊赌注之间进行对比时是否存在模糊厌恶的问题。在下面的一系列研究中，我们检验了一个假设，即模糊厌恶在比较情境（或组内设计）中存在，而在非比较情境（或组间设计）中减少或消失了。

实验

研究 1

我们通过问卷的形式向斯坦福大学的 141 名本科生提出了下述假设性问题。该问卷由几个不相关的项目组成,被试填写问卷即可获得学分。

> 想象一下,桌子上有一个袋子(袋子 A),里面装满了 50 个红色筹码和 50 个黑色筹码,第二个袋子(袋子 B)里装满了 100 个红色和黑色筹码,但你不知道他们的相对比例。假设你获得了如下游戏权利:首先,你要先猜测颜色(红色或黑色)。接下来,你从其中一个袋子中抽出一个筹码。如果抽出的颜色与预测的颜色相同,那么你将赢得 100 美元;否则你什么都赢不到。为玩这样一个游戏你最多愿意付多少钱?(0 ~ 100 美元)
>
> 袋子 A   袋子 B
> 50 个红色筹码   ? 个红色筹码
> 50 个黑色筹码   ? 个黑色筹码
> 共 100 个筹码   共 100 个筹码
>
> 我愿意为袋子 A(50 红色;50 黑色)最多支付:_____
> 我愿意为袋子 B(? 红色;? 黑色)最多支付:_____

大约一半的被试完成了上述比较性任务;两次投注的顺序是平衡的。剩下的被试执行的是非比较性任务:其中大约一半的被试单独评估明确性投注,剩下的被试单独评估模糊性投注。

被试对于每项投注的平均支付意愿如表 12-1 所示。与所有后续表格一样，标准误差（在括号中）和样本大小（N）列在均值下方。数据支持了我们的假设。在比较性条件下存在模糊厌恶的强有力证据：被试愿意为明确性投注比为模糊性投注平均多支付 9.51 美元 [$t(66)= 6.00$, $p <0.001$]。然而，在非比较性条件下，没有模糊厌恶的痕迹，因为被试为明确性投注支付的费用略低于模糊性投注 [$t(72)= -0.12$, n.s.]。这种相互作用是显著的（$z = 2.42, p <0.01$）。

表 12-1 研究 1 的结果数据

	明确性投注		模糊性投注	
比较性	24.34 美元		14.85 美元	
	(2.21)	$N = 67$	(1.80)	$N = 67$
非比较性	17.94 美元		18.42 美元	
	(2.50)	$N = 35$	(2.87)	$N = 39$

研究 2

我们在这项研究中检验了比较性无知假设与真实货币。被试是通过在斯坦福大学心理学大楼张贴海报的方式招募而来的，他们被告知有机会参加一项简短的研究，会赢得高达 20 美元的奖金。我们招募了 110 名学生、教师和员工。由于反应不一致，其中 6 名被试被排除在外。

被试单独进行实验。在比较性条件下的被试为明确性投注和模糊性投注进行定价。在非比较性条件下的一半被试为明确性投注单独定价；另一半被试为模糊性投注单独定价。明确性投注包括从一个装有 1 个红色乒乓球和 1 个绿色乒乓球的袋子中抽取一个球。模糊性投注包括从一个装有 2 个乒乓球的袋子中抽取一个球，球可以是红色，也可以是绿色。首先我们要求被试猜测取出的球的颜色。接下来，要求他们做出一系列选择，如果他们的猜测是正确的，那么就可以获得 20 美元（否则什么也得不到），或者可以肯定地得到 X 美元。被试在一份回复表上标明他们的选择，该回复表以 50 美分的幅度从 19.50 美元到 0.50 美元的降序顺序列出了各种确定金额（X 美元）。我们还告知被试，他们中的某些人将被随机选中以获得真实的奖金。这些被试将随机选择一个选项，接受 X 美元或进行投注，这取决于他们的偏好。这个程序是激励相容的，因为被试只能通过歪曲他们的偏好来使自己遭受损失。

现金等价物是通过优先于不确定性投注的最低金额与首选投注的最高金额之间的中间值估算的。平均现金等价物如表 12-2 所示。本研究中引入的程序变化（实际投注、金钱激励、个人管理）并未影响结果的模式。在比较性条件下，被试平均投注 1.21 美元，比模糊性投注更高（$t(51)= 2.70, p <0.01$）。然而，在非比较性条件下，被试给模糊性投注的定价略高于明确性投注（$t(50)= -0.61, p$ 不显著）。同样，相互作用是显著的（$z = 1.90, p <0.05$）。

表 12-2 研究 2 的结果数据

	明确性投注		模糊性投注	
比较性	9.74 美元		8.53 美元	
	(0.49)	$N = 52$	(0.58)	$N = 52$
非比较性	7.58 美元		8.04 美元	
	(0.62)	$N = 26$	(0.43)	$N = 26$

关于研究 1 和研究 2 的解释有两条意见。首先，在比较性条件和

非比较性条件下,被试都清楚地意识到自己不知道在比例模糊的袋子中,两种颜色的球各有多少个。然而,只有在比较性任务中,这一事实才会影响其定价。因此,模糊厌恶似乎需要在明确性和模糊性投注之间进行直接比较;仅意识到缺失信息是不够的(Frisch & Baron,1988)。其次,值得注意的是,在研究1和研究2中,比较性情境增强了明确性投注的吸引力,而不是降低了模糊性投注的吸引力。然而,比较性无知假设并没有预测这些影响的相对大小。

研究3

除了上文中描述的双色球问题,埃尔斯伯格还引入了一个3色球问题(Ellsberg,1961),如表12-3所示。这里有一个装有10个白球及20个未知比例的红球和蓝球的罐子。在决定1中,被试被要求做出选择,选择f_1,抽得白球为赢($p=1/3$);或选择g_1,抽得红球为赢($0 \leq p \leq 2/3$)。在决定2中,被试被要求做出选择,选择f_2,抽得白球或蓝球为赢($1/3 \leq p \leq 1$);或选择g_2,抽得红球或蓝球为赢($p=2/3$)。正如埃尔斯伯格所认为的那样,在决定1中人们通常喜欢f_1而不是g_1,在决定2中,人们更喜欢g_2而不是f_2,这与期望效用理论的独立性定理相反。

表12-3 埃尔斯伯格的3色球问题数据

	投注	10个球	20个球	
		白球	红球	蓝球
决定1	f_1	50美元	0	0
	g_1	0	50美元	0
决定2	f_2	50美元	0	50美元
	g_2	0	50美元	50美元

从比较性无知假设的角度来看，这个问题与双色球问题不同，因为这里对投注（特别是f_2）的描述涉及了明确性和模糊性概率。因此，我们预测即使在非比较性情境中也存在模糊厌恶，其中每名被试仅评估一次投注。然而，我们预测在比较性情境中，模糊厌恶产生了更强的影响，其中每名被试都评估了明确性和模糊性投注。本研究对这些预测进行了检验。

被试是美国威拉姆特大学法学院的 162 名一年级学生，他们在课堂上完成了一份简短的问卷调查。3 名拒绝支配地位的被试被排除在分析之外。被试被告知有人会根据他们的选择随机进行支付。这些说明包括与激励相容的支付方案的简要描述（Becker, DeGroot & Marschak, 1964）。被试被要求阐述表 13-3 中显示的投注的最低定价。在比较性条件下，被试对所有 4 个投注进行了定价。在非比较性条件下，大约一半的被试对两个互补的明确性投注（f_1 和 g_2）进行了定价，剩下的被试对两个互补的模糊性投注（f_2 和 g_1）进行定价。投注的顺序是平衡的。

设 $c(f)$ 为投注 f 的规定价格。正如预期的那样，大多数处于比较性条件下的被试给明确性投注的定价都高于模糊性投注。特别是，我们观察到 28 名被试的 $c(f_1) > c(g_1)$，17 名被试的 $c(f_1) = c(g_1)$，以及 8 名被试的 $c(f_1) < c(g_1)$，$p < 0.01$。同样，我们观察到 36 名被试的 $c(g_2) > c(f_2)$，12 名被试的 $c(g_2) = c(f_2)$，以及 5 名被试的 $c(g_2) < c(f_2)$，$p < 0.001$。此外，62% 的被试表现出模糊厌恶，即 $c(f_1) \geqslant c(g_1)$ 和 $c(f_2) \leqslant c(g_2)$ 所暗示的模式，其中至少有一个不等式是严格的。

为了对比比较性和非比较性条件，我们为每名被试增加了两个互补的明确性投注（即 $c(f_1) + c(g_2)$）的定价和两个互补的模糊性投注（即 $c(g_1) + c(f_2)$）的定价。显然，对于非比较性条件下的主体，我们只能计算其中一个的总和。这些总和可以用来衡量投注在明确性和模糊性两侧的吸引力。这些金额的平均值如表 12-4 所示。结果符合预期，在比较性条件下，被试的平均定价明显高于模糊性投注，差异为 10.68 美元（$t(52) = 6.23$, $p < 0.001$）。然而，在非比较性条件下，差异仅为 3.85 美元（$t(104) = 0.82$, p 不显著）。这种相互作用是非常显著的（$z = 1.37$, $p < 0.10$）。

表 12-4 研究 3 的结果数据

	明确性投注		模糊性投注	
比较性	55.60 美元		44.92 美元	
	（2.66）	$N = 53$	（3.27）	$N = 53$
非比较性	51.69 美元		47.85 美元	
	（2.94）	$N = 54$	（3.65）	$N = 52$

对个人投注的检验表明，对于更可能的投注 f_2 和 g_2，在比较性条件下，人们表现出了对明确性的强烈偏好（$c(g_2) = 33.75$ 美元，$c(f_2) = 24.66$ 美元，$t(52) = 5.85$, $p < 0.001$），并且在非比较性条件下表现出了对于模糊性的中等偏好（$c(g_2) = 31.67$ 美元，$c(f_2) = 26.71$ 美元，$t(104) = 2.05$, $p < 0.05$）。但是，对于不太可能的投注 f_1 和 g_1，我们发现在比较性条件和非比较性条件下，被试给出的明确性和模糊性投注之间的定价没有显著性差异，分别为（$c(g_1) = 20.26$ 美元，$c(f_1) = 21.85$ 美元，$t(52) = 1.05$, p 不显著）及（$c(g_1) = 21.13$ 美元，$c(f_1) = 20.02$ 美元，$t(104) = 0.43$, p 不显著）。因此，表 12-4 中显示的聚合模式主要由可能性更高的投注驱动。

研究 4

在前 3 个研究中,不确定性是由机会模式产生的(即从具有比例已知或比例未知的罐子中抽取球)。我们接下来的研究将通过自然事件来检验比较性无知假设。具体来说,我们要求被试根据熟悉的城市(圣弗朗西斯科)和一个气候与其相似的不熟悉的城市(伊斯坦布尔)的未来温度来进行假设性投注。模糊厌恶表明,我们的被试(居住在圣弗朗西斯科附近)应该更倾向于投注他们非常熟悉的圣弗朗西斯科的温度,而不是投注伊斯坦布尔的温度。

如果给定城市的温度高于或低于某个特定值,那么我们会询问被试愿意为提供固定奖金的命题的每一方投入多少钱。具体描述如下。

> 想象一下,从今天起一周内,如果(圣弗朗西斯科/伊斯坦布尔)的下午高温至少为 60 ℉(约为 16℃),那么你将获得 100 美元。你愿意为这个投注最多支付多少钱?
> 我愿意支付最多_____美元。
>
> 想象一下,从今天起一周内,如果(圣弗朗西斯科/伊斯坦布尔)的下午高温低于 60 ℉,那么你将获得 100 美元。你愿意为这个投注最多支付多少钱?
> 我愿意最多支付_____美元。

在非比较性条件下,一组被试为上述两个与圣弗朗西斯科相关的投注定价,第二组被试为相同的两个与伊斯坦布尔相关的投注定价。在比较性条件下,被试需要执行两项任务,为所有 4 个投注进行定价。事件（小于 60 °F / 至少为 60 °F）和城市的顺序是平衡的。为了最大限度地减少顺序效应，在回答问题之前，我们要求所有被试思考要投注的城市或城市的下午高温的最佳猜测。

被试是加州大学伯克利分校校园里的 189 名行人，他们完成了一项时长为 5 分钟的调查（其中包括一些不相关的项目）以换取加州彩票。违背支配优势的 10 名被试被排除在分析之外。这里没有显著的顺序效应。设 $c(SF \geq 60)$ 表示愿意为预期"如果圣弗朗西斯科从今天起一周内的高温至少为 60 °F，那么赢 100 美元"支付的价格。如研究 3 所示，我们为每名被试添加了其愿意支付的投注的互补条件。特别是，我们计算了圣弗朗西斯科投注的 $c(SF \geq 60) + c(SF < 60)$ 和伊斯坦布尔投注的 $c(Ist \geq 60) + c(Ist < 60)$。表 12-5 中列出了这些总和的平均值。结果再次支持了我们的假设。在比较性条件下，与不熟悉的伊斯坦布尔温度相比，被试愿意在熟悉的圣弗朗西斯科温度投注上平均多付 15.84 美元（$t(89) = 5.05$，$p < 0.001$）。然而，在非比较性条件下，被试愿意为圣弗朗西斯科投注平均多支付 1.52 美元（$t(87) = 0.19$，$p < 0.05$）。这种相互作用是显著的（$z = 1.68$，$p < 0.05$）。

表 12-5 研究 4 的结果数据

	投注圣弗朗西斯科		投注伊斯坦布尔	
比较性	40.53 美元		24.69 美元	
	(4.27)	$N = 90$	(3.09)	$N = 90$
非比较性	39.89 美元		38.37 美元	
	(5.06)	$N = 44$	(6.10)	$N = 45$

同样的模式也适用于个人投注。在比较性条件下，$c(SF \geq 60)=$ 22.74 美元，$c(Ist \geq 60)=$ 15.21 美元，$t(89)= 3.13$，$p <0.01$。类似地，$c(SF <60)=$ 17.79 美元和 $c(Ist <60)=9.49$ 美元，$t(89)= 4.25$，$p < 0.001$。在非比较性条件下，$c(SF \geq 60)=21.95$ 美元，$c(Ist \geq 60)=$ 21.07 美元（$t(87)= 0.17$，p 不显著）。类似地，$c(SF <60)=17.94$ 美元，$c(Ist <60)=17.29$ 美元（$t(87)= 0.13$，p 不显著）。因此，处于比较性条件下的被试愿意为圣弗朗西斯科投注支付的费用远远超过他们愿意为伊斯坦布尔投注支付的费用。然而，在非比较性条件下没有明显的这种形式的差异。注意，与研究 1 和研究 2 中观察到的效果不同，当前效果是通过降低不太熟悉的投注的吸引力产生的。

研究 5

我们用比较性无知的观点来解释前面的研究结果。或者，可以认为这些结果至少可以部分地用一个更普遍的假设来解释，即单独评估的预期现金等价物之间的差异，将通过它们之间的直接比较得到增强。无论所讨论的前景是否涉及不同的不确定性来源（这些来源因熟悉程度或模糊性而有所不同），这种增强都将适用。

为了检验这一假设，我们招募了 129 名斯坦福大学本科生为被试来回答一页长的问卷。如果帕洛阿尔托（斯坦福所在地）某一天白天的高温落在指定范围内，被试就可以获得 100 美元，研究人员要求被试说出其愿意为这个赌注支付的最高金额是多少。对于这两个赌注的描述如下所示。

[A]想象一下，如果两周内帕洛阿尔托的下午高温超过 70 ℉，那么你将获得 100 美元。你愿意为这个赌注最多支付多少钱？

我愿意最多支付_____美元。

[B]想象一下，如果从今天起 3 周内帕洛阿尔托的下午高温低于 65 ℉，那么你将获得 100 美元。你愿意为这个赌注最多支付多少钱？

我愿意最多支付_____美元。

处于比较性条件下的被试同时评价[A]和[B]（顺序是平衡的）。处于非比较性条件下的被试中的约一半人单独评价[A]，剩余的被试单独评价[B]。

因为帕洛阿尔托在春天（进行研究时）的温度更可能高于 70 ℉ 而不是低于 65 ℉，我们预计投注[A]通常比投注[B]更有吸引力。因此，增强假设意味着 $c(A)$ 和 $c(B)$ 之间的差异在比较性条件下比非比较性条件下更大。$c(A)$ 和 $c(B)$ 的平均值如表 12-6 所示。结果不支持增强假设。在该研究中，$c(A)$ 大于 $c(B)$。然而，它们之间的差异 $c(A)-c(B)$ 在两个条件下大致相同（相互作用 $z = 0.32$，p 不显著）。事实上，任何一个前景的现金等价物的比较性和非比较性条件之间都没有显著性差异（对于 A，$t(87)= 0.53$，p 不显著；对于 B，$t(85)= 0.48$；p 不显著）。这种模式与前面研究的结果（特别是表 12-5）形成了鲜明对比，这表明比较性条件下的所述价格与非比较性条件下的所述价格之间存在显著性差异。我们得出结论：在研究 1 至研究 4 中观察到的比较性无知效应不能用更一般的增强假设来解释。

表 12-6　研究 5 的结果数据

	投注 A		投注 B	
比较性	25.77 美元		6.42 美元	
	(3.68)	$N = 47$	(1.84)	$N = 47$
非比较性	23.07 美元		5.32 美元	
	(3.42)	$N = 42$	(1.27)	$N = 40$

研究 6

比较性无知假设将模糊厌恶归因于知识状态之间的对比。在前 4 项研究中，我们为被试提供了更熟悉和更不熟悉事件之间的比较。在最后一项研究中，我们为被试提供了他们自己和更专业的人之间的比较。

被试是美国圣何塞州立大学的本科生。我们在一份调查问卷中设计了以下假设性问题，其中包含几个不相关的项目。被试完成这些项目就可以获得课程学分。

考夫曼广阔家园（KBH）是美国最大的房屋销售商之一。他们的股票在纽约证券交易所上市交易。

[1] 你认为 KBH 的股票周一的价格会比它昨天的收盘价更高还是更低？
- KBH 的股价将更高。
- KBH 的股价不变或更低。

[2] 你更喜欢下列哪一个？
- 肯定会收到 50 美元。
- 如果对 KBH 的预测是正确的，那么收到 150 美元。

非比较性条件下的被试（$N = 31$）回答了上述问题。比较性条件下的被试（$N=32$）回答了相同的问题，但在问题 1 和问题 2 之间插入了以下附加项目。

> 我们将向美国圣何塞州立大学的本科生、斯坦福大学的经济学研究生，以及专业的股票分析师展示这项调查。

然后我们要求被试以 0 ～ 10 的等级评定他们关于该项目的知识水平。

现在的解释表明，与更专业的人（即经济学研究生和专业的股票分析师）进行比较的建议将削弱被试的能力感，因此会降低他们为自己的判断投注的意愿。实验结果支持这一预测。在非比较性条件下，与赢得 50 美元的确定性前景相比，68% 的被试更倾向于可以赢得 150 美元的不确定性前景；而在比较性条件下，这一比例只有 41%（$x^2(1)= 4.66$, $p <0.05$）。

我们通过不同的被试群体（参加过心理学入门课程的斯坦福大学本科生）和不同的不确定性事件来复制这种效应。我们在一份调查问卷中设置了下述假设性问题，其中包含为获得课堂学分而需要完成的几个不相关的项目。

> [1]你认为荷兰过去 12 个月的通胀率是高于还是低于 3.0%？
> - 低于 3.0%
> - 至少 3.0%

[2] 你更喜欢下列哪个选项？
- 肯定会得到 50 美元
- 如果预测的通货膨胀率是正确的，那么会得到 150 美元

如前所述，处于非比较性条件下的被试（$N = 39$）评价上述项目，而处于比较性条件下的被试（$N = 37$）在回答相同问题的同时，在问题 [1] 和 [2] 之间插入了下述附加项目。

我们向心理学专业的本科生、经济学专业的研究生和专业的商业预测人员展示了这项调查。

然后我们要求被试以 0 ～ 10 的等级评定他们在该问题中的知识水平。

在非比较性条件下，38% 的被试肯定支付不确定性预期，而在比较性条件下仅有 11% 的被试肯定支付（$x^2(1) = 7.74$, $p < 0.01$）。因此，将其与更专业的人的意见进行比较，减少了被试对不确定性事件投注的倾向。请注意，这项研究的结果仅仅提到一个更专业的人群，应该与柯利、耶茨和艾布拉姆斯的发现区分开来，当人们预估到自己的决定将被同龄人评估时，模糊厌恶会得到加强（Curley, Yates & Abrams, 1986）。

市场实验

在我们将注意力转向目前调查结果的含义之前，问题出现了，当决策者有机会在提供激励和即时反馈的市场环境中做出多项决策时，模糊

性和比较性无知的影响是否仍然存在？R. 萨里（R. Sarin）和马丁·韦伯（Martin Weber）给出了这个问题的肯定答案，他们使用密封投标和双重口头拍卖比较了几个实验中被试对明确性和模糊性投注的定价（Sarin & Weber, 1993）。在一系列涉及科隆大学工商管理学研究生的研究中，如果从一个装有 10 个黄色网球和 10 个白色网球的不透明罐子中抽出一个黄色网球，就需要为这一明确性投注支付 100 德国马克。除了被试不知道黄色网球和白色网球的比例（这是从均匀分布中抽取的样本）外，这个模糊性投注的定义与明确性投注相似。在一些研究中，被试在每个市场上都进行了明确性和模糊性投注。在其他研究中，被试在一些市场上进行了明确性投注，在其他市场上进行了模糊性投注。因此，所有的被试都评估了明确性和模糊性投注。根据比较性无知假设预测：第一，明确性投注的定价一般高于模糊性投注；第二，当对明确性和模糊性投注进行联合交易时，价格之间的差异将比单独交易时更明显。数据支持这两种预测。在两种拍卖类型（实验 11 至实验 14 的最后一个交易期）中，明确性投注和模糊性投注的平均市场价格之差在联合市场中超过 20 马克，在单独市场中低于 5 马克。这种影响在两个口头拍卖中特别明显，在这两个拍卖中，单独市场中的明确性投注和模糊性投注的市场价格没有差别，而在联合市场中则有很大的差别（18.5 马克）。显然，市场设置不足以消除模糊性和比较性无知的影响。

讨论

前面的研究为比较性无知假设提供了支持，根据这种假设，模糊厌恶主要是由事件或个体之间的比较驱动的，在没有这种比较的情况下，模糊厌恶会大大减少或消失。我们必须补充一点，比较性和非比较性评估之间的区别是指决策者的心态，我们试图通过实验环境来对其进行控制。当然，不能保证在比较性条件下的被试确实进行了建议的比较，或者在非比较性条件下的被试没有独立产生比较。例如，在埃尔斯伯格的双色球问题中，单独使用模糊罐子的人可能会自发地将比较调整到两种颜色的球各占 50 个的明确的罐子，特别是如果他们之前遇到过同样的问题的话。然而，在前面的研究中观察到的一致结果表明，实验操作成功地使被试在一种情况下进行比较而在另一种情况下不进行比较。

比较性无知假设表明，当人们单独地对一个不确定性前景进行定价时（如果伊斯坦布尔在未来一周内温度超过 60 °F，将得到 100 美元），他们很少或根本不关注自己给出的评估概率的质量或精确度。然而，当人们被要求在另一个情境下对这个前景进行定价时（如果圣弗朗西斯科在未来一周内温度超过 60 °F，那么得到 100 美元），他们会对这两个事件的知识对比变得敏感，不那么熟悉或不确定性前景的价格会低于更熟悉或更明确的前景（Heath & Tversky，1991；Keppe & Weber，1995）。同样，当人们意识到同样的前景也将由更专业的人评估时，不确定性前景就变得不那么有吸引力了。因此，模糊厌恶代表着不愿意对简单知识采取行动的态度，而这种自卑感只有在与其他领域或其他人的高级知识进行比较时才会出现。

理论意义

比较性无知效应违反了程序不变性原则，根据该原则，策略上同等的启发式过程应该产生相同的偏好顺序（Tversky，Sattath & Slovic，1988）。在之前的研究中，不确定性和明确性投注在单独定价时价值相等,而当对两种投注同时定价时,后者的价值严格高于前者。和其他偏好逆转的例子一样,一个特定的属性(在本例中是关于概率的知识)在比较性评估中比在非比较性评估中更为显著(Tversky & Thaler, 1990)。然而,最值得注意的发现不是对一种新的偏好逆转进行的说明,而是埃尔斯伯格现象是一种内在比较效应这一结论。

比较性评估和非比较性评估之间的这种差异引出了哪种偏好更合理的问题。一方面,我们可以认为比较性判断情景反映了人们的"真实"偏好,而在没有比较的情况下,人们没有低估自己的无知。另一方面,可能有人认为非比较性判断更为理性,而被试只是在与高级知识的比较中受到了刺激。正如我们所看到的那样,没有令人信服的论据支持另一种解释。理性选择理论(或更具体地说是程序不变性原理)认为比较性和非比较性评估是一致的,但该理论并没有提出一种协调不一致偏好的方法。

目前的研究结果对分析个人决策有什么影响?要回答这个问题,重要的是要区分在不确定状况下决策描述的研究中出现的两种现象:来源偏好和来源敏感度(Tversky & Fox, 1995; Tversky & Wakker, 1995)。来源偏好指的是这样一种观察结果,即前景之间的选择不仅取决于不确定性的程度,还取决于不确定性的来源(如圣弗朗西斯科的温度与伊斯坦布尔的温度)。来源偏好是通过表明一个人倾向于对从一个来源提取的命题而不是从另一个来源提取的命题进行投注来得以证明的,且还倾向于对第一个命题投注而不是对第二个命题投注($c(SF \geq 60) > c(Ist \geq 60)$, $c(SF <60)> c(Ist <60)$;参见研究 4)。我们将模糊厌恶解释为来源偏好的一个特例,其中风险优于不确定性,如埃

尔斯伯格给出的例子所示。①

来源敏感度是指决策权重的不可加性。特别是，对风险决策的描述性分析表明，当一个不可能性事件变成可能性事件或可能性事件变为确定性事件时，特定事件对前景价值的影响大于仅仅使一个不确定性事件的概率更大或更小（Kahneman & Tversky，1979）。例如，将固定奖金从 0 增加到 0.1 或从 0.9 增加到 1.0 的概率比从 0.3 增加到 0.4 的概率有更大的影响力，特沃斯基和福克斯进一步证明了在这种模式中，不确定性比偶然性（即对于模糊性而非明确性概率）更明显，这被称为有界次可加性（Tversky & Fox，1995）。换句话说，人们对随机的不确定性不那么敏感，尽管他们更喜欢不确定性而不是随机。因此，来源偏好和来源敏感度在逻辑上是独立的。

目前的实验表明，与来源敏感度不同，来源偏好是一种内在的比较现象，它不会出现在对不确定性前景的独立评估中。这表明基于决策权重或非加性概率的模型能够适应来源敏感度，但不能提供一个满意的来源偏好解释，因为它们不能区分比较性和非比较性评估（Quiggin，1982；Gilboa，1987；Schmeidler，1989；Tversky & Wakker，1995）。人们可以尝试使用偶然性加权方法来建立比较性无知效应的模

---

① 一些作者将这一发现解释为模糊厌恶，即人们更喜欢投注对给定概率 p 的更可靠的估计而不是不太可靠的估计（Einhorn & Hogarth，1985）。然而，这种演示并没有建立来源偏好，因为它也没有考虑相关事件的补充。因此，上述发现可归因于这样一个事实，即与 p 的较不可靠估计相关的主观概率没有与 p 的较可靠估计相关的主观概率极端，即更接近 0.5（Heath & Tversky，1991）。更一般地说，经常被引用的结论是：人们对大概率的厌恶和对小概率的模糊性寻求是有疑问的，因为它所基于的证明不能适当地控制主观概率的变化。

型，其中与事件相关的权重取决于它是在比较性还是在非比较性情境中被评估的（Tversky, Sattath & Slovic, 1988）。这方面的主要困难，或任何其他模拟比较性无知效应的尝试的主要困难在于，它需要事先说明决策者对所涉事件的感知能力，以及其他知识状态的显著性。虽然这些变量可以通过实验控制，就像我们在前面的研究中所做的那样，但它们不容易得到测量并纳入正式的模型中。

尽管在模拟相对无知方面存在困难，但相对无知可能具有重大的经济影响力。例如，一个对计算机行业很了解但对能源行业一无所知的人，在选择投资高科技初创企业或石油勘探时，可能会表现出模糊厌恶，但当每一项投资都是独立评估时，情况就不同了。此外，本解释指出，应考虑到这两项投资的顺序可能会影响它们的估值。特别是，如果在进行比较熟悉的投资之前进行考虑，不太熟悉的投资的价值就可能会更高。[1] 根据目前的分析，最近针对金融市场中的模糊厌恶建模的尝试可能是不完整的，因为他们没有区分比较性评估和非比较性评估（Dow & Werlang, 1991; Epstein & Wang, 1994）。特别是，这种模型很可能高估了不确定性前景在单独评估的情境中的模糊厌恶程度（Sarin & Weber, 1993）。相对无知在经济交易中的作用有待进一步的实证研究。

致谢

感谢马丁·韦伯的帮助。

---

[1] 福克斯和韦伯收集的未公开的数据显示，在接触熟悉的前景之后评估不熟悉的前景时给予的投注价格更低。

参考文献

Becker, G., DeGroot, M., & Marschak, J. (1964). Measuring utility by a single-response sequential method. *Behavioral Science*, *9*, 226–232.

Camerer, C., & Weber, M. (1992). Recent developments in modeling preferences: Uncertainty and ambiguity. *Journal of Risk and Uncertainty*, *5*, 325–370.

Cohen, J., & Hansel, M. (1959). Preferences for different combinations of chance and skill in gambling. *Nature*, *183*, 841–843.

Curley, S. P., Yates, J. F., & Abrams, R. A. (1986). Psychological sources of ambiguity avoidance. *Organizational Behavior and Human Decision Processes*, *38*, 230–256.

Dow, J., & Ribeiro da Costa Werlang, S. (1991). Uncertainty aversion, risk aversion, and the optimal choice of portfolio. *Econometrica*, *60*, 197–204.

Einhorn, H. J., & Hogarth, R. M. (1985). Ambiguity and uncertainty in probabilistic inference. *Psychological Review*, *93*, 433–461.

Ellsberg, D. (1961). Risk, ambiguity and the savage axioms. *Quarterly Journal of Economics*, *75*, 643–669.

Epstein, L. G., & Wang, T. (1994). Intertemporal asset pricing under Knightian uncertainty. *Econometrica*, *62*, 283–322.

Fellner, W. (1961). Distortion of subjective probabilities as a reaction to uncertainty. *Quarterly Journal of Economics*, *75*, 670–689.

Frisch, D., & Baron, J. (1988). Ambiguity and rationality. *Journal of Behavioral Decision Making*, *1*, 149–157.

Gilboa, I. (1987). Expected utility with purely subjective non-additive probabilities. *Journal of Mathematical Economics*, *16*, 65–88.

Heath, C., & Tversky, A. (1991). Preference and belief: Ambiguity and competence in choice under uncertainty. *Journal of Risk and Uncertainty*, *4*, 5–28.

Howell, W. (1971). Uncertainty from internal and external sources: A clear case of overconfidence. *Journal of Experimental Psychology*, *81*, 240–243.

Kahneman, D., & Tversky, A. (1979). Prospect theory: An analysis of decision under risk. *Econometrica*, *47*, 263–291.

Keppe, H.-J., & Weber, M. (1995). Judged knowledge and ambiguity aversion. *Theory and Decision*, *39*, 51–77.

Keynes, J. M. (1921). *A treatise on probability*. London, England: Macmillan.

Knight, F. H. (1921). *Risk, uncertainty, and profit*. Boston, MA: Houghton Mifflin.

Quiggin, J. (1982). A theory of anticipated utility. *Journal of Economic Behavior & Organization, 3*, 323–343.

Raiffa, H. (1961). Risk ambiguity and the savage axioms: Comment. *Quarterly Journal of Economics, 75*, 690–694.

Sarin, R. K., & Weber, M. (1993). Effects of ambiguity in market experiments. *Management Science, 39*, 602–615.

Savage, L. J. (1954). *The foundation of statistics*. New York, NY: John Wiley & Sons.

Schmeidler, D. (1989). Subjective probability and expected utility without additivity. *Econometrica, 57*, 571–587.

Tversky, A., & Fox, C. R. (1995). Weighing risk and uncertainty. *Psychological Review, 102*, 269–283.

Tversky, A., Sattath, S., & Slovic, P. (1988). Contingent weighting in judgment and choice. *Psychological Review, 95*, 371–384.

Tversky, A., & Thaler, R. (1990). Preference reversals. *Journal of Economic Perspectives, 4*, 201–211.

Tversky, A., & Wakker, P. (1995). Risk attitudes and decision weights. *Econometrica, 63*, 1255–1280.

The Essential
Tversky

第 13 章

支持理论：主观概率的非外延性表征

阿莫斯·特沃斯基
德里克·J. 凯勒

外行和专家经常会被要求对如审判结果、手术成果、商业投资是否成功或足球比赛的赢家这样的不确定性事件的概率进行评估。这些评估在决定案件的判决、是否接受手术、是否投资企业、是否投注本地球队等问题中都发挥着重要的作用。不确定性通常是以口头的形式得以表达的（如不可能的或可能的），而对其进行数值估计也很常见。例如，气象预报员经常会报告下雨的概率（Murphy，1985），而经济学家有时需要估计经济衰退的可能性（Zarnowitz，1985）。主观概率的理论和实践意义激发了心理学家、哲学家和统计学家从描述性和规范性的角度来对其进行研究的兴趣。

事实上，信念的程度是否可以或者应该用概率的计算来表征，这个问题一直以来都存在着激烈的争论。与贝叶斯学派用递加概率测量来表征信念的程度不同，有许多怀疑论者对主观不确定性进行量化的可能性和智慧提出了质疑，不愿将概率定律应用于信念的分析。除了贝叶斯和怀疑论者，关于主观概率修正模型的文献也越来越多。这些包括 D-S 证据理论（Dempster-Shafer theory of belief; Dempster, 1967; Shafer, 1976）、可能性理论（Zadeh, 1978），以及各种类型的上、下概率（Suppes, 1974; Walley, 1991）。D. 杜布瓦（D. Dubois）和 H. 普拉德（H. Prade）、I. 基利波（I. Gilboa）和 D. 施迈德勒（D. Schmeidler）和 P. 蒙吉（P. Mongin）对最近的发展进行了回顾（Dubois & Prade, 1988; Gilboa & Schmeidler, 1994; Mongin, 1994）。就像贝叶斯主义者一样，修正主义者也支持对信念进行量化，他们在投注时会使用直接判断或偏好，但他们发现，相对于这一目的来说，对随机事件进行计算的局限性太大了。因此，它们用满足较弱要求的非递加性集合函数取代了经典理论中使用的递加测量。

贝叶斯和修正主义模型都有一个基本假设——外延性原则，即具有相同外延的事件具有相同的概率。然而，外延性假设在描述上是无效的，因为对同一事件的不同描述常常会产生具有系统性差异的判断。下面的 3 个例子说明了这一现象，并推动了一种不受外延性假设影响的描述性信念理论的发展。

第一，巴鲁赫·菲施霍夫、P. 斯洛维克和 S. 利希滕斯坦要求汽车机械师和外行评估汽车无法启动的不同原因的概率（Fischhoff, Slovic & Lichtenstein, 1978）。他们发现——"故障的原因不是电池、燃料系统或引擎"——当假设被分解成更具体的原因（如启动系统、点火系统）时，残差假设的平均概率从 0.22 增至 0.44。虽然平均有 15 年经验的汽车机械师肯定知道这些可能性，但他们并不相信那些没有明确提到的假设。

第二，特沃斯基和卡尼曼构造了许多问题，其中概率和频率判断都与集合包含不一致（Tversky & Kahneman，1983）。例如，一组被试被要求估计4页长的小说中以ing结尾的7字母单词的数量。第二组被试被要求估计以_n_结尾的7字母单词的数量。第一个问题的估计中位数（13.4）比第二个问题的估计中位数（4.7）高出近3倍，可能是因为以ing结尾的7字母单词比以_n_结尾的7字母单词更容易被想到。但是，似乎大多数评估第二类单词数量的人都没有意识到第一类单词已经被包括在其中了。

第三，违反外延性原则的例子并不局限于概率判断；在评价不确定性前景时，我们也可以观察到这些现象。例如，E. J. 约翰逊（E. J. Johnson）、J. 赫希（J. Hershey）、J. 梅扎罗斯（J. Meszaros）和 H. 昆鲁斯（H. Kunreuther）发现，与覆盖所有住院类型的保险相比，那些（假设的）覆盖所有因疾病或事故住院的保险会让被试愿意支付更高的保费（Johnson, Hershey, Meszaros & Kunreuther, 1993）。显然，明确提及疾病和事故增加了人们认为的住院治疗的可能性，因此也增加了保险的吸引力。

这些结果与本文后面描述的许多其他观察结果一样，都与外延性原则不一致。我们区分了非外延性的两个来源。首先，外延性可能会因为记忆的限制而失效。如第2个例子所示，我们不能指望评判者能回忆起某一类别案件的所有实例，即使他能准确无误地识别出这些案例。一个明确的描述可以促使人们回想起相关的例子，否则他们可能会忘记。其次，外延性可能会失效，是因为对同一事件的不同描述可能会引起人们对结果的不同方面的关注，从而影响它们的相对显著性。这些效应可以影响概率判断，即使它们不会让人想起新的例子或证据。

我们认为，外延性常常失效代表了人类判断的一个基本特征，而不仅仅是一系列孤立的例子。它们表明，概率判断并不取决于事件本身，而是取决于对事件的描述。在这里，我们提出了一个理论，根据这种理论，对一个事件的概率的判断取决于对它进行的描述的明确性。这种被称为支持理论（support theory）的处理方法侧重于概率的直接判断，但也适用于不确定状况下的决策。我们将在下一节中介绍和描述这一基本理论。实验证据也将在下一节中得到介绍。在最后一部分中，我们将该理论扩展到了顺序判断中，讨论了信念系统的上下边界的指标，并阐述了当前发展的描述性和规范性影响。

支持理论

设 T 为一个包含至少两个元素的有限集合，我们可以将其理解为世界的状态。我们假设只有一个状态是存在的，但评判者一般不知道。T 的子集被称为事件。我们对事件和对事件的描述进行区分，即假设。设 H 是一组描述 T 中事件的假设。因此，我们假定每一个假设 $A \in H$ 对应于一个独特的事件 $A' \subset T$。这是一个多对一的映射，因为不同的假设，如 A 和 B，可能有相同的外延（即 $A'=B'$）。例如，假设一个人掷了一对骰子，假设两个骰子的结果"和为 3"和"积为 2"是对同一事件的不同描述；也就是说，一个骰子显示 1，另一个显示 2。我们假设 H 是有限的，并且对于每个事件它至少包含一个假设。如果 $A' \in T$，A 是基本事件。如果 $A'= \varnothing$，A 就是空集。如果 $A' \cap B' = \varnothing$，那么 A 和 B 是互斥的。如果 A 和 B 在 H 中，并且它们是互斥的，那么它们的

明确的析取也在 H 中，写作 $A \vee B$。因此，H 在互斥析取中是闭合的。我们假设 $\vee$ 是组合的和可交换的，那么 $(A \vee B)' = A' \cup B'$。

本公式的一个关键特征是显性和隐性析取的区别。如果 A 既不是基本的，也不是空集，并且不是显性析取，那么它就是隐性析取，或者简单地说是隐性假设（在 H 中存在不互斥的非空集 B 和 C，使得 $A = B \vee C$）。例如，假设 A 是"安主修自然科学"，B 是"安主修生物学"，C 是"安主修物理学"。显性析取 $B \vee C$（安的专业是生物学或物理学）与 A 有着同样的外延，即 $A' = (B \vee C)' = B' \cup C'$，但 A 是一个隐性假设，因为它不是显性析取。请注意，显性析取 $B \vee C$ 是由任一互斥集 $B, C \in H$ 来定义的，而一个可以共存的隐形析取是不可能存在的，因为有些事件不能在未列出其成分的情况下对其进行自然描述。

评价框架 (A, B) 由一对排他性假设组成：第一个元素 A 是评价的焦点假设，第二个元素 B 是备选假设。为了简化问题，我们假设 A 和 B 是互斥的，评判者认为它们是具有排他性的，但我们不假设评判者可以列出隐性析取的所有组成部分。根据上面的例子，我们假设评判者知道遗传学属于生物学、天文学属于物理学，而生物学和物理学是互斥的。然而，我们并不认为评判者可以列出生物学或物理学的所有分支学科。因此，我们假设人们可以对包含关系进行识别，但无法进行完美的回忆。

我们把一个人的概率判断描述成一个从评价框架到单位区间的映射 P。为了简化问题，我们假设当且仅当 A 为空集时，$P(A, B) = 0$，当且仅当 B 为空集时，$P(A, B) = 1$；我们假设 A 和 B 不可能同时为空。因此，$P(A, B)$ 是 A 而不是 B 的判断概率，假设其中一个且只有一个有效。显然，A 和 B 可以分别表示显性或隐性析取。标准理论中与 $P(A, B)$ 的外延对应的是条件概率 $P(A' \mid A' \cup B')$。目前的处理是非外延性的，因为它假设概率判断依赖于对 A 和 B 的描述，而不仅仅依赖于事件 A' 和 B'。我们要强调，目前的理论适用于评判者提出的假设，但这些假设并不总是符合给出的口头描述。然而，呈现隐性析取的评判者可以将其视为显性析取，反之亦然。

支持理论假定有一个比例尺度 s（可以理解为支持度），它为 H 中的每个假设分配了一个非负实数，那么对于任何一对互斥的假设 A，$B \in H$

$$P(A, B) = \frac{s(A)}{s(A)+s(B)} \tag{1}$$

如果 B 和 C 是互斥的，A 是隐性的，且 $A' = (B \vee C)'$，那么

$$s(A) \leqslant s(B \vee C) = s(B) + s(C) \tag{2}$$

公式 1 为我们提供了一个主观概率的表征，它表示焦点假设和备选假设的支持度。公式 2 表明，隐性析取 A 的支持度小于或等于共存的显性析取 $B \vee C$ 的支持度，其等于它的各个元素的支持度之和。因此，支持度对显性析取来说是可加的，对隐性析取是次可加的。

我们认为，次可加性假设代表了人类判断的一个基本原则。当人们评估自己对隐性析取的信念的程度时，他们通常不会按照外延性的要求，将假设分解成互斥的各个组成部分，并为它们添加支持度。相反，他们倾向于形成一个主要基于最具代表性或可用案例的整体印象。因为

这种判断方式是有选择性的，而不是详尽无遗的，因此拆分会增加支持度。换句话说，我们认为隐性假设的概括性表征的支持度通常小于其互斥成分的支持度之和。记忆和注意力都可能产生这种效果。将一个类别（如非自然原因导致的死亡）分解成其组成部分（如致命的车祸、溺水）可能会让人们想到一些原本不会被考虑到的可能性。此外，明确提及一项成果往往会加强其重要性，从而加强对其的支持。虽然这种假设在某些情况下可能会失败，但是我们在下一节中描述的关于次可加性的强烈证据表明，这些失败代表的是例外，而不是规则。

与给定假设相关的支持度被解释为针对支持该假设的证据的强度的一种尺度，该假设对评判者来说是可用的。支持度可能是基于客观数据（如相关人群中的失业频率）或由判断启发式（如代表性、可得性或锚定和调整）介导的主观印象（Kahneman, Slovic & Tversky, 1982）。例如，"比尔是一名会计师"的假设可以通过比尔的个性与会计师刻板印象的匹配程度进行验证，"在明年年底之前东海岸会发生石油泄漏"的预测可能是通过评估类似事故得到的。支持度也可以反映评判者为支持所述的假设而采用的理由或论据（如果被告有罪的话，他就不会报案了）。由于基于印象和推理的判断通常是非外延性的，因此对于集合包含的支持函数是非单调的。因此，$s(B)$甚至可以超过$s(A)$，尽管$A' \supset B'$。但是要注意的是，$s(B)$是不能超过$s(B \vee C)$的。例如，如果一个类别的支持度由其实例的可得性决定，那么随机选择的以 ing 结尾的单词假设的支持度可以超过以 _n_ 结尾的单词假设的支持度。一旦类别之间的包含关系变得透明，以 _n_ 结尾的单词假设就被"以 ing 或任何其他 _n_ 形式"结尾的单词假设所取代，它的支持度超过了以 ing 结尾的单词假设。

目前的理论从相对支持的角度对主观概率进行了解释。这一解释表明，在某些情况下，概率判断可以通过对支持度的独立评估来进行预测。稍后我们将探讨这种可能性。由下文中的讨论可知，根据目前的理论，支持度可以从概率判断中得到，正如效用可以从选项之间的偏好中得到。

结果

支持理论是由支持函数 s 表示的，它是不可直接观测的。接下来，我们用观察到的指数 P 来描述这个理论。我们首先列出了这一理论的 4 个结果，然后证明它们包含公式 1 和公式 2。该理论的直接结果是二元互补

$$P(A, B) + P(B, A) = 1 \tag{3}$$

第二个结果是相称性

$$\frac{P(A, B)}{P(B, A)} = \frac{P(A, B \vee C)}{P(B, A \vee C)} \tag{4}$$

假设 A、B 和 C 互斥且 B 不为空。那么，A 相对于 B 的概率是独立于附加假设 C 的。

为了表述下一个条件，我们引入概率比 $R(A, B) = P(A, B)/P(B, A)$，这是 A 相对于 B 的概率。由等式 1 得出乘积法则

$$R(A, B) R(C, D) = R(A, D) R(C, B) \tag{5}$$

假设 A、B、C 和 D 不为空，且公式 5 中的 4 对假设互斥。那么，A 相对于 B 的概率和 C 相对于 D 的概率等于 A 相对于 D 的概率和 C 相对于 B 的概率。为了弄清生成规则的必要性，我们需要注意，根据公式 1，公式 5 等号两边等于 $s(A)s(C)/s(B)s(D)$。偏好树理论也使用了在本质上相同的条件（Tversky & Sattath, 1979）。

公式 1 和公式 2 共同表明了分解原理。假设 B、C、D 是互斥的，A 是隐性的，$A' = (B \vee C)'$，那么

$$P(A, D) \leqslant P(B \vee C, D) = P(B, C \vee D) + P(C, B \vee D) \quad (6)$$

s 的特性包含了 P 的相应特性：判断概率对显性析取是可加性的，对隐性析取是次可加性的。换句话说，分解一个隐性析取可能会增加而不是减少它的判断概率。与概率标准理论中的公式 3 至公式 5 不同，分解原理（公式 6）概括了经典模型。请注意，这一假设与较低概率模型，包括沙菲尔的模型存在差异，沙菲尔的模型假定了外延性和超可加性（即如果 $A' \cap B' = \varnothing$，那么 $P(A' \cup B') \geqslant P(A') + P(B')$；Shafer, 1976）。

产生非加性概率的两个直觉是相互矛盾的。支持理论捕捉到的第一个直觉是：对隐性析取的分解增强了其组成部分的显著性，从而增加了支持度。沙菲尔理论捕捉到的第二个直觉是：在部分事实模糊的情况下，评判者持有某种程度的"储备"信念的尺度，而不是像贝叶斯模型所要求的那样将其分布在所有基本假设中（Shafer, 1976）。虽然沙菲尔的理论是建立在对信念的逻辑分析而不是心理分析的基础上的，但它也被几个作者视为一个描述性模型进行了解释。因此，它为我们提供了与现有理论进行比较的一种自然选择。

虽然之前的比例性（公式 4）和乘积法则（公式 5）没有得到系统性的检验，但一些研究人员观察到了二元互补（公式 3）和分解原理（公式 6）的一些方面。我们将在下一节中对这些数据和一些新的研究进行综述。下面的定理表明，上述条件不仅是支持理论的必要条件，而且是充分条件。相关证明见附录。

> **定理 1：** 假设 $P(A, B)$ 被定义为所有互斥的 $A, B \in H$，而且当且仅当 A 为空时才会消失。当且仅当 H 上存在一个满足公式 1 和公式 2 的非负比例 s 时，公式 3 至公式 6 成立。

该定理表明，如果概率判断满足所要求的条件，就有可能在不假设具有相同外延的假设也具有相同支持度的情况下，衡量与每个假设相关的证据的支持度或强度。我们在最后一节中给出了该理论的延伸，其中 P 被视为序数而不是基数尺度。在本节接下来的部分，我们将介绍次可加性的表征和处理方法。

次可加性

我们通过对次可加性更详细的表征来扩展该理论。假设 A 是一个隐性假设，其外延与基本假设 $A_1 \cdots A_n$ 的显性析取相同；也就是说，$A' = (A_1 \vee \cdots \vee A_n)'$。假定任意两个具有相同外延的基本假设 B 和 C 也具有相同的支持度；也就是，$B', C' \in T$，而 $B' = C'$ 意味着 $s(B) = s(C)$。因此，在这个假设下，我们可以这样写

$$s(A) = w_{1A}s(A_1) + \cdots + w_{nA}s(A_n), \quad 0 \leqslant w_{iA} \leqslant 1, \quad i = 1, \cdots, n \tag{7}$$

在这种表征方式中，每个基本假设的支持度都由其各自的权重"折现"，这反映了评判者对该假设的重视程度。如果所有 i 的 $w_{iA}=1$，那么 $s(A)$ 是其基本假设的支持度之和，正如显性析取中那样。此外，对于某些 j，$w_{jA}=0$ 表示 A_j 实际上被忽略了。最后，如果权重增加，那么 $s(A)$ 是一种加权平均 (A_i)，$1\leq i\leq n$。我们必须说明：公式 7 不应被理解为一个深思熟虑的折现过程——评判者通过对相应显性析取的支持度打折的方法来评估隐性析取支持度的过程。相反，权重表示的是评估过程的结果，在此过程中，评判者对 A 进行评估，但没有明确地将其分解为它的组成部分。我们还应该注意，基本假设是由相对于一个已知的样本空间定义的。通过细化描述的层次可以进一步分解这些假设。

请注意，虽然支持函数是唯一的，但是除了尺度单位外，"焦点"权重 w_{iA} 并不仅仅是由观察到的概率判断决定的。然而，这些数据决定了 w_A 所定义的"整体"权重

$$s(A)=w_A[s(A_1)+\cdots+s(A_n)],\ 0\leq w_A\leq 1 \qquad (8)$$

整体权重 w_A，也就是对应的隐性 (A) 和显性 $(A_1\vee\cdots\vee A_n)$ 析取的比例，为我们提供了一个测量由 A 产生的次可加性程度的便捷方法。我们认为，次可加性程度受到几个因素的影响，其中一个因素是对概率尺度的解释。具体来说，当概率被理解为个例的倾向，而不是等于或被评估为相对频率时，我们预计次可加性会更加显著。卡尼曼和特沃斯基分别将这些判断模式称为单数模式（singular）和分布模式（distributional），并认为后者通常比前者更准确（Kahneman &

Tversky 1979, 1982; Reeves & Lockhart, 1993）。[①] 虽然许多有趣的事件不能用频率的术语来解释，但有些问题可以用分布模式或单数模式来进行描述。例如，人们可能会被要求评估从总体中随机选出的一个人死于意外事故的概率。或者，人们可能被要求评估因事故死亡的人口百分比（或相对频率）。我们认为，当评判者考虑到整个群体而不是一个人的时候，隐性析取"事故"更容易被分解成其组成部分（如车祸、飞机失事、火灾、溺水和中毒）。死亡的各种原因都在人口死亡率的统计中得到了反映，但在单个人的死亡中没有。更为普遍的情况是，我们认为在分布模式下分解隐性析取的倾向比在单数模式下更强。因此，我们估计一个频率公式会比一个表征单个案例的公式产生更少的折扣（即更高的 w_s）。

条件

回想一下，在 $P(A, B)$ 被理解为给定 A 或 B 的情况下，A 的条件概率。为了获得一般性调节处理，我们加强了假设，假设在 H 集合中，如果 A 和 B 是 H 中不同的元素，那么他们的合取可表示为 AB，也在 H 集中。自然地，我们假设这种合取是相关的和可交换的，即 $(AB)' = A' \cap B'$。我们还假设了分布性，即 $A(B \vee C) = AB \vee AC$。令 $P(A, B|D)$ 是在给定数据 D 中判断 A 而不是 B 的概率。一般来说，新的证据（如不同的信息状态）会产生一个新的支持函数 s_D，它描述的是从 D 来看 s 的修正。在数据可以被描述为 H 的一个元素的特殊情况下，它仅仅限

[①] 格尔德·吉仁泽（Gerd Gigerenzer）进一步论证：在单个事件概率判断中观察到的偏差，在频率的判断任务中会消失，但这里的数据回顾和其他地方的回归存在不一致的说法（Gigerenzer, 1991）。

制了被考虑的假设，我们可以将条件概率表示为：

$$P(A,B\mid D) = \frac{s(AD)}{s(AD)+s(BD)}, \tag{9}$$

假设 A 和 B 是互斥的，但 $A \vee B$ 和 D 不是。

以下是对这一形式的一些评论。首先，大家要注意，如果 s 是可加性的，那么公式 9 就可以简化为条件概率的标准定义。如果 s 是次可加性的，就像我们一直假设的那样，判断概率不仅取决于对焦点和备选假设的描述，还取决于对证据 D 的描述。假设 $D' = (D_1 \vee D_2)'$，D_1 和 D_2 是互斥的，D 是隐性的。那么

$$P(A,B\mid D_1 \vee D_2) = \frac{s(AD_1 \vee D_2)}{s(AD_1 \vee AD_2)+s(BD_1 \vee BD_2)}$$

但根据次可加性，由于 $s(AD) \leqslant s(AD_1 \vee AD_2)$ 且 $s(BD) \leqslant s(BD_1 \vee BD_2)$，$D$ 的分解可能更倾向于一种假说而不是另一种假说。例如，考虑到一位女性是一名大学教授，当"大学"被拆分成"法学院、商学院、医学院或其他任何一所学院"时，她的收入非常高的判断概率可能会增加，因为其中明确提及了高薪的职位。因此，公式 9 扩展了次可加性在证据表征中的应用。正如我们稍后说明的那样，它还允许我们对不同证据的影响进行比较，前提是它们可以被描述为 H 集。

想一下，一个 $n \geqslant 3$ 同时互斥且详尽（非空）的假设集合，$A_1 \cdots A_n$，设 $\bar{A}_i$ 表示负性 A_i，即对应于一个隐性析取的假设。考虑两项证据，$B, C \in H$，假设每个 A_i 与 B 相对于 C 更加兼容，$s(BA_i) \geqslant s(CA_i)$，

$1 \leqslant i \leqslant n$。我们认为 B 比 C 诱发了更多的次可加性，$s(B\bar{A}_i)$ 比 $(C\bar{A}_i)$ 被低估的程度更大 (如 $w_{B\bar{A}_i} \leqslant w_{C\bar{A}_i}$；参见公式 7)。这个假设被称为强化，表明 $P(A_i, \bar{A}_i|B)$ 的评估通常会高于 $P(A_i, \bar{A}_i|C)$。更具体地说，我们认为每个由不同的评判者评估的[1] $A_i \cdots A_n$ 的概率之和，在 B 下并不比在 C 下小。也就是说

$$\sum_{i=1}^{n} P(A_i, \bar{A}_i \mid B) \geq \sum_{i=1}^{n} P(A_i, \bar{A}_i \mid C) \tag{10}$$

次可加性意味着两个和都大于或等于 1。前面的不等式表明，与所研究的假设更相符的证据增加了概率总和。值得注意的是，强化表明人们对假设的先验概率没有进行恰当的反应。下文中的示例说明了强化的含义，并将其与其他模型进行了比较。

假设几个嫌疑人中有一个（而且只有一个）犯了谋杀罪。在没有任何具体证据的情况下，假定所有嫌疑人都被认为具有相同的犯罪的可能性。进一步假设，初步调查发现了一系列的证据（如动机和机会），这些证据在一定程度上与每一个嫌疑人都相关。根据贝叶斯模型，所有嫌疑人的概率会保持不变，因为新的证据是非诊断性的。但在沙菲尔的信念函数理论中，凶杀案是由一名嫌疑人而不是另一名嫌疑人所为的判断概率一般会随着证据的增加而增加；因此，调查后的判断概率应该高于调查前。强化产生了一个不同的模式：二进制概率，如其中一个嫌疑人相对于另一个嫌疑人的犯罪概率；根据贝叶斯模型，在调查前和调查后，二进制的概率应该接近 1/2。然而，凶杀案由某一特定嫌疑人（而

---

[1] 当一个人同时评估这些概率时，强化效应，如次叮加性，可能不成立，因为在这个任务中引入了额外的约束条件。

不是任何其他嫌疑人）所为的判断概率应该随着证据数量的增加而增加。在下文中，我们将描述强化的实验检验。

数据

在这一节中，我们将讨论支持理论的实验证据。结果表明，用正态次可加性支持函数来对判断概率进行理解，可以统一解释文献中报道的几种现象；它还产生了新的预测，目前还没有经过检验。本节由4部分组成。首先，我们研究了分解的影响，并考察了影响次可加性程度的因素。其次，我们将判断概率与证据强度的直接评级联系了起来。再者，我们研究了强化效应，并比较了不同的信念模型。最后，我们还讨论了不确定性条件下的合取效应、假设生成和决策。

分解研究

还记得分解原理（公式6）吗？它由两部分组成：显性析取的可加性和隐性析取的次可加性，它们共同导致了非外延性。二元互补（公式3）是可加性的一个特例。由于每个部分都有不同的解释，因此同时检验可加性和次可加性非常重要。根据这个原因，我们首先介绍了几个新的研究，它们在同一个实验中检验了分解原理的两个部分；然后我们回顾了以前的研究，这些研究为目前的理论提供了新的动力。

研究1：死亡原因。 我们的第一个研究遵循了菲施霍夫等人关于故障树（fault tree）的开创性研究，使用的任务与J.E.拉索和K.J.科尔佐的研究相似（Fischhoff et al., 1978; Russo & Kolzow, 1992）。我们让斯坦福大学的本科生（$N=120$）评估了各种死亡原因的可能性。

我们告知被试，美国每年约有 200 万人（占总人口的近 1%）因不同的原因死亡，并要求他们估计各种原因导致的死亡概率。一半的被试被要求只考虑一个最近去世的人，并评估他在一份特定死亡原因列表中死于其中的各种原因的概率。他们需要假设这个问题中的人是从前一年去世的人中随机挑选的。另一半被试则接受频率判断任务，他们评估了前一年死亡的 200 万人中因各种原因死亡的百分比。在每一组中，一半的被试会收到承诺：准确率最高的 5 名被试每人将获得 20 美元的奖励。

每名被试评估两种不同的原因列表中的一种，他要么评估一种隐性假设（如自然原因导致的死亡），要么评估一种共延的显性析取（如由心脏病、癌症或其他的一些自然原因导致的死亡），但不用两者都评估。表 13-1 列出了可以考虑的全部原因。死亡原因分为自然和非自然两种。每种类型都有 3 个组成部分，其中一个部分被进一步划分为 7 个子部分。为了避免出现非常小的概率，我们将这 7 个子部分限定在相应的死亡类型上（即自然的或非自然的）。为了给被试提供一些锚点，我们告知他们死于呼吸系统疾病的概率或频率约为 7.5%，而死于自杀的概率或频率约为 1.5%。

表 13-1　研究 1 中死亡原因的平均概率和频率估计及对显性析取和共延性隐性析取的比较评估

假设	平均估计值（%） 概率	频率	真实值
3-因素			
P（心脏病）	22	18	34.1
P（癌症）	18	20	23.1
P（其他自然原因）	33	29	35.2

续表

假设	平均估计值（%）		
	概率	频率	真实值
∑（自然原因）	73	67	92.4
P（自然原因）	58	56	
∑/P	1.26	1.20	
P（事故）	32	30	4.4
P（谋杀）	10	11	1.1
P（其他非自然原因）	11	12	2.1
∑（非自然原因）	53	53	7.6
P（非自然原因）	32	39	
∑/P	1.66	1.36	
7-因素			
P（呼吸道癌｜自然原因）	12	11	7.1
P（食道癌｜自然原因）	8	7	5.9
P（泌尿系统肿瘤｜自然原因）	5	3	2.7
P（乳腺癌｜自然原因）	13	9	2.2
P（膀胱癌｜自然原因）	7	3	1.0
P（白血病｜自然原因）	8	6	1.0
P（其他癌症｜自然原因）	17	10	5.1
∑（癌症｜自然原因）	70	49	25.0
P（癌症｜自然原因）	32	24	
∑/P	2.19	2.04	
P（车祸｜非自然原因）	33	33	30.3
P（枪械事故｜非自然原因）	7	12	1.3
P（意外坠落｜非自然原因）	6	4	7.9
P（火灾｜非自然原因）	4	5	2.6
P（溺水｜非自然原因）	5	4	2.6
P（意外中毒｜非自然原因）	4	3	3.9
P（其他事故｜非自然原因）	24	17	9.2

续表

假设	平均估计值（%）		
	概率	频率	真实值
$\sum$（事故 | 非自然原因）	83	78	57.9
P（事故 | 非自然原因）	45	48	
$\sum/P$	1.84	1.62	

注：真实百分比取自1990年的《美国统计摘要》(U. S. Statistical Abstract)。
$\sum$= 平均估计值之和。

表13-1显示，对于概率和频率的判断，隐性析取（如自然原因导致的死亡）的平均估计值，表示为$\sum$（自然原因），小于各组成部分（心脏病、癌症或其他自然原因）的平均估计值之和。具体来说，前者等于58%，而后者等于22% + 18% + 33% = 73%。表13-1中的8项比较采用的是曼-惠特尼检验，结果均有统计学意义（$p < 0.05$）。这里需要说明一点：我们使用的是非参数检验，因为在比较单个测量变量和一组测量变量时，所涉及的方差不相等。

在本文中，我们将分配给共延性显性和隐性假设的概率之比作为次可加性的尺度。上述示例中的比率是1.26。这个指标被称为拆分因子，可以直接从概率判断中计算出来，而不像w是由支持函数来定义的。次可加性由一个大于1的拆分因子和一个小于1的w值表示。值得注意的是，次可加性本身并不意味着相对于适当的客观标准显性假设被高估了或隐性假设被低估了，它仅仅表明前者比后者更有可能被判断。

在本研究中，3-因素假设的平均拆分因子为1.37，7-因素假设的平均拆分因子为1.92，这表明次可加性程度随显性析取因素数量的增加而增加。对中位数（而不是平均值）的分析显示出了类似的趋势，结合版本和拆分版本之间的差异稍微小一些。概率和频率任务的比较显示，正如预期的那样，被试在判断概率时给出的次可加性估计比判断频率时给出的次可加性估计要高（$F(12, 101) = 2.03$，$p < 0.05$）。概率判断和频率判断的平均拆分因子分别为 1.74 和 1.56。

相对于 1990 年的《美国统计摘要》中的真实数据，这些判断通常是高估的。唯一明显的例外是心脏病，该疾病的实际死亡概率为 34%，但被试判断的平均值为 20%。由于被试对概率的判断高于对频率的判断，因此在概率判断中对实际值的高估更多，但就估计值与实际值之间的相关性（针对每名被试进行的单独计算）而言，两项任务之间没有差异。金钱的奖励也没有提高人们判断的准确度。

下面的设计是对支持理论的更严格的检验，我们将其与其他信念模型进行了比较。假设 A_1、A_2 和 B 是互斥且全面的，$A' = (A_1 \vee A_2)'$；A 是隐性的；$\bar{A}$ 是 A 的负值。考虑以下可观测的值：

$\alpha = P(A, B)$

$\beta = P(A_1 \vee A_2, B)$

$\gamma_1 = P(A_1, A_2 \vee B)$，$\gamma_2 = P(A_2, A_1 \vee B)$，$\gamma = \gamma_1 + \gamma_2$

以及

$\delta_1 = P(A_1, \bar{A}_1)$，$\delta_2 = (A_2, \bar{A}_2)$，$\delta = \delta_1 + \delta_2$

不同的信念模型意味着这些值的不同组合方式：

支持理论，$\alpha \leq \beta=\gamma \leq \delta$；

贝叶斯模型，$\alpha=\beta=\gamma=\delta$；

信念函数，$\alpha=\beta \geq \gamma=\delta$；

回归模型，$\alpha=\beta \leq \gamma=\delta$。

根据焦点和残差假设的拆分，支持理论预测 $\alpha \leq \beta$ 和 $\gamma \leq \delta$；它还根据可加的显性析取预测 $\beta=\gamma$；由外延性贝叶斯模型可得 $\alpha=\beta$ 和 $\gamma=\delta$；由可加性可得 $\beta=\gamma$。沙菲尔的信念函数理论还假设了外延性，但根据超可加性，它预测 $\beta \geq \gamma$。以上数据及大量研究综述表明，$\alpha<\delta$，这与支持理论一致，但不符合贝叶斯模型和沙菲尔的理论。

根据观察，$\alpha<\delta$ 也可以由回归模型来解释，该模型假设概率判断满足外延性但偏向于 0.5（Erev, Wallsten & Budescu, 1994）。例如，评判者可能从一个为 0.5 的先验概率开始，这个概率没有根据证据得以充分的修正。随机误差也可能产生回归估计。如果每个人的判断都偏向 0.5，那么由一个单一判断组成的 β 将小于 γ，而 γ 为两个判断的总和。此外，这个模型预测 α 和 β 之间没有差异性，每个都由一个单一判断组成，或在 γ 和 δ 之间，每一个都包含两个判断。因此，支持理论和回归模型对 α 和 δ 之间的差异的来源做出了不同的预测。支持理论预测了隐性析取的次可加性（如 $\alpha \leq \beta$ 和 $\gamma \leq \delta$）和显性析取的可加性（即相加性，$\beta=\gamma$），而回归模型假定了外延性（$\alpha=\beta$ 和 $\gamma=\delta$）和显性析取的次可加性（$\beta \leq \gamma$）。

为了对比这些预测，我们让不同的小组（每组 25～30 人）评估了各种非自然死亡原因的概率。所有被试都被告知，评估对象是从前一年死于非自然原因的人群中随机挑选的。表 13-2 总结了研究中的假设和相应的概率判断。例如，第一行表示死亡是由意外事故或自杀引起而不是由其他非自然原因引起的判断概率 β。与支持理论一致，$\delta=\delta_1+\delta_2$ 明显大于 $\gamma=\gamma_1+\gamma_2$（$p<0.05$，曼-惠特尼检验，但 γ 没有明显大于 β，这与回归模型的预测不一致。然而，我们不排除这种可能性，即向 0.5 回归可能会使 $\beta<\gamma$，这将导致 α 和 $d\delta$ 之间的差异。在最后一节中，我们考虑了适用于这种模式的支持理论的概括。

表 13-2　对各种死因的平均概率和中位概率估计值

概率判断	均值	中位数
$\beta=P$（事故或自杀，OUC）	64	70
$\gamma_1=P$（事故，自杀或 OUC）	53	60
$\gamma_2=P$（自杀，事故或 OUC）	16	10
$\gamma=\gamma_1+\gamma_2$	69	70
$\delta_1=P$（事故，OUC）	56	65
$\delta_2=P$（自杀，OUC）	24	18
$\delta=\delta_1+\delta_2$	80	83

注：OUC = 其他非自然原因。

研究 2：暗示性和次可加性。 在转向针对拆分的其他演示之前，我们先讨论一些引出概率判断的方法论问题。可以这样说，让被试评估一个特定的假设传达了一个微妙的（或不那么微妙的）暗示，即这个假设是很有可能的。因此，被试可能会将引起他们注意的假设作为关于判断其概率的信息。为了解决这个问题，我们设计了一个任务，其中的假设不包含任何信息，因此任何观察到的次可加性都不能归因于实验建议。

我们请斯坦福大学的本科生（$N = 196$）对拥有某一数量孩子的美国已婚夫妇的比例进行估计。被试被要求写下他们的电话号码的最后一位数字，然后评估与该数字相同数量的孩子的已婚夫妇的比例。我们向被试承诺，回答最准确的3个人将每人获得10美元。正如预测的那样，数字0到9的总百分比（在不同被试中相加时）远远超过了1。各组分配的均值为1.99，中值之和为1.80。因此，即使在选择焦点假设中几乎没有得到相关信息的条件下，次可加性也是非常明显的。被试高估了除无子女夫妇外的所有类型的夫妇的百分比，对于有两个孩子的夫妇的百分比的估计与实际的百分比之间的差异性最大。此外，0、1、2和3个孩子的概率之和为1.45，每种情况的概率都超过了0.25。因此，观测到的次可加性不能仅仅用高估小概率的倾向来解释。

我们请另一组被试（$N = 139$）对有"少于3个""3个或3个以上""少于5个"或"5个或5个以上"孩子的美国已婚夫妇的比例进行估计。每名被试都只需要回答4个问题中的一个。第一种情况的估计值为97.5%，第二种情况的估计值为96.3%。与早些时候观察到的次可加性形成了鲜明的对比，正如支持理论所表明的那样，对互补事件的估计基本上是可加性的。二元互补的发现具有特殊的意义，因为它排除了对次可加性的另一种解释，根据这种解释，对证据的评价偏向于支持焦点假设。

专家判断中的次可加性。次可加性是仅限于新手，还是也适用于专家？D. 雷德尔迈耶（D. Redelmeier）、德里克·J. 凯勒（Derek J. Koehler）、V. 利伯曼（V. Liberman）和特沃斯基以医学判断为背景探讨了这个问题（Redelmeier, Koehler, Liberman & Tversky, 1993）。他们向斯坦福大学的医生（$N - 59$）展示了一个关于一名女性因腹痛到急诊室就诊的详细情景。一半的被试被要求将概率分配给两个特定的诊断（胃肠炎和异位妊娠）和一个剩余的选项（不是上述中的任何一种）；另一半被试要将概率分配给5种特定的诊断（包括前一种情况下的两种）和一种剩余类别（不是上述的任何一种）。被试被要求给出的概率总和为1，因为所考虑的可能性是互斥的。如果医生的判断符合经典理论，那么两种诊断结果条件下分配给剩余类别的概率应等于5种诊断结果条件下分配给未拆分结果类型的概率之和。然而，与支持理论的预测相一致，在两种诊断结果的条件中，剩余类型的判断概率（均值=0.50）显著低于5种诊断结果条件下未拆分结果类型的判断概率（均值 = 0.69；$p < 0.005$；曼－惠特尼检验）。

在第二项研究中，特拉维夫大学的医生（$N = 52$）被要求阅读一段医疗情景，包括患者的年龄、性别、病史、症状和由检验结果组成的医疗场景的描述。例如，有一种情况是，一名67岁的男子来到急诊室，他几小时前心脏病发作了。每位医生被要求评估以下4种假设中的一种的概率：患者在入院期间死亡（A）；患者活着出院，但在1年内死亡（B）；患者剩余寿命为1～10年（C）；患者的剩余寿命超过10年（D）。在本文中，我们将这些称为基本判断，因为它们将基本假设与它的补充假设进行了比较，这些补充假设是所有其他基本假设的隐性析取。在评估了这4个假设中的一个之后，所有的被试都评估了$P(A, B)$、$P(B, C)$和$P(C, D)$或互补集。我们将这些称为二元判断，因为它们只涉及两个基本假设的比较。

正如预测的那样，基本判断基本上是次可加性的。上述示例中的4种假设的均值：A组为14%，B组为26%，C组为55%，D组为69%，均超过了医学文献中的真实值。在此类问题中，当每个单独的因素都在与残差项进行对比的条件下被评估时，拆分因子的分母就取

1；因此，拆分因子只是分配给不同因素的总概率（对不同被试组进行求和）。在本示例中，拆分因子为1.64。与之形成鲜明对比的是，由两组不同的医生做出的二元判断显示出了近乎完美的可加性，互补对的平均概率总和为100.5%。

福克斯、W. H. 罗杰斯（W. H. Rogers）和特沃斯基对太平洋证券交易所的32名专业期权交易员进行了调查，为专家判断的次可加性提供了进一步的证据。这些交易员对微软股票在未来某一特定时期的收盘价做出了概率判断，如该收盘价将低于每股88美元（Fox, Rogers & Tversky, 1994）。微软股票在太平洋证券交易所交易，交易者通常关心的是对其未来价值的预测。然而，他们的判断显示出了次可加性和二元互补的预测模式。四分分区的平均拆分因子为1.47，互补二元事件的平均加和为0.98。以汽车修理工为研究对象的菲施霍夫等人（Fischhoff, Slovic, Lichtenstein, 1978）和以餐馆经理为研究对象的L. 杜布－里乌（L. Dube-Rioux）和J.E. 拉索（J.E. Russo）在其他领域也记录了专家判断的次可加性（Dube-Rioux & Russo, 1988）。

回顾以前的研究。接下来我们对其他检验了支持理论的研究进行回顾。特沃斯基和福克斯要求被试将概率分配给数量不确定的不同区间，如即将进行的超级碗比赛的胜率或下周的道琼斯指数的变化（Tversky & Fox, 1994）。当一个给定事件（如"水牛队打败华盛顿队"）被拆分成单独的子事件（如"水牛队胜华盛顿队不到7分"和"水牛队胜华盛顿队至少7分"）时，被试的判断基本上是次可加性的。本研究中得到的拆分因子以显性析取中分量假设数的函数的形式呈现，如图13-1所示。其中共有4对5种不同类型的事件的判断：未来的圣弗朗西斯科气温（SFO）、未来的东京气温（TKY）、美国国家橄榄球联盟（NFL）

超级碗比赛的结果、美国国家篮球协会（NBA）季后赛的结果以及道琼斯指数的每周变化。回想一下，拆分因子大于1（即落在图中虚线以上）表示次可加性。图13-1所示的结果显示了所有来源的一致次可加性，其随着显性析取中子事件的数量的增加而增加。

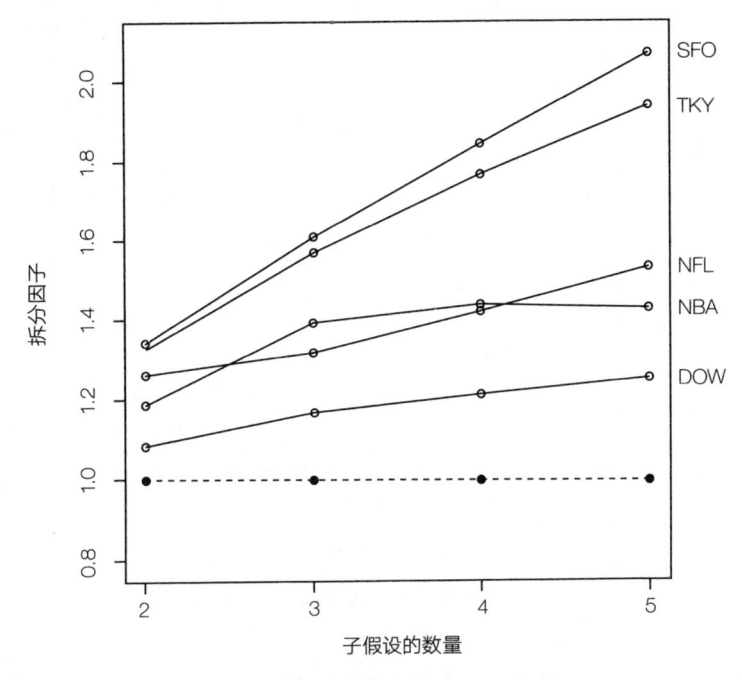

图13-1 特沃斯基和福克斯数据的拆分因子

注：SFO=圣弗朗西斯科气温；TKY=东京气温；NFL=1991年美国国家橄榄球联盟超级碗比赛；NBA=国家篮球协会季后赛；DOW=道琼斯指数周变化。

分配给互补假设的概率中位数如图13-2所示。每个假设在图中表示两次，一次作为焦点假设，一次作为补充假设。根据支持理论的预测，互补假设对的区间判断在本质上是可加性的，没有明显的次可加性或超可加性倾向。

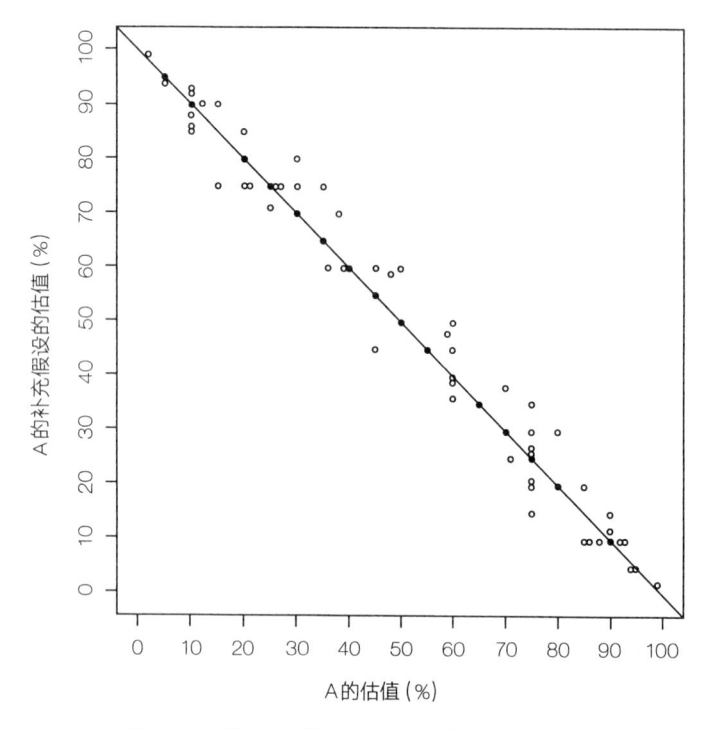

图 13-2　基于特沃斯基和福克斯的二元互补检验

二元互补的更多证据来自瓦尔斯滕、D. V. 布德斯库和 R. 兹维克（R. Zwick）的一项研究，他们向被试提供了 300 个关于世界历史和地理的命题，如"门罗主义是在共和党成立之前宣布的"，并要求他们估计每一个命题为正确的概率 (Wallsten，Budescu，Zwick，1992)。[①]每个命题的真假（互补）版本的不同之处在于日期。图 13-3 使用图

---

① 我们感谢作者向我们提供了相关数据。

13-2 的格式显示了被试认为每个命题为真和为假的平均概率。同样，判断在整个范围内是可加性的（均值 = 1.02）。

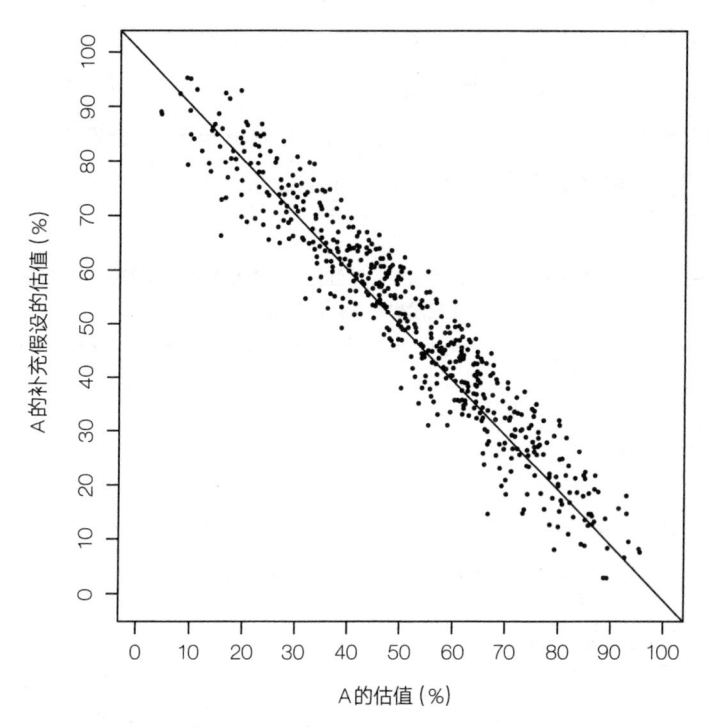

图 13-3　基于瓦尔斯滕、布德斯库和兹维克的二元互补检验示意

接下来，我们将对主要发现进行简要总结，并列出支持每个结论的研究。

次可加性：将一个隐含的假设拆分为它的子假设增加了其总概率，从而产生了次可加性判断。表 13-3 和表 13-4 列出了提供拆分条件的检验的研究。每个实验中隐性假设的分配概率和显性析取中各组成部分的总概率都在列表中显示，同时还列出了由此产生的拆分因子。所有列出的研究都使用了一种实验设计，其中隐性析取和显性析取的组成部分分别由不同的被试组或相同的被试组进行评估，但存在大量的干预性判断。在显性析取中概率以子集数量的函数的形式呈现，并在所有其他自变量上折叠。表 13-3 列出了被试评估定性假设的概率，如比尔主修心理学的概率；表 13-4 列出了被试评估的定量假设的研究数据，如随机选择的成年男性身高为 1.82～1.87 米的概率。

表 13-3　使用定性假设的实验结果：分配给共延隐性和显性析取的平均概率，以及测量次可加性的拆分因子

研究和主题	n	显性 P	隐性 P	拆分因子
Fischhoff, Slovic & Lichtenstein (1978)				
汽车失灵，实验 1	4	0.54	0.18	3.00
汽车失灵，实验 5	2	0.27	0.20	1.35
汽车失灵，实验 6（专家）	4	0.44	0.22	2.00
Mehle, Gettys, Manning, Baca & Fisher (1981)：大学专业	6	0.27	0.18	1.50
Russo & Kolzow（1992）				
死亡原因	4	0.55	0.45	1.22
汽车失灵	4	0.55	0.27	2.04
Koehler & Tversky（1993）				
大学专业	4	1.54	1.00[a]	1.54
大学专业	5	2.51	1.00[a]	2.51
研究 1：死亡原因	3	0.61	0.46	1.33
	7	0.70	0.37	1.86
研究 4：犯罪故事	4	1.71	1.00[a]	1.71
研究 5：大学专业	4	1.76	1.00[a]	1.76

注：显性析取中的组分数量用 n 表示。无引文的编号研究请参考本文。
a：由于组分分割了空间，因此假定一个会被分配到隐性析取的概率为 1.00。

表13-4 定量假设的实验结果：分配给共延隐性析取和显性析取的概率，以及测量次可加性程度的拆分因子

研究和主题	n	显性 P	隐性 P	拆分因子
Teigen（1974b）				
实验1：二项式结果	2	0.66	0.38	1.73
	3	0.84	0.38	2.21
	5	1.62	1.00[a]	1.62
	9	2.25	1.00[a]	2.25
Teigen（1974b）				
实验2：学生的身高	2	0.58	0.36	1.61
	4	1.99	0.76	2.62
	5	2.31	0.75	3.07
	6	2.55	1.00[a]	2.55
Teigen（1974a）				
实验2：二项式结果	11	4.25	1.00[a]	4.25
Olson（1976）				
实验1：性别分布	2	0.13	0.10	1.30
	3	0.36	0.21	1.71
	5	0.68	0.40	1.70
	9	0.97	0.38	2.55
Peterson & Pitz（1988）				
实验3：棒球比赛胜利	3	1.58	1.00[a]	1.58
Tversky & Fox (1994)：不确定性数量	2	0.77	0.62	1.27
	3	1.02	0.72	1.46
	4	1.21	0.79	1.58
	5	1.40	0.84	1.27
研究2：孩子的数量	10	1.99	1.00[a]	1.99

注：显性析取中的组分数量用 n 表示。无引文的编号研究请参考本文。
a：由于组分分割了空间，因此假定一个会被分配到隐性析取的概率为 1.00。

从表中我们可以看出，所观察到的拆分因子无一例外地都大于1，这表明了一致的次可加性。我们在定性和定量假设中都观察到了次可加性，这一发现具有指导意义。在定性假设的评估中，当所讨论的事件以隐性的形式被描述时，次可加性至少可以部分地被解释为没有考虑到一个或多个组分假设。然而，在定量假设的判断中，观察到的次可加性不能被解释为这种提取的失败。例如，泰甘发现，在判断大学生身高落在给定区间的任务中，将区间划分为可单独评判的更小区间时，这种判断的百分比会增加（Teigen，1974b，实验2）。对于评估隐性析取事件（如更大的区间）的被试，我们认为，他们没有忽略给定区间包括几个更小区间的事实；相反，拆分操作增强了这些区间的显著性，从而提高了它们的概率判断。因此，即使在没有记忆限制的情况下，也可以观察到次可加性。

组分数量：在显性析取中，次可加性的程度随着组分数量的增加而增加。这很容易从支持理论中得到证实：将隐性假设拆分为互斥的组分会增加其总的判断概率，并且每个组分的额外拆分将进一步增加对初始假设的总概率的判断。正如所料，表13-3和表13-4显示了拆分因子通常随着组分数量的增加而增加（如图13-1所示）。

二元互补：互补假设的判断概率加和应该为1。表13-5列出了检验这一假设的研究。我们只列出了假设及其补充假设被独立评估时的研究，其中要么是由不同的被试进行评估，要么由相同的被试进行评估，但有大量的判断干预。我们列出了使用后一种实验设计的标准差结果。表13-5显示，这些判断通常是可以加和为1的。二元互补表示人们会根据给定假设的补充假设对其进行评价。此外，它排除了对次可加性的另一种解释，即暗示效应或确认性偏差（confirmation bias）。与实验的结果相反，这些解释暗示了一种偏向于产生 $P(A, B) + P(B, A) > 1$ 的焦点假设。另一种可能是，人们可能倾向于将概率判断中观察到的次可加性归因于被试对概率理论的可加性原理缺乏了解。然而，这不能解释所观察到的频率判断中的次可加性（该概率判断中有明显的可加性）和二元互补中的次可加性（始终满足可加性）。

表 13-5 检验二元互补的实验结果：分配给互补假设对的平均总概率、被试之间的标准差，以及实验中被试的人数

研究和主题	平均总和 P	标准差	被试人数
Wallsten, Budescu & Zwick (1992)：一般性知识	1.02	0.06	23
Tversky & Fox (1994)			
NBA 季后赛	1.00	0.07	27
超级碗	1.02	0.07	40
道琼斯指数	1.00	0.10	40
圣弗朗西斯科气温	1.02	0.13	72
东京气温	0.99	0.14	45
大学专业	1.00		170
研究 2：孩子的数量 [a]	0.97		139
研究 4：犯罪故事 [a]	1.03		60
研究 5：大学专业 [a]	1.05		115

注：无引文的编号研究请参考本文。
[a] 表示一名被试只能评价事件或评价它的互补事件，但不能同时评价两个事件。

支持理论所暗示的二元互补与具有次可加性的基础判断的结合，既不符合贝叶斯模型，也不符合修正主义模型。根据贝叶斯模型，拆分因子应该等于 1，因为拆分和结合假设具有相同的外延。沙菲尔的信念函数理论和其他低概率模型需要一个小于 1 的拆分因子，因为它们假设

不相交事件并集的主观概率（或信念）通常大于其互斥成分的概率之和。此外，这些数据不能用信念函数的二元性（被称为似然函数）来解释，或者更一般的说法就是，不能用较高的概率来解释，因为这个模型要求对互补事件的判断概率之和大于1，这与事实正好相反（Dempster，1967）。事实上，如果 $P(A, B) + P(B, A) = 1$（如表 13-5 所示），那么概率上限和下限均降为标准可加性模型。当然，实验结果并没有否定使用作为表示不确定性的正式系统的概率上限、下限或信念函数。然而，本节回顾的证据表明，这些模型与引导直觉概率判断的原则不一致。

概率与频率：在表 13-3 和表 13-4 中列出了先前讨论的概率与频率之间的关系的研究，其中一些研究使用频率判断而另一些研究则使用了概率判断（Fischhoff et al., 1978; Teigen, 1974a, 1974b）。两种任务的比较的总结如表 13-6 所示，它证实了预测的模式：概率判断和频率判断中都存在次可加性，且前者比后者的次可加性更高。

表 13-6 比较概率判断和频率判断的实验结果：由分配给共延显性和隐性析取的平均概率计算的拆分因子

研究和主题	n	拆分因子 概率	拆分因子 频率
实验 1：二项式结果	2	1.73	1.26
	5	2.21	1.09
	9	2.25	1.24
实验 2：学生的身高	6	2.55	1.68
大学专业	4	1.72	1.37
研究 1：死亡原因	3	1.44	1.28
	7	2.00	1.84

注：显性析取中的组分数量用 n 表示。

测量支持度

在上一节的形式理论中，支持函数是由概率判断得到的。我们是否有可能逆转这一过程，并通过证据强度的直接评估来预测概率判断？设 $\hat{s}(A)$ 作为对支持假设 A 的证据强度的评估。那么，这样的评级与源自概率判断的支持度之间有什么关系？也许最自然的假设是这两个维度是单调相关的；当且仅当 $s(A) \geq s(B)$，$\hat{s}(A) \geq \hat{s}(B)$。这个假设意味着，当且仅当 $\hat{s}(A) \geq \hat{s}(B)$，则 $P(A, B) \geq 1/2$。但它没有确定 $\hat{s}$ 和 s 的函数形式。为了进一步明确这些测量之间的关系，我们可以合理地假设支持度比率也是单调相关的。也就是说，当且仅当 $s(A)/s(B) \geq s(C)/s(D)$，$\hat{s}(A)/\hat{s}(B) \geq \hat{s}(C)/\hat{s}(D)$。

我们可以看出，如果满足两个单调条件，并且在单位区间上定义两个测量尺度，那么存在一个常数 $k > 0$，使得由概率判断得到的支持函数和直接评估的支持函数以 $s = \hat{s}^k$ 的幂转换形式相关。这就产生了幂模型

$$R(A, B) = P(A, B) / P(B, A) = [\hat{s}(A) / \hat{s}(B)]^k$$

表明

$$\log R(A, B) = k \log [\hat{s}(A) / \hat{s}(B)]$$

接下来，我们将使用该模型预测两个研究中获得的证据强度的独立评估的判断概率。

研究 3：篮球比赛。被试（$N = 88$）都是在电脑上订阅了新闻组的

NBA 球迷。我们在这个新闻组中发布了一份问卷，要求读者在一周内完成并以电子邮件的方式回复。在问卷调查中，被试评估了主队在接下来的 20 场比赛中获胜的概率。这 20 个结果构成了 NBA 太平洋赛区 5 支球队（菲尼克斯队、波特兰队、洛杉矶湖人队、金州勇士队和萨克拉门托队）之间所有可能的比赛，这样一来，对于每对球队都有两场比赛需要被评估（根据每个可能的比赛地点依次评估）。使用这一"专家"群体可以产生高度可靠的判断数据；事实表明，单名被试的评分与一组被试的平均判断之间的相关性中位数为 0.93。

在做出概率判断后，被试对 5 支队伍的实力进行了打分。被试被告知：

> 首先，从 5 支球队中选择你认为最强的那支，然后把这支球队的实力设为 100 分。根据最强球队的实力，给剩下的球队打分。例如，如果你认为某支球队的实力只有最强球队（你给了 100 分的那支球队）的一半，那就给这支球队打 50 分。

我们将这些评级解释为对支持度的直接评估。

由于实力评级没有考虑到主场效应，我们将比赛中两个可能的比赛地点的概率判断进行了折叠。从 $\log [\hat{s}(A)/\hat{s}(B)]$ 预测 $\log R(A, B)$ 的回归线斜率为每名被试都提供了 k 的估计值。k 的中位数估计值为 1.8，均值为 2.2；这个分析的中位数 R^2 是 0.87。对于整合后的数据，k 是 1.9，由此产生的 R^2 是 0.97。图 13-4 中的散点图显示了基于球队实力的平均预测与平均判断概率之间的良好对应关系。这一结果表明，幂模型可用来在不参考偶然性或不确定性的强度评估中预测概率。它也加强了 s 作为证据强度衡量标准的心理学解释。

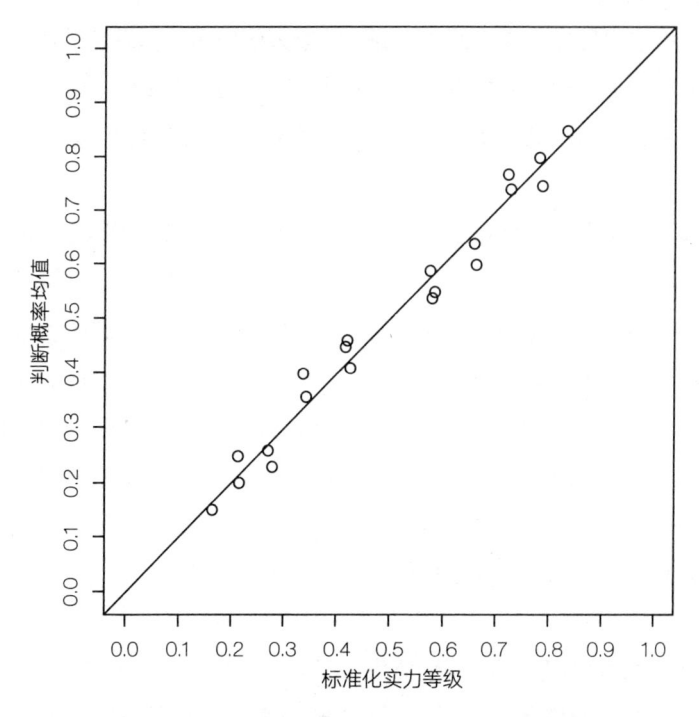

图 13-4　作为标准化等级函数的篮球比赛的概率判断

研究 4：犯罪故事。 本研究旨在考察判断概率与不同情境中的支持度评估之间的关系，而且我们会在下一部分中探讨强化效应。为此，我们采用了泰甘及 L. B. 罗宾逊（L. B. Robinson）和 R. 黑斯蒂（R. Hastie）提出的一项任务，向被试展示了两个刑事案件（Teigen，1983；Robinson & Hastie，1985）。第一起是发生在计算机零部件制造公司的盗用案件，涉及 4 名嫌疑人（1 名经理、1 名买方、1 名会计和 1 名销售员）。第二个案件是一起谋杀案，涉及 4 名嫌疑人（1 名活动家、1 名艺术家、1 名科学家和 1 名作家）。在这两种情况下，被试都被告知只有 1 名嫌疑人有罪。在信息量较少的情况下，我们对每个案件的 4 名嫌疑人都进行了介绍，并简要描述了他们的身份和可能的动机。在信息量较大的情况下，犯罪嫌疑人的作案动机得到了强化。我们以一种类似于典型的推理小说的方式构建了每一个案例，这样一来随着更多的证据被揭露，所有的嫌疑人似乎都变得更加可疑了。

被试分别在阅读信息含量较少的材料后和阅读信息含量较多的材料后对嫌疑人进行评估。一些被试（$N = 60$）需要判断嫌疑人有罪的概率。每名被试在每个案例中都做出了 2 个基本判断（一个特定的嫌疑人有罪）和 3 个二元判断（嫌疑人 A 而不是嫌疑人 B 有罪）。其他被试（$N = 55$）对特定的嫌疑人的可疑程度进行评分，作为支持度的直接评估。这些被试通过给出一个介于 0（表示该嫌疑人"一点儿也不可疑"）和 100（表示该嫌疑人"最大程度上可疑"）之间的数字（表示该嫌疑人的可疑程度）来对每个案件中的 2 名嫌疑人进行评级。

与之前的研究一样，我们假设了二元互补关系，通过 $R(A, B)$ 与怀疑率的对数回归估计 k。对于这些数据，k 的估计值是 0.84，R^2 的估计值是 0.65。因此，对怀疑度的评级为有罪判断提供了一个合理的预测。然而，篮球赛事研究中判断概率与评估支持度之间的关系强于犯罪案件研究。此外，k 的估计值在后者中比在前者中小得多。在上述的篮球研究中，一支实力是另一支球队实力两倍的球队，其获胜的概率也是后者的两倍。然而，在犯罪的故事中，一个可疑性比另一个可疑性多一倍的嫌疑人被判有罪的概率不足后者的两倍。这种差异可能是因为对球队实力的判断是基于更可靠的数据，而不是基于对可疑性的评级。

在前两项研究中，我们要求被试在所有现有证据的基础上评估每个假设的总体支持度。L. K. 布里格斯（L. K. Briggs）和克兰茨采用了另一种不同的评估方式（Briggs & Krantz, 1992; Krantz, Ray & Briggs, 1990）。他们的研究表明，在一定条件下，被试可以评估一个孤立的证据在多大程度上可以支持所考虑的每一个假设。他们还提出了若干条将独立证据项目整合起来的规则，但没有将评估的支持度与判断概率联系起来。

强化效应

回想一下，支持度评估是非补偿性的，也就是说增加一个支持假设的证据并不一定会减少竞争假设的支持度。事实上，新的证据有可能增加对所有基本假设的支持。我们认为，这样的证据将增强可加性。在本节中，我们描述了有关强化的几个研究，并将支持理论与贝叶斯模型和沙菲尔理论进行了比较。

我们从前面讨论过的一个例子开始。在这个例子中，几个嫌疑人中的一人犯了谋杀罪。为了简化问题，假设有 4 名嫌疑人，在缺乏具体证据（低信息量较）的情况下，4 名嫌疑人被认为有罪的可能性一样。假设进一步的证据（高信息量较）被引入，使每一个嫌疑人的可疑程度大致相同，因此他们的可疑程度还是相同的。设 L 和 H 分别为信息量较少条件下和信息量较多条件下可用的证据。让 $\bar{A}$ 表示 A 的负值，也就是说它代表"嫌疑人 A 是无罪的"。那么，根据贝叶斯模型，$P(A, B \mid H)$ = $P(A, B \mid L) = 1/2$，$P(A, \bar{A} \mid H) = P(A, \bar{A} \mid L) = 1/4$，依此类推。

与此相反，沙菲尔的信念函数采用的方法要求分配给每个嫌疑人的概率相加起来小于 1，并表明在有直接证据的情况下（即信息量较多

的条件下），总和将会比没有直接证据的情况下更高（Shafir，1976）。因此，$1/2 \geqslant P(A, B | H) \geqslant P(A, B | L)$，$1/4 \geqslant P(A, \bar{A} | H) \geqslant P(A, \bar{A} | L)$，依此类推。换句话说，随着更多证据的出现，二元判断和基本判断都有望增加。在限制性情况下，当没有信念被保留时，二元判断接近 1/2，基本判断接近 1/4。

强化假设提出了一个不同的模式，即 $P(A, B | H) = P(A, B | L) = 1/2$，$P(A, \bar{A} | H) \geqslant P(A, \bar{A} | L) \geqslant 1/4$，依此类推。就像贝叶斯法则模型那样，二元判断是 1/2；然而，与该模型相比，在信息量较多的条件下的基本判断预计将超过 1/4，并且比在信息量较少的条件下的判断更大。虽然支持理论和信念函数方法在高信息量条件下都比在低信息量条件下产生了更大的基本判断，但是支持理论预测在两种条件下它们都将超过 1/4，而沙菲尔理论要求这些概率小于或等于 1/4。

假设同样可疑的嫌疑人对分析来说并非必要的。假设一开始嫌疑人的犯罪概率不相等，但是新证据并没有改变二元概率。因此，在这里，贝叶斯模型也需要在低信息量和高信息量的条件之间不加区分的可加性判断；信念函数方法需要超可加性判断，当信息量更多时，判断的超可加性就会降低；而且，强化假设预测，随着（相容的）证据的增加次可加性判断会变得更具有次可加性。

评估嫌疑人。带着这些预测，我们转向研究 4 中的犯罪故事。表 13-7 显示了在低信息量和高信息量的条件下，两起案件中每个嫌疑人的平均可疑度评分和基本概率判断。根据表可知，在所有情况下，概率判断和可疑程度评级的总和都大于 1。显然，次可加性不仅适用于概率判断，而且适用于证据强度或信念程度（如某一嫌疑人是有罪的）的评级。对可疑程度的进一步调查发现，随着提供的信息越来越多，除了一名嫌疑人以外，所有人的可疑程度都有所增加。与我们的预测一致，这些嫌疑人的判断概率也随着信息量的增加而增加了，这表明次可加性增强了（见公式10）。唯一的例外是谋杀案中的艺术家，他在高信息量的情况下得到了不在场证明，正如人们所预料的那样，他后来的可疑性和评估都降低了。总体而言，在高信息量的条件下的可疑性评分和概率判断都显著高于低信息量的条件下的可疑性评分和概率判断（通过 t 检验，两种情况下的 $p < 0.001$）。

表 13-7 高/低信息量条件下每个嫌疑人的可疑程度和判断概率均值

案件和嫌疑人	可疑程度		判断概率	
	低信息量	高信息量	低信息量	高信息量
案件1：盗用案				
会计	41	53	40	45
买方	50	58	42	48
经理	47	51	48	59
销售员	32	48	37	42
总计	170	210	167	194
案件2：谋杀案				
社会活动家	32	57	39	57
艺术家	27	23	37	30
科学家	24	43	34	40
作家	38	60	33	54
总计	122	184	143	181

从规范性的角度来看，所有嫌疑人的支持度（如可疑性）都可以随着新信息的增加而增加，但是增加一个疑点的概率应该通过减少其他疑

点的概率来补偿。罗宾逊和黑斯蒂之前发现，新的证据会增加对所有嫌疑人犯罪概率的评估（Robinson & Hastie, 1985; van Wallendael & Hastie, 1990）。他们的方法与我们的不同之处在于，他们的每名被试都评估了所有嫌疑人的概率，但这种方法也产生了大量的次可加性，典型的拆分因子系数约为 2。他们拒绝将贝叶斯模型作为一种描述性解释，并提出沙菲尔的理论是一种可行的选择。然而，正如前面所指出的那样，观测到的次可加性与沙菲尔理论及贝叶斯模型不一致，但与目前的解释是一致的。

在犯罪故事中，增加的证据通常与正在考虑的所有假设相符。然而，彼得森和 G.F. 皮茨（G.F. Pitz）通过混合证据观察到了类似的效果，因此支持了一些假设也反驳了另一些假设（Peterson & Pitz, 1988, 实验3）。他们要求被试根据 1 个、2 个或 3 个线索（球队击球率、投手责任失分和该赛季的全垒打总数）来评估一个棒球队在某个时间区间内获胜次数下降的概率。在被试不知道的情况下要求他们在大量的问题中，将概率分配到这 3 个因素上，如少于 80 胜、介于 80 胜和 88 胜之间、超 88 场胜。平均来看，随着信息量的增加，被试将更大的概率分配给分区中的所有 3 个区间，从而显示出强化了的次可加性。这些数据的拆分因子分别为 1.26、1.61 和 1.86。这些结果证实了强化效应的稳定性，即使新增证据支持一些（但不是全部）研究的假设，也能观察到强化效应。

研究 5：大学专业。在本研究中，我们通过替换证据而不是如之前研究中的添加证据来检验强化效应。我们沿用了 T. 梅尔（T. Mehle）、C.F. 格蒂斯（C.F. Gettys）、C. 曼宁（C. Manning）、S. 巴卡（S. Baca）和 S. 菲舍尔（S. Fisher）的方法，要求被试（$N = 115$）评估某所未指明的美国中西部大学中某个社会科学专业学生主修某一特定专业的概率（Mehle, Gettys, Manning, Baca & Fisher, 1981）。被试被告知，在这所大学里，每名社会科学专业的学生都有且只有以下4个专业的选择：经济学、政治学、心理学和社会学。

被试根据学生在二年级修过的4门课程中的一门来估计他们主修某一专业的概率。其中两门课程（统计学和西方文明）是社会科学专业的典型课程；另外两门课（法国文学和物理）通常不是社会科学专业学生会选的课。一组独立的被试（$N=36$）评估了一个社会科学专业的学生选修4门课程中的每一门的概率。根据强化效应，典型课程比不那么典型的课程将产生更多的次可加性，因为它们对4个专业中的每一个都具有更大的支持度。

每名被试都做出了基本判断和二元判断。在以往的研究中，基本判断会表现出明显的次可加性（平均拆分因子 = 1.76），而二元判断本质上是可加性的（平均拆分因子 = 1.05）。在前面的分析中，我们使用拆分因子作为一组互斥假设的次可加性的总体尺度。我们还通过该实验评估了 w（见公式 8），这为次可加性提供了一个更为精确的尺度，因为它分别对研究中的每个隐性假设进行了估计。对于每门课程，我们首先从二元判断中估计各专业的支持度，然后利用公式从基本判断中估计各专业的 w，公式如下

$$P(A, \bar{A}) = \frac{s(A)}{s(A) + w_{\bar{A}}[s(B) + s(C) + s(D)]}$$

其中 A、B、C、D 分别代表 4 个专业。

这种分析是针对每名被试分别进行的。各门课程和专业的 w 的平均值为 0.46，这表明当一个专业被隐性地包含在残差中时，它得到的支持度还不到其显性支持度的一半。图 13-5 显示了每个专业的 w（除以被试人数）的中位数，分别为 4 门课程的中位数。与强化效应一致，该图显示，典型的课程（统计学和西方文明）比不太典型的课程（物理学和法国文学）诱导了更多的次可加性（即 w 更低）。然而，对于任何一门具体的课程，各个专业的 w 值大致相同。当然，双向方差分析得出了非常显著的结果（$F(3, 112) = 31.4$，$p < 0.001$），但是专业方面并不显著（$F(3, 112) < 1$）。

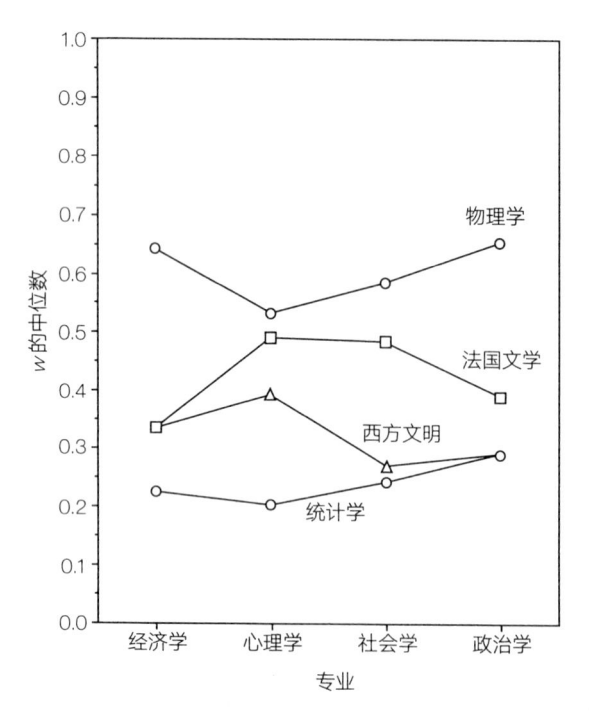

图 13-5　大学专业预测的中位数 w 相对于每门课程的散点

意义

关于这一点，我们关注的是支持理论的直接后果。最后，我们从支持理论的角度讨论了不确定状况下的合取效应、假设生成和决策。

合取效应。 大量的研究都发现了合取效应，AB 合取事件的判断概率可能会超过它的子事件 A 的概率。当一个起初似乎是不太可能的事件（如一场巨大的洪灾在北美造成 1 000 多人死亡），得到一些看似合理的原因和说明的补充后（如在加州地震造成的洪水淹死了 1 000 多人），产生了一个被认为比最初不太可能发生的事件更有可能的合取事件时，这个效应是最强的，此时最初的事件是合取事件的子集（Tversky & Kahneman，1983）。支持理论表明，隐性假设 A 没有被拆分为共延的析取事件 $AB \lor A\bar{B}$，合取也是其中的一个组成部分。结果是支持 AB 的证据并没有被用来支持 A。例如，在洪水问题上，地震引起洪水的可能性也许不会马上被想到；因此，除非明确提到，否则它不会对（隐性的）洪水假设提供任何支持。如果隐性析取在评估之前就进行了拆分的话（如果提醒被试洪水可能是由过多的降雨造成的，或由于地震、工程错误和破坏行为等造成了储水层的结构性破坏），根据支持理论合取效应在这些问题中会消失。

频率评估中对拆分焦点假设或剩余假设的倾向可能有助于解释为什么当被试估计频率而不是概率时，合取效应会减弱但不会消失。例如，相对于频率判断，被试在概率判断中判断 "X 是 55 岁以上，至少有一次心脏病发作" 的合取事件，比组成它的子事件 "X 至少有一次心脏病发作" 更有可能（Tversky & Kahneman，1983）。

区分两种不同的拆分操作可能具有指导意义。在合取事件的拆分中，一个（隐性的）假设（如护士）被拆分为互斥的合取事件（如男护士和女护士）。大多数但不是所有的合取效应的最初表现是基于合取拆分的。在种类拆分中，一个更高级的范畴（如非自然的死亡）会被拆分为"自然"的组成部分（如车祸、溺水和杀人）。本文中报告的大多数案例都是基于种类拆分的。M. 巴尔-希勒尔（M. Bar-Hillel）和 E. 耐特尔（E. Neter）描述了使用种类拆分的合取效应，他们发现在许多情况下，一个陈述（如"丹妮拉的专业是文学"）被认为比一个包含更多内容的隐性析取（如"丹妮拉的专业是人文学科"）更有可能发生（Bar-Hillel & Neter，1993）。这些结果既适用于被试对概率的直接估计，也适用于他们对相关事件投注的意愿。

假设生成。到目前为止，我们回顾的所有研究都要求被试评估他们进行判断的假设的概率。然而，在许多情况下，评判者必须提出假设并评估其可能性。在目前的处理中，替代假设的生成需要对残差假设进行一些拆分，因此它相对于焦点假设的相对支持度也应该会增加。在缺乏生成替代假设的明确指示的情况下，人们不太可能分解残差假设，因此相对于那些未指定的假设，人们往往会高估被指定的假设。

这一影响已经被格蒂斯和他的同事所证实（Gettys, Mehle & Fisher，1986；Mehle et al.，1981）。他们发现，与真实值相比，人们通常倾向于高估他们进行评估的特定假设的概率。事实上，对自己的判断过度自信有时可能出现，因为焦点假设是特定的，而它的替代性假设往往不是（Lichtenstein, Fischhoff & Phillips，1982）。梅尔等人使用了两种操作来鼓励人们拆分残差假设：一组被试看到的是残差假设的例子，另一组被试被要求生成自己的示例（Mehle et al.，1981）。这两种操作都通过降低分配给指定的替代性方案的概率和增加分配给残差方案的概率来提高表现。结果表明，假设生成的效果是由人们想到的额外假设引起的，因为简单地提供假设给被试能产生相同的效果。杜布－里乌和拉索使用类似的操作发现，替代假设的产生增加了相对于特定类别的残差假设的概率判断，并减小了忽略类别产生的影响（Dube-Rioux & Russo，1988）。对由被试自发产生的示例数量的分析发现，当他们产生足够多的示例时，忽略类别的影响可以完全被消除。

现在，假设有一个任务，在评估其概率之前，我们要求被试生成一个假设，如猜测哪部电影将在下一届奥斯卡颁奖典礼上获得最佳影片奖。我们让被试生成最有可能的假设，实际上这可能是在让他们选择自己喜欢的几个候选影片之一。这个过程等于一个拆分残差假设的过程，这降低了焦点假设的判断概率。与这一预测一致的是，最近的一项研究发现，被要求生成自己的假设的被试比其他看到相同假设并进行评估的被试给出了更低的判断概率（Koehler，1994）。对这些结果的解释——假设的生成使替代性假设更加显著——通过两个进一步的操作得到了验证。首先，我们提供一组指定的消除了生成和评估条件之间的差异的备选方案。在这两种情况下，残差应以同样的方式进行表示。其次，在生成假设和概率评估之间插入一个干扰性任务，足以降低生成任务所带来的备选方案的显著性，从而增加了对焦点假设的判断概率。

不确定状况下的决策。本文主要关注概率的数值判断。然而，在决策理论中，主观概率通常是从不确定前景之间的偏好中推断出来的，而不是直接评估出来的。因此，人们很自然地会问，拆分是否会影响人们的决策，以及影响他们对数值的判断。有相当多的证据表明确实如此。例如，约翰逊等人观察到，相对于没有列出具体事件的更为包容的保险，如任何原因导致的死亡，被试愿意为明确列出保单涵盖事件的保险支付更高的费用（如恐怖主义事件或机械事故造成的死亡；Johnson et al.，1993）。

拆分可以从两个方面影响决策。首先，正如前面已经指出的那样，拆分往往会增加不确定性事件的判断概率。其次，即使事件的概率已知，拆分也会增加事件对决策的影响。例如，特沃斯基和卡尼曼要求被试在两种彩票中做出选择，这两种彩票根据从盒子中取出的弹珠的不同颜色支付不同金额（作为谨慎考虑选项的一个诱因，被试被告知，随机选择的参与者中有 1/10 的人会真正参与他们选择的投注；Tversky & Kahneman，1986）。他们使用的两个问题只是在对结果的描述上有所不同。完全拆分的版本 1 如下所示：

盒子 A: 90% 白色　6% 红色　1% 绿色　1% 蓝色　2% 黄色
　　　　0 美元　　赢 45 美元　赢 30 美元　输 15 美元　输 15 美元
盒子 B: 90% 白色　6% 红色　1% 绿色　1% 蓝色　2% 黄色
　　　　0 美元　　赢 45 美元　赢 30 美元　输 15 美元　输 15 美元

不难看出，盒子 B 优于盒子 A；事实上，这个版本中所有的被试确实都选择了盒子 B。版本 2 是由将盒子 A 中两种导致损失 15 美元的结果（即蓝色和黄色）与盒子 B 中可以带来 45 美元收益的情况（即红色和绿色）相融合得到的：

盒子 A: 90% 白色　6% 红色　　　1% 绿色　　3% 黄色 / 蓝色
　　　　0 美元　　赢 45 美元　　赢 30 美元　输 15 美元
盒子 B: 90% 白色　7% 红色 / 绿色　1% 蓝色　　2% 黄色
　　　　0 美元　　赢 45 美元　　　赢 45 美元　输 15 美元

与次可加性一致，产生相同结果的事件组合使盒子 A 更有吸引力，因为它将两个损失组合成了一个，而盒子 B 不再那么有吸引力，因为它将两个收益组合成了一个。事实上，在版本 2 中，58% 的被试选择了盒子 A，尽管它不如盒子 B。C. 斯塔摩（C. Starmer）和萨格登进一步研究了已知概率的拆分事件的影响（他们称其为事件的分裂效应，event-splitting effect），而且他们发现当一个积极的结果被拆分为两个组成部分时，这一前景通常都会变得更加有吸引力（Starmer & Sugden, 1993）。这些结果表明，即使在明确了说明概率的情况下，拆分也会影响决策。

雷德尔迈耶等人进一步说明了拆分在选择中的作用（Redelmeier et al., 1995）。多伦多大学医学专业的毕业生（$N=149$）面对一个医学情景：一名中年男子患有严重的呼吸短促。他们给一半的被试提供了详细的描述，指出："显然，许多诊断是可能的……包括肺炎。"另外一半被试则得到了一份被拆分的描述，其中提到了肺炎以外的其他可能的诊断，如肺栓塞、心力衰竭、哮喘和肺癌。被试被问及是否会在这种情况下开抗生素（这种治疗方法对肺炎有效，但对拆分描述中提到的其他诊断无效）。他们预测拆分操作会降低肺炎的感知概率，因此被试开抗生素的倾向也会降低。事实上，在拆分描述的条件下，绝大多数的被试（64%）选择了不开具抗生素处方，而未拆分组的被试选择开具抗生素处方和不开具抗生素处方的比例几乎相等（47%）。把肺炎单独列出来，增加了选择对肺炎有效的治疗方法的倾向，尽管描述中的症状明显符合一些众所周知的其他诊断。显然，拆分不仅会影响概率评估，还会影响决策。

尽管拆分在概率判断中起着重要的作用，但其背后的认知机制却更为普遍。因此，即使在不涉及不确定性事件的任务中，人们也会期望拆分效果。例如，范德·普利格特（van der Pligt）、J. R. 艾泽（J. R. Eiser）和 R. 斯皮尔斯（R. Spears）让被试评估了 5 种能源（核电、煤炭、石油、水电、太阳能/风能/波）当前的占比和他们认为的理想分配，结果发现某种能源被单独评估时，会比它与其他能源一起被评估时获得更多的比例分配（van der Pligt, Eiser & Spears, 1987；Fiedler & Armbruster, 1994；Pelham, Sumarta & Myaskovsky, 1994）。这些结果都表明，拆分效应反映了人类判断的普遍特征。

外延

我们提出了一个有关信念的非外延性理论，在该理论中判断概率是根据对各个焦点假设和替代性假设的相对支持度或证据强度得出的。在该理论中，互斥假设的显性析取的支持度是可加性的，而隐性析取的支持度是次可加性的。实证研究证实了支持该理论的主要预测：第一，通过拆分焦点假设，概率判断增大了；通过拆分替代性假设，概率判断降低了；第二，主观概率在二元情况下是互补的，在一般情况下是次可加性的；第三，相对于频率判断，概率的次可加性更明显，并且会通过相容的证据得到增强。支持理论还为从证据强度的独立评估中预测判断概率提供了一种方法。因此，它以单一的结构解释了广泛的实证结果。

在本节中，我们将探讨支持理论的一些外延和内含。首先，我们考虑这一理论的序数版本，并引入一个简单的参数表示法。其次，我们通过支持度的上下限来描述概率的上下限，以解决模糊或不精确的问题。最后，我们讨论了目前的研究发现了针对决策分析和知识工程的启发式程序设计的意义。

序数分析

在这一章中，我们把概率判断视为可表征信念程度的量化尺度。这一做法通常被解释为参考机会过程（reference chance process）。例如，假定某一候选人当选为总统的概率为 2/3，这就意味着评判者会认为，这一假设就像从一个装有 2/3 的球为红球的罐子中取出一个红球的事件一样。因此，概率判断可以被看作是一个思维实验的结果，在这个实验中评判者将信念的程度与一个标准的机会过程相匹配（Shafer & Tversky, 1985）。当然，这种解释既不能保证一致性，也不能保证校准。

虽然概率判断似乎传递了量化信息，但将这些判断作为序数而不是基数来进行分析可能具有建设性意义。这一理解引出了支持理论的序数概括。假设对于 H 中的所有 A 和 B，H 有一个非负尺度 s 和一个严格递增的函数

$$P(A, B) = F\left(\frac{s(A)}{s(A)+s(B)}\right) \quad (11)$$

其中，当 A 和 B 为互斥时，$s(C) \leqslant s(A \vee (B) = s(A) + s(B)$；$C$ 是隐性的，且 $C' = (A \vee B)'$。

序数模型的公理化超出了本文的范围。但是值得注意的是，为了在这种情况下获得一个本质上唯一的支持函数，我们必须做出额外的假设，比如下面的可解性条件：如果 $P(A, B) \geqslant z \geqslant P(A, D)$，那么存在 $C \in H$，使得 $P(A, C) = z$（Debreu, 1958）。这种理想化模式在随机的情况下是可以接受的，如具有可连续调整扇形区的机会轮。下述定理

表明，假设序数模型和可解性条件、二元互补和乘积规则会产生一种特别简单的参数形式，这种形式与上文中用于关联评估和产生的支持模型相一致。证据见附录。

> **定理2：** 假定序数模型（公式11）和可解性条件。当且仅当存在一个常数 $k \geq 0$ 时，二元互补（公式3）和乘积法则（公式5）成立，则
>
> $$P(A, B) = \frac{s(A)^k}{s(A)^k + s(B)^k} \quad (12)$$

如果 $k = 1$，这种所谓的幂模型可以简化为基本模型。在该模型中，判断概率可能比各自的相对支持度更极端，也可能相反，这取决于 k 是大于还是小于 1。回想一下上文中的实验数据，它们为不等式 $\alpha < \delta$ 提供了强有力的证据。也就是说，只要 A_1、A_2 和 B 是互斥的，则 $P(A, B) \leq P(A_1, B) + P(A_2, B)$；$A$ 是隐性的；而且 $A'=(A_1 \vee A_2)'$。我们还发现了等式 $\beta=\gamma$ 的证据（如表13-2所示），即 $P(A_1 \vee A_2, B) = P(A_1, A_2 \vee B) + P(A_2, A_1 \vee B)$，但是这个特性还没有经过广泛的验证。例如，由向 0.5 水平回归而产生的可加性的偏离可以由 $k < 1$ 的幂模型来表征，这意味着 $\alpha < \beta < \gamma < \delta$。请注意，对于互斥假设的显性析取，基本模型（公式1和公式2）、序数模型（公式11）和幂模型（公式12）均假设了可加性支持，但只有基本模型才包含可加性概率。

上下指标

概率判断通常是模糊的和不精确的。因此，要解释和正确使用这些

判断，我们需要了解它们的不确定性范围。事实上，很多关于非标准概率的工作都与提供指标上、下限的置信程度的模型有关。然而，对这些指标的提取和解释，存在着理论和实践上的问题。如果人们很难评估某一事件的概率的确定值，那么他们可能更难评估两个确定值的上、下限，或者生成一个概率的二阶分布。评判者也许就能够就其评估的模糊性提供一些指示，但我们认为这种判断最好用定性而不是定量的术语来进行解释。

为此，我们设计了一种启发式程序。在该程序中，对概率的上、下限的判断是通过口头定义的，而不是用数字定义的。我们将这个程序称为"阶梯法"（staircase method，如图 13-6 所示）。评判者面对一个不确定性事件（如下一个 NBA 总冠军将由一支东部球队而不是一支西部球队获得），并被要求从 5 个类别中选出一个来检验每个概率值。不"明显过低"的最低值（0.45）和不"明显过高"的最高值（0.80）分别由 P_* 和 P^* 来表示，且可作为指标的上、下限。当然，涉及不同的数字类别、不同措辞和不同幅度的情况可能会产生不同的指标。我们假设类别的标记是围绕中间类别对称的。我们可以将阶梯法看作对二阶概率分布或模糊隶属函数的定性模拟。

可能性 (%)：	0	5	10	15	20	25	30	35	40	45	50	55	60	65	70	75	80	85	90	95	100
明显过高																		×	×	×	×
稍微过高																×	×				
适当															×						
稍微过低										×	×	×	×	×							
明显过低	×	×	×	×	×	×	×	×	×												

图 13-6　用来引出较高和较低概率的阶梯法示意

我们对 P_* 和 P^* 进行支持函数建模，分别表示为 s_* 和 s^*。我们将这些尺度解释为 s 的高估计值和低估计值，并假设对于任意 A，$s_*(A) \leq s(A) \leq s^*(A)$。此外，我们假设 P_* 和 P^* 可以表示为

$$P_*(A, B) = \frac{s_*(A)}{s_*(A) + s^*(B)}$$

和

$$P^*(A, B) = \frac{s^*(A)}{s^*(A) + s_*(B)}$$

根据该模型，指标的上下限是通过对证据的有倾向性的解读得到的；$P^*(A, B)$ 可以被理解为一个偏好 A 而非 B 的概率判断，而 $P_*(A, B)$ 正好相反。这种偏向性的大小反映了与基本判断相关的模糊性，也反映了启发式程序的特点。然而，在给定的过程中，我们可以将区间（P_*，P^*）作为不精确性的比较指标。因此，我们可以得出结论，如果与第一次评估有关的区间被包含在与第二次评估相关的区间内，那么一个判断就没有另一个判断那么模糊了。因为高估值和低估值不太可能比评判者的最佳估计更加精确或可靠。我们认为 P_* 和 P^* 是 P 的补充，而非替代物。

为了检验标准理论所提出的上下限表示法，我们调查了人们对1992—1993 年 NFL 季后赛结果的预测（Dempster, 1967; Good, 1962）。这项研究是在两场冠军赛开始的前一周进行的，在这两场比赛中，水牛城队将与迈阿密队争夺美国足球协会（AFC）的冠军，达拉斯队将与圣弗朗西斯科队争夺全美足球协会（NFC）的冠军。这两场

比赛的获胜者将在两周后的超级碗比赛中互相较量。被试是 135 名斯坦福大学的学生，他们自愿参与了一项关于橄榄预测的研究以换取一张加州彩票。一半的被试评估了超级碗的赢家来自迈阿密和水牛城队这两支球队的概率。另一半被试评估了超级碗冠军将在达拉斯队和圣弗朗西斯科队之间产生的概率。所有被试都评估了两场比赛的概率。这些比赛的焦点假设和替代性假设的呈现顺序是平衡的。因此，每名被试使用图 13-6 所示的阶梯法进行了 5 次概率评估。

被试的最佳估计值呈现出了先前研究中观察到的次可加性和二元互补模式。4 支球队赢得超级碗的平均概率之和为 1.71；AFC 和 NFC 的拆分因子分别为 1.92 和 1.48。相对应的，每个事件和它的补集的平均概率之和为 1.03。关于上、下限评估的分析，请注意本模型暗示的 $P_*(A, B) + P^*(B, A) = 1$，符合上、下限评估的标准理论。数据表明，该条件具有非常接近的近似值，平均和为 1.02。

然而，目前的模型通常不符合上、下限概率的标准理论。为了说明这种差异性，假设 A 和 B 是互斥的，$C' = (A \vee B)'$，标准理论要求 $P_*(A, \bar{A}) + P_*(B, \bar{B}) \leq P_*(C, \bar{C})$，而之前的方法表明，当 C 为隐性时，反向不等式成立。这些数据显然违反了标准理论：迈阿密队和水牛城队赢得超级碗的平均较低概率分别为 0.21 和 0.21，但它们之间的隐性析取 (如一个 AFC 球队) 仅为 0.24。同样，达拉斯队和圣弗朗西斯科队赢得超级碗的平均概率也较低，分别为 0.25 和 0.41，但一个 NFC 球队获胜的概率只有 0.45。假设 s_* 具有次可加性，这些数据和目前的模型相符，但不符合低概率的标准理论。

规定性的影响

主观概率或信念程度模型有两个功能：描述性和规定性。关于非标准概率模型的文献主要是规定性的。这些模型被视为评估证据和表达信念的正式语言。与之相反，支持理论试图描述人们做出概率判断的方式，而不是规定人们应该如何做出这些判断。例如，判断概率的论述通过拆分焦点假设而得到增强，通过拆分替代性假设而被削弱，这代表了一个不被规范性理论（加性或非加性）认可的一般性描述原则。

尽管支持理论具有描述性功能，但它也具有规定性的意义。它可以帮助设计启发式的程序并协调不一致的评估（Lindley，Tversky & Brown，1979）。我们可以用一个感性的类比来对这一作用进行说明。假设一个测量员必须根据一个容易犯错的观察者对地标之间的距离的判断来绘制一个公园的地图。了解观察者可能存在的偏见可以帮助测量员绘制出更准确的地图。例如，由于观察者通常低估了隐藏区域的距离，测量员可能会放弃采用这些评估，使用平面几何定律来计算和评估它们的距离。此外，测量员可能希望通过应用适当的校正因子来对隐藏区域的估计值进行校准以减少偏差。同样的逻辑也适用于概率的引出。相关证据表明，人们往往低估了隐性析取的概率，尤其是对基本假设的否定。这种偏差可以通过要求评判者对比具有可比性的假设来得以减少，而不是评估特定假设相对于其补充假设的概率。

本研究的主要结论是，主观概率或信念程度在其他的空间分区中会带来不同的判断，在这个意义上它是非外延性的，是不可测量的。就像海岸线的长度测量会随着地图的详细程度的增加而增加，随着描述变得更具体，事件的感知概率也会增加。这并不意味着判断概率是没有价值的，它只是表明了这一概念比现有的形式理论所认为的更脆弱。本文所演示的外延性的失败说明了什么才是概率评估的基本问题，那就是需要考虑不可得的可能性。在需要生成新假设或构建新情景的任务中，这个问题尤其严重。我们认为，外延性原则在正常情况下是无懈可击的，但实际上它是无法实现的，因为我们不能指望评判者能完全拆分开任何隐性的析取。我们可以鼓励人们将项目拆分为它的组成部分，但不能期望他们考虑所有相关合取事件的拆分或生成所有相关的情景。在这方面，可加性概率分布的评估可能是一项不可能完成的任务。当然，评判者可以确保任何给定判断集的可加性，但这不能确保通过进一步细化后仍可以保持其可加性。

本研究和其他研究报告的证据表明，对不确定性的定性和定量评估都无法以逻辑上一致的方式进行，人们可能会得出这样的结论，即根本不应该进行这些评估。但是，这不是一个可行的办法，因为一般来说，没有其他办法来评估不确定性。在测量距离的过程中，人类容易犯错误的判断方法可以被适当的物理测量所取代，而与此不同的是，没有客观的程序来评估事件发生的概率，例如被告的罪行、企业的成功或战争的爆发。因此，对不确定性的直觉判断必然在人们的思考和决策中发挥着重要作用。如何通过设计有效的启发式和矫正程序来提高思考和决策的质量，对于理论工作者和实践者来说都是一个重大的挑战。

附录

定理 1：假设 $P(A, B)$ 被定义为所有不相交的 $A, B \in H$，当且仅当 $A' = \emptyset$ 时会消失。当且仅当存在 H 满足公式 1 和公式 2 的非负比例尺度 s 时公式 3 至公式 6 成立。

证明：在当下，为了建立充分性，我们将 s 定义如下。设 $E = \{A \in H: A' \in T\}$ 为一组基本假设。选择一些 $D \in E$ 并设定集合 $s(D) = 1$。其他基本假设 $C \in E$，$C' \neq D'$，定义 $s(C) = P(C, D) / P(D, C)$。对于任何假设 $A \in H$ 都有 $A' \neq T$，$\varnothing$，选择一些 $C \in E$ 使得 $A' \cap C' = \varnothing$，$s(A)$ 定义如下

$$\frac{s(A)}{s(C)} = \frac{P(A,C)}{P(C,A)}$$

也就是说

$$s(A) = \frac{P(A,C)P(C,D)}{P(C,A)P(D,C)}$$

为了证明 $s(A)$ 是被单独定义的，假设 $B \in E$ 且 $A' \cap B' = \varnothing$。我们想证明这一点

$$\frac{P(A,C)P(C,D)}{P(C,A)P(D,C)} = \frac{P(A,B)P(B,D)}{P(B,A)P(D,B)}$$

根据比例关系（公式 4），左边的比值等于：

$$\frac{P(A, C \vee B)P(C, D \vee B)}{P(C, A \vee B)P(D, C \vee B)}$$

右边的比值等于

$$\frac{P(A, B \vee C) P(B, D \vee C)}{P(B, A \vee C) P(D, B \vee C)}$$

消去一般项，很容易看出这两个比值是相等的，当且仅当：

$$\frac{P(C, D \vee B)}{P(B, D \vee C)} = \frac{P(C, A \vee B)}{P(B, A \vee C)}$$

这是成立的，因为这两个比值都等于 $P(C, B)/P(B, C)$。

为了完善 s 的定义，我们设当 $A' = \varnothing$ 时，$s(A) = 0$。对于 $A' = T$，我们区分了两种情况。如果 A 是显性的，也就是说对于一些互斥的 B，$C \in H$ 来说，$A = B \vee C$，设 $s(A) = s(B) + s(C)$。如果 A 是隐性的，那么 $s(A)$ 是 s 在所有显性 T 描述中的最小值。

为了建立所需的表征，我们首先显示所有互斥的 A，$B \in H$，这样 A'，$B' \neq T$，$\varnothing$，$s(A)/s(B) = P(A, B)/P(B, A)$。回想一下，$T$ 至少包含两个元素。我们必须考虑两种情况。

首先，假设一个 $A' \cup B' \neq T$；那么，存在一个基本假设 C 使得 $A' \cap C' = B' \cap C' = \varnothing$。在这种情况下

$$\frac{s(A)}{s(B)} = \frac{P(A,C)/P(C,A)}{P(B,C)/P(C,B)} = \frac{P(A, C \vee B)/P(C, A \vee B)}{P(B, C \vee A)/P(C, B \vee A)} = \frac{P(A,B)}{P(B,A)}$$

通过反复应用互补性可得。

其次，假设一个 $A' \cup B' = T$。在这种情况下，不存在 $C' \in T$，也就是不包含在 A' 或 B' 中，因此不能应用前面的参数。为了证明 $s(A)/s(B) = P(A,B)/P(B,A)$，假设 $C, D \in E$ 且 $A' \cap C' = B' \cap D' = \varnothing$。

因此

$$\begin{aligned}\frac{s(A)}{s(B)} &= \frac{s(A)s(C)s(D)}{s(C)s(D)s(B)} \\ &= \frac{P(A,C)P(C,D)P(D,B)}{P(C,A)P(D,C)P(B,D)} \\ &= R(A,C)R(C,D)R(D,B) \\ &= R(A,B) \quad &\text{(公式 5)} \\ &= P(A,B)/P(B,A) \quad &\text{(根据需要)}\end{aligned}$$

因此，对于任意一对互斥的假设，我们通过二元互补得到 $P(A,B)/P(B,A) = s(A)/s(B)$，且 $P(A,B) + P(B,A) = 1$。因此，$P(A,B) = s(A)/[s(A) + s(B)]$ 且 s 是唯一可供选择的单位，这是由 $s(D)$ 的值决定的。

为了设定 s 的特性，请回顾拆分（公式 6）得到 $P(D, C) \leqslant P(A \vee B, C) = P(A, B \vee C) + P(B, A \vee C)$，当 $D' = A' \cup B'$，且 A 和 B 互斥时，D 是隐性的。左边的不等式意味着

$$\frac{s(D)}{s(D)+s(C)} \leqslant \frac{s(A \vee B)}{s(A \vee B)+s(C)}$$

因此，$s(D) \leqslant s(A \vee B)$。右边的等式意味着

$$\frac{s(A \vee B)}{s(A \vee B)+s(C)} = \frac{s(A)}{s(A)+s(B \vee C)} + \frac{s(B)}{s(B)+s(A \vee C)}$$

为了证明 P 的可加性意味着 s 的可加性，假设 A、B 和 C 非零且互斥（如果 $A' \cup B' = T$，那么结果是直接的）。因此，通过互补可得

$$\frac{s(A)}{s(B)} = \frac{P(A,B)}{P(B,A)} = \frac{P(A,B \vee C)}{P(B,A \vee C)} = \frac{s(A)/[s(A)+s(B \vee C)]}{s(B)/[s(B)+s(A \vee C)]}$$

因此，$s(A) + s(B \vee C) = s(B) + s(A \vee C) = s(C) + s(A \vee B)$。将这些关系代入由 P 的可加性暗示的公式中，可得到 $s(A \vee B) = s(A) + s(B)$，这意味着完成了定理 1 的证明。

定理 2：假设序数模型（公式 11）和可解性条件。如果存在一个常数 $k \geq 0$，那么二元互补（公式 3）和乘积法则（公式 5）成立，使得

$$P(A,B) = \frac{s(A)^k}{s(A)^k + s(B)^k}$$

证明：公式 3 和公式 5 由幂模型（公式 12）表示，这很容易验证。为了得到这种表示，假设序数模型和可解性条件都满足。存在一个定义在 H 上的非负尺度 s，以及一个从单位区间到自身的严格递增的函数 F，对于所有 $A, B \in H$

$$P(A,B) = F\left[\frac{s(A)}{s(A)+s(B)}\right]$$

通过二元互补，$P(A, B) = 1 - P(B, A)$；因此，$F(z) = 1-F(1-z)$，$0 \leq z \leq 1$。函数 G 由下式定义

$$R(A,B) = \frac{P(A,B)}{P(B,A)} = \frac{F\{s(A)/[s(A)+s(B)]\}}{F\{s(B)/[s(B)+s(A)]\}} = G[s(A)/s(B)], B' \neq \emptyset$$

应用乘法法则，$s(C) = s(D)$，得到 $G[s(A)/s(B)] = G[s(A)/s(C)] G[s(C)/s(B)]$；因此，$G(xy) = G(x)G(y)$，$x, y \geq 0$。这是柯西公式的一种形式，它的解是 $G(x) = x^k$（Aczel, 1966）。因此，$R(A, B) = s(A)^k/s(B)^k$，通过二元互补

$$P(A,B) = \frac{s(A)^k}{s(A)^k + s(B)^k}, \quad k \geq 0 \qquad （根据需要）$$

致谢

我们感谢玛雅·巴尔·希勒尔（Maya Bar-Hillel）、托德·戴维斯（Todd Davies）、丹尼尔·卡尼曼、大卫·克兰茨、格伦·沙费尔、艾尔达·沙菲尔和彼得·韦克尔给予的帮助。

参考文献

Aczel, J. (1966). *Lectures on functional equations and their applications*. San Diego, CA: Academic Press.

Bar-Hillel, M., & Neter, E. (1993). How alike is it versus how likely is it: A disjunction fallacy in stereotype judgments. *Journal of Personality and Social Psychology*, *65*, 1119–1131.

Briggs, L. K., & Krantz, D. H. (1992). Judging the strength of designated evidence. *Journal of Behavioral Decision Making*, 5, 77–106.

Debreu, G. (1958). Stochastic choice and cardinal utility. *Econometrica*, 26, 440–444.

Dempster, A. P. (1967). Upper and lower probabilities induced by a multivalued mapping. *Annals of Mathematical Statistics*, 38, 325–339.

Dube-Rioux, L., & Russo, J. E. (1988). An availability bias in professional judgment. *Journal of Behavioral Decision Making*, 1, 223–237.

Dubois, D., & Prade, H. (1988). Modelling uncertainty and inductive inference: A survey of recent nonadditive probability systems. *Acta Psychologica*, 68, 53–78.

Erev, I., Wallsten, T. S., & Budescu, D. V. (1994). Simultaneous over- and underconfidence: The role of error in judgment processes. *Psychological Review*, 101, 519–527.

Fiedler, K., & Armbruster, T. (1994). Two halfs may be more than one whole. *Journal of Personality and Social Psychology*, 66, 633–645.

Fischhoff, B., Slovic, P., & Lichtenstein, S. (1978). Fault trees: Sensitivity of estimated failure probabilities to problem representation. *Journal of Experimental Psychology: Human Perception and Performance*, 4, 330–344.

Fox, C. R., Rogers, B., & Tversky, A. (1994). Decision weights for options traders. Unpublished manuscript, Stanford University, Stanford, CA.

Gettys, C. F., Mehle, T., & Fisher, S. (1986). Plausibility assessments in hypothesis generation. *Organizational Behavior and Human Decision Processes*, 37, 14–33.

Gigerenzer, G. (1991). How to make cognitive illusions disappear: Beyond "heuristics and biases." In W. Stroche & M. Hewstone (Eds.), *European review of social psychology* (Vol. 2, pp. 83–115). New York, NY: Wiley.

Gilboa, I., & Schmeidler, D. (1994). Additive representations of nonadditive measures and the Choquet integral. *Annals of Operations Research*, 52, 43–65.

Good, I. J. (1962). Subjective probability as the measure of a nonmeasurable set. In E. Nagel, P. Suppes, & A. Tarski (Eds.), *Logic, methodology, and philosophy of sciences* (pp. 319–329). Stanford, CA: Stanford University Press.

Johnson, E. J., Hershey, J., Meszaros, J., & Kunreuther, H. (1993). Framing, probability distortions, and insurance decisions. *Journal of Risk and Uncertainty*, 7, 35–51.

Kahneman, D., Slovic, P., & Tversky, A. (Eds.). (1982). *Judgment under uncertainty: Heuristics and biases*. Cambridge, England: Cambridge University Press.

Kahneman, D., & Tversky, A. (1979). Intuitive prediction: Biases and corrective procedures. *TIMS Studies in Management Science, 12,* 313–327.

Kahneman, D., & Tversky, A. (1982). Variants of uncertainty. *Cognition, 11,* 143–157.

Koehler, D. J. (1994). Hypothesis generation and confidence in judgment. *Journal of Experimental Psychology: Learning, Memory, and Cognition, 20,* 461–469.

Koehler, D. J., & Tversky, A. (1993). The enhancement effect in probability judgment. Unpublished manuscript, Stanford University, Stanford, CA.

Krantz, D. H., Ray, B., & Briggs, L. K. (1990). Foundations of the theory of evidence: The role of sche- mata. Unpublished manuscript, Columbia University, New York, NY.

Lichtenstein, S., Fischhoff, B., & Phillips, L. (1982). Calibration of probabilities: The state of the art to 1980. In D. Kahneman, P. Slovic, & A. Tversky (Eds.), *Judgment under uncertainty: Heuristics and biases* (pp. 306–334). Cambridge, England: Cambridge University Press.

Lindley, D. V., Tversky, A., & Brown, R. V. (1979). On the reconciliation of probability assessments. *Journal of the Royal Statistical Society. Series A (General), 142,* 146–180.

Mehle, T., Gettys, C. F., Manning, C., Baca, S., & Fisher, S. (1981). The availability explanation of excessive plausibility assessment. *Acta Psychologica, 49,* 127–140.

Mongin, P. (1994). Some connections between epistemic logic and the theory of nonadditive probability. In P. W. Humphreys (Ed.), *Patrick Suppes: Scientific philosopher* (pp. 135–172). Dordrecht, the Netherlands: Kluwer.

Murphy, A. H. (1985). Probabilistic weather forecasting. In A. H. Murphy & R. W. Katz (Eds.), *Probability, statistics, and decision making in the atmospheric sciences* (pp. 337–377). Boulder, CO: Westview Press.

Olson, C. L. (1976). Some apparent violations of the representativeness heuristic in human judgment. *Journal of Experimental Psychology: Human Perception and Performance, 2,* 599–608.

Pelham, B. W., Sumarta, T. T., & Myaskovsky, L. (1994). The easy path from many to much: The numerosity heuristic. *Cognitive Psychology, 26,* 103–133.

Peterson, D. K., & Pitz, G. F. (1988). Confidence, uncertainty, and the use of information. *Journal of Experimental Psychology: Learning, Memory, and*

Cognition, 14, 85–92.

Redelmeier, D., Koehler, D. J., Liberman, V., & Tversky, A. (1995). Probability judgment in medicine: Discounting unspecified alternatives. *Medical Decision Making, 15*, 227–230.

Reeves, T., & Lockhart, R. S. (1993). Distributional Vs. singular approaches to probability and errors in probabilistic reasoning. *Journal of Experimental Psychology. General, 122*, 207–226.

Robinson, L. B., & Hastie, R. (1985). Revision of beliefs when a hypothesis is eliminated from consideration. *Journal of Experimental Psychology: Human Perception and Performance, 4*, 443–456.

Russo, J. E., & Kolzow, K. J. (1992). Where is the fault in fault trees? Unpublished manuscript, Cornell University, Ithaca, NY.

Shafer, G. (1976). *A mathematical theory of evidence*. Princeton, NJ: Princeton University Press.

Shafer, G., & Tversky, A. (1985). Languages and designs for probability judgment. *Cognitive Science, 9*, 309–339.

Starmer, C., & Sugden, R. (1993). Testing for juxtaposition and event-splitting effects. *Journal of Risk and Uncertainty, 6*, 235–254.

Statistical abstract of the United States. (1990). Washington, DC: U.S. Department of Commerce, Bureau of the Census.

Suppes, P. (1974). The measurement of belief. *Journal of the Royal Statistical Society. Series B. Methodologi- cal, 36*, 160–191.

Teigen, K. H. (1974a). Overestimation of subjective probabilities. *Scandinavian Journal of Psychology, 15*, 56–62.

Teigen, K. H. (1974b). Subjective sampling distributions and the additivity of estimates. *Scandinavian Journal of Psychology, 15*, 50–55.

Teigen, K. H. (1983). Studies in subjective probability III: The unimportance of alternatives. *Scandinavian Journal of Psychology, 24*, 97–105.

Tversky, A., & Fox, C. (1994). Weighing risk and uncertainty. Unpublished manuscript, Stanford University, Stanford, CA.

Tversky, A., & Kahneman, D. (1983). Extensional Vs. intuitive reasoning: The conjunction fallacy in probability judgment. *Psychological Review, 91*, 293–315.

Tversky, A., & Kahneman, D. (1986). Rational choice and the framing of decisions, Part 2. *Journal of Business, 59*, 251–278.

Tversky, A., & Sattath, S. (1979). Preference trees. *Psychological Review*, *86*, 542–573.

van der Pligt, J., Eiser, J. R., & Spears, R. (1987). Comparative judgments and preferences: The influence of the number of response alternatives. *British Journal of Social Psychology*, *26*, 269–280.

van Wallendael, L. R., & Hastie, R. (1990). Tracing the footsteps of Sherlock Holmes: Cognitive representations of hypothesis testing. *Memory & Cognition*, *18*, 240–250.

Walley, P. (1991). *Statistical reasoning with imprecise probabilities*. London, England: Chapman & Hall.

Wallsten, T. S., Budescu, D. V., & Zwick, R. (1992). Comparing the calibration and coherence of numerical and verbal probability judgments. *Management Science*, *39*, 176–190.

Zadeh, L. A. (1978). Fuzzy sets as a basis for a theory of possibility. *Fuzzy Sets and Systems*, *1*, 3–28.

Zarnowitz, V. (1985). Rational expectations and macroeconomic forecasts. *Journal of Business & Economic Statistics*, *3*, 293–311.

第 14 章

基于推理的选择

埃尔德·沙菲尔
伊塔马尔·西蒙森
阿莫斯·特沃斯基

> 其结果是一种被称为犹豫不决的内在不安感。幸运的是,它太熟悉了,不需要对其进行描述,因为描述它是不可能的。只要它持续存在,在注意之前与各种对象一起,我们就可以说是深思熟虑;当最初的建议最终被采纳并得以实施,或者被它的对手彻底扼杀时,我们就可以决定……赞成其中一方或另一方。与此同时,对想法的强化和抑制被称为决定产生的原因或动机。
> ——威廉·詹姆斯

我的方法是把半张纸用一条线分成两栏;然后,

> 在三四天的考虑中，我在不同的标题下写下不同动机的简短提示，这些提示是在不同的时间想到的支持或反对的想法。当我把它们都放在一起时，我就会努力估计它们各自的权重……最后找到平衡点……而且，虽然理性的权重不能以代数的精确性来衡量，但是当把每一个想法分别加以考虑，或以比较的方式加以考虑时，整个问题就摆在我面前了。我想我可以做出更好的判断，不再那么容易鲁莽行事；事实上，我发现这类公式有很大的优势，即所谓的公正代数法（moral or prudential algebra），它有很大的用处。
>
> ——本杰明·富兰克林

引言

由于不确定性和冲突，无论大小决策通常都很困难。我们通常不确定自己的行为的确切后果，这可能取决于天气或经济状况，而且我们经常会在一个属性（如存钱）与另一个属性（如休息）之间的取舍上产生冲突。为了解释人们是如何解决这类冲突的，学习决策的学生要么使用传统的形式模型，要么使用基于推理的分析。在经济学、管理学和决策研究常用的形式化建模方法中，人们通常会将数值与每个选项关联起来，并将选择描述为价值的最大化。这种基于价值的方法包括规范性模型，如期望效用理论（von Neumann & Morgenstern, 1947），以及描述性模型，如前景理论（Kahneman & Tversky, 1979）。另一种研究决策的传统方法具有历史和法律方面的学术特点，它使用典型的政治和商业话语，采用非正式的基于推理的分析。这种方法确定了各种各样的理由和论据，这些理由和论据被认为可以进入和影响决策，并根据支持和反对各种选项的平衡来对选择进行解释。基于推理的分析可以在对美国总统历史性决策的研究中找到例子，例如在古巴导弹危机期间所做的决策（Allison，1971）、戴维营协议（Telhami，1990）或越南战争期间所做的决策（Berman，1982；Betts & Gelb，1979）。此外，基于推理的分析在商学院和法学院中通常被用来进行"案例研究"。尽管研究人员援引的理由可能并不总是与实际决策者的动机相对应，但人们普遍认为，根据推理进行的分析可能有助于解释决策，特别是在难以应用价值模型的情况下。

这两种传统之间几乎没有什么联系，它们通常被应用于不同的领域。基于推理的分析主要被用于解释非实验数据，特别是独特的历史、法律和政治决策。相反，基于价值的方法在偏好的实验研究和标准经济分析中发挥了核心作用。当然，这两种方法并不是不兼容的：基于推理的方法通常可以转换为正式的模型，而正式的分析通常可以被解释为基于推理的方法。在缺乏全面的决策理论的情况下，形式模型和基于推理的分析都有助于理解决策。

这两种方法都有明显的优点和局限性。形式化的、基于价值的模型具有严谨性的优点，这便于派生出可检验的应用。然而，基于价值的模型很难应用于复杂的、现实世界中的决策，而且它们往往无法捕捉到人们思考的重要方面。此外，对于基于推理进行选择的解释本质上是定性的，通常也是模糊的。而且，几乎任何事情都可以算作一种"原因"，这样每一个决定都可以在事后被合理化。为了克服这个困难，我们可以让人们说明自己做出决定的原因。可惜，指导决策的实际原因可能与被试报告的原因相一致，也可能不一致。正如有大量文献记载的那样，有时被试并不知道主导他们选择的确切因素，当被要求解释自己的决定时，他们会做出虚假的解释（Nisbett & Wilson，1977）。事实上，对内省报告效度的怀疑已经导致许多学习决策的学生只关注观察到的选择。虽然口头报告和内省报告可以为我们提供有价值的信息，但我们在本文中会使用"推理"来描述影响决策的因素或动机，无论这些因素或动机能否被决策者阐明或识别。

尽管有其局限性，基于推理的决策概念仍有几个有吸引力的特点。首先，对原因的关注似乎更接近于我们通常思考和谈论选择的方式。当面临一个艰难的选择时（在学校之间或者工作之间做选择），我们总是试着找出支持和反对每一个选择的理由——我们通常不会尝试着去估计它们的总体价值。其次，选择以理性为指导为我们提供了一种自然的可用来理解决策过程中所特有的冲突的方式。从基于推理的选择的角度来看，当决策者有充分的理由支持和反对每一个选项时，或者有充分的理由支持相互竞争的选项时，就会产生冲突。与易于比较的数值不同，造成冲突的原因可能很难调和。基于推理的分析也可以容纳框架效应（Tversky & Kahneman, 1986）和诱发效应（Tversky, Sattath & Slovic, 1988），这表明偏好很容易受到选项的描述方式的影响（如收益或损失），也很容易受到引发偏好的方法的影响（如定价和选择）。这些发现从价值最大化的角度来看是令人困惑的，如果我们假设不同的框架和启发式过程强调了选项的不同方面，从而引出了指导决策的不同原因，那么这些发现就更容易得到解释。最后，基于推理的选择概念可能包含比较性的考虑因素（如相对优势或预期后悔），这些因素通常不在价值最大化的范围内。

在本章中，我们探讨了基于推理进行选择的逻辑，并检验了一些有关推理在决策中的作用的具体假设。本章的内容如下：第 1 节探讨了推理在选择吸引力相同的选项时所起的作用。第 2 节探讨了选择和拒绝某选项的不同依据。第 3 节考察了强冲突和弱冲突之间的相互作用，以及人们寻求其他选择的倾向。第 4 节探讨了冲突与附加性选择集中的选项的关系。第 5 节对比了选择的具体原因与原因的析取的影响。第 6 节探讨了不相关的原因在决策过程中所起的作用。第 7 节为结束语。

在吸引力等同的选项之间做出选择

当决策者面临两个有相同吸引力的选项时，他们会如何解决这种冲突？为了研究这个问题，斯洛维克首先让被试将两个选项等同起来，然后让他们在每对同等价值的选项中做出选择（Slovic, 1975）。例如，一对由现金和优惠券组合而成的礼盒。如下表所示，每一对备选项都缺失一个组成部分，被试被要求填写表格中缺失的金额，使两个备选项具有同等的吸引力（在下面的例子中，被试自愿提供的值可能是 10 美元）。

	礼盒 A	礼盒 B
现金	—	20 美元
优惠券	32 美元	18 美元

一周后，被试被要求在两种相等的选项中做出选择。他们每个人都会被问到：哪个更重要？是现金还是优惠券？根据价值理论，这两个选项的价值明显是一样的，有同样的概率被选择。但事实相反，在上述礼盒的选择中，虽然 88% 的被试认为这两个选项的价值是相同的，但是他们会选择在自己更重视的维度上价值更高的选项。

正如斯洛维克所指出的那样，人们似乎遵循着一种易于解释和证明的选择机制：根据更重要的维度进行选择，这比随机选择或选择右边的选项的选择理由更好（Slovic, 1975, 1990）。斯洛维克在许多领域复制了上述的结果，包括大学申请、汽车轮胎、棒球运动员和工作路径之间的选择（Slovic，1975；关于更多的数据和引发程序的讨论，请参见特沃斯基等人进行的研究；Tversky，Sattath，Slovic，1988）。所有的结果都是一致的——人们不会在相等的选项中进行随机选择。相反，他们通过选择在更重要维度上更优的选项来解决冲突，这似乎为选择提供了一个令人信服的理由。

赞成和反对的理由

考虑一下，我们必须从两个选项中选择一个，或者必须拒绝两个选项中的一个。在选择的标准分析下，这两个任务是可以互换的。在二元选择的情况下，人们被问到更喜欢哪个选项还是会拒绝哪个选项，应该是无关紧要的。因为如果人们更喜欢前者，他们就会拒绝后者，反之亦然。

正如富兰克林在本章的开篇所建议的那样，我们的决策一部分取决于分配给选项的优点和缺点的权重。我们认为，选项的正面特征（优点）将在选择过程中被放大，而选项的负面特征（缺点）的权重则在拒绝时更大。选择一个选项是因为它的正面特征，而拒绝一个选项是因为它的负面特征，这是很自然的。如果人们的决定是基于支持或反对选项的理由，那么在决定选择哪个选项时，他们可能会关注选择选项的理由，而在决定拒绝哪个选项时，他们可能就会关注拒绝某个选项的理由。这个假设引出了一个直接的预测：假设有两个选项，一个是更丰富的选项，具有更多的正面和负面特征，一个是更单薄的选项，具有更少的正面和负面特征。如果正面特征在选择时的权重大于拒绝时的权重，负面特征在拒绝时的权重大于选择时的权重，那么与负面特征相比，更丰富的选项可以同时被选择和拒绝。设 Pc 和 Pr 分别表示选择和拒绝某一选项的被试百分比。如果选择和拒绝是互补的，那么 $Pc + Pr$ 之和应该等于 100。此外，根据上述假设，更丰富的选项的 $Pc + Pr$ 应该大于 100，更单薄的选项的这一值则应低于 100。沙菲尔观察到了这种模式（Shafir, 1993）。我们将下述问题以两个版本呈现给被试，只是括号内的问题有所不同。一半的被试看到的是一个版本，另一半被试看到另一个版本。尽管呈现给被试的顺序是平衡的，但更丰富的选项在最后出现。

问题 1（$N = 170$）：

想象一下，在一场混乱的离婚案件之后，你在一个独生子女监护权案件中担任陪审员。由于在经济、社会和情感方面的模糊性，案件的事实变得复杂起来，你决定完全根据以下几个观察结果做出决定。(你会把孩子的监护权判给哪位家长？你会拒绝哪位家长获得对孩子的唯一监护权？）

		支持	反对
家长 A：	收入水平一般	36%	45%
	健康水平一般		
	工作时间为平均水平		
	与孩子保持了良好的互动		
	稳定的社会生活		
家长 B：	收入高于平均水平	64%	55%
	与孩子的关系非常密切		
	非常活跃的社会生活		
	大量的出差		
	较小的健康问题		

家长 A 是相对单薄的选项，没有显著的正面或负面的特征，也没

有特别令人信服的理由可用来作为对孩子监护权的裁定依据。另一位家长 B 是相对丰富的选项，有充分的理由获得监护权（与孩子关系密切且收入丰厚），但也有充分的理由被拒绝授予单独监护权（健康问题和由于出差而大量缺席孩子的生活）。选项的右侧是选择判决同意和拒绝给予双方家长监护权的被试的百分比。家长 B 是大多数人的选择，既有大多数被试认为该家长应该获得孩子的监护权，也有 55% 的人认为应该剥夺其监护权。正如预测的那样，家长 B 的 $Pc + Pr$（64 + 55 = 119）显著大于 100，选择和拒绝的前景值是互补的（$z = 2.48$, $p < 0.02$）。这种模式可以通过观察结果进行解释，更丰富的选项（家长 B）为决策者提供了更有说服力的理由来支持或反对其对孩子的监护权。

在货币赌博、大学课程和政治候选人的研究中，重现了上述结果（Shafir，1993）。这里还有一个例子，考虑下面的问题，研究人员给一半的被试呈现了"偏好"（prefer）选项，给另一半被试呈现了"取消"（cancel）选项。

问题 2（$N = 172$）：
偏好：
想象一下，你计划去一个温暖的地方度过一周的假期。目前你有两种价格合理的选择。旅游手册只提供了关于这两种选择的有限信息。根据现有的信息，你更喜欢哪个度假地点？
取消：
想象一下，你计划去一个温暖的地方度过一周的假期。你目前有两个价格合理的选项，但你不能继续保留关于两个选项的预订。旅游手册只提供了关于这两种选择的有限信息。根据现有信息，你决定取消哪项预订？

		偏好	取消
地点 A：	气候一般 海滩一般 中等水平的酒店 中等水平的水温 夜生活一般	33%	52%
地点 B：	阳光充足 极美的沙滩和岩石 超现代的酒店 非常低的水温 非常大的风 没有夜生活	67%	48%

  这两个景点的信息是我们在决定下一个假期去哪里度假时可以得到的典型信息。由于很难估计每个景点的总价值，我们很可能会寻找做出决定的理由。地点 A 是相对单薄的选项，似乎并不引人注目，但在所有方面都是没有争议的。此外，选择地点 B 也有明显的理由：美丽的海滩、充足的阳光和超现代的酒店；当然，也有令人信服的拒绝它的理由：水冷、风大和缺乏夜生活。我们认为，美丽的海滩很可能在我们选择的时候比我们拒绝的时候更有说服力，而缺乏夜生活可能在我们拒绝的时候比我们选择的时候扮演了更重要的角色。的确，地点 B 被优先选择和拒绝的比例超过了地点 A（$Pc + Pr = 67 + 48 = 115$，$p < 0.05$）。这些结果表明，选项并不是简单地按照价值排序的，选择的吸引力越大，拒绝的吸引力就越小。相反，选项的优缺点的相对重要性似乎因任务的性质而异。因此，当我们问自己更喜欢哪一个而不是考虑取消哪一个时，我们

更有可能最终选择地点 B（67% 对 52%，$z = 2.83$，$p < 0.001$）。

理性选择理论最基本的假设之一是过程不变原则，这需要策略上等价的方法来产生相同的偏好（Tversky et al., 1988）。选择-拒绝差异表明过程不变性的可预测性是无法满足的。这种现象与价值最大化是不一致的，但是从基于推理的选择的角度来看待问题就很容易理解：当我们选择的时候，选择的理由比我们拒绝的时候更有说服力；当我们拒绝的时候，拒绝的理由比我们在选择时更重要。

冲突中的选择：寻求选项

选择的需要常常会引发冲突：我们不确定如何权衡一个属性与另一个属性之间的关系，也不确定哪个属性对于我们来说最重要。我们经常试图通过为选择一方而不选择另一方寻找理由，以此来解决这种冲突，这是司空见惯的。有时，现有选项之间的冲突很难解决，可能会导致我们寻求更多的选项或是维持现状。在其他时候的情境是这样的，在选项之间进行的比较产生了选择一个选项而不是另一个的充分理由。使用推理来解决冲突存在着一些不明显的含义，下面我们将对这些含义进行讨论。本节集中讨论人们寻求其他选项的决定；在下一节中，我们将探讨向当前选项集中添加选项产生的一些效果。

在许多情况下，我们需要决定是选择当前的某个选项，还是再去搜索其他的选项。因此，一个想买二手车的人可能会满足于当下可以买到的汽车，也可能会继续寻找附加的选项。寻找新的选项通常需要额外的时间和精力，并且可能会有失去之前可得选项的风险。冲突在经典的决策理论中没有任何作用。在这个理论中，每个选项 x 都有一个值 $v(x)$，对于任何备选集合，决策者都会选择值最高的选项。特别是，只有当搜索附加选项的前景值超过当前可得的最佳选项的前景值时，人们才会去搜索其他选项。此外，对推理的依赖意味着，当我们有充分的理由做出选择时，应该更有可能选择一个可得的选项；当我们目前没有明确的做出选择的理由时，应该更有可能继续寻找其他的选项。

特沃斯基和沙菲尔验证了这一假说，他们给被试提供了几对选项，如不同概率和回报的投注或学生公寓不同的月租金标准和距离校园的远近；研究人员让被试从两个选项中选择一个，或者被试可以要求一个附加选项，但需要为此付出一些代价（Tversky & Shafir, 1992b）。被试首先会看到 12 个选项（投注或公寓），以便熟悉这些可得的选项。在研究投注之间的选择时，一些被试还会被要求回答以下问题。

> **冲突：**
> 假设你要对以下两种情况做出投注选择：
> (x) 有 65% 的机会赢 15 美元。
> (y) 有 30% 的机会赢 35 美元。
> 你可以选择其中一种投注方式，或者可以通过支付 1 美元在当前的选项集中添加另外的一个选项。所添加的投注方式将从你查看过的列表中随机选取。

其他被试也会看到类似的问题，只是选项 y 被选项 x' 所替代，以便被试在以下选项中做出选择。

> **优势：**
> (x) 有 65% 的机会赢得 15 美元。

(x') 有 65% 的机会赢得 14 美元。

被试被要求表明他们是要增加另一种投注，还是在目前的选项集中进行选择。然后他们从选项集中选择自己喜欢的投注方式（添加或不添加选项）。被试被告知，他们选择的投注将会结束，其回报将与减去他们为附加选项支付的费用成正比。

研究人员在选择学生公寓的问题上，设计了一个类似的情境。一些被试被要求回答以下问题。

> **冲突：**
> 假设你要在两套公寓中做出选择，这两套公寓的特点如下所述：
> (x) 每月租金为 290 美元，距离学校 25 分钟车程。
> (y) 每月租金为 350 美元，距离学校 7 分钟车程。
> 两套公寓都有一间卧室和一间小厨房。你现在可以在这两套公寓中进行选择，也可以继续搜索公寓（在你看过的清单中随机选择）。若继续搜索其他公寓，你可能会失去已经找到的一套或两套公寓。

其他的被试面对的问题与上述问题类似，只是选项 y 被选项 x' 所替代，以便他们在以下选项中做出选择。

> **优势：**
> (x) 每月租金为 290 美元，距离学校 25 分钟车程。
> (x') 每月租金为 330 美元，距离学校 25 分钟车程。

注意，在这两对问题中，x 和 y 之间的选择（冲突情境）并不是无关紧要的，因为 x 在一个维度上更好，而 y 在另一个维度上更好。相反，在 x 和 x' 之间的选择（优势情境）不涉及冲突，因为前者完全优于后者。因此，虽然在冲突情境中没有明显的理由选择一方而不选择另一方，但在优势情境中，有决定性的理由选择出其中的一个。

平均而言，在冲突情境下有 64% 的被试要求研究人员提供附加选项，而在优势条件下只有 40% 的被试要求附加选项（$p < 0.05$）。换句话说，当可供选择的方案难以合理化时，被试更倾向于寻找附加选项，而不是当有一个令人信服的选择理由且决策相对容易时。

这些数据都不符合价值最大化原则。根据价值最大化原则，当且仅当附加选项的（主观）预期价值超过当前可用的最佳选择时，主体才应该寻找附加选项。因为在优势情境下给出的最佳选项在冲突情境下也是可用的，价值最大化意味着在冲突情境中寻求附加选项的被试百分比不应该比优势情境中的更大，而这与观察到的数据相反。

看来，寻找其他选项不仅取决于价值最大化所指的可用的最佳选项的价值，而且也取决于在当下选项集中做出选择的困难程度。例如，在优势情境中，有明确且无可争辩的理由选择一个而不是另一个选项（如"这套公寓一样远，但我省了 40 美元！"）。一个令人信服的选择其中一个选项而不是其他选项的理由，可以降低寻找其他选项的诱惑。此外，当选择涉及冲突时，选择其中任何一个选项的理由都不那么充分，而且这个决定的合理性也更难以得到证明（如"我应该每月节省 60 美元，还是应该在离校园更近的地方居住？"）。在缺乏令人信服的选择理由的情况下，人们更倾向于寻找其他的选择。

冲突下的选择：添加选项

对原因的分析可以帮助我们解释所观察到的对无关选项独立原则的违反，根据这一原则，两个选项之间的优先顺序不应因引入其他选项而改变。这一原则遵循价值最大化的标准假设，并在分析消费者选择时经常被假设。尽管它具有直观的吸引力，但越来越多的证据表明，人们的偏好取决于选择的情境，即考虑当下的选项集。特别是，从给定的集合中添加和删除选项会影响人们对一直处于选项集当中的选项的偏好。在上一节中，我们考虑了人们在给定的一组选项的情境中寻求附加选项的倾向，而在这一节中，我们将说明因为添加选项而出现的现象，并从选择的理由的角度来解释它们。

价值最大化的一个可以验证的主要意义就是，一个原本不被喜欢的选项不会在加入新的选项后变成被喜欢的选项。具体来说，一个倾向于选项 y 而不是倾向于推迟选择的决策者，不会在 y 和 x 都可以选择的情况下倾向于推迟选择。选项的"市场份额"不能通过扩大给定的选项集来增加，这就是所谓的正则条件（regularity condition；Tversky & Simonson，1993）。与正则条件相反，大量的实验结果表明，随着选项的增加，人们推迟选择的倾向会增强。例如，考虑一下人们面对两个相互竞争的选项和面对一个有吸引力的选项（他更愿意推迟选择）的冲突程度。从两种相互竞争的选项中选择一个可能是困难的：一个选项具有吸引力这一事实本身并不能为选择提供充分的理由，因为另一个选项可能同样具有吸引力。因此，增加一种选择可能会使决策更难被证明是正确的，并会增加人们推迟决策的倾向。

托马斯·谢林恰当地描述了一个相关现象。在书店里，他看到了两本很有吸引力的百科全书,他发现自己很难在这两本书之间做出选择,最后一本也没买。如果只有一本百科全书,他就会买。更普遍地说,在某些情况下,人们更喜欢可用的替代性方案而不是现状,但没有令人信服的可以让其在这些选项中做出选择的理由,因此他们可能会无限期地推迟决定。

特沃斯基和沙菲尔在接下来的两组问题中证明了谢林所描述的现象,这两组问题分别由两组学生完成(N 分别为 124 和 121; Tversky & Shafir, 1992b)。

强冲突:

假设你正在考虑购买一个唱片播放器,但还没有决定要买什么型号。你路过一家正在进行为期 1 天的清仓大甩卖的商店,它们分别以 99 美元和 169 美元的价格推出了广受欢迎的索尼(SONY)播放器和顶级的爱华(AIWA)播放器,这两款播放器的售价都远低于标价。你会:

(x) 购买爱华播放器?	27%
(y) 购买索尼播放器?	27%
(z) 等了解了各种产品之后再做选择	46%

弱冲突:

假设你正在考虑购买一台唱片播放器,但还没有决定要买什么型号。你路过一家正在进行为期 1 天的清仓大甩卖的商店,它们向你提供了一款受欢迎的索尼播放器,售价仅为 99 美元,远低于标价。你会:

(y) 购买索尼播放器	66%
(z) 等了解了各种产品之后再做选择	34%

结果表明，与强冲突的情况相比，人们在弱冲突的情况下更倾向于购买唱片播放器（$p < 0.05$）。两款播放器看起来都很有吸引力，价格都很好，而且都在打折。决策者需要决定她是买一个更便宜、更受欢迎的型号，还是买一个更贵、更复杂的型号。这种冲突显然不容易得到解决，它会迫使许多被试推迟购买，直到他们了解了更多的其他选项。此外，当索尼播放器被单独给出时，就有了足够的理由购买：它是一款受欢迎的播放器，价格非常好，而且只销售一天。在这种情况下，决策者有充分的理由选择给定的选项，大多数被试决定选择购买唱片播放器而不是延迟。

在前面的例子中增加了一个竞争的备选方案后，推迟决策的倾向得到了增强。显然，冲突的程度及其得到解决的难易程度不仅取决于现有选项的数目，而且取决于对这些选项进行比较的方式。例如在下面的问题中，原来的爱华播放器被一个较差的型号所替代（$N = 62$）。

> **优势：**
> 假设你正在考虑购买一台唱片播放器，但还没有决定要买什么型号。你路过一家正在进行为期 1 天的清仓大甩卖的商店，它们提供了一款受欢迎的索尼播放器，售价仅为 99 美元，远低于上市价格；还有一款相对较差的爱华播放器，售价仅为 105 美元。你会：
>
> | | |
> |---|---|
> | (x') 购买爱华播放器 | 3% |
> | (y) 购买索尼播放器 | 73% |
> | (z) 等了解了各种产品之后再做选择 | 24% |

在这个版本中，与之前的强冲突版本相反，爱华播放器明显比索尼播放器差：它的质量较差，价格更高。因此，爱华的出现并没有减少购买索尼播放器的理由，它实际上是对这些理由的补充：索尼播放器的价格很好，只销售1天，而且明显优于竞争对手。因此，选择索尼播放器的比例比加入更差型号的爱华播放器前更大一些。当一个优势不对称或者相对较差的选项被添加到一个集合中时，优势选项的吸引力和选择概率得到增加的现象被称为"不对称优势效应"（Huber, Payne & Puto, 1982）。注意，在强冲突和优势情境的问题中，被试都有两个唱片播放器和一个延迟选择的选项。然而，当被试缺乏购买任何一款播放器的明确理由时，延迟购买的倾向要比他们有充分理由只购买一款而不购买另一款时大得多（$p < 0.005$）。

上面的模式违反了正则条件，只要添加的选项没有附带新的和相关的信息，正则条件就会成立。在上面的场景中，我们可以认为添加的选项（一种情况下是优势项，另一种情况下是劣势项）传达了消费者在寻找更好的交易机会的信息。回想一下，关于信息方面的考虑并不能解释上一节中的搜索实验，因为其中的被试已经看到了所有可能的选项。然而，为了进一步检验这一解释，特沃斯基和沙菲尔设计了一个类似的问题，它涉及实际收益，并且没有延迟选项（Tversky & Shafir, 1992b）。被试（$N = 80$）填写一份简短的问卷可获得1.5美元的报酬。在问卷调查完成后，一半的被试有机会将1.5美元（默认值）的报酬兑换为两种奖品中的一种：金属斑马笔（以下简称"斑马笔"），或者塑料的百乐笔（以下简称"百乐笔"）。另一半被试只有用1.5美元换斑马笔的机会。研究人员将这些奖品展示给被试并告知他们，每个奖品的价格通常略高于2美元。在表明了自己的偏好后，被试会得到他们的选项。结果显示，当斑马笔是唯一的选择时，75%的被试选择了斑马笔而不是报酬，但在有两种笔的情况下，只有 47% 的人选择了斑马笔或百乐笔（$p < 0.05$）。面对一个有吸引力的选项，被试有一个令人信服的理由放弃现金报酬：大多数人利用这个机会获得了更有吸引力、价值更高的奖品。此外，具有可比价值的竞争选项的可得性并不是选择其中一个选项的直接理由，这增加了被试保持默认方案的倾向。雷德尔迈耶和沙菲尔在由专业内科医生参与的虚拟医疗决策的实验中得出了类似的结果（Redelmeier & Shafir, 1993）。

在以上的研究中，添加一个竞争性选项可以增加默认选项的受欢迎程度。回想一下，一个选项的受欢迎程度也可以通过添加一个较差的选项来提高。因此，根据不对称优势效应，可以通过添加第 3 个选项 z 来增加 x 相对于 y 的偏好程度，选项 z 明显比 x 差但不比 y 差（图 14-1）。J. 休伯（J. Huber）、J. W. 佩恩（J. W. Payne）和 C. 普托（C. Puto）在假设选项之间的选择中首次证明了不对称优势现象（Huber, Payne & Puto, 1982）。D. H. 韦德尔（D. H. Wedell）使用货币投注研究报告了类似的发现（Wedell, 1991）。下面这个涉及实际选择的例子引自伊塔马尔·西蒙森（Itamar Simonson）和特沃斯基的相关研究（Simonson & Tversky, 1992）。在这项研究中，其中一组被试（$N = 106$）被要求在 6 美元和一支高级的高仕钢笔之间做出选择。36% 的被试选择了钢笔，剩下的 64% 的被试选择了现金。第二组被试（$N = 115$）被要求在 3 个选项中做出选择：6 美元现金、同一支钢笔，以及明显不那么吸引人的第二支钢笔。只有 2% 的被试选择了不那么吸引人的那支笔，但它的存在使选择高仕钢笔的被试比例从 36% 上升到了 46%（$p < 0.10$）。这种模式再次违反了前面讨论的正则条件。在其他消费品的选择中也发现了类似的行为模式。在另一项研究中，被试从"最佳"目录中看到了微波炉的描述和图片。其中一组被试（$N = 60$）被要求在价格为 110 美元的爱

默生和 180 美元的松下电器之间做出选择。两件商品都在打折，比原价便宜 1/3。在这里，57% 的人选择了爱默生，43% 的人选择了松下电器。第二组的被试（$N = 60$）则在加入了第 3 个选项的选择中进行决策：以 10% 的折扣获得价格为 200 美元的松下电器。只有 13% 的被试选择了较贵的松下电器，但是松下电器的出现使被试选择较便宜的松下电器的比例从 43% 上升到了 60%（$p < 0.05$）。①

图 14-1 不对称优势示意

注：x 优于 y 的倾向可以通过添加一个选项 z 得到增强，z 显然比 x 差，但不比 y 差。

西蒙森和特沃斯基将这些观察结果解释为"权衡对比"（tradeoff contrast；Simonson & Tversky，1992）。他们认为，对某一选项的偏好程度的增强或者减弱，取决于所考虑的那一组选项集中对这一选项的权衡是有利的还是不利的。第二类效应称为极值厌恶（extremeness

---

① 情境对选择的影响自然可以用在销售策略中。例如，一家位于圣弗朗西斯科的邮购公司，曾经出售价格为 279 美元的烤面包机。后来，他们又增加了第二种与第一种相似烤面包机，但稍大一些，价格为 429 美元，比最初的面包机的价格高出 50% 以上。该公司没有卖出很多新产品是必然的。然而，较便宜的电器的销量几乎翻了一番。（据我们所知，该公司没有预料到这种效果。）

aversion），指的是，在给定的集合中，极值选项与中间选项相比吸引力较小（Simonson，1989）。例如，考虑二维选项 x、y 和 z，使 y 位于 x 和 z 之间（如图 14-2 所示）。根据价值最大化，中间选项 y 在三选一中比在二选一（y 相比 x 或 y 相比 z）中更不受欢迎。此外，极值厌恶表明了与预测相反的结果，因为 y 相对于 x 和 z 有很小的优势和劣势，而 x 和 z 都有更极端的优点和缺点。这种模式在几个实验中都被观察到了。例如，研究人员向被试展示了 5 架 35 毫米相机，它们的质量和价格各不相同。其中一组被试（$N = 106$）被要求在两款相机中做出选择：售价为 170 美元的美能达 X-370 和售价为 240 美元的美能达 3000i。第二组被试（$N = 115$）得到了一个附加选项：定价为 470 美元的美能达 7000i。第一组被试中选择两个选项的百分比相等，而第二组中 57% 的被试选择了中间组，即美能达 3000i，其余的被试在两组极端方案中平分。因此，引入极端选项降低了另一个极端选项的市场份额，但没有降低中间选项的市场份额。请注意，这一影响不能归因于所提供的资料所传达的信息，因为被试在做出选择之前已经考虑了所有相关的选项。

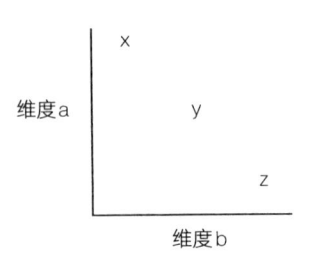

图 14-2　极值规避厌恶示意

注：当 x 和 z 都可得时，与分别与 x 和 z 进行的二选一相比，选项 y 在三选一中相对更受欢迎。

我们认为，权衡对比和极值厌恶都可以通过推理进行理解。假设决策者面临两个选择，x 和 y；同时假设 x 质量更高，而 y 价格更低。如果决策者发现很难确定质量差异是否大于价格差异，那么会产生冲突。现在假设选择集还包括第 3 个选项 z，它显然不如 y 但优于 x，我们认为 z 的存在为选择 y 而不是 x 提供了一个理由。在某种程度上，在 x 和 y 之间做出选择是困难的，z 的存在可以帮助决策者打破僵局。例如，在钢笔问题的研究中添加相对缺乏吸引力的钢笔，虽然其货币价值尚不清楚，但与高级的钢笔相比，其劣势是显而易见的，这为选择高级钢笔而不是现金提供了一个理由。同样，在相关维度上存在极值选项的情况下，中间选项可以被看作一种折中选择，比两个极端选项都更容易得到捍卫。事实上，口头报告表明，被试在做出这些选择时所产生的描述涉及了对不对称优势和折中的考虑；此外，当被试认为必须向他人证明自己的决定时，不对称优势会得到增强（Simonson，1989）。值得注意的是，导致权衡对比和极值厌恶的争论本质上是相对的；它们建立于选项集中的选项的位置之上，因此不能轻易地将其转换为与单个选项相关联的值。

特沃斯基和西蒙森提出了一个形式模型，用类似锦标赛的过程来解释上述发现（Tversky & Simonson，1993）。在这个过程中，每个选项都被拿来与其他可用选项进行比较，比较它们的相对优势和劣势。基于对选择的推理，该模型可以被看作前面定性解释的形式化类比。形式的或定性的分析哪种更有用，很可能取决于问题的性质和调查的目的。

明确的与析取的理由

人们有时会遇到不确定的情况，在这种情况下，他们最终选择了相同的行动方案，但原因非常不同，这取决于不确定性的解决方式。因此，参加过考试的学生可能会决定休假，或者是在考试及格时奖励自己，或者是在考试不及格时安慰自己。然而，如下图所示，学生可能不愿意在考试结果悬而未决的时候去度假。特沃斯基和沙菲尔向 66 名本科生提出了下述问题（Tversky & Shafir，1992a）。

析取版本

想象一下，你刚刚参加了一场艰难的资格考试。现在是秋季学期末，你感到疲惫不堪，且不确定自己是否通过了考试。如果这次考试不及格，你必须在几个月后再考一次——在圣诞假期之后。现在你有机会以极低的价格购买一个非常有吸引力的夏威夷 5 天圣诞假期套餐。特惠明天到期，考试成绩后天才能出来。你会：

(a) 购买假期套餐　　　　　　　　　　　　　　　　32%
(b) 不购买假期套餐　　　　　　　　　　　　　　　7%
(c) 支付不可退款的 5 美元的定金可将优惠价格的资　61%
　　格保留到明天，即保留到你知道资格考试结果之后。

选择每个选项的被试百分比如右侧数据所示。另外两个涉及及格和不及格的版本被呈现给两组不同的被试，每组为 67 名学生。这两个版本只在括号中的表达内容上有所不同。

及格 / 不及格版本

想象一下，你参加了一场艰难的资格考试。到了秋季学期末，你感到疲惫不堪，并且已经知晓了资格考试的成绩（通过 / 未通过）。未通过考试意味着几个月后——过了圣诞节还得再考一次。现在你有机会以极低的价格买到一个非常有吸引力的夏威夷 5 天圣诞假期套餐。特惠明天到期。你会：

	及格	不及格
(a) 购买假期套餐	54%	57%
(b) 不购买假期套餐	16%	12%
(c) 支付不可退款的 5 美元定金将优惠价格的资格保留到明天	30%	31%

数据显示，超过一半的学生在知道自己通过了考试的时候选择了度假套餐；而在知道自己考试不及格的时候，选择度假套餐的比例甚至更高。然而，当他们不知道自己是否通过考试时，只有不到 1/3 的学生选择了购买度假套餐，61% 的学生愿意支付 5 美元，将优惠资格推迟到第二天，因为那时考试结果将会揭晓。[1]一旦知道了考试结果，这个学生就有了很好的去旅行的理由，尽管原因不同：如果通过了考试，假期被认为是一个辛苦但成功的学期后的奖励；如果考试不及格，假期将成为一种安慰和休整的时间，然后再重新考试。然而，由于不知道考试结果，学生缺乏去夏威夷的明确理由。请注意，考试的结果将在假期开始前很长一段时间内公布。因此，不确定性体现在做出决定的那个实际时刻，而不是最终假期。

去夏威夷的理由的不确定性使许多学生不愿花钱度假，即使这两种结果——通过或不通过考试——最终都支持了这一做法。特沃斯基和沙

---

[1] 另外一组被试（$N = 123$）同时看到了不及格和及格两种版本，并被询问是否会在特定情况下购买度假套餐。在这两种情况下，2/3 的被试做出了相同的选择，这表明析取版本的数据不能用假设来解释，即那些通过考试后选择度假的人在考试不及格时不会选择度假，反之亦然。请注意，虽然只有 1/3 的被试根据考试结果做出了不同的决定，但超过 60% 的被试在不知道结果的情况下选择等待。

菲尔将上述的决策模式称为析取效应（Tversky & Shafir，1992a）。显然，不同理由的析取（成功时的奖励或失败时的安慰）往往没有单独的明确的理由那么令人信服。实际上，上述学生中有相当一部分人愿意为那些最终不会影响他们的决定的信息付费——无论哪种情况，他们都会选择去夏威夷——但这给了他们一个更明确的理由来做出这个选择。为非工具性信息付费的意愿与经典模型不同，在经典模型中，信息的价值仅由其影响决策的潜力决定。

在无法选择推迟做出决定的情况下，人们倾向于明确的理由而不是析取的理由，这一点具有重要的影响。以下是特沃斯基和沙菲尔向 98 名学生提出的一系列问题（Tversky & Shafir，1992a）。

> **赢 / 输版本**
> 假设你刚刚玩了一个概率游戏，你有 50% 的机会赢 200 美元，50% 的机会输 100 美元。抛硬币，你会（赢了 200 美元 / 输了 100 美元）。你现在有第二个相同的投注机会：50% 的机会赢 200 美元和 50% 的机会输 100 美元。你会：
>
> | | 赢 | 输 |
> |---|---|---|
> | (a) 接受第二次机会 | 69% | 59% |
> | (b) 拒绝第二次机会 | 31% | 41% |

学生们首先看到了上述问题的获胜版本，一周后看到失败版本，10 天后再看到前两个版本的析取版本。这些问题被嵌入了其他类似的问题中，所以不同版本之间的关系是不透明的。被试被要求分别对这些问题进行决策。

析取版本

假设你刚刚玩了一个机会游戏，你有 50% 的机会赢 200 美元，50% 的机会输 100 美元。假设这枚硬币已经被抛出去了，但是在你决定进行第二次相同的投注之前，不知道自己是赢了 200 美元还是输了 100 美元：赢 200 美元的概率是 50%，输 100 美元的概率是 50%。你会：

(a) 接受第二次机会　　　　　　　36%
(b) 拒绝第二次机会　　　　　　　64%

数据显示，在赢了第一局后大多数被试接受了第二次投注，在输了第一局后大多数被试也接受了第二次投注。然而，当第一次投注的结果未知时，大多数被试拒绝了第二次投注。对个人选择的调查显示，大约 40% 的被试在无论第一次投注是获利和还是亏损后都接受了第二次投注。然而，其中 65% 的人在不知道第一次投注结果的析取条件下拒绝了第二次投注。事实上，这种反应模式（在两种情况下都接受，但在析取条件下选择拒绝）是最常见的一种模式，在所有被试中有 27% 的人表现出了这种模式。这种模式违背了萨维奇的保险原则，不能被归因于不可靠性（Savage, 1954; Tversky & Shafir, 1992a）。

研究人员请上述学生进行了一个具有正前景值的投注游戏，并且有一个损失不小的均等机会。根据第一次投注的结果，接受第二次投注的理由可能会有所不同。在赢的情况下，决策者已经获得了 200 美元，所以即使在第二次投注中输了，他总体上还是领先的，这使得这个选择非常有吸引力。此外，在输的情况下，决策者损失了 100 美元。第二次投注为他们提供了一个"扭亏为盈"的机会，对许多人来说，这比接受确定的 100 美元的亏损更具吸引力。然而，在析取条件下，决策者不知道自己是多了 200 美元还是损失了 100 美元；换句话说，她不知道自己进行第二次投注的原因是不赔钱还是因为它为自己提供了一个避免确定会损失的机会。在没有明确的理由的情况下，接受第二次投注的被试较少。

对上述问题的修订进一步支持了这一解释，即第一次投注的两种可能的结果都使决策者多了 400 美元，这样她在任何一种情况下都不会有损失。

> "假设你刚刚玩了一个机会游戏，你有 50% 的机会赢 600 美元，50% 的机会赢 300 美元。假设这枚硬币已经被抛出去了，但是在决定进行第二次投注之前，你不知道自己是赢了 600 美元还是 300 美元。在第二次投注中，你有 50% 的机会赢 200 美元，50% 的机会输 100 美元。"

共有 171 名被试回答了这个问题，他们被平均分为 3 组。第一组被试被告知他们在第一次投注中赢了 300 美元，第二组被试被告知他们在第一次投注中赢了 600 美元，第三组被试被告知第一次投注的结果——300 美元或 600 美元——是未知的（析取式）。在所有的情况下，被试必须决定是接受还是拒绝第二次投注，与之前的问题一样，第二次投注有赢 200 美元或输 100 美元的均等机会。在 300 美元、600 美元和析取问题中，接受第二次投注的被试的比例分别为 69%、75% 和 73%（回想一下，初始问题的对应数字分别是 59%、69% 和 36%；在被试之间进行的有关这个问题的重复实验中得到了基本相同的数据），与初始问题的结果相反，这个修订后的问题中的第二个投注在析取式和非析取式中同样受欢迎。在初始情景中，第二次投注等于无损失或避免一定损失的机会，而在修订后的情景中，无论第一次投注的结果如何，第二次投注都是无损失的。第二次投注的受欢迎程度的增加说明并不是析取情境本身阻碍了人们接受第二次投注。相反，似乎是缺乏一个特定的理由才导致了这种结果：当同样的理由适用于任何一种结果时，这种析取就不会再降低人们接受投注的倾向。

如上所述，决策情境的变化可能会改变被试所能想到的理由，从而改变他们的选择。在其他地方，我们描述了在一个一次性囚徒困境游戏中的析取效应，这个游戏是在计算机上进行的，被试可以获得真实的收益。在该研究中，被试（$N = 80$）玩了一系列囚徒困境游戏，且没有反馈，每个游戏都针对不同的未知玩家（Shafir & Tversky, 1992）。在这个设置中，当被试知道另一名玩家已经选择竞争时，他们的合作率为3%，当他们知道另一名玩家已经选择合作时，他们的合作率为16%。然而，当被试不知道其他玩家是选择了合作还是选择了竞争时（囚徒困境游戏的标准版本），合作的比例上升到37%。因此，许多被试在知道了对方的选择（合作或竞争）时就会选择竞争，而在不知道对方的选择的情况下就会选择合作。沙菲尔和特沃斯基将这种模式归因于不同的视角，这些视角构成了被试在不确定状况下的行为，而不是在不确定性被消除时的行为（Shafir & Tversky, 1992）。我们认为当其他玩家的决定被知晓时且回报只取决于被试时，选择竞争的理由更有说服力，当另一方选择的策略不确定且博弈的结果取决于双方的选择时则不是这样。

上述"析取"的操作——从价值最大化的角度看没有直接关系——似乎影响了人们头脑中的做出决定的理由。下面描述的另一种操作似乎可以改变人们的理由，但不直接影响选项的价值。

无价值特性

选择或拒绝的理由通常与所考虑选项的具体特性相关。选项的积极特性通常能为决策者提供选择该选项的理由，而其消极特性通常提供的是拒绝它的理由。当我们添加既不吸引人也不令人反感的特性时会发生什么？选择是否会受到价值很小或没有价值的特性的影响？

西蒙森和他的同事对无价值特性的影响进行了一系列的研究，并验证了这一假设，即人们不愿意选择那些由缺乏吸引力的理由所支持的选项。例如，在一项研究中，西蒙森等人预测：如果其他人选择了某一个选项，且如果做出这个选择的理由并不适用于我们自己，那么我们不太可能会做出同样的选择（Simonson et al., 1993）。加州大学伯克利分校商学院的学生（$N = 113$）被告知，由于预算削减，为了节省纸张和复印成本，他们将收到一份供两名被试共同使用的问卷。因此，当被试必须输入一个选项时，他们可以看到前一名"被试"做出的选择及给出的理由。前一名被试的选择和理由是被系统操纵的。例如这样一个问题：他们需要在美国西北大学和加州大学洛杉矶分校攻读 MBA 之间做出选择。在问卷的一个版本中，前一名被试选择了西北大学，并给出了（手写的）理由："我在芝加哥地区有很多亲戚。"因为这个理由并不适用于大多数的被试，所以预计会降低他们选择西北大学的可能性。在第二个版本中没有给出前一名被试选择西北大学的理由。正如所料，那些接触到不相关理由的人选择西北大学的可能性比那些看到其他被试的选择但没看到他们给出的不适用于自己的理由而选择西北大学的人要小（比例分别为 23% 与 43%，$p < 0.05$）。值得注意的是，西北大学和加州大学洛杉矶分校在大多数学科上都非常有名（西北大学目前拥有排名最高的 MBA 课程；加州大学洛杉矶分校的课程排名很高，它与加州大

学伯克利分校属于同一系统）。因此，被试不太可能根据另一名被试选择西北大学是因为他在芝加哥有亲戚的事实来推断西北大学的教学质量。

在一个相关研究中，西蒙森等人发现，赋予选项一个旨在加分的功能实际上对决策者来说没有价值，这种情况下会降低人们选择这一选项的可能性，即使被试已经意识到自己无须为这个额外的功能或特性付出代价（Simonson et al., 1994）。例如，如果一个人买了某一个品牌的蛋糕粉，这时候告诉他可以买某个收藏盘（大多数人都不想要），那么他选择这一个品牌的蛋糕粉的概率会低于他选择另一个差不多品牌的蛋糕粉的概率（从 31% 降至 14%，$p<0.05$）。对于那些提供了无意义的赠品的品牌（在一项相关研究中），人们更难以证明选择它们的合理性，这种行为也更容易受到批判。对口头回应的分析表明，大多数没有选择添加功能选项的人都明确提到不需要添加该功能。应该强调的是，如上面提到的收藏盘子的促销方法，目前被广泛的公司采用，而且没有证据表明这些促销会导致人们对促销产品的质量做出任何推断（Blattberg & Neslin, 1990）。

上述操作都增加了"积极"的功能，尽管功能较弱或无关紧要，但不应降低选项的价值；然而，它们却显然给出了一个反对选择该选项的理由，尤其是在其他选项同样具有吸引力的情况下。显然，添加一个有潜在吸引力的功能（但被证明是无用的），实际上是提供了一个拒绝该选项的理由，而人们更倾向于选择那个没有"浪费"功能的竞争性选项。

结束语

人们的选择有时可能源于情感判断，而情感判断妨碍了对选项的全面评估（Zajonc，1980）。在这种情况下，对做选择的理由进行分析可能被证明是没有根据的，并且决策者的努力实际上可能会产生一个不同的，甚至是更差的决定（Wilson & Schooler，1991）。此外，其他选择可能会遵循标准的操作程序，不需要太多的内省反思。然而，许多决定都是经过仔细评估后做出的，人们试图做出他们认为最好的选择。当人们放弃了不那么吸引人的选项和面临着一个困难的选择时，他们往往会寻找一个令人信服的选择一个选项而不是另一个选项的理由。在这一章中，我们分析了理由在决策中的作用，并考虑了基于推理的分析是如何推进和完善基于价值最大化的标准的定量方法的。从这一角度出发，我们在实验环境中研究了一系列的假设。

做出决定的理由可能是复杂多样的。在前面的几节中，我们试图确定一些指导理性决策过程的一般性原则，因此理性思考的一些基本方法可能有助于我们理解决策过程。第 1 节显示了对更重要维度（那些可能提供了更有说服力的选择理由的维度）的依赖可以预测人们在原本吸引力等同的选项之间的偏好。兼容性和显著性的概念在第 2 节中被提出，以解释在选择和拒绝任务中不同理由的不同权重。理由似乎倾向于某些框架操纵，我们很难从价值最大化的角度对这些操纵进行解释。然后，在第 3 节中我们证明了，对相互竞争的选项之间的精确关系进行操纵能加强或减少冲突，产生更容易或更难以合理化和得到证明的决定。提供可以说明选择一个选项的令人信服的理由的情境，显然会增加人们选择该选项的倾向，而那些妨碍上述推理过程的其他选项，往往会增加人们维持现状或寻找其他选项的倾向。在第 4 节中，我们进一步讨论了产生推理的决策环境是如何影响人们的选择的，选项的增减可以被理解为基于相对优势和折中的比较性考虑而形成的选择的理由。我们在第 5 节中讨论了析取理由的相对弱点。在这一部分中，一系列的研究对比了人们基于一个明确的理由做出决定的意愿和在不确定的情况下根据勉强的理由做出决定的意愿。我们在第 6 节中简要回顾了一种决策情境，在这种情境下，增加一个本意为增加选择倾向却不被被试接受的理由，其实会降低他们选择该选项的倾向，尽管该选项的价值并没有减少。

指导决策的推理的本质及其相互作用的方式，有待进一步的研究。有证据表明，各种各样的因素都在决策过程中发挥着作用。无论是出于人际的目的，还是出于个人内在的动机，我们经常会为自己所做的决定寻找一个可以令人信服的理由；这样，我们就可以向他人解释我们做出决定的原因，从而可以自信地做出"正确"的选择。对于风险和损失的态度有时会在神话和陈词滥调的基础上被合理化，有时我们的选择是基于计算具体的成本效益的道德或谨慎原则（Prelec & Herrnstein, 1991）。此外，决策的形式规则有时也可以作为人们参与讨论的论据。因此，当我们在 x 和 z 之间进行选择时，可以意识到，在之前的某个时候，我们认为 x 优于 y 而 y 优于 z，因此通过传递性，我们现在应该选择 x 而不是 z。蒙哥马利认为，人们会在决策问题中寻找优势结构，是因为他们要为选择寻求一个值得信服的理由（Montgomery, 1983）。类似地，特沃斯基和沙菲尔已经证明，确定原则在决策情景中的适用性会导致人们按照该原则的基本原理行事（Tversky & Shafir, 1992a）。事实上，我们已经多次观察到，在非透明的情况下，人们经常会违反理性选择的定理，而该定理通常只有在透明的情况下才会得以适用和满足（Tversky & Kahneman, 1986）。这些结果表明了理性决策的定理在某些特定的、适用性的决策中是一种有力的论据或理由，但它不是约束人们选择的普遍规律。

与假设稳定的价值和偏好的经典理论相反，人们往往没有确定的价值观，偏好实际上也是在诱导过程中形成的，而不仅仅是显露出来的（Payne, Bettman & Johnson, 1992）。基于推理的方法很适合这样的建设性解释。根据这种分析，决策往往是通过集中注意力证明一个选项比另一个选项更合理而做出的。不同的框架、情境和启发式强调了选项的不同方面，并提出了影响决策的不同理由和考虑因素。

依赖于推理去解释实验结果一直是社会心理学分析的特点。例如，对认知失调（Wicklund & Brehm, 1976）和自我知觉（Bem, 1972）的解释集中于人们试图解释他们的反态度行为时聚集起来的理由上。同样，归因理论也围绕着人们对他人行为进行归因的问题展开（Heider, 1980）。然而，这些研究主要集中于决策后的合理化，而不是决策前的冲突。虽然这两个过程密切相关，但仍有一些重要的差异。社会心理学的很多研究都是关于人们的决策是如何影响他们思考的方式的。相比之下，本文考虑的是人们思考问题时的推理是如何影响他们的决策的。最近，一些研究人员开始探索相关的问题。例如，M. 比利希（M. Billig）采用了一种修辞方法来理解社会心理问题，根据这种方法"我们的内部审判是自我执行的无声宣言"（Billig, 1987）。N. 彭宁顿（N. Pennington）和 R. 黑斯蒂应用基于解释的决策模型来解释司法判决，而菲利普·泰特洛克（Philip E. Tetlock）则阐述了社会责任在选择中的重要性（Pennington & Hastie, 1988, 1992; Tetlock, 1992）。在哲学方面，F. 希克（F. Schick）的一篇文章从实践理性的角度对各种决策进行了分析（Schick, 1991）。早期有影响力的研究是 S. 图尔明（S. Toulmin）对伦理推理中论证的作用的研究（Toulmin, 1950）。

在这一章中，我们尝试探索了一些影响人们决策方式的原因和争论。基于推理的分析可能更接近于构成决策基础的心理学部分，从而有助于从经典理论的角度揭示一些违反直觉的现象。值得注意的是，本章所描述的许多实验研究的动机都是基于推理的定性分析所产生的直觉，而不是基于价值最大化的观点，即使后来可以用这种方式对其进行解释。我们不是要用推理分析的方法取代基于价值的选择模型，而是认为对推理的分析可以阐明反思性选择的某些方面，并为进一步的研究提供新的假设。

致谢

本章部分内容是由第一作者参加行为科学高级研究中心以谈判和争议解决为主题的暑期研讨班时编写的。本章第二作者来自加州大学伯克利分校。我们感谢罗宾·道斯在形成初稿过程中给予的帮助。

参考文献

Allison, G. T. (1971). *Essence of decision: Explaining the Cuban missile crisis*. Boston, MA: Little, Brown.

Bem, D. J. (1972). Self-perception theory. In L. Berkowitz (Ed.), *Advances in experimental social psychology* (Vol. 6, pp. 1–62). New York, NY: Academic Press.

Berman, L. (1982). *Planning a tragedy*. New York, NY: Norton.

Betts, R., & Gelb, L. (1979). *The irony of Vietnam: The system worked*. Washington, DC: Brookings Institution.

Bigelow, J. (Ed.). (1887). *The complete works of Benjamin Franklin* (Vol. 4). New York, NY: Putnam.

Billig, M. (1987). *Arguing and thinking: A rhetorical approach to social psychology*. New York, NY: Cambridge University Press.

Blattberg, R. C., & Neslin, S. A. (1990). *Sales promotion: Concepts, methods, and strategies*. Englewood Cliffs, NJ: Prentice-Hall.

Heider, F. (1980). *The psychology of interpersonal relations*. New York, NY: Wiley.

Huber, J., Payne, J. W., & Puto, C. (1982). Adding asymmetrically dominated alternatives: Violations of regularity and the similarity hypothesis. *Journal of Consumer Research*, *9*, 90–98.

James, W. (1981). *The principles of psychology* (Vol. 2). Cambridge, MA: Harvard University Press.

Kahneman, D., & Tversky, A. (1979). Prospect theory: An analysis of decision under risk. *Econometrica*, *47*, 263–291.

Montgomery, H. (1983). Decision rules and the search for a dominance structure: Towards a process model of decision making. In P. Humphreys, O. Svenson, & A. Vari (Eds.), *Analyzing and aiding decision processes* (pp. 343–369). Amsterdam, the Netherlands: North-Holland.

Nisbett, R. E., & Wilson, T. D. (1977). Telling more than we can know: Verbal reports on mental processes. *Psychological Review*, *84*, 231–259.

Payne, J. W., Bettman, J. R., & Johnson, E. J. (1992). Behavioral decision research: A constructive process perspective. *Annual Review of Psychology*, *43*, 87–131.

Pennington, N., & Hastie, R. (1988). Explanation-based decision making: Effects of memory structure on judgment. *Journal of Experimental Psychology: Learning, Memory, and Cognition*, *14*, 521–533.

Pennington, N., & Hastie, R. (1992). Explaining the evidence: Tests of the story model for juror decision making. *Journal of Personality and Social Psychology*, *62*, 189–206.

Prelec, D., & Herrnstein, R. J. (1991). Preferences or principles: Alternative guidelines for choice. In R. J. Zeckhauser (Ed.), *Strategy and choice* (pp. 319–340). Cambridge, MA: MIT Press.

Redelmeier, D., & Shafir, E. (1993). Medical decisions over multiple alternatives. Working paper, University of Toronto, Toronto, Ontario, Canada.

Savage, L. J. (1954). *The foundations of statistics*. New York, NY: Wiley.

Schick, F. (1991). *Understanding action: An essay on reasons*. New York, NY: Cambridge University Press.

Shafer, G. (1986). Savage revisited. *Statistical Science*, *1*, 463–485.

Shafir, E. (1993). Choosing versus rejecting: Why some options are both better and worse than others. *Memory & Cognition*, *21*, 546–556.

Shafir, E., & Tversky, A. (1992). Thinking through uncertainty: Nonconsequential reasoning and choice. *Cognitive Psychology*, *24*, 449–474.

Simonson, I. (1989). Choice based on reasons: The case of attraction and compromise effects. *Journal of Consumer Research*, *16*, 158–174.

Simonson, I., Carmon, Z., & O' Curry, S. (1994). Experimental evidence on the negative effect of unique product features and sales promotions on brand choice. *Marketing Science*, *13*, 23–40.

Simonson, I., Nowlis, S., & Simonson, Y. (1993). The effect of irrelevant preference arguments on consumer choice. *Journal of Consumer Psychology*, *2*, 287–306.

Simonson, I., & Tversky, A. (1992). Choice in context: Tradeoff contrast and extremeness aversion. *JMR, Journal of Marketing Research*, *29*, 281–295.

Slovic, P. (1975). Choice between equally valued alternatives. *Journal of Experimental Psychology: Human Perception and Performance*, *1*, 280–287.

Slovic, P. (1990). Choice. In D. Osherson & E. Smith (Eds.), *An invitation to cognitive science* (Vol. 3, pp. 89–116). Cambridge, MA: MIT Press.

Telhami, S. (1990). *Power and leadership in international bargaining: The path to the Camp David accords*. New York, NY: Columbia University Press.

Tetlock, P. E. (1992). The impact of accountability on judgment and choice: Toward a social contingency model. In M. P. Zanna (Ed.), *Advances in experimental social psychology* (Vol. 25, pp. 331–376). New York, NY: Academic Press.

Toulmin, S. (1950). *The place of reason in ethics*. New York, NY: Cambridge University Press.

Tversky, A., & Kahneman, D. (1986). Rational choice and the framing of decisions. *Journal of Business*, *59*, 251–278.

Tversky, A., Sattath, S., & Slovic, P. (1988). Contingent weighting in judgment and choice. *Psychological Review*, *95*, 371–384.

Tversky, A., & Shafir, E. (1992a). The disjunction effect in choice under uncertainty. *Psychological Science*, *3*, 305–309.

Tversky, A., & Shafir, E. (1992b). Choice under conflict: The dynamics of deferred decision. *Psychological Science*, *3*, 358–361.

Tversky, A., & Simonson, I. (1993). Context-dependent preferences. *Management*

Science, 39, 1179–1189.

von Neumann, J., & Morgenstern, O. (1947). *Theory of games and economic behavior*. Princeton, NJ: Princeton University Press.

Wedell, D. H. (1991). Distinguishing among models of contextually induced preference reversals. *Journal of Experimental Psychology: Learning, Memory, and Cognition, 17*, 767–778.

Wicklund, R. A., & Brehm, J. W. (1976). *Perspectives on cognitive dissonance*. Hillsdale, NJ: Erlbaum.

Wilson, T. D., & Schooler, J. W. (1991). Thinking too much: Introspection can reduce the quality of preferences and decisions. *Journal of Personality and Social Psychology, 60*, 181–192.

Zajonc, B. (1980). Preferences without inferences. *American Psychologist, 35*, 151–175.

后 记

特沃斯基是天生的决策理论家

丹尼尔·卡尼曼

本书所收录的文章展现了阿莫斯·特沃斯基这个传奇人物一生中的诸多闪光点。这些文章虽然写于几十年前,但它们至今仍散发着光芒。这些研究长盛不衰的一个原因是其论证非常清晰且有权威性。阿莫斯的许多作品给读者留下的印象是:他所做的研究非常权威,无法再改进。当然,阿莫斯并不总是正确的,但他从来不会在理由不充分时发表观点,而且其他人也无法对他提出的观点做出更好或更有说服力的阐述。

20 世纪 60 年代早期,阿莫斯攻读研究生时,将数学思想引入社会科学领域的思想运动正处于鼎盛时期。他是受该运动启蒙的第一代学生,他与一些发起人都有着广泛的合作。这些早期经历为他使用形式语言打下了基础,也成为他之后思考的工具。形式语言本身能够保证精确性,但其他方面不是特别好。它完全有可能会变得非常无聊、完全不相关,甚至是完全错误的。阿莫斯使用精确的数学推算来避免出现近似正确的情况，他想要完全正确。他使用理论语言来帮助自己和读者清楚地思考重要的事情，他也因此成为心理学家中取得了特别成功的那一个。

阿莫斯的作品不会过时的另一个因素是他的写作质量。有一个著名的例子，心理学家就《心理学评论》在 120 年间发表的最佳段落达成了共识。获胜者是阿莫斯撰写的"相似性特征"一文（第 3 章）中的最后一段。许多心理学家在就读研究生时都很熟悉这篇文章的最后 4 句话。它们是这么写的：

> 比如"一篇文章就像一条鱼"这个比喻，一开始这句话令人费解。一篇文章不会具有腥、滑或湿这样的特点。但当我们想到一篇文章（像鱼一样的）有头有尾，并且偶尔也会在结尾处来一记翻尾时，那么这个困惑就解除了。

可供自我参照的结束语是阿莫斯思想的精髓，它精妙、清晰且有深度。本书的每一章中都有令人难忘的只属于特沃斯基的句子。在阿莫斯自己的用词中，"干脆"和"优雅"用于表达高度赞扬，而这两个词正是对其写作水平的完美概括。

本书的读者可以欣赏阿莫斯作品独特的精确性和优雅感，与他合作的人也有同感。多年来，我有机会观察到，阿莫斯写出令人难忘的句子的过程和很多诗人创作诗歌的过程一样。当一个想法在头脑中出现后，他通常会用铅笔将这个想法变成第一份初稿，为的是方便修改。完美来自耐心的打磨：首先要删除每一个多余的单词，然后思考留下的单词的替代词。接着重新开始这个过程，直到满意为止。当最初的想法很好时（阿莫斯的想法向来很好），最终也会得到一些无可挑剔的东西。

完美和完美主义有多种表现形式，焦虑、折磨和尽责也是其中的几种。阿莫斯的完美主义是以快乐的形式体现的。他喜欢思考，喜欢寻找最恰当的用词。他非常喜欢将原石打磨成闪闪发光的宝石这个缓慢的过程。他在工作中找到的快乐给了他无尽的耐心，他乐于向合作者分享。在我们一起工作的几年中，他经常说的一句话是"让我们把它做好！"，说这话的时候他总是很高兴。阿莫斯给了我们一些忠告，他承认在充满惊喜的旅程中会有一段漫长且颇具挑战性的路要走，但他目标明确，且坚信目标终将达成。分享这些旅程对他的合作者来说很有意义，阿莫斯的很多文章都是他独自写就的，但本书只收录了其中一篇。

有一些章节是在阿莫斯和我合作关系非常密切的 12 年间完成的。我们共同完成的判断和决策方面的作品比我们想象中更有影响力。它的影响部分源于成功地综合了各种方法，而对研究方法偶然天成的选择和阐述的格式可能是成功更为重要的因素。

阿莫斯是天生的理论家，也是经过训练的决策理论家。对他来说，将人们的判断和选择与概率和决策近似等同起来的逻辑是不完美的尝试，产生这种想法是很自然的事。我的研究领域是视觉感知，理解关于人们表征世界时是如何思考和选择的，对我来说很自然。事实证明，这些完全不同的方法的融合是富有成效的。

在解释我们的共同研究的影响时，研究风格带来的影响可能超过了研究本身。我和阿莫斯很少进行复杂的实验。相反，我们构建了一些例子，其中对单个问题（或一对相互匹配的问题）的简明回答就可以阐明一个特定的理论观点。我们发表的论文中包含了这些问题，并用特定格式将它们与其他文本分开。因此，读者必然能感受到我们研究中的参与者的体验。他们通常会发现自己身上也会出现我们报告中描述和解释的所有问题（包括预测错误）。个人经历的认知错觉和不连贯性选择对读者产生了强烈的影响。很明显，我们的研究对其他领域产生不寻常影响的主要原因是，我们很幸运：在认知或社会心理学等其他领域，没有研究人员能如此自然地与读者进行过私人对话。

演示对我们的跨学科作品的传播至关重要。律师、哲学家、政治学家、医生和一些经济学家对他们的经历感到惊讶且印象深刻，并热衷于将他们学到的知识运用到自己感兴趣的领域。判断中的错觉和选择的不连贯性在许多应用领域中都被记录了下来，其中也包括核反应堆安全、复杂谈判的进程、足球运动员的选择以及退休存款的推进。

阿莫斯很高兴看到这项工作在其他领域产生的影响，但他参与最多的是"大型理性辩论"，即与决策理论和经济学方面的学者对话，这些学者希望将理性模型用作说明人类如何思考和选择的描述性理论。尽管在早期研究中我们没有明确地讨论理性，但我们公布的观察结果很快被认为是对理性行动者模型（rational agent model）的重大挑战，并且引发了各种防御性反应。对于试图改变理性公理的内涵，将明显违背理性的例证重新归为理性的尝试，阿莫斯感到非常不耻和愤怒。他认为这些对于人类理性的防御充满了诡辩味道，毫无优雅可言，他迫切希望揭示它们的缺陷。在介绍选择和框架效应的那篇文章中（第 5 章），阿莫斯几乎做了全新的研究，这篇文章重新应用了早期的实验研究结果，得出了一套全新的理论观点。

从职业生涯之初，阿莫斯就努力且准确地描述了人类思维会以何种方式违背理性规则。一个反复出现的主题是外延逻辑和内涵直觉之间的对比，这是本书中几篇文章的核心思想。现实与描述之间的区别是阿莫斯思想的另一个关注点。他与其他合作者的很多后续工作都关注了规范性和描述性规则之间的这些对比。

很少有学者的作品可以在其去世几十年后还未成为历史文献，而是作为经久不衰的知识贡献重新出版。阿莫斯就是其中一个。

未来，属于终身学习者

我这辈子遇到的聪明人（来自各行各业的聪明人）没有不每天阅读的——没有，一个都没有。巴菲特读书之多，我读书之多，可能会让你感到吃惊。孩子们都笑话我。他们觉得我是一本长了两条腿的书。

——查理·芒格

互联网改变了信息连接的方式；指数型技术在迅速颠覆着现有的商业世界；人工智能已经开始抢占人类的工作岗位……

未来，到底需要什么样的人才？

改变命运唯一的策略是你要变成终身学习者。未来世界将不再需要单一的技能型人才，而是需要具备完善的知识结构、极强逻辑思考力和高感知力的复合型人才。优秀的人往往通过阅读建立足够强大的抽象思维能力，获得异于众人的思考和整合能力。未来，将属于终身学习者！而阅读必定和终身学习形影不离。

很多人读书，追求的是干货，寻求的是立刻行之有效的解决方案。其实这是一种留在舒适区的阅读方法。在这个充满不确定性的年代，答案不会简单地出现在书里，因为生活根本就没有标准确切的答案，你也不能期望过去的经验能解决未来的问题。

而真正的阅读，应该在书中与智者同行思考，借他们的视角看到世界的多元性，提出比答案更重要的好问题，在不确定的时代中领先起跑。

湛庐阅读App：与最聪明的人共同进化

有人常常把成本支出的焦点放在书价上，把读完一本书当作阅读的终结。其实不然。

时间是读者付出的最大阅读成本
怎么读是读者面临的最大阅读障碍
"读书破万卷"不仅仅在"万"，更重要的是在"破"！

现在，我们构建了全新的"湛庐阅读"App。它将成为你"破万卷"的新居所。在这里：

● 不用考虑读什么，你可以便捷找到纸书、电子书、有声书和各种声音产品；
● 你可以学会怎么读，你将发现集泛读、通读、精读于一体的阅读解决方案；
● 你会与作者、译者、专家、推荐人和阅读教练相遇，他们是优质思想的发源地；
● 你会与优秀的读者和终身学习者为伍，他们对阅读和学习有着持久的热情和源源不绝的内驱力。

下载湛庐阅读App，
坚持亲自阅读，
有声书、电子书、阅读服务，
一站获得。

本书阅读资料包
给你便捷、高效、全面的阅读体验

本书参考资料
湛庐独家策划

- ☑ **参考文献**
  为了环保、节约纸张,部分图书的参考文献以电子版方式提供

- ☑ **主题书单**
  编辑精心推荐的延伸阅读书单,助你开启主题式阅读

- ☑ **图片资料**
  提供部分图片的高清彩色原版大图,方便保存和分享

相关阅读服务
终身学习者必备

- ☑ **电子书**
  便捷、高效,方便检索,易于携带,随时更新

- ☑ **有声书**
  保护视力,随时随地,有温度、有情感地听本书

- ☑ **精读班**
  2~4周,最懂这本书的人带你读完、读懂、读透这本好书

- ☑ **课　程**
  课程权威专家给你开书单,带你快速浏览一个领域的知识概貌

- ☑ **讲　书**
  30分钟,大咖给你讲本书,让你挑书不费劲

湛庐编辑为你独家呈现
助你更好获得书里和书外的思想和智慧,请扫码查收!

(阅读资料包的内容因书而异,最终以湛庐阅读App页面为准)

The Essential Tversky by Amos Tversky

Copyright © 2018 Massachusetts Institute of Technology

All rights reserved.

本书中文简体字版由 The MIT Press 授权在中华人民共和国境内独家出版发行。未经出版者书面许可，不得以任何方式抄袭、复制或节录本书中的任何部分。

版权所有，侵权必究。

图书在版编目（CIP）数据

特沃斯基精要 /（以）阿莫斯·特沃斯基
（Amos Tversky）著；李慧中译. -- 杭州：浙江教育出版社，2022.9
ISBN 978-7-5722-4349-3

Ⅰ. ①特… Ⅱ. ①阿… ②李… Ⅲ. ①心理学－文集 Ⅳ. ①B84-53

中国版本图书馆CIP数据核字（2022）第159678号

浙江省版权局
著作权合同登记号
图字：11-2020-391号

上架指导：行为经济学 / 心理学

版权所有，侵权必究
本书法律顾问　北京市盈科律师事务所　崔爽律师

特沃斯基精要
TEWOSIJI JINGYAO

[以色列] 阿莫斯·特沃斯基（Amos Tversky） 著
李慧中　译

责任编辑：	童炜炜　张家浚
美术编辑：	曾国兴
责任校对：	李　繁
责任印务：	刘　建
封面设计：	ablackcover.com
出版发行：	浙江教育出版社（杭州市天目山路40号　电话：0571-85170300-80928）
印　　刷：	唐山富达印务有限公司
开　　本：	880mm×1230mm 1/32
印　　张：	16.625
版　　次：	2022年9月第1版
书　　号：	ISBN 978-7-5722-4349-3

字　数：426千字
印　次：2022年9月第1次印刷
定　价：159.90元

如发现印装质量问题，影响阅读，请致电010-56676359联系调换。